中国西瓜甜瓜产业经济

（2015—2017）

张 琳 吴敬学 毛世平 等 著

中国农业科学技术出版社

图书在版编目（CIP）数据

中国西瓜甜瓜产业经济.2015—2017 / 张琳等著.—北京：中国农业科学技术出版社，2019.4

ISBN 978-7-5116-4129-8

Ⅰ.①中… Ⅱ.①张… Ⅲ.①西瓜-瓜果园艺-产业发展-研究报告-中国-2015—2017②甜瓜-瓜果园艺-产业发展-研究报告-中国-2015—2017 Ⅳ.①F326.13

中国版本图书馆 CIP 数据核字（2019）第 067264 号

责任编辑 徐定娜
责任校对 贾海霞

出 版 者 中国农业科学技术出版社
北京市中关村南大街 12 号 邮编：100081
电　　话 （010）82109707（编辑室）（010）82109702（发行部）
（010）82109709（读者服务部）
传　　真 （010）82106631
网　　址 http://www.castp.cn
经 销 者 各地新华书店
印 刷 者 北京建宏印刷有限公司
开　　本 787mm×1 092mm 1/16
印　　张 23.25
字　　数 543 千字
版　　次 2019 年 4 月第 1 版 2019 年 4 月第 1 次印刷
定　　价 60.00 元

本书得到“国家西甜瓜现代农业产业技术体系建设专项经费”的资助。特此感谢!

目　录

专题一　中国西瓜甜瓜产业发展

报告一　“十三五”时期中国西甜瓜产业形势分析

文长存　孙玉竹　吴敬学

“十二五”期间，我国西甜瓜产业在科研上取得了显著成果，继续保持世界第一生产大国地位，生产结构逐步优化，市场供给平稳。但随着资源生态“红线”和政策“黄线”约束的不断加大，面临新形势、新变化和新任务，我国农业必须转变发展方式，推动农业产业转型升级，走绿色发展道路。西甜瓜产业发展必须顺应国家发展绿色农业和建设新农村的全局，做出相应调整，促进西甜瓜产业的绿色持续发展，为促进农民增收、繁荣农村经济、保护生态环境做出应有的贡献。

1　中国西甜瓜产业“十二五”回顾

西瓜甜瓜在世界园艺中始终占有重要地位，根据联合国粮食及农业组织（FAO）数据，2011 年西瓜的产量和收获面积在世界十大水果中分别居第 2 位和第 8 位。中国是世界最大的西瓜生产国，近 10 年来中国的西瓜产量始终占世界总产量的 60%以上，2011 年中国西瓜产量达 6 958万 t，占世界总产量的 66%。中国的甜瓜收获面积则占世界总收获面积的 45%以上，产量约占世界总产量的 50%。目前，西瓜甜瓜已成为中国重要的经济作物，西甜瓜产业的发展为实现农民增收和改善居民膳食结构发挥了重要作用。据国家统计局数据，2012 年，我国西瓜甜瓜总产值已达 2 774亿元，西瓜作为我国重要的鲜食水果，其消费量占全国 6—8 月夏季上市水果的 60%左右，人均消费量约 50kg，是世界西瓜人均消费量的 3 倍多[1]。

1.1　科技发展概况

“十二五”期间，我国西甜瓜产业科研成绩颇丰，科技的进步和完善为农民增收 129. 226 亿元，节约成本 2 000万元。

第一，以许勇为首席的国家西甜瓜产业技术体系研究团队作为代表，完成了以下前瞻性工作：一是完成西瓜甜瓜重要农艺性状的精细定位、克隆与关联分析，为分子育种提供了技术支持；二是完成西瓜野生资源 PI296341-FR 基因序列精细图谱，获得了从野生西瓜到栽培西瓜的基因组的断裂和重排等分子进化证据；三是通过生理和转录学研究明确了不同钾效率差异西瓜对低钾的响应机制；四是开展了嫁接西瓜转录组和 miRNA 组分析，初步分析了嫁接对西瓜生长发育影响的调控机制等。另外，在西瓜甜瓜换代品种选育与核酸指纹鉴定技术、高品质简约化栽培技术、健康种苗集约化生产技术等方面均取得了较大进步，从整体上提升了西甜瓜产业的核心竞争力。

第二，在换代新品种选育与核酸指纹鉴定技术方面，建立了重要农艺性状的分子辅助育种体系，抗病性、性别、瓤色、含糖量的标记辅助育种技术开发方面取得重大进步，LGC 高通量检测平台使得西瓜枯萎病的检测效率提高了 10 倍以上。建立了纯度分子检测技术与全球最大的西瓜甜瓜核酸指纹库，核酸指纹鉴定技术在纯度分子和血缘检测方面有了质的飞跃，标准核酸指纹库有 1 800份种质资源和 300 份审定 DUS 测试品种，核心种质群则收录西瓜 132 份、甜瓜 120 份。创新多抗、抗逆、多类型、高商品性西甜瓜砧木育种新材料 200 余份，累计育成新品种西瓜 110 个、甜瓜 34 个、砧木 9 个。其中，由吴明珠院士培育的风味 5 号甜瓜是国家西甜瓜品种鉴定委员会鉴定的第 1 个具有酸甜风味的新品种。目前，选育的新品种已成为我国西甜瓜的主栽品种，国产西甜瓜品种占有率已超过 90%，大大提升了民族瓜菜种业企业的竞争力。

第三，研发了适合简约化栽培的西瓜与砧木以及哈密瓜品种、集约化嫁接育苗技术、机械耕作与起垄覆膜设备、简约化栽培制度、肥水一体化技术、栽培农艺管理技术、社会化植保服务技术以及哈密瓜储运保鲜技术等。西瓜甜瓜生产集约化程度位居瓜菜产业前茅，农民大幅节本增收，节省劳动力 60 个/hm^2，节约成本约 7 200元，节水 30%、节肥 20%，增产 10%以上。嫁接苗关键节点技术的攻克、普及使得科技成果普及率提升 10%，近 3 年来生产健康种苗 4.1 亿株。研发了无损品质检测、冷水预冷、1-MCP 处理等技术，哈密瓜从新疆维吾尔自治区①运至北上广、嘉兴、无锡、苏州、宁波、东莞的运输保鲜示范量达 1.3 万 t，成为企业提高质量的有效手段。

第四，健康种苗集约化生产技术方面则培育了大量优良砧木品种，提升了健康良种繁育和消毒处理技术，种子处理技术也得到明显普及，处理率达到 85%以上。对西甜瓜细菌性果斑病代表菌株进行了全基因组测序，组装了特异性的胶体金试纸条，灵敏度及特异性与国外商品化检测试纸条性能相当，建立了适合田间和简易实验室的快速、灵敏、实用的检测方法，并在 6 省（自治区）进行了示范，示范辐射面积达 0.575 万 hm^2，平均防病效果超过 80%，获得了显著的经济效益和社会效益。完成了西瓜全基因组精细图谱及物理图谱绘制，对 20 份代表性材料进行重测序，构建了西瓜基因组序列变异图谱，首次重现了西瓜染色体的进化历程，明确了现代栽培西瓜最直接的祖先。完成了西瓜抗病、糖积累和转运、瓤色、苦味等重要农艺性状关键基因的鉴定或染色体定位，为开展西瓜分子育种提供了理论基础与海量数据。

1.2 生产发展概况

1.2.1 生产面积基本稳定，产量平稳略增

“十二五”期间中国西瓜甜瓜生产面积基本稳定，产量平稳略增。2011—2014 年，全国西瓜播种面积由 180.32 万 hm^2 增至 185.23 万 hm^2，产量由 6 889.35万 t 增至 7 484.30万 t，单产保持在 40.41 t/hm^2 的水平；全国甜瓜播种面积由 39.74 万 hm^2 增至 43.89 万 hm^2，产量由 1 278.47万 t 增至 1 475.80万 t，单产保持在 33.62 t/hm^2 的水平。

① 新疆维吾尔自治区、内蒙古自治区、广西壮族自治区、宁夏回族自治区、西藏自治区，以下分别简称：新疆、内蒙古、广西、宁夏、西藏，全书同。

详见图 1~图 2。

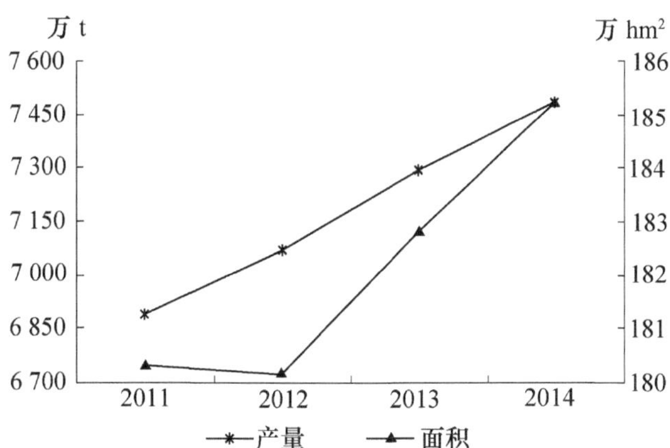

图 1 2011—2014 年中国西瓜播种面积与产量

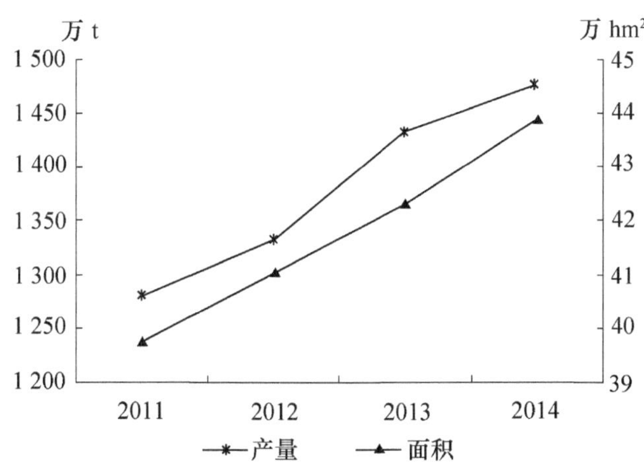

图 2 2011—2014 年中国甜瓜播种面积与产量

1.2.2 产业布局逐步优化

西瓜甜瓜生产格局逐步走向区域化与规模化。西瓜生产主要以华东地区、中南地区为主，二者合计播种面积和产量均占全国比重的七成左右。2012 年，华东 6 省 1 市、中南 6 省西瓜总的播种面积和产量分别为 61.9 万 hm^2 和 2 512万 t、62.7 万 hm^2 和 2 499.0万 t，分别占全国西瓜总播种面积和产量的 34.4%和 35.5%、34.8%和 35.3%。甜瓜生产呈华东地区、中南地区、西北地区三足鼎立的格局。2012 年，华东 6 省 1 市、中南 6 省、西北地区甜瓜总的播种面积和产量分别为 11 万 hm^2 和约 374.7 万 t、9.9 万 hm^2 和 296 万 t、9.4 万 hm^2 和约 305.5 万 t，分别占全国甜瓜总播种面积和产量的 26.9%和 28.1%、24.1%和 22.2%、20.3%和 22.9%。

1.2.3 品种结构不断优化

西瓜方面，无籽西瓜和小型西瓜生产面积不断扩大，无籽西瓜因其适应性和商品性等方面的比较优势突出，而小型西瓜的优质品种则是高档礼品瓜消费的主流和城郊观光采摘的主要品种，另外以甜、脆、皮薄等特点为代表的京欣 2 号和花欣系列类的中型果也愈来愈受到国内消费者的喜爱。甜瓜方面，优质厚皮甜瓜品种和优质薄皮甜瓜品种的生产面积呈不断扩大趋势。

1.2.4 栽培方式向简约化、集约化方向发展

近年来，适应不同生态地区的西瓜甜瓜高品质简约化栽培技术得到一定的示范和应用，小型西瓜设施密植吊栽方式成为城郊生产发展方向，中拱棚长季节高品质栽培方式在各地广泛推广，薄皮甜瓜由北向南全面推进，轻（少）整枝栽培形式有所发展。随着西瓜甜瓜育苗集约化生产的快速增长，主产区已出现集约化程度较高的专业育苗工厂和育苗专业户，生产社会化服务的雏形开始显现，集约化、规模化西瓜甜瓜生产形态有逐步扩大趋势[2]。

1.3 市场发展概况

1.3.1 价格季节性波动明显

受生产周期和消费季节性的影响，西瓜市场价格呈现明显的两头高、中间低的季节波动性特征。西瓜总体上呈增长趋势的正弦波状，甜瓜批发市场价格也呈周期性的正弦波状，2015 年以来具有下降趋势。交易量与价格的变化的区域性差异明显。地区间的价格分布基本表现为主产区低于非主产区、中等城市低于大城市、中西部地区低于东部地区的特点。分品种看，小西瓜和无籽西瓜价格明显高于普通西瓜，但交易量与普通西瓜相比还有差距，在季节分布上，与普通西瓜基本形成互补，交易量呈错峰分布。3 个主要甜瓜品种（白兰瓜、伊丽莎白和哈密瓜）2015 年平均价格低于 2014 年同期；各品种交易量呈错峰分布，形成季节性互补。据 2015 年 1—12 月北京批发市场价格，伊丽莎白最高，其次是哈密瓜，白兰瓜最低，均低于 2014 年同期。

1.3.2 质量和品牌意识显著提高

各主产区对西瓜甜瓜产品质量安全重视程度提高，开展了一系列提升产地和品牌形象的活动如注册原产地标志等，西瓜甜瓜已成为多个主产区打造优势农产品的名片，如国家地理标志产品认证、商标注册等。部分地区涌现了一批专门从事西瓜和甜瓜精品生产和销售的公司，产品整齐一致、包装上市，在消费者中形成了信誉度。许多农户也通过组织合作社等多种形式来注册申请西瓜和甜瓜的品牌，提高产品的知名度。

1.4 贸易发展概况

中国（不含中国港澳台地区）西瓜主要出口至中国香港、中国澳门地区；越南、俄罗斯、蒙古国、朝鲜、马来西亚等国家[3]，2015 年中国香港和中国澳门是中国西瓜最主要的出口地，对上述两地的出口量分别占出口总量的 70.3%和 10.8%。2015 年 1—9 月，中国西瓜的出口量、额分别为 2.62 万 t 和 1 967.17万美元，分别较 2014 年同期的 4.09 万 t 和 3 620.23万美元，减少 35.9%和 45.7%。中国是世界第二大西瓜进口国，越南和缅甸为中国主要的进口来源国，2015 年自上述两国的进口量分别占进口总量的 93.79%和 6.09%。2015 年 1—9 月，中国西瓜的进口量、额分别为 17.44 万 t 和 3 330.68万美元，分别较 2014 年同期的 20.1 万 t 和 3 808.79万美元，减少 13.2%

和12.5%。

2015年中国甜瓜贸易呈净出口，1—9月中国甜瓜的出口量、额分别为6.04万t和10 649.47万美元，分别较2014年同期的3.68万t和5 347.18万美元增加64.1%和99%；进口量、额分别为47.88万t和6.01万美元，分别较2014年同期的11.32万t和1.58万美元大幅增加。2015年，中国甜瓜主要出口至越南、泰国、马来西亚、俄罗斯、菲律宾、朝鲜等国家和中国香港、中国澳门地区，其中对越南、中国香港、泰国的出口量分别占中国出口总量的37.97%、25.27%、17.58%；进口方面，仅从中国台湾有少量进口。

2 “十三五”中国西甜瓜产业形势

2.1 制约产业发展的主要因素

一是种子市场管理混乱，制约产业健康发展。由于西瓜甜瓜育种企业小而散，品种管理未能有效跟进，各省市之间品种审定相互不协调。良种生产基地管理混乱，盗育、套购品种的现象猖獗，同种异名现象严重，种子质量良莠不齐，种子质量事故时有发生。西瓜甜瓜种子多、乱、杂的状况，严重影响了产业的健康发展。

二是品种更新滞后且结构单一，导致产销失衡。部分地区的西瓜甜瓜品种已种植多年，品种更新滞后，销售优势也逐渐丧失，难以满足市场需求；部分主产区品种结构单一，种植方式和技术相近，在相同气候条件下，不可避免地造成成熟期集中上市，引发短时间内产品相对过剩，生产者和消费者利益受到极大损失。

三是生产规模化与标准化程度较低，影响产品质量安全。我国西瓜甜瓜生产规模化程度不够，标准化管理水平不高，商品瓜的质量与国际标准有一定差距。西瓜甜瓜标准体系虽然初步建立，但标准化生产推进力度不大，生产采标率低，农药、化肥等投入品使用不够科学，容易引发产品质量安全问题。

四是产业链下游环节薄弱，产后附加值不高。我国西瓜甜瓜产业链后端价值开发不足，加工、分级、包装、储藏、保鲜手段落后，上市产品大多属于初级产品，产后附加值不高，西瓜甜瓜贮藏库的条件和能力也严重不足。在西瓜甜瓜生产中，由于采摘不当、贮藏不善等原因，采后损耗达25%以上，也直接影响了西瓜甜瓜上市的品质和价值。

五是产业化组织程度较低，产业化发展有待提高。我国西瓜甜瓜种植以家庭生产为主，种植规模小，组织化和产业化程度不高，瓜农商品意识和市场营销能力较弱，农民专业合作社和龙头企业带动能力不强，瓜农缺乏准确有效的信息来源，在安排生产时带有很大的盲目性，对自然风险和市场风险的抵御能力较弱。

2.2 产业发展面临的形势

改革开放以来，我国农业发展取得巨大成就。但是农业面临的价格“天花板”、成本“地板”、生态资源“红线”和政策“黄线”约束不断加大。面临新形势、新变化和新任务，中国农业必须转变发展方式，推动农业产业转型升级，走绿色发展道路。着力构建现代农业产业体系、生产体系、经营体系，提高农业质量效益和竞争力，走产出高效、产品安全、资源节约、环境友好的农业现代化道路是我国“十三五”农业发展目标，这也意味着我国西甜瓜产业发展面临的形势更加严峻。

一是生态环境约束日益严峻。我国是化肥生产和使用大国，农作物每公顷化肥施用量为328. 5 kg，远高于世界平均水平的120 kg/hm^2，施肥不均衡、有机肥资源利用率低等问题突出。过量施肥、盲目施肥不仅增加农业生产成本、浪费资源，也造成耕地板结、土壤酸化。施用农药是防病治虫的重要措施，多年来，因农作物播种面积逐年扩大、病虫害防治难度不断加大，农药使用量总体呈上升趋势，农药的过量施用不仅造成生产成本增加，也影响了农产品质量安全和生态环境安全。这些问题在蔬菜、果树等附加值较高的经济园艺作物生产中尤为普遍。为了大力推进化肥减量提效、农药减量控害，积极探索产品安全、资源节约、环境友好的现代农业发展之路，农业部（2018年3月，国务院机构调整后，农业部更名为农业农村部，全书同）制定了《到2020年化肥使用量零增长行动方案》和《到2020年农药使用量零增长行动方案》。“十三五”我国西甜瓜产业发展也需顺应形势，积极实施化肥、农药使用量零增长行动，推进产业转方式、调结构，节本增效、节能减排，助力产业的绿色持续发展[4]。

二是土地资源的约束更加明显。随着工业化和城镇化进程的加快，人增地减的矛盾将更加突出。在耕地资源约束趋紧的情况下，西瓜甜瓜种植与粮食作物、棉油糖作物、其他园艺作物之间争地的矛盾将长期存在。在城乡居民对农产品多样性需求日趋增大的背景下，仅靠扩大面积增产将难以为继。

三是农业劳动力结构变化更加紧迫。农村青壮年劳动力大多外出务工，生产一线的瓜农趋于老龄化，生产技术水平仅凭多年生产经验积累，科技成果转化较慢。西瓜甜瓜生产的劳动生产率不高，产业比较效益下滑，特别是在经济发达的主产区瓜农转产现象突出，从业人员队伍不稳定。

四是极端天气及病虫害影响更加严重。随着全球气候变暖，我国极端天气事件的发生几率增加，对西瓜甜瓜生产的影响明显。冬春季低温阴雨寡照和夏季高温多雨天气，影响西瓜甜瓜生产，导致“空心瓜”“脱水瓜”等事件发生，病虫害危害严重，对西瓜甜瓜生产构成极大威胁。

五是产业比较效益下降趋势凸显。近年来，化肥、农药、农膜等农业生产资料价格呈上涨态势，农业人工费用不断增加，推动农业生产成本逐年提高。从今后趋势看，农资价格上行压力加大、生产用工成本上升，西瓜甜瓜生产正进入一个高成本时代。

3 中国西瓜甜瓜产业“十三五”展望

3.1 科研展望

“十三五”期间，将着重研发和推广具有节水、节肥、省时、省工、绿色、健康等特点的技术。具体来说，将主要集中于以下3个方面。一是西甜瓜优质抗病简约化新品种创制与推广。主要包括：西甜瓜分子辅助育种技术体系提升与应用、西甜瓜优质抗病简约化优异种质创新、西甜瓜优质抗病简约化新品种选育与示范、西甜瓜良种简约化健康生产体系构建与示范。二是西甜瓜轻简优质增效生产体系构建与集成示范。主要包括：西甜瓜轻简生产机械与农艺结合技术的研发集成及示范、西甜瓜营养高效生理基础与肥水一体化技术系统的集成及示范、西甜瓜抗逆生理基础与绿色高效抗逆减灾调控技术研发及示范、西甜瓜产后处理与配送体系优化及示范。三是西甜瓜病虫害绿色防控技术的研发与集成示范。主要内容为：西甜瓜新发病虫害的发生规律及绿色防控技术研究、西甜瓜顽疾性病虫害的绿色防控技术研发与示范、西甜瓜病虫害的绿色综合防控技术规范化示范与推广。

3.2 生产展望

预计“十三五”期间西瓜甜瓜播种面积虽有小幅波动，但基本保持稳定。品种结构将进一步优化，小果型、早熟、晚熟的反季节品种在需求的引导下将进一步增加。全国西瓜甜瓜产区分布将更趋于集中化、规模化和优势化，根据《全国西瓜甜瓜产业发展规划》，未来将重点布局西瓜甜瓜五大优势区：华南西瓜甜瓜优势产区、黄淮海西瓜甜瓜设施栽培优势产区、长江流域西瓜甜瓜优势产区、西北西瓜甜瓜优势产区以及东北西瓜优势产区，并重点建设西瓜甜瓜产业重点县（市、区），提高全国西瓜甜瓜均衡供应能力。

随着我国人口老龄化及城镇化的快速发展，西瓜甜瓜产区劳动力的缺乏将日益突出，但在国家建设“两型农业”（资源节约型和环境友好型农业）的倡导下，未来对耕作机械化技术、水肥一体化技术、露地嫁接免整枝技术等省时、省工及节水、节肥的栽培和管理技术将被广泛使用。随着农业产业化进程的推进，我国西甜瓜产业将逐步形成生产集约化、种植规模化、产品标准化、销售品牌化的产业化发展格局，组织化程度将大大提高。

3.3 市场展望

国内西瓜供需基本平衡，甜瓜需求有小幅上涨空间。进出口贸易量变化不大，国际市场对国内影响较弱。西瓜甜瓜价格短期内仍将保持季节性波动，全国各地区的价格水平继续保持差异性，但从长期来看，国内西瓜甜瓜生产总体平稳，随着居民消费结构升级，小型西瓜、反季节西瓜、功能性西瓜等需求将增加，西瓜甜瓜市场价格整体将呈平稳上升。“农超对接”和“农批对接”将是未来西瓜甜瓜市场销售模式的发展趋势，是提高农民收入的有效途径。

参考文献

[1] 文长存，杨念，吴敬学．湖北省西瓜产业全要素生产率研究［J］. 北方园艺，2015（20）：172-176.

[2] 张琳，杨艳涛，文长存，等．中国西瓜市场分析与展望［J］. 农业展望，2015（6）：21-24.

[3] 杨艳涛，吴敬学．2013 年我国西甜瓜市场贸易分析与趋势展望［J］. 长江蔬菜，2014（17）：1-6.

[4] 农业部种植业管理司．农业部关于印发《到 2020 年化肥使用量零增长行动方案》和《到 2020 年农药使用量零增长行动方案》的通知［EB/OL］.（2015-03-08）［2016-03-01］. http://www.moa.gov.cn/govpublic/ZZYGLS/201503/t20150318_4444765.htm.

报告二　2016年西甜瓜产业发展趋势与政策建议

张　琳　杨艳涛　吴敬学

1　2015年西甜瓜产业发展的特征与问题

1.1　西甜瓜产业发展的基本特征

1.1.1　全国西甜瓜生产平稳增长

根据《2014中国农业统计资料》公布的数字，2014年全国西瓜播种面积185.23万hm^2，总产量7 484.3万t，每公顷产量40.41 t，比上年播种面积增加2.4万hm^2，总产量增加189.9万t，增幅2.6%，每公顷单产提高0.51 t。全国甜瓜播种面积43.89万hm^2，总产量1 475.8万t，每公顷产量33.62 t，比上年播种面积增加1.59万hm^2，总产量增加42.1万t，增幅为2.94%，增幅比上年减缓，每公顷单产减少0.27 t。由于种植效益提高和种植结构调整，农民种瓜意愿增强，近年来西甜瓜的播种面积、总产量保持增长，且甜瓜种植面积保持较为明显的增长态势。

1.1.2　西甜瓜生产进一步向优势区域集中

西瓜优势产区集中度大大提高，全国3/4的西瓜来自华东和中南产区两大产区。2014年华东六省一市的西瓜播种面积为55.66万hm^2，产量2 621万t，分别占全国的30%和35.0%；中南六省的西瓜播种面积为63.55万hm^2，产量为2 565万t，分别占全国的34.3%和34.3%；新疆西瓜产量增幅最大，比上年增长22.35%。甜瓜产业布局为华东、中南、西北产区三足鼎立。2014年华东六省一市的甜瓜播种面积为10.21万hm^2，产量411.5万t，分别占全国的26.7%和27.9%；中南六省的甜瓜播种面积为10.11万hm^2，产量为311.1万t，分别占全国的23.0%和21.1%；西北地区甜瓜产业发展迅速，播种面积扩大到10.89万hm^2，产量提高到367.3万t，其中新疆甜瓜产量234.9万t，占全国总产量的15.9%，甘肃产量增幅最大，增幅达到98.45%。

1.1.3　优新品种的科技含量大幅提升

各科研单位选育出大量的优良新品种，西甜瓜品种结构得到了不断优化。优新品种推广应用比例较高，占比达80%。西甜瓜的品质和商品性都有了较大的提高。品种的引进以提高品质、外观品相为主要参数，早春大棚西瓜以京秀、小兰等为当家品种，大棚长季节西瓜栽培以京欣系列、早佳为主。大棚甜瓜优新品种格外受关注，各地积极引进了多种品质优良的甜瓜，如东方蜜1号、2号，玉姑、9818、雪里红等。

1.1.4　简约化生产技术得到大面积的应用

西甜瓜简化栽培技术如水肥一体化微肥滴灌技术、蜜蜂传粉技术等进一步推广应用。大棚设施栽培应用水肥一体化微肥滴灌面积较去年提升，节省了工本，极大地节约了水资源。近两年蜜蜂传粉技术面积进一步扩大，不仅应用到大棚西瓜，还被应用到小拱棚露地栽培。大棚西瓜使用蜜蜂传粉解决了人工授粉时的劳力缺乏的矛盾，保证了大棚西瓜能及时授粉，单株平均坐果率高于人工授粉，小型西瓜高的达到2.8，保证了西瓜品质和质量安全。

1.1.5　西甜瓜价格总体水平低于去年同期

2015年，山东、河南、河北、安徽、江苏、广西等早熟西瓜主产区上市时间集中，而主要消费市场遭遇连阴雨天气，导致西甜瓜滞销，前期价格一直处于低位运行，8—9月价格回升，但总体平均价格水平低于去年同期。根据农业部（信息中心提供的数据，2015年1—10月全国西瓜平均价格为2.99元/kg，比去年同期价格水平（3.58元/kg）下降了16%。全国甜瓜市场平均价格明显低于上年，2015年1—10月平均价格为4.95元/kg，比去年同期价格水平（6.61元/kg）下降了25%。

1.1.6　西瓜进出口大幅减少、甜瓜进出口明显增加

根据农业部信息中心提供的数据，2015年中国西瓜进出口总趋势为净进口，西瓜进出口数量和金额较去年同期均有较大幅度减少。2015年1—9月出口数量2.62万t，比去年同期（4.09万t）减少35.9%；出口金额1 967.17万美元，比去年同期（3 620.23万美元）减少45.7%。进口数量17.44万t，比去年同期（20.1万t）减少13.2%；进口金额3 330.68万美元，比去年同期（3 808.79万美元）减少12.5%。2015年甜瓜进出口贸易为净出口，甜瓜进出口数量和金额均有明显增加。2015年1—9月出口数量6.04万t，比去年同期（3.68万t）增加64.1%；出口金额10 649.47万美元，比去年同期（5 347.18万美元）增加99%。进口数量为47.88 t，比去年同期（11.32万t）增长3.23倍，进口金额6.01万美元，比去年同期（2.58万美元）增长2.8倍。

1.2　西甜瓜产业存在的突出问题

1.2.1　极端天气及病虫害影响严重

随着全球气候变暖，我国极端天气事件发生的几率增加，对西甜瓜生产造成的影响明显。冬春季待续低温阴雨寡照和夏季高温多雨天气，影响西甜瓜生产，导致“空心瓜”“脱水瓜”等事件发生，病虫害危害比较严重，对西甜瓜生产构成较大威胁。

1.2.2　农业生产成本逐年上升

近年来，化肥、农药、农膜等农业生产资料价格呈上涨态势，农业人工费用不断增加，推动了农业生产成本逐年提高，种植比较效益下滑，在一定程度上影响农民种植西甜瓜的积极性。从今后趋势看，农资价格上行压力加大、生产用工成本上升，西甜瓜生产正进入一个高成本时代。

1.2.3　农业劳动力结构变化更加紧迫

农村青壮年劳动力大多外出务工，生产一线的瓜农趋于老龄化，生产技术水平仅凭多年生产经验积累，科技成果转化较慢。西甜瓜生产劳动生产率不高，产业比较效益有下滑，特别是在经济发达的主产区存在许多瓜农转产现象，从业人员队伍呈现不稳定状况。

1.2.4　产品供需矛盾凸显

由于品种、栽培模式的高度一致性和瓜农对市场信息的缺乏，部分主产区出现西甜

瓜上市相对比较集中，提前上市或推迟上市量较少，导致短期内一些区域供大于求，出现西瓜、甜瓜滞销现象，瓜农利益受到较大损害。如何形成产品错季生产、区域差异互补、周年均衡供应是亟须解决的现实问题。

1.2.5 专用优势品种与综合栽培技术有待推广

西甜瓜种植集约化程度进一步提高，对新品种和新技术需求迫切，从科研到生产的“最后一公里”路程还需要继续优化。西甜瓜品种以及嫁接用砧木品种方面仍然存在多、乱、杂，主栽品种不明显，栽培管理粗放，肥水利用率较低，瓜农生产缺乏科学有效指导，新品种和新技术推广力度不足。

1.2.6 采后处理与加工技术有待提升

西甜瓜采后加工、分级、包装、储藏、保鲜、运输等技术研究与应用较为滞后。由于采摘手段、贮藏设施、运输方式、产品包装等技术条件落后，或由于生理病害、微生物病害的影响，可导致采后损耗达25%以上，直接影响西甜瓜上市的品质和价值。

1.2.7 产业化程度有待提高

西甜瓜产地的农民专业合作组织发展速度较缓慢，新型生产经营主体较少，西甜瓜产销绝大多数仍以一家一户的小农经营方式为主，销售以马路市场为主，超市、网络销售约占5%，急需进一步培育和拓展新的产业化模式和经营主体。

2 2016年西甜瓜产业发展趋势

2.1 现代化西甜瓜生产方式不断发展

2.1.1 种植规模稳中有降，种植结构调整优化

受2015年部分地区西甜瓜滞销、前期价格低迷的影响，预计2016年西甜瓜生产面积可能会有所减少，应提前做好统筹规划。同时，在种植结构上，中晚熟露地栽培品种可能略有恢复，早、中熟设施栽培面积预计比上年有所收缩，设施西甜瓜生产面积还会稳中有增。

2.1.2 优质、高抗性、耐贮运、中小型、耐低温弱光品种选育需要加强

从目前生产发展的方向看，西甜瓜品种选育将更注重以下性状：一是优质性，重点突出品种的优质性，特别注重一些适于嫁接栽培品种的适应性；二是高抗病性，明确选育的品种抗哪一种病害；三是较好的耐贮运性，能够适应远距离运输；四是中小果型，由于家庭小型化及消费方式与习惯等，大果型品种市场适用性越来越差，中小果型受市场欢迎；五是适于设施栽培的耐低温弱光品种，设施发展较快，北方地区早春低温寡照时有发生，急需耐低温弱光品种。

2.1.3 集约化育苗和简约化栽培技术进一步推广

随着我国西瓜优势产区进一步向规模化生产方向发展，对西瓜嫁接苗集约化健康种苗需求进一步增加，简约化栽培技术将会得到进一步普及。对集约化育苗场的种传病害和其他病虫害的防控提出了更高要求，预计专业化育苗场将得到进一步发展。此外，耕作机械化技术、蜜蜂授粉技术、水肥一体化技术、露地嫁接免整枝技术等省时省工的栽培技术将会被广泛使用。

2.1.4　产区分布趋于集中化、规模化和优势化

全国西瓜产区分布将更趋于集中化、规模化和优势化，根据《全国西甜瓜产业发展规划》的要求，未来重点布局黄淮海设施栽培优势产区、华南优势产区、长江流域优势产区、西北优势产区以及东北优势产区等五大西瓜优势产区，重点依托全国313个西瓜产业重点县进行建设，发挥区域比较优势，均衡全国西瓜供应。

2.2　西甜瓜市场供需格局基本稳定

2.2.1　市场供需保持平衡态势

2016年，全国西甜瓜供需将保持基本平衡，中国进出口贸易量仍将在1%以内，国际市场变化对国内影响不大；西甜瓜市场价格仍将继续保持季节性波动，后期波动将趋于平稳，整体价格与上年同期水平持平或略高；地区间价格呈现主产区低于非主产区、中等城市低于大城市、中西部地区低于东部地区的特点。

从长期来看，国内西甜瓜生产总体保持平稳，随着居民消费结构升级，小型西瓜、反季节西甜瓜、各类型功能性西甜瓜等高端需求不断增强，我国西甜瓜产业未来总体发展势头良好，带动与惠农效益持续增强，剔除季节性波动因素，市场价格整体将保持平稳上升。

2.2.2　产业化经营与“互联网+”营销是未来发展主导方向

我国西甜瓜产业发展未来趋势在于进一步推进产业化和组织化，发展西甜瓜基地规模化生产和大城市郊区特色供应模式，促进流通市场与生产基地一体化整合格局形成，加快构建贸工农、产加销一体化的产业经营体系。随着西瓜规模化和集约化生产程度的提高，集中育苗与产销一体的生产经营大户将进一步增加，专业合作社和家庭农场将在西甜瓜生产中发挥更加重要的作用，这将为未来我国西甜瓜市场健康运行和产业可持续发展提供有力的组织保障。

“互联网+”产品营销成为未来西甜瓜流通方式变革的方向。随着互联网+时代的到来，专业大户、家庭农场、农民合作社、农业产业化龙头企业等新型农业生产经营主体将与生鲜电商、渠道商等新型互联网企业实现实时对接，从而减少流通成本，实现西甜瓜优质优价。

3　2016年西甜瓜产业发展建议

3.1　着力提升设施栽培装备水平

要重点示范推广提高西甜瓜生产效率的设施装备，包括工厂化育苗机械、定植机械、自动灌溉、耕作机械、植保机械等装备，温室供暖、补光、补施CO_2等节能型农业装备。其次，要大力发展改善西甜瓜生产环境的设施装备，以提高产量和质量为目标，重点推广应用标准钢架设施构型、新型覆盖材料，示范应用智能型温、光、水、肥、气等环境调控设备以及物联网应用等，提高西甜瓜设施栽培的智能化水平。

3.2　继续加大提升产业科技含量

大力实施新品种、新技术、新模式三大更新工程，以西甜瓜产业园区为载体，发挥

农业科技的资源优势、人才优势和成果优势，大力推广应用优质抗病简约化西甜瓜新品种，大力集成应用西甜瓜设施栽培的新技术，大力示范应用西甜瓜轻简优质增效栽培新模式，不断提高科技对西甜瓜产业发展的贡献率。

3.3 继续大力开展技术协作攻关

协作开展适合设施栽培的优质抗病简约化西甜瓜新品种创制，工厂化、集约化育苗技术，如种子促萌引发技术及壮苗促控技术研究，砧木品种、工厂化育苗专用基质多元化研制、轻简优质增效栽培技术研究，西甜瓜病虫害绿色防控技术研究等。

3.4 加快创建西甜瓜生产标准园

以现代农业园区为依托，从西甜瓜生产产前、产中、产后三个环节，加强生产技术的集成应用，做到“六个百分百”，即100%生产资料统购统供、100%种苗统育统供、100%病虫害统防统治、100%产品商品化处理、100%品牌化销售、100%符合食品安全国家标准，实现西甜瓜生产“规模化种植、标准化生产、商品化处理、品牌化销售、产业化经营”，以标准园建设带动西甜瓜标准化生产水平的提升。

3.5 创新西甜瓜产销服务体系

针对部分西甜瓜主产区瓜农盲目生产，缺乏完善销售渠道的现实，创新产销服务体系，积极推广“互联网+”等新型销售模式，推进农产品优质优价。政府应加快建设全国性的西甜瓜产销信息共享平台，及时发布各地区的西甜瓜生产和销售情况，积极推进西甜瓜互联网智能配送管理电商平台建设，实现优质优价。

3.6 加大对专业合作社、家庭农场等新型经营主体的扶持力度

创新西甜瓜产业组织经营方式，培育新型经营主体，推进规模经营和标准化生产。建议进一步加大对专业合作社、家庭农场的扶持力度，扶持和鼓励以家庭农场为单元的规模化生产经营，推动骨干种植大户以农业合作社的形式联合，共同抵御市场风险。

报告三 2017年西甜瓜产业发展趋势与政策建议

张 琳 杨艳涛 吴敬学

1 2016年西甜瓜产业发展的特征与问题

1.1 西甜瓜产业发展的基本特征

1.1.1 全国西甜瓜播种面积和产量保持增长

根据《2015中国农业统计资料》公布的数字，2015年全国西瓜播种面积186.07万 hm^2，总产量7 714.0万t，每公顷产量41.46 t，比上年播种面积增加0.84万 hm^2，总产量增加229.7万t，增幅3.07%，每公顷单产提高1.05 t。全国甜瓜播种面积46.09万 hm^2，总产量1 527.1万t，每公顷产量33.13 t，比上年播种面积增加2.2万 hm^2，总产量增加51.3万t，增幅为3.47%，每公顷单产减少0.49 t。受种植结构调整的影响，2016年东北地区西瓜播种面积出现较大增长，全国甜瓜种植面积保持较明显的增长态势。

1.1.2 西甜瓜优势产区集中度进一步提高

全国3/4的西瓜来自华东和中南产区两大产区，2015年华东六省一市的西瓜播种面积为62.66万 hm^2，产量2 121万t，分别占全国的35.8%和27.5%；中南六省的西瓜播种面积为64.34万 hm^2，产量为2 717万t，分别占全国的34.6%和35.2%；江苏省西瓜产量增幅最大，比上年增长11.89%。甜瓜以华东、中南、西北三大产区为主，2015年华东六省一市甜瓜播种面积为12.47万 hm^2，产量434.1万t，分别占全国的27%和28.4%；中南六省甜瓜播种面积为11万 hm^2，产量为311.1万t，分别占全国的23.9%和20%；西北地区甜瓜播种面积扩大到12.28万 hm^2，产量增长到412.4万t，其中新疆甜瓜产量288.9万t，占全国总产量的18.9%，陕西产量增幅最大，增幅达到18.46%。

1.1.3 优新品种加快推广应用

各科研单位选育出大量的优良新品种，西甜瓜品种结构得到不断优化，优新品种推广应用比例较高，占比达80%。西甜瓜的品质和商品性都有了较大的提高，品种的引进以提高品质、外观品相为主要参数，早春大棚西瓜以京秀、小兰等为当家品种，大棚长季节西瓜栽培以京欣系列、早佳为主。大棚甜瓜优新品种格外受关注，各地积极引进了多种品质优良的甜瓜，如东方蜜1号、2号，玉姑、9818、雪里红等。

1.1.4 设施栽培面积迅速增加

由于设施栽培效益好，抵御自然灾害能力强，西瓜甜瓜优势产区均呈现出设施栽培面积增加、露地栽培面积减少的趋势，栽培技术和产业化水平不断提升。以河南省为例，2016年西瓜设施栽培面积95.41万亩（1亩≈666.67m^2，1hm^2=15亩，全书同），比2015年增加27.17万亩，大中拱棚面积增加明显，露地西瓜面积减少了11.43万亩，设施甜瓜栽培面积占总面积的78.4%，四川、湖北、安徽、福建等省份的设施栽培面积稳步增加。大棚设施栽培应用水肥一体化微肥滴灌面积近年来较快提升，节省了工本，极大地节约了水资源。

1.1.5 西甜瓜总体价格水平略高于去年同期

根据农业部信息中心提供的数据，2016年1—11月全国西瓜平均价格为3.19元/kg，比去年同期价格水平（2.99元/kg）上涨了6.69%。甜瓜价格较上年上涨，2016年1—11月平均价格为5.09元/kg，比去年同期价格水平（4.78元/kg）上涨了6.49%。西甜瓜市场交易量存在着明显的季节性，7—8月西瓜交易量最大，5—8月为甜瓜交易量的高峰段，2016年全国甜瓜交易量比2015年下降，2016年1—11月交易量比2015年同期减少34.5%。西甜瓜交易量变动与批发价格波动呈相反态势。

1.1.6 西瓜出口减少、甜瓜出口增加

根据农业部信息中心提供的数据，2016年中国西瓜出口数量比去年同期减少、进口数量比去年同期有所增加。2016年1—9月出口数量2.25万t，比2015年同期（2.62万t）减少14.1%，出口金额1 982.76万美元，比2015年同期（1 967.17万美元）增加0.79%；进口数量18.18万t，比2015年同期（17.44万t）增加4.2%，进口金额2 900.57万美元，比2015年同期（3 330.68万美元）减少12.9%。甜瓜出口数量比去年同期增加，2016年1—9月出口数量6.30万t，比2015年同期（为6.04万t）增加4.3%；2014—2016年以来，甜瓜进口数量极少，几乎为零。

1.2 西甜瓜产业存在的突出问题

1.2.1 灾害性气候影响显著，生产应对能力较弱

灾害性气候对露地西甜瓜生产冲击较大，设施大棚作物受灾程度相对较小。2016年春季由于受到低温影响，广西和南方多省区西甜瓜春季上市时间比上年推迟10~15天，2016年5—7月连续40多天阴雨天气，导致南方多省春季小棚及露地西瓜病害重、座果率低、品质差、商品瓜不能及时采收腐烂等，亩均减产30%~50%。2016年6月中旬至7月上旬的连续4次强降水，造成湖北、安徽多地出现洪涝灾害，湖北省西甜瓜累计受灾面积超过50万亩，绝收面积超过2万亩，直接经济损失超过3亿元。

1.2.2 生产成本逐年上升，种植比较效益下降

受劳动力和生产资料价格上涨的影响，西甜瓜种植比较效益降低，在一定程度上影响农民种植的积极性。陕西省从定植、授粉、整枝、采收雇工平均成本不包括户主自身劳动为420元/亩，农资产品价格1 800元/亩，这些成本占到每亩总收入的1/2~2/3。北京市2016年雇工价格已由去年的120元/人·天上涨到150元/人·天。安徽省部分地区高达130元以上，人工成本已超过生产总成本的50%。浙江省台州地区土地租金在2014—2016年增长了20%~30%，部分地区出现50%以上，劳动力成本从2014年日工资120元上涨到2016年日工资200元。从今后趋势看，生产用工成本上升，农资价格上行压力加大，西甜瓜生产正进入一个高成本时代。

1.2.3 劳动力短缺，产业持续发展动力不足

西甜瓜生产熟练工人缺乏、工人流动大、素质偏低等已经成为制约西甜瓜产业可持续发展的重要原因。农村劳动力向城市转移，年青一代不愿意从事农业，特别是在经济发达的主产区存在许多瓜农转产现象，重要节假日时甚至发生西甜瓜没有工人采收现象，造成极大浪费和市场价格波动。同时，人工占总成本比例已上升至五成左右，西甜瓜嫁接育苗、移栽定植等关键环节需耗费大量人力，成本难以降低。

1.2.4 专用优势品种与综合栽培技术亟待推广

品种多、乱、杂，主栽品种优势不明显，缺乏设施专用品种，同名异物或异名同物现象严重，急需不同类型优质、抗病、抗逆专用西、甜瓜更新换代新品种。农户自由种植、分散管理的经营方式难以实施新品种配套综合栽培技术应用及新技术应用，栽培上肥水管理缺乏均衡性，重化肥而轻有机肥的使用，病虫害防治过分强调农药使用，在产业化开发关键技术环节上如连作障碍、土传病害、细菌性果腐病的综合防治，标准化简约化栽培技术规程等方面缺乏技术支持，西甜瓜品质得不到保障。

1.2.5 规模化和组织化生产难以形成

平均分包土地的格局使西甜瓜规模经营遭遇用地无法有效保障的问题，农户普遍倾向于签订短期土地租赁合同，企业或合作社不敢投入资金进行基础建设。据调查，广东省西甜瓜种植企业签订土地合同的租期一般为 3~4 年，合同到期后，租金往往大涨，导致规模化生产者在长期基础建设方面投入谨慎，农田排灌能力和机械化、设施化应用水平降低，难以产生规模化效应。同时，各地西甜瓜新型生产经营主体规模小、标准化程度低、信息获取渠道少、商品化处理水平低、议价和应对市场风险的能力差，未能真正引领当地西甜瓜产业的发展。

1.2.6 采后处理与加工技术和设施亟须提升

西甜瓜采摘手段、贮藏设施、运输方式、产品包装等技术条件较为落后，可导致采后损耗达 25%以上。产地市场是西甜瓜流通中的最薄弱环节，大多数产地市场设施简陋、环境差，缺少预冷库、保鲜库、冷藏车等基础设施，分级、分选、包装和装卸多由人工完成，信息化水平低，造成上市供应相对集中，产品质量不齐。深加工行业技术滞后，加工企业较少，在西瓜和甜瓜加工的各类产品中，仅有鲜切西瓜和鲜切甜瓜有些发展，但都难以形成规模。

2 2017 年西甜瓜产业发展趋势

2.1 西甜瓜生产规模相对稳定，种植结构进一步优化

由于西瓜比较种植效益近 3 年持续下降，而甜瓜种植比较效益较高，预计 2017 年西瓜播种面积呈现稳中有降的趋势，而甜瓜播种面积呈现稳中有升的趋势发展，露地栽培的比例将进一步下降，设施栽培的比例将进一步上升。

2.2 西甜瓜市场供需基本平衡，消费结构不断升级

2017 年国内西甜瓜市场供需将保持基本平衡，进出口贸易量仍将在 1%以内，国际

市场变化对国内西甜瓜市场影响不大，国内西甜瓜市场价格仍将继续保持季节性波动，后期波动将趋于平稳，整体价格与上年同期水平持平或略高；从长期来看，我国西甜瓜产业未来总体发展势头良好，随着居民消费结构升级，对西甜瓜消费越来越注重新颖、多样、营养、安全、健康，无公害西甜瓜、有机西甜瓜、保健型西甜瓜等安全优质西甜瓜需求不断增强，未来满足新增需求主要通过提高单产和减少损耗来实现。

2.3 品种选育将更注重优质、高抗性、耐贮运、中小型和耐低温弱光性

从目前生产发展的方向看，西甜瓜品种选育将更注重以下性状：一是优质性，重点突出品种的优质性，特别注重一些适于嫁接栽培品种的适应性；二是高抗病性，明确选育的品种抗哪一种病害；三是较好的耐贮运性，能够适应远距离运输；四是中小果型，由于家庭小型化及消费方便与习惯等，大果型品种市场适用性越来越差，中小果型受市场欢迎；五是适于设施栽培的耐低温弱光品种，北方地区早春低温寡照时有发生，急需耐低温弱光品种。

2.4 工厂化育苗和设施栽培发展势头良好

因缺乏保护设施和基础建设薄弱，2016 年以来频现的极端天气，造成很多西甜瓜遭受冻伤、生长缓慢、水淹等现象，采用西甜瓜工厂化育苗技术，能够将恶劣天气带来的影响降到最小，并能在灾害天气过后及时上市而增加收益；随着政府对设施农业扶持力度加大以及现代农业示范园区建设，设施栽培由于相对效益突出，上升发展的潜力和可能性大，设施栽培特别是大中拱棚发展将进一步增加，主要用于早熟西瓜和薄皮甜瓜栽培，简约化栽培技术包括集约化育苗技术、机械化耕作技术、水肥一体化技术、蜜蜂授粉技术等将进一步普及。

2.5 绿色病虫害防控技术将逐步推广应用

枯萎病、蔓枯病、白粉病、霜霉病、炭疽病、疫病、果斑病和病毒病等常发性病害以及蚜虫、烟粉虱、蓟马等害虫的发生为害依然是新常态。同时，一些次要病害和害虫可能在个别产区或者在不合理栽培管理或异常气候条件下的发生危害。在病害防控方面，嫁接栽培等技术将进一步推广应用，高效药剂将仍是西甜瓜病虫害防治的主要途径，但是在一些生产管理水平较高的产区，基于农业栽培措施、生物防治等绿色防控技术越来越得到重视，并在预防和减轻病虫害发生危害方面发挥主导作用，不仅可以减少成本，而且可以更好地保护环境。

2.6 产业融合和新兴业态引导产业未来发展方向

随着国家农业供给侧结构性改革深入推进，为了破解农产品供给如何有效适应市场需求新变化的难题，适应大众消费向个性化特色消费转变、传统实体消费向跨区跨境、线上线下、体验分享等多种消费业态转变的新趋势，西甜瓜产业将从单一生产种植的传统园艺产业发展模式，向一、二、三产业有机融合的产业链深耕模式发展，采摘结合、休闲观光、文化体验、会员制、互联网营销、资本运作等新功能、新业态将不断融入西

甜瓜产业发展，形成从上游生产种植到中游品牌营销，再到下游资本运作的产加销一体化的西甜瓜全产业链条，这将是未来西甜瓜产业转型升级的方向。

3　2017 年西甜瓜产业发展建议

3.1　加强西甜瓜生产基础设施建设

重视西甜瓜产业信息的采集与信息化建设，逐步建立和完善西甜瓜产业信息监测发布体系；强化西甜瓜生产地基础设施建设，积极推进西甜瓜标准园创建，提高西甜瓜产业抵御自然灾害的能力；加大田头预冷等商品化处理设施建设力度，切实提高西甜瓜商品质量、减少损耗。

3.2　推进西甜瓜育种创新

抓住实施新修订《中华人民共和国种子法》的机遇，支持科研单位和企业开展育种攻关，加大适合简约化栽培的露地西瓜和甜瓜品种选育，适合设施栽培的西瓜和甜瓜品种选育，早熟、优质、耐贮运的适合设施栽培的薄皮甜瓜品种选育，以及专用型砧木品种的选育；通过现代种业提升工程，加大品种引进、筛选和示范力度，建设一批区域性西甜瓜无病毒苗繁育基地，促进主产区西甜瓜品种更新换代，同时要加强种子市场的监督和管理。

3.3　加大集成创新和技术示范

重点加大西甜瓜简约化栽培技术，包括集约化育苗技术、机械化耕作技术、水肥一体化技术、蜜蜂授粉技术等配套栽培设施和技术的研发、集成与示范工作；加大土壤连作障碍防控技术、西瓜和甜瓜主要病虫害发生的监测预警与防控技术的研发和推广力度，重点针对根结线虫、细菌性果斑病、黄瓜绿斑驳花叶病毒、甜瓜褪绿病毒和烟粉虱等，加强技术集成与示范；支持产地加工，重点是支持优势产区新型农业经营主体，建设贮藏保鲜和加工设施，提高优势产区西瓜甜瓜预冷等商品化处理能力。

3.4　推动西甜瓜产业化经营

培育新型经营主体，推进规模化经营和标准化生产。建议进一步加大对专业合作社、家庭农场的扶持力度，扶持和鼓励以家庭农场为单元的规模化生产经营，推动骨干种植大户以农业合作社的形式联合，共同抵御市场风险；加强农业企业和农户的利益连接机制，从政策、资金等方面大力扶持西甜瓜生产、加工、流通企业，鼓励、扶持产销龙头企业采取“反租倒包”形式流转农民土地，采用“公司+基地+农户”等形式，走规模化经营之路。

3.5　强化金融创新等资金保障扶持

发挥财政投入的杠杆作用，通过补贴、贴息等方式，撬动金融资本、社会资本进入西甜瓜产业，形成多方投入的机制。依托农业信贷担保体系，对西甜瓜龙头企业、合作社、家庭农场、种植大户等贷款担保实行相对宽松的担保支持政策，解决新型经营主体融资难问题。继续开展农业“政银保”合作贷款试点，在继续完善合作机制的基础上，让更多企业和行业协会参与到农业“政银保”，做大“资金池”，为农业“政银保”扩容，促进西甜瓜产业向标准化、现代化发展。

报告四　2018年西甜瓜产业发展趋势与政策建议

张　琳　杨艳涛　吴敬学

1　2017年西甜瓜产业发展基本特点

1.1　西甜瓜播种面积和产量保持稳定增长

根据《2016中国农业统计资料》公布的数字，2016年全国西瓜播种面积189.08万 hm^2，总产量7 940.0万t，每公顷产量41.99 t，比上年播种面积增加3.01万 hm^2，总产量增加226.0万t，增幅2.93%，每公顷单产提高0.53 t。全国甜瓜播种面积48.19万 hm^2，总产量1 635万t，每公顷产量33.93 t，比上年播种面积增加2.1万 hm^2，总产量增加107.9万t，增幅为7.07%，每公顷单产增加0.8 t。全国西甜瓜种植面积和产量保持较为稳定的增长态势。

1.2　西甜瓜优势产区集中度进一步提高

全国3/4的西瓜来自华东和中南产区两大产区，2016年华东六省一市的西瓜播种面积为63.47万 hm^2，产量2 716万t，分别占全国的35.8%和34.2%；中南六省的西瓜播种面积为66.79万 hm^2，产量为2 894万t，分别占全国的35.3%和36.4%；河南省2016年西瓜产量第一且增幅最大，比上年增长9.61%。甜瓜以华东、中南、西北三大产区为主，2016年华东六省一市的甜瓜播种面积为12.53万 hm^2，产量441万t，分别占全国的26%和27%；中南六省甜瓜播种面积为11.6万 hm^2，产量为359万t，分别占全国的24%和22%；西北地区甜瓜播种面积扩大到12.65万 hm^2，产量增长到435万t；2016年新疆甜瓜产量第一，河南产量增幅最大，增幅达到27.46%。

1.3　西甜瓜优新品种加快选育推广

各科研单位选育出大量的优良新品种，西甜瓜品种结构得到不断优化，优新品种推广应用比例达80%。遗传育种更着重优质多抗，具有适合简约栽培特性的品种选育，中小果型西瓜及精品甜瓜主要方向发展。根据西甜瓜产业技术体系生产调查数据，2017年全国共选育西瓜品种33个，甜瓜品种11个。其中，小果型和中果型西瓜为育种主要类型，部分产区（宁夏、陕西、甘肃）选育了大果型西瓜，甜瓜选育品种集中在厚皮甜瓜，西甜瓜品质和商品性都有了较大的提升。

1.4　全国西甜瓜栽培模式不断优化

露地西甜瓜栽培从以家庭为单位小面积栽培向种植专业户大规模栽培转变，由西甜瓜单一作物栽培向多种作物间、套作栽培转变，各地结合当地气候特点开发出一系列简约化、省时省工的露地栽培模式，具有代表的地区有湖北、湖南、河南等地；设施西甜瓜栽培模式在早春精品西甜瓜生产中的应用进一步扩大，尤其在早春小果型西瓜和厚皮甜瓜生产中应用比例较高，具有代表的地区有江苏、浙江、上海等地。根据西甜瓜产业技术体系生产调查数据，西瓜甜瓜优势产区均呈现出设施栽培面积增加、露地栽培面积减少趋势，2017 年西瓜设施栽培面积占总面积的 57.76%，比 2016 年提高了 11.24%，其中大中拱棚面积增加明显；2017 年甜瓜设施栽培面积占总面积的 65.87%，比 2016 年提高了 1.15%，其中小拱棚面积增加明显。

1.5　西甜瓜总体价格水平略高于去年同期

根据农业部信息中心数据测算，2017 年 1—11 月全国西瓜加权平均价格为 3.09 元/kg，比去年同期加权平均价格水平（2.90 元/kg）上涨了 6.55%；甜瓜 2017 年 1—11 月加权平均价格为 5.98 元/kg，比去年同期加权平均价格水平（5.66 元/kg）上涨了 5.65%。西甜瓜市场交易量存在着明显的季节性，7—8 月西瓜交易量最大，5—8 月为甜瓜交易量的高峰段，2017 年 1—11 月西瓜交易量为 241.33 万 t，比 2016 年同期减少 9.6%；2017 年 1—11 月甜瓜交易量 11.41 万 t，比 2016 年同期减少 23.4%。

1.6　西瓜出口增加、进口减少，甜瓜出口减少

根据农业部信息中心数据测算，2017 年中国西瓜出口数量（金额）同去年同期比增加、进口数量（金额）同去年同期比减少，2017 年 1—10 月出口数量 3.97 万 t，比 2016 年同期（2.50 万 t）增加 59%，出口金额 2 959万美元，比 2016 年同期（2 170万美元）增加 36.4%；进口数量 16.42 万 t，比 2016 年同期（18.18 万 t）减少 9.7%，进口金额 2 747万美元，比 2016 年同期（2 900万美元）减少 5.3%。2017 年甜瓜出口数量/金额均比 2016 年有所减少，2017 年 1—10 月出口数量 5.904 万 t，比 2016 年同期（为 6.94 万 t）减少 14.8%，出口金额 9 307.6万美元，比 2016 年同期（13 415.1万美元）减少 30.6%；2014—2017 年以来，甜瓜进口数量极少，几乎为零。

1.7　优势产区绿色生产意识逐渐增强

随着农业部农业绿色发展五大行动的深入实施，西甜瓜优势产区绿色生产意识不断提升。根据西甜瓜产业技术体系调查数据，由于“两减一控”技术普及和农户绿色安全意识提高，各主产区商品有机肥在生产中应用比例进一步扩大，西甜瓜质量安全和提质增效的整体形势呈现逐年变好趋势；品种节水、农艺节水、设施节水、机制节水加快推进，西甜瓜水肥一体化技术得到较快推广，包括滴灌、微喷灌溉和膜下灌水等节水措施，肥水利用率进一步提高，在北京、甘肃、宁夏等地区得到广泛应用；绿色病虫害防控技术逐步推广应用，在一些生产管理水平较高的产区，基于农业栽培措施、生物防治等绿色防控技术越来越得到重视。

2 2017 年西甜瓜产业存在的突出问题

2.1 灾害性气候和病虫害影响持续，生产应对能力较弱

根据全国各试验站统计，2017 年全国西甜瓜主产区存在的主要自然灾害按发生频次依次是：低温、暴雨、寡日照，其中早春连续低温天气造成瓜苗发育迟缓、坐果率低、品质差。病害与不良天气伴随发生，特别是 2017 年秋季多地连续阴雨，造成细菌性果斑病大量暴发。重茬问题日益严重，成为西甜瓜病害频发的主要原因之一。新型病害开始出现，往年报道较少的病害如黄化褪绿病毒病在部分产区山东、浙江等地大面积暴发。化学防治效果减弱，农药施用量难以降低。

2.2 生产成本不断攀升，绿色生产投入比重提高

农机、肥料、农膜等农资产品价格上涨、劳动者工资增加、土地租金提高，直接造成了农业生产成本逐年增长，尤其是人工成本增长幅度较大。据主产区农户调研数据显示，西甜瓜产业人工成本占总成本的 30%~60%，已经成为占比最大的支出项目。西甜瓜属于劳动密集型作物，机械化程度低，大部分生产环节只能依靠人工完成，人工成本上涨拉动了总成本的上涨。优势产区绿色生产投入行为有所增多，但也存在有机肥使用种类比较单一，成品有机肥市场不规范、价格虚高，抗病虫害种苗供给不足等问题。

2.3 生产机械化程度较低，专用设备研发和推广存在制约

目前我国西甜瓜生产机械化程度较低，机械化无法覆盖整个生产环节。主要应用依然局限在耕整地、肥水灌溉方面，而且用工成本较大，除了膜下滴灌及水肥一体化装备已在新疆等干旱地区以及海南等设施西甜瓜产区大面积推广应用之外，在定植、整枝、打叉、授粉、采收等种植环节仍然难以推进机械化。设施栽培西甜瓜的作业空间小、设施建设不标准，导致机械化装备“路难走、门难进、边难耕、头难掉”，不同产区种植习惯与栽培农艺差异大，也给西甜瓜生产机械的研制开发、成果转化及产业化带来困难，生产中迫切需要开发集旋耕、开厢、施肥、覆膜于一体的耕整一体化机械、高效喷药机械、中耕施肥机械等。

2.4 产业链延伸不够，产业化经营水平有待提高

西甜瓜采后处理加工与综合利用还停留在简单的冷藏保鲜和冷链物流水平。西甜瓜加工方面基本为空白，只有个别地区进行西甜瓜加工，如新疆甜瓜干加工，河南西瓜酱制作，广西桂林三金药业从事西瓜霜和西瓜霜润喉片生产，但整体占比不大。西甜瓜外销物流运输形式依然较为简易（货车+草帘），仅有少数精品西甜瓜采用冷链运输。产业整体产业化水平较低，在产品优质优价、市场竞争力培育、标准化生产基地建设、新型经营主体做大做强、名牌产品打造等方面与发达国家和地区存在较大差距，品牌建设、组织化和产业化经营任重道远。

2.5 价格季节性波动大，生产经营面临较高市场风险

西瓜和甜瓜的成本利润率高于三大主粮、油菜、棉花，接近蔬菜平均水平。但是西甜瓜消费价格弹性大，不同水果品种间替代性强，价格季节性波动频繁且幅度大，这都决定了西甜瓜生产经营具有较高收益的同时风险也较大。同时生产成本增加和质量提升也推动西甜瓜成本进一步上涨，销售价格两极分化更加加剧。

由于瓜农缺乏对市场信息了解，生产存在很大盲目性，产业化程度低，产业设备有待改进，造成产品上市相对比较集中，西甜瓜价格季节性波动大，7—9月西甜瓜滞销、瓜贱伤农现象时有发生。

3 2018年西甜瓜产业发展趋势

3.1 产量和规模保持稳定，种植结构调整优化

受土地价格等因素影响，未来西甜瓜面积增长潜力不大，2018年预计全国西甜瓜播种面积将有略微下降；但受益于栽培技术提升，单产有上升区间，西甜瓜整体产量趋于稳定；种植结构进一步优化调整，预计设施西甜瓜栽培面积将有一定增长，露地栽培面积可能会有一定量下降，精品西甜瓜栽培面积将不断扩大，反季节栽培面积会进一步扩大，西甜瓜产业竞争力将大大提升。

3.2 国内市场供需基本平衡，国际市场变化影响不大

2018年国内西甜瓜市场供需将保持基本平衡，市场价格仍将继续保持早、晚期高—中期低的季节性波动变化特征，总体销售价格可能维持上年水平或略高，早熟产品和优质产品的价格将比2017年有所上升；中国西甜瓜进出口贸易量仍将在1%以内，国际市场变化对国内产业发展影响不大。

3.3 绿色发展将成为西甜瓜生产发展的主导思想

西甜瓜生产体系构建将深入实施绿色发展的总体思路，以生态农业为基础，以资源环境承载能力为基准，以绿色科技创新技术为支撑，以提高西甜瓜质量安全、生产效益和竞争力为目标，以降低农业投入品用量和提高农业资源利用效率为手段，逐步推动西甜瓜产业形成“空间布局科学化、资源利用高效化、产地环境友好化、产品销售品牌化”的产业发展总体格局。

3.4 产业技术研发以提质增效、节本增效和绿色增效为导向

西甜瓜遗传育种将朝着优质多抗，具有适合简约栽培特性的品种选育，中小果型西瓜及精品甜瓜是未来育种的主要方向发展；工厂化育苗、测土配方施肥、基质栽培、水肥一体化、蜜蜂授粉、稀植免整枝等简约化栽培模式进一步普及；高效药剂将仍是西甜瓜病虫草防治的主要途径，绿色防控技术将更加被重视，化学农药施用量将小幅降低，病虫害防控的专业队伍逐渐增加；地域间西甜瓜产品流动性继续增强，对西瓜功能性成

分提取、尾瓜利用等将成为产后综合利用的主攻方向；机械化生产将越来越受到重视，西甜瓜机械化生产将呈现人工作业向机械化作业、单项机械化作业向复式机械化作业、通用型机械向专业化机械发展的趋势，因地制宜开发适用于不同地形、设施环境的农机具将受到青睐。

3.5　产销一体化和产业深度融合是产业经营体系构建的方向

在环境、气候、设施、人力等生产要素最具优势的国内外主产区，布局四季生产、周年供应的西甜瓜生产县域产区，以产销一体化的企业或者农民合作组织等适度规模生产组织为产业龙头，以产销直接对接或者最少环节对接方式来组织生产与营销，以不同层次的消费需求决定生产的品种类型、生产设施及营销模式，集成推广一批抗病虫害品种与简约化清洁化的生产技术，建立中低档与精品瓜互为补充、相得益彰的全国西甜瓜产业生产与经营方式。同时，西甜瓜生产、加工、销售各环节与休闲观光、电子商务等新兴业态进行深度融合，加快实现产业优质优价、功能拓展和价值增值。

4　2018年西甜瓜产业发展建议

在农业供给侧结构性改革和消费需求的拉动下，西甜瓜生产的质量、绿色、效率需求将更加突出，需要依靠品牌化、绿色、高效构建我国新时期下的西甜瓜产业体系。下一步，需要通过科技支撑培养出新主体、新业态、新动力，并推动形成新的生产、经营与管理体系。

4.1　加大西甜瓜抗病虫害品种选育，以良种为载体推动西甜瓜生产绿色发展

西甜瓜品种选育要与市场多元化需求与品质相结合的基础上，更应将复合抗病虫性、抗逆性、资源高效利用和可持续发展列为育种选种的重要目标。针对性的培育具有明确高抗性的品种，根据不同地区栽培形式和特点，大力引进当地适宜品种或进行专用品种或专有品种的培育研究，搞好试验示范工作，在此基础上，进一步加强推广应用，在不同生态区和种植模式下推广适宜品种。各不同地区每年应适当引进一些新品种，进行试验，做好品种储备，重点推广小型无籽西瓜、早中熟中小果型瓤质细脆西瓜、早熟大果型优质厚皮甜瓜、优质薄皮甜瓜、中晚熟优质籽瓜等系列品种的引进、试验、推广，为产业健康发展奠定物质基础。

4.2　加快简约化清洁化生产技术集成推广与普及，推动生产方式向绿色高效转变

建立以高效、设施化、绿色为目标的西瓜甜瓜规范栽培技术体系，重点是设施栽培技术、无公害病虫害防治技术和平衡营养施肥技术等，加快简约化技术、减肥减药技术、肥水一体化技术、资源高效利用技术等在产业中应用和推广，促进产业健康绿色发展。要加强配套标准规范栽培技术培训和指导工作，制定不同区域、不同栽培模式西甜瓜标准化生产技术规程，构建工厂化育苗网点货网络，完善西甜瓜优质化配套栽培技术和商品品质优化技术。针对不同品种、不同市场的要求，通过提出生产管理的量化指标，明确各种条件下的种植要求和栽培技术，规范农药化肥使用和灌溉，统一指导西甜

瓜采摘，保障绿色安全生产。

4.3 进一步加大西甜瓜向优势产区集聚，实现适度规模生产与经营

选择自然环境和生产要素最具优势的地区，布局四季生产、周年供应的西甜瓜生产县域产区，大力扶持产销一体化的龙头企业、农民合作组织等新型经营主体开展适度规模经营，通过政策补贴，以多种形式流转农民土地，带动西甜瓜产业聚集，突破单纯生产合作的局限，积极开展产前和产后营销服务，发展西甜瓜产品加工，延长产业链条，从松散型向紧密型转变，利用不同区域资源禀赋的差异特点，形成不同季节、不同类型、不同消费需求的主产区域以及优势县域，将西甜瓜产业培育成推动农村经济发展和农民持续增收的优势特色园艺产业。

4.4 大力开展西甜瓜绿色品牌创建，推动西甜瓜绿色生产与消费理念

要建立西甜瓜产业绿色生产标准体系。积极研究制订与国际惯例接轨的西甜瓜商品标准。建立西甜瓜无公害农产品认证制度，加快建立统一的绿色农产品市场准入标准，提升西甜瓜绿色食品、有机农产品和地理标志农产品等认证的公信力和权威性；完善西甜瓜绿色农产品检测体系，建立乡镇或区域性农产品质量安全监管公共服务机构，依托国家及地方“菜篮子”产品质量安全追溯信息平台，建立覆盖西瓜甜瓜生产和流通环节的全程质量追溯体系；充分利用电子商务、连锁经营、农超对接等现代销售手段，不断发展订单农业，拓宽西甜瓜绿色农产品销售渠道。

4.5 锻造训练有素体系科学家队伍，构建支撑绿色发展科技创新体系

完善农业科研院所、高校、企业等各类创新主体协同攻关机制，开展以西甜瓜绿色生产为重点的科技联合攻关，鼓励走产学研、育繁推一体化的发展路子；完善西甜瓜农业绿色科技创新成果评价和转化机制，探索建立农业技术环境风险评估体系，加快成熟适用绿色技术、绿色品种的示范、推广和应用；借鉴国际西甜瓜产业协会绿色发展的实践经验，加强国际间科技和成果的交流合作。

报告五　燕山—太行山扶贫区西瓜甜瓜产业发展问题及对策研究

杨　念　王蔚宇　路　丽　杨孟阳　吴敬学

园艺类作物是我国农业的重要组成部分，蔬菜、花卉、水果是人民生活不可或缺的农产品。随着生活水平的提高，人们对园艺产品的需求日益增长，园艺产品的附加值也不断提高，产生了显著的经济效益。其中，西瓜甜瓜作为重要的高效园艺类作物，对农民增收作用显著。

1　河北省西瓜甜瓜产业发展

河北省地处华北平原，地貌多样，有山地、坝上高原、丘陵、平原、盆地等，其中平原面积辽阔，约占地表总面积的30.49%[1]。得益于平坦的地势、肥沃的土壤，平原地区耕作历史悠久，各类自然土壤已熟化为农业土壤，是全省的主要农产区。河北省地跨中温带和暖温带，属大陆性季风气候，四季分明，日照条件好，适宜西瓜甜瓜产业发展。

如表1所示，2010—2017年，河北西瓜甜瓜种植面积由2010年的5 410 hm^2增加到2017年的95 366 hm^2，占全国西瓜甜瓜总面积的比例也由0.76%增长到10.91%；产量由2010年的29.60万t增加到2017年的542.12万t，其占全国西瓜甜瓜产量的比例也由0.84%增长到12.76%。

表1　2010—2017年河北省西瓜甜瓜生产情况

种类	年份	全国		河北		河北省在全国占比		单产	
		面积（万 hm^2）	产量（万t）	面积（hm^2）	产量（万t）	面积（%）	产量（%）	全国（$t\cdot hm^{-2}$）	河北（$t\cdot hm^{-2}$）
西瓜	2010	59.98	3 123.29	2 986.67	18.47	0.50	0.59	52.07	61.83
	2011	115.89	5 281.37	65 897.13	385.89	5.69	7.31	45.57	58.56
	2012	127.46	6 098.13	62 511.33	360.23	4.90	5.91	47.84	57.63
	2013	88.76	4 207.68	72 104.23	413.08	8.12	9.82	47.40	57.29
	2014	86.34	4 302.05	72 126.00	421.77	8.35	9.80	49.83	58.48
	2015	84.97	3 940.97	68 603.33	403.35	8.07	10.23	46.38	58.79
	2016	81.48	3 962.79	60 993.33	373.76	7.49	9.43	48.64	61.28
	2017	68.36	3 456.00	61 483.00	376.11	8.99	10.88	50.55	61.17

（续表）

种类	年份	全国		河北		河北省在全国占比		单产	
		面积（万 hm^2）	产量（万 t）	面积（hm^2）	产量（万 t）	面积（%）	产量（%）	全国（$t \cdot hm^{-2}$）	河北（$t \cdot hm^{-2}$）
甜瓜	2010	11. 31	400. 93	2 423. 73	11. 13	2. 14	2. 78	35. 46	45. 92
	2011	25. 09	906. 97	19 804. 93	92. 06	7. 89	10. 15	36. 15	46. 48
	2012	37. 33	1 311. 75	27 606. 00	136. 22	7. 39	10. 38	35. 14	49. 34
	2013	23. 24	864. 51	29 646. 67	159. 85	12. 75	18. 49	37. 19	53. 92
	2014	22. 26	846. 37	31 833. 27	160. 32	14. 30	18. 94	38. 02	50. 36
	2015	23. 69	907. 91	32 665. 33	164. 33	13. 79	18. 10	38. 33	50. 31
	2016	23. 19	909. 22	28 654. 27	149. 77	12. 36	16. 47	39. 21	52. 27
	2017	19. 03	791. 27	33 883. 07	166. 01	17. 80	20. 98	41. 57	49. 00

数据来源：国家西瓜甜瓜产业技术体系后台管理系统数据库。

2010 年河北西瓜播种面积 2 987 hm^2，占全国播种面积 59. 98 万 hm^2 的 0. 50%，产量 18. 47 万 t，占全国产量 3 123. 29万 t 的 0. 59%；2017 年播种面积为 61 483 hm^2，占全国播种面积 68. 36 万 hm^2 的 8. 99%，产量 376. 11 万 t，占全国产量 3 456万 t 的 10. 88%。

2010 年河北甜瓜播种面积 2 424 hm^2，占全国播种面积 11. 31 万 hm^2 的 2. 14%，产量 11. 13 万 t，占全国产量 400. 93 万 t 的 2. 78%；2017 年播种面积为 33 883 hm^2，占全国播种面积 19. 03 万 hm^2 的 17. 80%，产量 166. 01 万 t，占全国产量 791. 27 万 t 的 20. 98%。

2010—2017 年河北西瓜甜瓜的单位面积产量均高于全国平均水平。2010 年河北西瓜单产为 61. 83 $t \cdot hm^{-2}$，全国为 52. 07 $t \cdot hm^{-2}$，高出全国 9. 76 $t \cdot hm^{-2}$；2017 年河北西瓜单产为 61. 17 $t \cdot hm^{-2}$，全国为 50. 55 $t \cdot hm^{-2}$，高出全国 10. 62 $t \cdot hm^{-2}$。2010 年河北甜瓜单产为 45. 92 $t \cdot hm^{-2}$，全国为 35. 46 $t \cdot hm^{-2}$，高出全国 10. 46 $t \cdot hm^{-2}$；2017 年河北甜瓜单产为 49. 00 $t \cdot hm^{-2}$，全国为 41. 57 $t \cdot hm^{-2}$，高出全国 7. 43 $t \cdot hm^{-2}$。

2 燕山—太行山扶贫区西瓜甜瓜产业发展现状

2. 1 燕山—太行山西瓜甜瓜产业扶贫区域范围界定

现代农业产业技术体系承担着 14 个特困连片区域的扶贫工作，西瓜甜瓜产业技术体系均参与其中，特困连片区域共计 378 个县，西瓜甜瓜产业技术体系可在 65 个县开展扶贫工作，占比 17. 20%。在燕山—太行山区西瓜甜瓜产业技术体系可开展扶贫的 5 个县中，有 3 个县分布在河北，分别是蔚县、阳原县和万全县。由于调研区域的限制和数据的可得性，笔者仅对上述 3 个县的西瓜甜瓜扶贫工作进行研究，称为“燕山—太行山扶贫区”。

2. 2 燕山—太行山扶贫区西瓜甜瓜产业发展现状

2017 年通过引进新品种、推广新技术、对技术骨干和贫困山区农民进行培训等方式，转变了瓜农的传统种植观念，提高了种植技术水平，增加了瓜农的收入。通过3.73 hm^2 核心示范区辐射西瓜甜瓜种植面积66.67 hm^2，采摘示范区收入达到450 000元 · hm^{-2}以上，每 hm^2 增收375 000元。

2.2.1　蔚县西瓜甜瓜产业发展现状

蔚县土地面积3 198 hm^2，辖11个乡、11个镇、547个村。2016年蔚县西瓜播种面积266.67 hm^2，总产量1.8万t，单位面积产量和产值分别为67.5 t · hm^{-2}和3.38万元 · hm^{-2}，成本收益率3.5%；甜瓜播种面积533.33 hm^2，总产量1.2万t，单位面积产量和产值分别为22.5 t · hm^{-2}和9万元 · hm^{-2}，成本收益率7.57%。2017年示范3.33 hm^2 小果型西瓜‘L600’，采用冷棚立架栽培，有效商品率产量43.5 t · hm^{-2}。销售渠道主要通过老宋瓜王电商，园区门店，少量采摘，华联、城乡、卓展等超市，平均售价11元 · kg。

2.2.2　阳原县和万全县西瓜甜瓜产业发展现状

阳原县土地面积1 849 hm^2，辖9个乡、5个镇、301个村。阳原县西瓜种植京欣系列占比50%，土壤以壤土为主，多为春夏茬、早中熟品种，5月5日前后自根苗移栽，轮作露地栽培，7月20日左右采收，采用机械翻地、平畦式耕作、漫灌，爬地种植，2016年西瓜播种面积400 hm^2，总产量2.4万t，单位面积产量和产值分别为60 t · hm^{-2}和4.8万元 · hm^{-2}，成本收益率7%；甜瓜播种面积140 hm^2，总产量0.32万t，单位面积产量和产值分别为22.5 t · hm^{-2}和6.75万元 · hm^{-2}，成本收益率3.5%。

万全县土地面积1 162 hm^2，辖7个乡、4个镇、171个村。2016年西瓜播种面积393.33 hm^2，总产量1.77万t，单位面积产量和产值分别为45 t · hm^{-2}和4.95万元 · hm^{-2}，成本收益率4.5%。万全县甜瓜种植品种龙甜系列和泽甜系列各占50%，土壤以壤土为主，多为春夏茬、薄皮品种，5月10日前后直播，轮作露地栽培，7月20日左右采收，采用机械翻地、平畦式耕作、降水灌溉，爬地种植，2016年甜瓜播种面积366.67 hm^2，总产量0.83万t，单位面积产量和产值分别为22.5 t · hm^{-2}和9.45万元 · hm^{-2}，成本收益率3.2%。

2017年，阳原县和万全县举办大型西瓜甜瓜技术培训会2次，专家分别针对露地甜瓜、西瓜栽培技术进行全面讲解，培训技术骨干13人、指导贫困山区农民137人次，发送西瓜甜瓜栽培技术指导说明500份、《甜瓜栽培技术》150本。

3　燕山—太行山扶贫区西瓜甜瓜产业发展存在问题

燕山—太行山扶贫区西瓜甜瓜产业发展取得了一定成效，但依然存在一些问题，既有地理位置、自然环境等因素导致的产业发展先天不足，也有靠天种养局面导致的后劲不强，产业化发展缓慢。

3.1　自然环境相对恶劣

燕山—太行山区的经济发展很大程度上依赖农业，但农业基础设施建设较差、自然资源匮乏、土地普遍瘠薄、山地多平地少、高寒干旱少雨，3县有效灌溉面积分别占农作物播种面积的33.48%、37.71%和84.93%，很难形成高效的农业发展模式。西瓜生长期长，需要大量养分，每生产 100 kg 西瓜约需吸收 0.19 kg 的氮、0.092 kg 的磷，0.136 kg 的钾，且以土质疏松、土层深厚、有机质丰富、排水良好的壤土或砂质壤土最佳，喜弱酸性。甜瓜对土壤物理性状的要求与西瓜基本相同。因此，在燕山—太行山扶贫区发展西瓜甜瓜产业，必须在专家的技术指导下，提高科学种植水平。

3.2 有效劳动力匮乏

由于燕山—太行山区经济发展相对落后，自然环境恶劣，主要劳动力外出打工谋求更高的收入，家里以老人和留守儿童为主，文化水平普遍偏低。蔚县 2016 年末总人口 50.3 万人、乡村人口 46.35 万人、常住户数 16.43 万户、乡村总户数 16.11 万户、年末乡村从业人员 19.72 万人（其中从事农林牧渔业占比 66.44%）；阳原县 2016 年末总人口 27.5 万人、乡村人口 22.89 万人、常住户数 8.86 万户、乡村总户数 8.40 万户、年末乡村从业人员 11.84 万人（其中从事农林牧渔业占比 59.53%）；万全县年末总人口 22.5 万人、乡村人口 19.21 万人、常住户数 8.93 万户、乡村总户数 7.15 万户、年末乡村从业人员 10.26 万户（其中从事农林牧渔业占比 66.95%）。一方面造成了大量土地闲置、资源浪费，另一方面人口老龄化导致劳动力素质降低，即使从事对技术要求较低的劳动密集型产业，在接受新技术方面存在较大难度[2]。

3.3 生产投入不足

如表 2 所示，2016 年河北省西瓜平均单产和产值分别为 61.28 t · hm^{-2} 和 7.75 万元 · hm^{-2}，成本收益率为 2.21%；甜瓜平均单产和产值分别为 52.27 t · hm^{-2} 和 23.97 万元 · hm^{-2}，成本收益率为 2.65%。与河北省平均水平相比，3 县的西瓜甜瓜生产均存在单位面积产量、产值较低，但成本收益率较高的情况。蔚县西瓜单产略高于河北省平均值，但每 hm^2 的收益较均值少 4.37 万元，成本收益率较均值高 1.29；甜瓜单产和每 hm^2 的收益较均值分别低 56.95% 和 62.45%，成本收益率较均值高 4.93。万全县西瓜单产和单位收益分别低于均值 26.56% 和 36.09%，成本收益率较均值高 2.29；甜瓜单产和单位收益较均值分别低 56.95% 和 60.57%，成本收益率较均值高 0.55。阳原县西瓜单产略低于均值，每公顷的收益较均值少 38.03%，成本收益率较均值高 4.79；甜瓜单产和单位收益较均值分别低 29.77 t · hm^{-2} 和 17.22 万元 · hm^{-2}，成本收益率较均值高 0.85。

表 2　2016 年燕山—太行山扶贫区西瓜甜瓜产业成本收益

种类	项目	播种面积 (hm^2)	总产量 (t)	总收益 (万元)	总成本 (万元)	单位面积产量 (t · hm^{-2})	单位面积产值 (万元 · hm^{-2})	成本收益率 (%)
西瓜	蔚县	267	18 000	900	200	67.50	3.38	3.50
	万全县	393	17 700	1947	354	45.00	4.95	4.50
	阳原县	400	24 000	1 920	240	60.00	4.80	7.00
	河北省	60 993	3 737 584	472 446	147 309	61.28	7.75	2.21

（续表）

种类	项目	播种面积（hm^2）	总产量（t）	总收益（万元）	总成本（万元）	单位面积产量（$t \cdot hm^{-2}$）	单位面积产值（万元 · hm^{-2}）	成本收益率（%）
甜瓜	蔚县	533	12 000	4 800	560	22.50	9.00	7.57
	万全县	367	8 250	3 465	825	22.50	9.45	3.20
	阳原县	140	3 150	945	210	22.50	6.75	3.50
	河北省	28 654	1 497 720	686 751	188 349	52.27	23.97	2.65

数据来源：国家西瓜甜瓜产业技术体系后台管理系统数据库。

4　燕山—太行山扶贫区西瓜甜瓜产业发展建议及展望

产业扶贫是打赢脱贫攻坚战的重要举措，在蔚县、阳原、万全县开展西瓜甜瓜产业扶贫，助力张家口地区乃至燕山—太行山区产业扶贫工作，通过强化农业基础设施建设、加强农民技术培训、推动科技创新、开拓国内外市场、做大做强优势特色农业、扩大农民就业，有助于完成《农业行业扶贫开发规划（2011—2020 年）》提出的农业综合生产能力、农民增收、农业技术与农民素质、农业资源与生态环境四个方面的具体目标，走出一条适合燕山—太行山区产业扶贫的新路径，实现区域化、规模化、标准化发展，提高单位面积产量、收益，提高西瓜甜瓜品质[4]。

4.1　加强基础设施建设

第一，切实解决扶贫区交通、通信、医疗、教育、养老等方面实际困难，提高群众生活水平。第二，通过农业补贴，稳定农用物资、能源等生产资料价格，降低农业生产成本，提高农民收入，减少劳动力外流。第三，加强排灌设施建设，保证灌溉渠道畅通，农业用水流得进、排得出，发挥旱涝保收的作用。第四，加强机耕道建设，实现播种、采摘等环节的机械化，尽可能减轻农民劳动强度，节约劳动力。

4.2　加大教育培训投入

第一，改善办学条件，保障学龄儿童享受高质量学前教育和义务教育，使家长可以安心从事农业生产。第二，开展西瓜甜瓜实用技术培训，提高劳动生产率，缓解劳动力不足的问题。一方面，加强科技推广，提高西瓜甜瓜科技成果的普及程度，通过降低瓜农劳动强度，节约西瓜甜瓜生产成本，提高单位面积产量和收益，以及提升瓜果品质等方式，实现西瓜甜瓜产业的科学发展，促进瓜农收入水平的提高。另一方面，大力推行农村社会化服务，针对主要劳动力大量外出打工的情况，组织瓜农开展互帮互助，在品种选择、农资供应、技术指导等方面提供统一甚至到户服务，确保瓜农不因劳动力不足而延误农时。

4.3　推广节水增效技术

要以“优质、高效、节水、生态”为目标，培育和筛选优质新品种，构建“减肥减药节水”技术体系：在规模化生产园区、合作社推广膜下滴灌技术，以解决节水灌溉设施的不配套；针对不适合滴灌的小规模生产户，构建膜下微喷灌溉技术体系，以满足小规模节水灌溉；构建减量施肥技术体系，推广底施生物菌肥和伸蔓、膨瓜专用水溶性冲施肥，减少灌溉量和化肥用量。

4.4 推进基地建设

促进一二三产融合发展，加大观光区、采摘示范园区建设，融合城郊休闲、农园生活、生产体验、乡土教育等功能，辐射带动周围西瓜甜瓜产业的发展。开展以西瓜甜瓜为特色，兼顾少量水果蔬菜种植、家禽养殖，集观光采摘、休闲娱乐、农事体验、科技教育为一体的综合性农业园林建设。一方面，能体现西瓜甜瓜高科技成果的特色，展示现代农业的风采，宣传科技节能、环保、农业可持续发展的理念；另一方面，可以围绕采摘活动，介绍我国和河北省种植西瓜甜瓜的悠久历史，讲解相关的民间传说、历史典故，充分体现西瓜甜瓜文化气息，为广大居民、游人提供体验乡情农趣和回归大自然的良好场所。

4.5 完善技术培训体系

对返乡的农民工、大学生、科技人员分层次进行西瓜甜瓜生产的职业培训，建立起“爱农业、懂技术、善经营”的新型职业农民队伍[3]，促进设施栽培西瓜生产的发展，扭转靠天种植的局面。积极组建西瓜甜瓜协会、成立产销合作社、扶持龙头企业、树立农户典型，理顺“体系西瓜甜瓜专家→乡村技术指导员→示范大户→瓜农”的技术培训体系。

4.6 创新销售模式

农产品特别是时令果蔬，保存时间短，对贮藏环境和运输条件要求苛刻，而燕山—太行山区地理位置特殊，交通不便，是该地区依靠农业脱贫的一大桎梏。电子商务作为一种新型的网络交易方式，可以有效克服交通制约因素，降低交易成本，提高果农的经济收入[5]。应在农户中加强宣传，进行电商实用技术培训，营造良好的氛围，可通过电商渠道购买生产资料，降低交易成本。通过一店带一户、一店带多户、一店带一村、一店带多村等模式，鼓励瓜农开办网店，自销自售、代销代售瓜果。

参考文献

[1] 高秀瑞，李冰，武彦荣 . 2012 年河北省西甜瓜产业生产现状及发展趋势分析 [J]. 河北农业科学，2013，17（2）：89-93.

[2] 王金营，李竞博. 连片贫困地区农民家庭贫困测度及其致贫原因分析——以燕山太行山和黑龙港地区为例 [J]. 中国人口科学，2013（3）：2-13.

[3] 陈贤义，夏工厂，贺秀萍. 河南夏邑特色西瓜产业发展现状 [J]. 中国瓜菜，2017，30（5）：35-36.

[4]　尤春，孙兴祥. 江苏省西瓜甜瓜产业现状与发展建议［J］. 中国瓜菜，2017，30（7）：35-37.

[5]　张向霞. 甘肃省庆阳市特色产业精准扶贫研究——以苹果产业为例［J］. 商场现代化，2017（5）：140-141.

报告六　中国西瓜甜瓜的区域优势分析

杨　念　孙玉竹　吴敬学

我国是世界西瓜甜瓜第一生产大国，2013 年西瓜种植面积 183.98 万 hm^2，占世界总种植面积的 52.73%，是第二位耳其的 11.67 倍，产量 7 318.88万 t，占世界总产量的 66.97%，是第二位伊朗的 18.54 倍；甜瓜种植面积 42.78 万 hm^2，产量 1 440.05万 t，分别占世界总量的 36.10%和 48.88%，是第二位土耳其的 4.25 倍和 8.47 倍。

西甜瓜喜温、耐热、怕低温，中国大部分地区有着适宜其生长发育的得天独厚的地理、土壤及气候条件[1]，西瓜在全国 31 个省份都有种植，西藏和青海因气温低、有效积温不足，甜瓜种植面积较小[2]。如表 1，河南和山东的西瓜产量达到千万吨以上，两省共占全国西瓜总产量的 35.88%，安徽等 17 省产量达百万吨以上，共占全国西瓜总产量的 57.32%，除广东省占全国西瓜总产量的 1.22%以外，其余各省均不足 1%；新疆、山东和河南的甜瓜产量达到百万吨以上，三省共占全国甜瓜总产量的 45.21%，河北等 17 省产量达十万吨以上，共占全国西瓜总产量的 52.47%，其余各省均占全国西瓜总产量的不足 1%。可见，我国西瓜甜瓜的产区比较分散。比较优势理论认为：各国在交易中之所以形成价格差异的根本原因在于资源要素的禀赋差异，要素禀赋的差异又决定了要素价格差异，而要素价格差异最终决定了产品成本差异[3]。因此，深入分析我国西瓜甜瓜生产的区域比较优势，对优化生产格局，促进我国西瓜甜瓜产业的良性发展，具有非常重要的现实意义。

表 1　2013 年各地区西瓜甜瓜产量

序号	地区	西瓜产量（t）	占全国西瓜产量比例（%）	排名	甜瓜产量（t）	占全国甜瓜产量比例（%）	排名
1	北京	267 996	0.37	28	14 149	0.10	28
2	天津	204 785	0.28	29	22 868	0.16	25
3	河北	4 129 165	5.66	4	929 161	6.48	4
4	山西	655 591	0.90	22	134 046	0.93	19
5	内蒙古	1 518 286	2.08	15	750 656	5.24	6
6	辽宁	1 367 882	1.88	16	729 417	5.09	7
7	吉林	1 188 097	1.63	18	521 882	3.64	10
8	黑龙江	1 323 667	1.81	17	773 020	5.39	5
9	上海	287 114	0.39	27	68 349	0.48	22
10	江苏	4 045 478	5.55	5	686 615	4.79	8
11	浙江	2 372 064	3.25	10	265 531	1.85	14
12	安徽	5 445 614	7.47	3	513 236	3.58	11

（续表）

序号	地区	西瓜产量（t）	占全国西瓜产量比例（%）	排名	甜瓜产量（t）	占全国甜瓜产量比例（%）	排名
13	福建	710 122	0.97	21	90 184	0.63	21
14	江西	1 666 560	2.28	12	144 134	1.01	17
15	山东	11 091 830	15.21	2	2 201 755	15.36	2
16	河南	15 079 968	20.67	1	1 885 486	13.15	3
17	湖北	3 030 573	4.15	8	396 304	2.76	12
18	湖南	3 414 604	4.68	6	378 946	2.64	13
19	广东	888 994	1.22	20	103 792	0.72	20
20	广西	2 841 016	3.89	9	259 517	1.81	16
21	海南	521 331	0.71	23	67 779	0.47	23
22	重庆	403 917	0.55	26	11 626	0.08	29
23	四川	1 071 619	1.47	19	18 075	0.13	26
24	贵州	518 218	0.71	24	23 795	0.17	24
25	云南	488 608	0.67	25	15 849	0.11	27
26	西藏	524	0.00	31			
27	陕西	2 116 654	2.90	11	531 886	3.71	9
28	甘肃	1 589 089	2.18	14	262 833	1.83	15
29	青海	14 599	0.02	30			
30	宁夏	1 656 012	2.27	13	141 324	0.99	18
31	新疆	3 033 861	4.16	7	2 394 597	16.70	1

1　西瓜甜瓜优势产区

《全国西瓜甜瓜产业发展规划（2014—2020 年）》在全国范围内确定西甜瓜五大优势区：华南优势产区、黄淮海设施栽培优势产区、长江流域优势产区、西北优势产区以及东北优势产区。本文也遵循此种方式，具体区域划分见表 2。

表 2　中国西瓜甜瓜主产区及其分布

优势产区	主产区
华南（冬春）优势区	广东、广西壮族自治区、海南、福建
黄淮海（春夏）优势区	北京、天津和山东三省市的全部，山西、河北及河南两省的大部
长江流域（夏季）优势区	西藏、四川、云南、重庆、湖北、湖南、江西、安徽、江苏、浙江、贵州和上海
西北（夏秋）优势区	陕西、甘肃、青海、宁夏回族自治区、新疆维吾尔自治区
东北（夏秋）优势区	辽宁、吉林、黑龙江和内蒙古自治区

1.1 华南（冬春）优势区

该产区以生产冬春西瓜为主，发展优质西瓜品种种植，2013 年，该区域西瓜甜瓜产量分别为 496.15 万 t 和 52.13 万 t，是全国的 6.80%和 3.64%。

1.2 黄淮海（春夏）优势区

涉及黄河流域、海河流域和淮河流域，该产区目前采取适当控制面积、稳中有降原则，正在逐步减少中晚熟露地栽培面积，并将其中部分面积改成小拱棚半覆盖早熟栽培，使其部分产品提前上市，以减轻过于集中上市造成的压力。2013 年，该区域西瓜甜瓜产量分别为 3 142.93万 t 和 518.75 万 t，是全国的 43.09%和 36.18%。

1.3. 长江流域（夏季）优势区

该地区积极发展反季节栽培、设施长季节栽培和异地种瓜等生产方式，以延长西瓜上市时间，实现周年供应。重点面向大中型城市，开发品种的多样性，满足消费者多元化的需求。2013 年，2013 年该区域西瓜甜瓜产量分别为产量为 2 274.49万 t 和 252.25 万 t，是全国的 31.18%和 17.59%。

1.4 西北（夏秋）优势区

西北压砂西瓜种植有近百年的历史，目前已成为西北干旱地区带动农民脱贫致富增收减灾的新兴绿色产业。2013 年，该区域西瓜甜瓜产量分别为 841.02 万 t 和 333.06 万 t，是全国的 11.53%和 23.23%。

1.5 东北（夏秋）优势区

该地区重点发展特色薄皮甜瓜等优质中晚熟品种，2013 年西瓜甜瓜产量分别为 539.79 万 t 和 277.50 万 t，是全国的 7.4%和 19.36%。

2 西瓜甜瓜生产区域优势分析

在国内现有分析区域优势的研究中，主要采用资源禀赋系数分析法、概率优势分析法和综合比较优势指数分析法。夏晓平等运用概率优势模型，对中国肉羊生产的区域优势进行比较分析[4]，于海龙等采用概率优势分析法，对我国奶牛养殖的区域优势进行比较分析[5]，麦尔旦·吐尔孙采用资源禀赋系数分析法和综合比较优势指数分析法对我国肉鸭产业的生产布局进行了比较分析[6]，刘雪等对全国不同省份蔬菜生产的对称性规模比较优势指数、对称性效率比较优势指数以及对称性综合比较优势指数进行了计算和分析[7]，赵姜等以单产优势指数、规模优势指数、集中度优势指数和综合优势指数实证研究了我国省际间西甜瓜生产的比较优势[8]。本文采用综合比较优势指数法，具体方法如下。

2.1 规模比较优势指数（Scale Comparative Advantage，SCA）

主要是从生产规模化和专业化程度的角度来反映区域内作物生产的规模比较优势。

其计算方法如下。

$$SCA_{ij}=\frac{S_{ij}/S_i}{S_j/S} \tag{1}$$

式中：SCA_{ij}为 i 地区 j 作物的规模比较优势指数；S_{ij}为 i 地区 j 作物的播种面积；S_i 为同期全部作物的播种面积；S_j 为全国 j 作物的播种面积，S 为全国全部作物的播种面积。如果 SCA_{ij}比值>1，表明 i 地区 j 作物生产具有规模比较优势，且 SCA_{ij}比值越大，说明 i 地区 j 作物生产的规模化、专业化程度越高。

2.2　效率比较优势指数（Efficient Comparative Advantage，ECA）

主要是从土地产出效率的角度来反映区域内作物生产的效率比较优势。其计算方法如下。

$$ECA_{ij}=\frac{Y_{ij}/Y_i}{Y_j/Y} \tag{2}$$

式中：ECA_{ij}为 i 地区 j 作物的效率比较优势指数；Y_{ij}为 i 地区 j 作物的单产；Y_i为 i 地区全部作物的平均单产；Y_j为全国 j 作物的平均单产；Y 为全国全部作物的平均单产。如果 ECA_{ij}>1，表明与全国水平相比，i 地区 j 作物生产具有效率比较优势，且 ECA_{ij}比值越大，说明 i 地区 j 作物的生产效率水平越高。

2.3　综合比较优势指数（Comprehensive Comparative Advantage，CCA）

是规模比较优势指数和效率比较优势指数的几何平均数，它能更为全面地反映出该地区作物生产的综合比较优势。其计算公式如下。

$$CCA_{ij}=\sqrt{SCA_{ij}ECA_{ij}} \tag{3}$$

式中：CCA_{ij}为 i 地区 j 作物的综合比较优势指数；SCA_{ij}为 i 地区 j 作物的规模比较优势；ECA_{ij}为 i 地区 j 作物的效率比较优势指数。如果 CCA_{ij}>1，表明与全国水平相比，i 地区 j 作物生产具有综合比较优势，且 CCA_{ij}比值越大，说明 i 地区 j 作物生产的综合比较优势越明显。

测算全国 29 个省区市西甜瓜的规模比较优势指数、效率比较优势指数、综合比较优势指数，并经算数平均，我国各省区市 2004—2013 年西甜瓜生产比较优势指数如表 3 所示。

表 3　各省区市西甜瓜生产比较优势指数

地区	西瓜						甜瓜					
	规模比较优势	排名	效率比较优势	排名	综合比较优势	排名	规模比较优势	排名	效率比较优势	排名	综合比较优势	排名
北京	1.18	1	0.98	17	1.08	1	0.32	26	0.79	9	0.50	26
天津	0.99	18	1.00	12	1.00	17	1.21	7	0.75	16	0.95	7
河北	0.94	23	1.01	9	0.98	21	0.85	14	0.75	15	0.80	13

（续表）

地区	西瓜						甜瓜					
	规模比较优势	排名	效率比较优势	排名	综合比较优势	排名	规模比较优势	排名	效率比较优势	排名	综合比较优势	排名
山西	1.08	8	0.96	25	1.02	11	0.90	12	0.64	28	0.76	16
内蒙古	0.77	25	1.04	7	0.89	26	2.07	4	0.81	8	1.30	3
辽宁省	0.62	28	1.07	3	0.81	28	1.89	5	0.81	7	1.24	5
吉林	0.75	27	1.06	5	0.89	27	2.50	2	0.77	12	1.39	2
黑龙江	0.76	26	1.09	1	0.91	25	2.27	3	0.73	20	1.28	4
上海	0.95	22	0.98	15	0.96	24	1.26	6	0.89	3	1.06	6
江苏	0.95	21	1.02	8	0.99	19	0.96	9	0.72	22	0.83	10
浙江	1.06	10	0.98	14	1.02	9	0.41	2	0.75	17	0.55	24
安徽	1.08	7	0.95	28	1.02	13	0.52	22	0.78	11	0.64	21
福建	1.03	14	0.96	26	0.99	18	0.76	16	0.83	4	0.79	14
江西	1.11	5	0.96	27	1.03	8	0.39	25	0.78	10	0.55	25
山东	1.03	15	0.98	18	1.00	16	0.87	13	0.76	13	0.82	12
河南	1.11	6	0.97	20	1.04	6	0.83	15	0.73	19	0.78	15
湖北	1.06	11	0.98	16	1.02	10	0.97	8	0.76	14	0.86	8
湖南	1.08	9	1.00	11	1.04	5	0.92	11	0.72	21	0.82	11
广东	0.97	20	0.96	23	0.97	23	0.54	21	0.82	6	0.67	20
广西	1.15	4	0.97	21	1.06	3	0.67	17	0.67	25	0.67	19
海南	0.89	24	1.05	6	0.97	22	0.46	23	0.71	23	0.57	22
重庆	1.16	2	0.97	19	1.06	2	0.11	29	1.05	1	0.34	28
四川	1.04	13	1.00	13	1.02	12	0.15	28	0.66	26	0.32	29
贵州	0.99	19	1.08	2	1.03	7	0.64	19	0.48	29	0.56	23
云南	1.05	12	0.96	24	1.01	14	0.22	27	0.65	27	0.38	27
陕西	0.99	17	1.01	10	1.00	15	0.94	10	0.74	18	0.83	9
甘肃	1.01	16	0.95	29	0.98	20	0.55	20	1.04	2	0.76	17
宁夏	1.16	3	0.96	22	1.06	4	0.66	18	0.69	24	0.68	18
新疆	0.59	29	1.07	4	0.79	29	3.43	1	0.83	5	1.69	1

数据来源：根据国家统计局国家数据库公布的年度数据和地区数据计算整理，此数据未包含我国西藏、香港、台湾及澳门。

一般情况下，比较优势指数>1.10，为强绝对优势；1.10≥比较优势指数≥1.00，为弱绝对优势；1.00>比较优势指数≥0.90，为弱绝对劣势；比较优势指数<0.90，为强绝对劣势[9]。

西瓜生产方面，规模比较优势排名前10位的省市区分别为北京、重庆、宁夏、广西、江西、河南、安徽、山西、湖南和浙江，前6位为强绝对优势，其余4位为弱绝对优势。其中华南地区：广西，黄淮海地区：北京、河南、山西，长江流域：重庆、江西、安徽、湖南、浙江，西北地区：宁夏。效率比较优势排名前10位的省市区分别为黑龙江、贵州、辽宁、新疆、吉林、海南、内蒙古、江苏、河北和陕西，均为弱绝对优势。其中华南地区：海南，黄淮海地区：河北，长江流域：江苏、贵州，西北地区：陕西、新疆维吾尔自治区，东北地区：辽宁、吉林、黑龙江和内蒙古自治区。综合比较优势排名前10位的省市区分别为北京、重庆、广西、宁夏、湖南、河南、贵州、江西、浙江和湖北，均为弱绝对优势。其中华南地区：广西，黄淮海地区：北京、河南，长江流域：重庆、湖南、贵州、江西、浙江、湖北，西北地区：宁夏。

甜瓜生产方面。规模比较优势排名前10位的省市区分别为新疆、吉林、黑龙江、内蒙古、辽宁、上海、天津、湖北、江苏和陕西，前7位为强绝对优势，其余3位为弱绝对劣势。其中黄淮海地区：天津，长江流域：上海、湖北、江苏，西北地区：陕西和新疆维吾尔自治区，东北地区：黑龙江、吉林、辽宁和内蒙古自治区。效率比较优势排名前10位的省市区分别为重庆、甘肃、上海、福建、新疆、广东、辽宁、内蒙古、北京、江西，前两位为弱绝对优势，3~10位为强绝对劣势。其中华南地区：福建、广东，黄淮海地区：北京，长江流域：重庆、上海、江西，西北地区：甘肃和新疆维吾尔自治区，东北地区：辽宁和内蒙古自治区。综合比较优势排名前10位的省市区分别为新疆、吉林、内蒙古、黑龙江、辽宁、上海、天津、湖北、陕西和江苏，前5位为强绝对优势，第6位为弱绝对优势，第7位为弱绝对劣势，其余3为为强绝对劣势。其中黄淮海地区：天津，长江流域：上海、湖北、江苏，西北地区：陕西和新疆维吾尔自治区，东北地区：黑龙江、辽宁、吉林和内蒙古自治区。

3 主要结论

一是按照行政区域划分，我国西瓜甜瓜产业的生产布局以及生产规模都具有明显的分散性，如前文所述，从产量上看，西瓜生产集中于河南和山东两省，甜瓜生产集中于新疆、山东和河南三省，其余地区各占全国总量的不足10%。按照优势产区划分，我国西瓜甜瓜产业的生产布局以及生产规模都具有明显的地域性，从产量上看，西瓜生产集中于黄淮海（春夏）优势区和长江流域（夏季）优势区，分别占全国总量的43.09%和31.18%，甜瓜生产集中于黄淮海（春夏）优势区和西北（夏秋）优势区，分别占全国总量的36.18%和23.23%。西瓜规模比较优势前10位的省市区分布在东北（夏秋）优势区以外的4个优势区，其中有5个地区位于长江流域（夏季）优势区，3个地区位于黄淮海（春夏）优势区。甜瓜规模比较优势前10位的省市区分布在华南（冬春）优势区以外的4个优势区，其中各有4个省市区位于长江流域（夏季）优势区和东北（夏秋）优势区。

二是北京、重庆、广西、宁夏、湖南等省市区拥有不同程度的生产综合比较优势，北京和重庆虽然受到本地资源条件限制，在生产规模上不具备比较优势，但由于适度发展设施化栽培，积极培育特色优质品种，具有较强的综合比较优势。新疆、吉林、内蒙古、黑龙江、辽宁等省市区拥有不同程度的甜瓜综合比较优势，其多分布于西北（夏秋）优势区和东北（夏秋）优势区，是我国土地资源比较丰富的地区，且种瓜历史悠久，生产布局基本符合比较优势。

参考文献

［1］ 吴敬学，赵姜，王志丹．中国西瓜产业经济研究［M］．北京：中国农业出版社，2013.

［2］ 王志丹，吴敬学，赵姜．中国甜瓜产业经济发展研究［M］．北京：中国社会科学出版社，2014.

［3］ 李毳，李秉龙．我国粮食主产区主要粮食作物生产比较优势分析［J］．新疆农垦经，2003（5）：4-5.

［4］ 夏晓平，李秉龙，隋艳颖．中国肉羊生产的区域优势分析与政策建议［J］．农业现代化研究，2009，30（6）：720-723.

［5］ 于海龙，李秉龙．中国奶牛养殖的区域优势分析与对策［J］．农业现代化研究，2012，33（2）：150-154.

［6］ 麦尔旦·吐尔孙，闫建伟，王雅鹏．中国肉鸭产业的区域优势分析——基于全国21个水禽主产省（市、区）的研究［J］．农业现代化研究，2013，34（7）：477-481.

［7］ 刘雪，傅泽田，常虹．我国蔬菜生产的区域比较优势分析［J］．中国农业大学学报，2002，7（2）：1-6.

［8］ 赵姜，王志丹，吴敬学．中国西瓜甜瓜生产省际间比较优势分析［J］．中国瓜菜，2012，25（5）：1-7.

［9］ 王志丹，赵姜，毛世平，等．中国甜瓜产业区域优势布局研究［J］．中国农业资源与区划，2014，35（1）：128-133.

专题二　中国西瓜甜瓜市场分析

报告一　2015年中国西甜瓜市场形势及趋势分析

杨艳涛　张　琳　吴敬学

中国是西瓜甜瓜生产与消费的第一大国，西甜瓜产量一直保持在世界第一，在世界园艺业中始终占有重要地位。中国西瓜面积占世界总面积的60%以上，产量占70%左右；甜瓜面积占世界总面积的45%以上，产量占50%左右；西瓜、甜瓜人均年消费量是世界人均量的2~3倍，约占全国夏季果品市场总量的50%以上。西甜瓜已成为中国重要的经济作物，西甜瓜产业的发展为实现农民增收发挥了重要作用。

1　国内西甜瓜生产形势分析

1.1　播种面积、总产量保持增长

根据《2014中国农业统计资料》公布的数字，2014年全国西瓜播种面积185.23万hm^2，总产量7 484.3万t，每公顷产量40.41 t，比上年播种面积增加2.4万hm^2，总产量增加189.9万t，增幅2.6%，每公顷单产提高0.51 t。全国甜瓜播种面积43.89万hm^2，总产量1 475.8万t，每公顷产量33.62 t，比上年播种面积增加1.59万hm^2，总产量增加42.1万t，增幅为2.94%，增幅比上年减缓，每公顷单产减少0.27 t。由于种植效益的提高，农民种瓜意愿增强，近年来西、甜瓜的播种面积、总产量保持增长。由于种植结构的调整，近年来全国甜瓜种植面积保持较为明显的增长态势。

1.2　生产区域化特征明显，优势产区集中度大大提高

中国幅员辽阔，南北气候差异大，地理特征明显，西甜瓜最适大陆性气候，在适宜环境中，较高的昼温和较低的夜温有利于西甜瓜生长，特别是果实糖分的积累。由于气候及地域资源的差异决定了西甜瓜种植的区域性特征较为明显。

1.2.1　西瓜

从分区域来看，中国西瓜生产布局依然是华东、中南两大地区主导的局面，全国3/4的西瓜产量来自这两个产区。2014年华东六省一市的西瓜播种面积为55.66万hm^2，产量2 621万t，占全国西瓜总播种面积的30%，占全国总产量的35.0%；中南六省的西瓜播种面积为63.55万hm^2，产量为2 565万t，占当年全国西瓜总播种面积的34.3%，占全国总产量的34.3%；西北五省的西瓜播种面积为24.89万hm^2，产量为925.5万t，占当年全国西瓜总播种面积的13.4%，占全国总产量的12.4%。

从全国范围来看，2014年排列中国西瓜产量前十位的省份是：河南、山东、安徽、

河北、江苏、新疆、湖南、湖北、广西、浙江。其中新疆2014年西瓜产量增幅最大，产量371.2万t，比上年增幅22.35%。河南、山东、安徽、河北和江苏是中国西瓜的主要产地，2014年这五个省的西瓜产量达4 028.3万t，占全国总产量的53.8%，比2013年增加49.1万t。河南省是中国西瓜生产第一大省，约占全国总产量的五分之一，2014年产量达1 467.5万t，比2013年减少40.5万t，产量减少主要是由于播种面积减少。中国西瓜生产的集中度较高，2014年全国31个省（自治区、直辖市）中产量超过100万t的有19个，2013年19个百万t省区的西瓜产量为6 971.8万t，占全国总产量的93.15%。

1.2.2 甜瓜

中国甜瓜产业布局依然为华东、中南、西北产区三足鼎立的格局，其中西北地区甜瓜播种面积与产量所占比重呈不断增长趋势。2014年，华东六省一市的甜瓜播种面积为10.21万hm^2，产量411.5万t，占全国甜瓜总播种面积的26.7%，占全国总产量的27.9%；中南六省的甜瓜播种面积为10.11万hm^2，产量为311.1万t，占全国甜瓜总播种面积的23.0%，占全国总产量的21.1%。西北地区的甜瓜产业发展迅速，1996—2014年期间，播种面积呈不断扩大态势，从1.8万hm^2扩大到10.89万hm^2，扩大了6.05倍；产量从32.9万t提高到367.3万t，其产量占全国总产量的比重从9%增长到24.9%，其中新疆2014年甜瓜产量234.9万t，占全国总产量的15.9%。

从全国范围来看，2014年排列中国甜瓜产量前十位的省份是：新疆、山东、河南、河北、内蒙古、辽宁、陕西、黑龙江、甘肃、江苏、安徽、吉林，其中甘肃产量增幅最大，产量52.2万t，增幅达到98.45%，对产量增加的贡献最大。新疆、河南、山东、河北、黑龙江、内蒙古、辽宁是中国甜瓜的主要产地，产量超过70万t，2014年这7个省的甜瓜产量达954.1万t，占全国总产量的64.6%，由此可见中国甜瓜生产集中度也在不断提高。

2 西甜瓜市场价格与交易量变化分析

2.1 批发市场价格变化总体特征

2.1.1 总体价格呈明显季节性变化并有趋势性上涨的特征不变

由于居民对西甜瓜的需求随着季节的变化而变化，并且西甜瓜的生长周期具有季节性，属于鲜销水果，因此西甜瓜的价格出现明显的季节性特征。根据农业部信息中心的数据，国内西瓜市场的价格变化总体上呈围绕一定趋势增长的正弦波状（图1），具有一定的趋势性和明显的季节性。呈现一定的趋势性是由于宏观经济因素导致的物价上涨以及农资、化肥、原油等原材料价格的上涨。

2.1.2 甜瓜市场价格变化季节性明显，2015年呈下降趋势

从近两年的数据看，甜瓜批发市场价格也呈周期性的正弦波状，具有明显的季节性，但与西瓜不同的是，2015年以来价格具有下降趋势（图2）。2015年全国甜瓜平均价格为6.04元/kg，2014年6.10元/kg，2015年4.95元/kg。

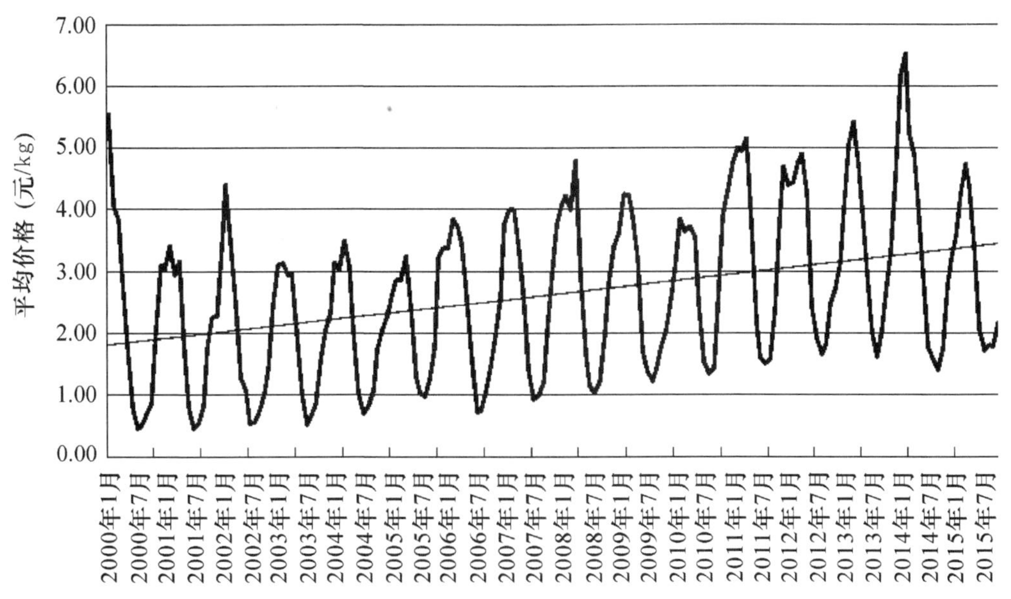

图 1　2000—2015 年全国西瓜批发市场平均价格走势

数据来源：农业部信息中心（截至 2015 年 10 月 31 日）

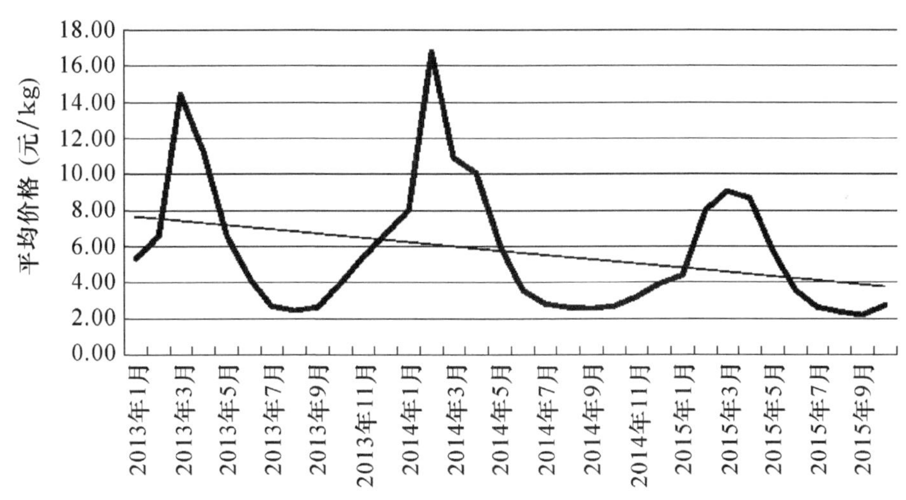

图 2　2013—2015 年全国甜瓜批发市场平均价格走势

数据来源：农业部信息中心（截至 2015 年 10 月 31 日）

2.2　交易量与价格的变化特征

2.2.1　西瓜甜瓜交易量呈明显季节性并且与价格变化呈反向变化，甜瓜交易量显著增长、价格降低

西瓜：从农业部信息中心提供数据可以看出（图 3），我国西瓜市场交易量存在着明显的季节性，每年的 7—8 月交易量最大，而此时批发价格处于全年最低阶段；每年

的12月至来年的1月、2月交易量最少，批发价格则处于高位。交易量变动与批发价格波动呈相反趋势。

从全年价格变化看，呈现两头高中间低的季节性波动。1—4月西瓜供应主要来自一些地区的反季节品种，价格偏高；5—9月属于西瓜大量上市时期，价格处于低位，而且7—9月价格保持低位稳定；10月随着天气转凉，供应量减少，价格开始升高。2015全年价格最高点在3月4.74元/kg，最低点在9月1.78元/kg，最低价与最高价差2.96元/kg。

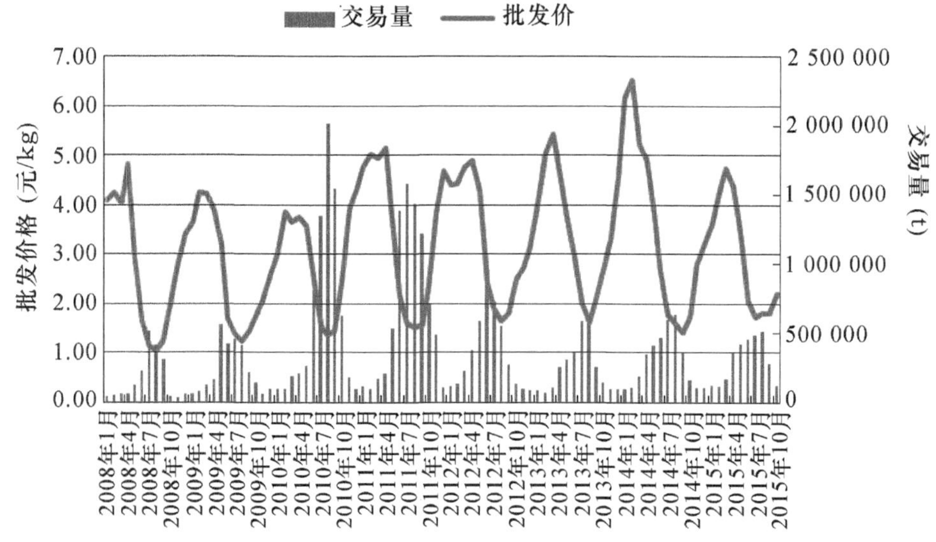

图3　2008—2015年全国西瓜市场价格与交易量变化

数据来源：农业部信息中心（数据截至2015年10月31日）

甜瓜：2014年以来全国甜瓜交易量明显上涨（图4），2015年1—10月交易量比2014年1—10月增加42.9%，比2013年1—10月增加195%，从交易量的增长趋势可以看出我国居民对甜瓜的需求在不断增加。甜瓜交易量也呈现明显的季节性变化，5—8月为交易量的高峰段。2015年1—10月全国甜瓜市场平均批发价格明显低于上年（表4），2015年平均价格为6.04元/kg，2014年6.10元/kg，2015年4.95元/kg。从全年价格变化看，与西瓜市场变化规律一致，1—4月甜瓜供应主要来自一些地区的反季节品种，价格偏高；5—9月属于甜瓜大量上市时期，价格处于低位，而且7—9月价格保持低位稳定；10月随着天气转凉，供应量减少，价格开始升高。全年价格最高点在3月9.08元/kg，最低点在9月2.18元/kg，最低价与最高价价差6.9元/kg，比2014年价差减小（2014年为14.25元/kg），2015年价格最高点低于往年。

2.2.2　价格的区域性差异特征明显

地区间的价格分布基本表现为主产区低于非主产区、中等城市低于大城市、中西部地区低于东部地区的特点。

从2015年全国主要地区价格与全国平均水平对比看（图5），低于全国平均价格的依次为：河南、宁夏、内蒙古、河北、山东、辽宁、新疆、安徽、广西、甘肃、陕西、

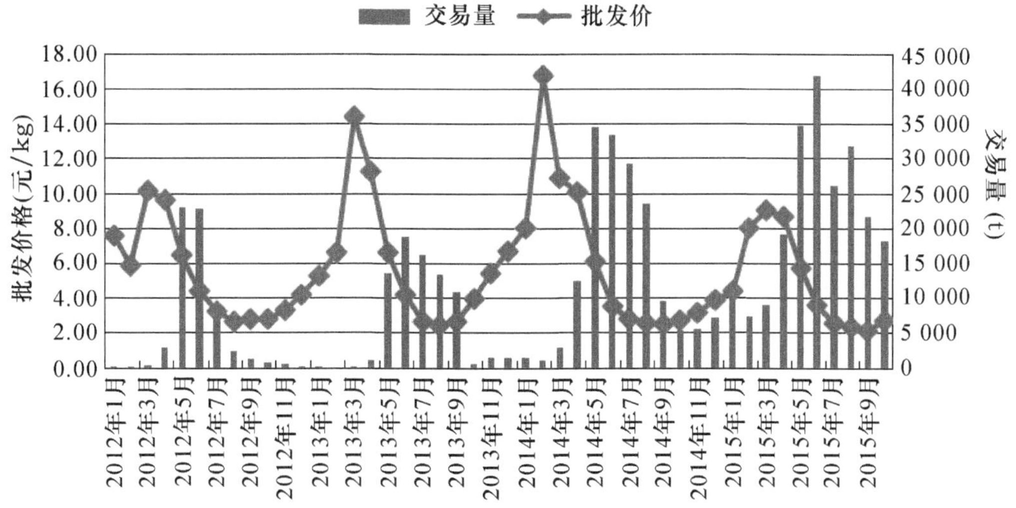

图 4　2012—2015 年全国甜瓜平均批发价格及交易量变化

数据来源：农业部信息中心（数据截至 2015 年 10 月 31 日）

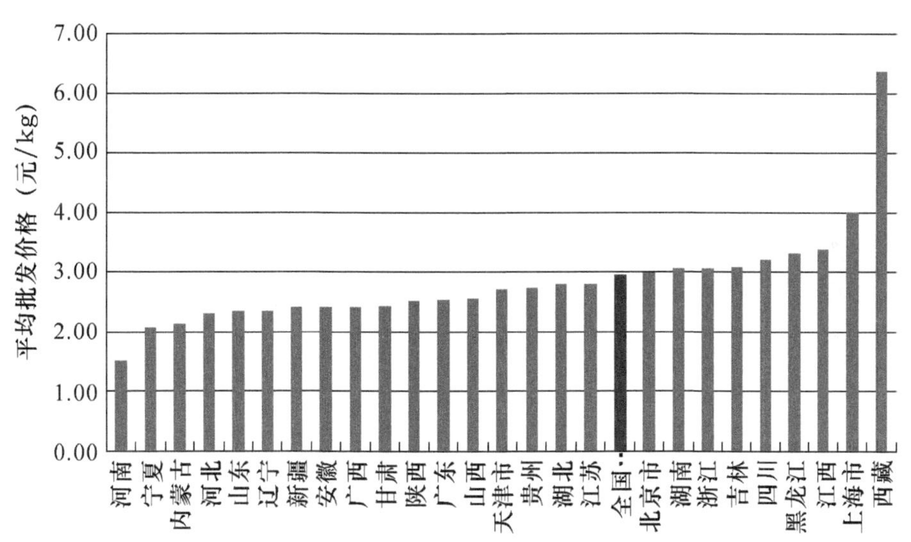

图 5　2015 年 1—10 月全国各地西瓜平均批发价格对比

数据来源：农业部信息中心（经计算整理）

广东、山西、天津市、贵州、湖北、江苏，其中河南、河北、安徽、山东为西瓜主产区，其中产量大省——河南的平均价格（加权平均）为 1.52 元/kg，为全国最低，低于全国平均价格（2.96 元/kg）48.6%。高于全国平均价格的省市依次为：北京市、湖南、浙江、吉林、四川、黑龙江、江西、上海市、西藏，主要为非主产区，大部分为大城市以及东部经济较发达地区，物价水平较高。西藏为全国价格最高的地区，2015 年 1—10 月西藏加权均价达到全国平均水平的 2.15 倍。

3 分品种价格与交易量分析（以北京批发市场为例）

3.1 西瓜、小西瓜和无籽西瓜的比较

根据对北京市批发市场采集的数据进行对比，可以发现西瓜、小西瓜和无籽西瓜市场价格的季节性变化特征，2014 年各品种平均市场批发价高于 2013 年同期，其中小西瓜和无籽西瓜价格高于普通西瓜，各品种交易量变化呈现错峰分布、具有季节互补性。

从价格分布看（图 6），西瓜、小西瓜和无籽西瓜均呈现季节性变化的特征，价格高点基本都分布在 1—4 月，而价格低点基本都分布在 7—8 月。从价格对比看，小西瓜和无籽西瓜价格明显高于普通西瓜，其中小西瓜价格最高，这主要是由市场供求所决定，小西瓜和无籽西瓜的产量小而市场需求大。2015 年 1—11 月北京批发市场西瓜平均价格 2. 89 元/kg，低于 2014 年同期（2014 年 1—11 月为 2. 98 元/kg），小西瓜平均价格 4. 28 元/kg，高于 2014 年同期（2014 年 1—11 月为 4. 19 元/kg），无籽西瓜平均价 3. 58 元/kg，与 2014 年同期持平。

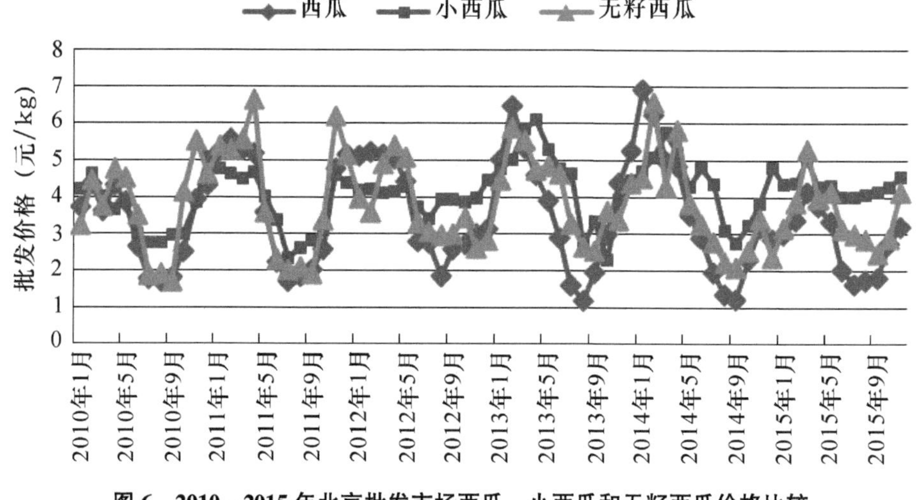

图 6　2010—2015 年北京批发市场西瓜、小西瓜和无籽西瓜价格比较

数据来源：北京市批发市场数据采集点（数据截至 2015 年 11 月）

从交易量的变化看（图 7），小西瓜、无籽西瓜虽然在交易数量上无法与西瓜相比，但是在季节分布上，与普通西瓜基本形成互补，交易量呈错峰分布。无籽西瓜的交易量高峰在每年的 12 月至次年的 1 月，低谷在每年 4 月至 7 月；而小西瓜的交易量高峰在每年的 4 月，低谷在每年的 7 月至 10 月；普通西瓜的交易量高峰在每年的 8 月，低谷在每年的 10 月至次年 1 月。从交易数量上看，2015 年西瓜、小西瓜、无籽西瓜交易量明显低于 2014 年。

3.2 白兰瓜、伊丽莎白和哈密瓜的比较

根据对北京市批发市场采集的数据对比，可以发现三个甜瓜品种白兰瓜、伊丽莎白

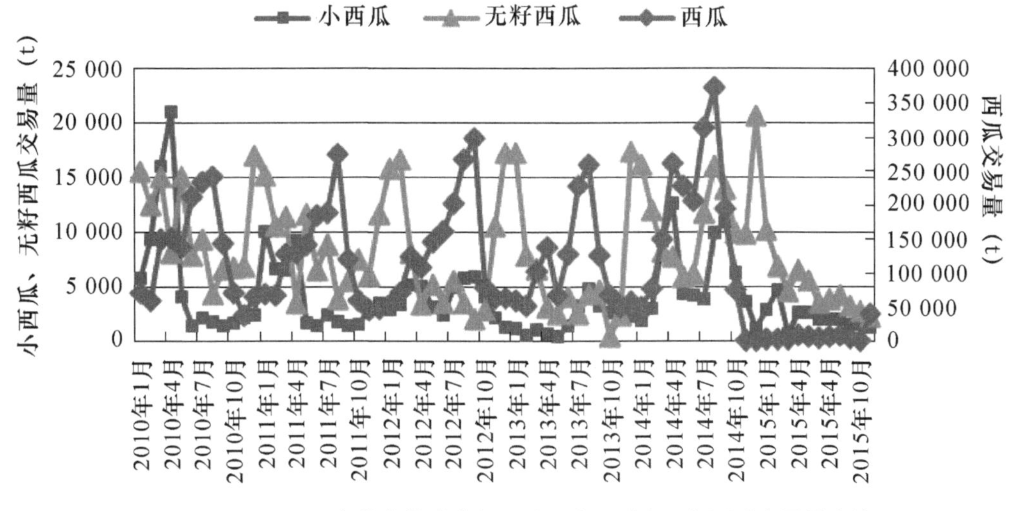

图 7　2010—2015 年北京批发市场西瓜、小西瓜和无籽西瓜交易量比较

数据来源：北京市批发市场数据采集点（数据截至 2015 年 11 月）

和哈密瓜市场价格亦呈季节性分布，2015 年平均价格低于 2014 年同期；各品种交易量呈错峰分布，形成季节性互补。

从价格分布看（图 8），白兰瓜、伊丽莎白和哈密瓜同样均呈现季节性变化的特征，价格高点基本都分布在 1—4 月，而价格低点基本都分布在 7—8 月。从价格对比看，2015 年 1—11 月北京批发市场白兰瓜平均价格 3. 74 元/kg，低于 2014 年同期（2014 年 1—11 月为 5. 51 元/kg）；伊丽莎白平均价格 4. 97 元/kg，低于 2014 年同期（2014 年 1—11 月为 5. 82 元/kg）；哈密瓜平均价格 4. 21 元/kg，低于 2014 年同期（2014 年 1—11 月为 4. 33 元/kg）。

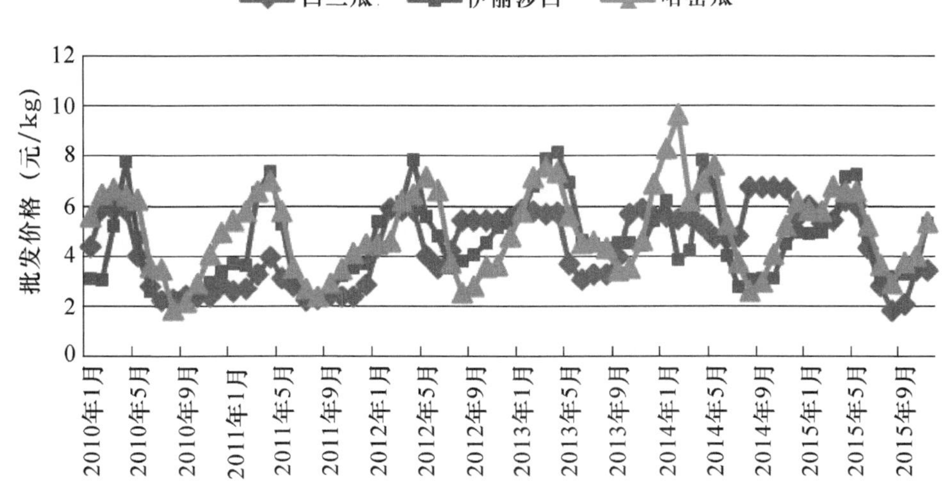

图 8　2010—2015 年北京批发市场白兰瓜、伊丽莎白和哈密瓜价格比较

数据来源：北京市批发市场数据采集点（数据截至 2015 年 11 月）

从交易量变化看（图 9），哈密瓜交易量明显比白兰瓜和伊丽莎白具有优势，在季节分布上三个品种具有明显的互补性，哈密瓜的交易量高峰在每年的 8 月左右，低谷在每年 11 月至次年 4 月；而伊丽莎白的交易量高峰在每年的 6—7 月，低谷在每年的 11 月至次年 4 月；相比之下，白兰瓜的交易量较低，交易量高峰在每年的 5 月，低谷在每年的 11 月至次年 4 月。从上市期看，伊丽莎白瓜比哈密瓜的上市期早 1—2 月，而白兰瓜比伊丽莎白早一个月左右，因此三个品种可以形成季节上的互补。

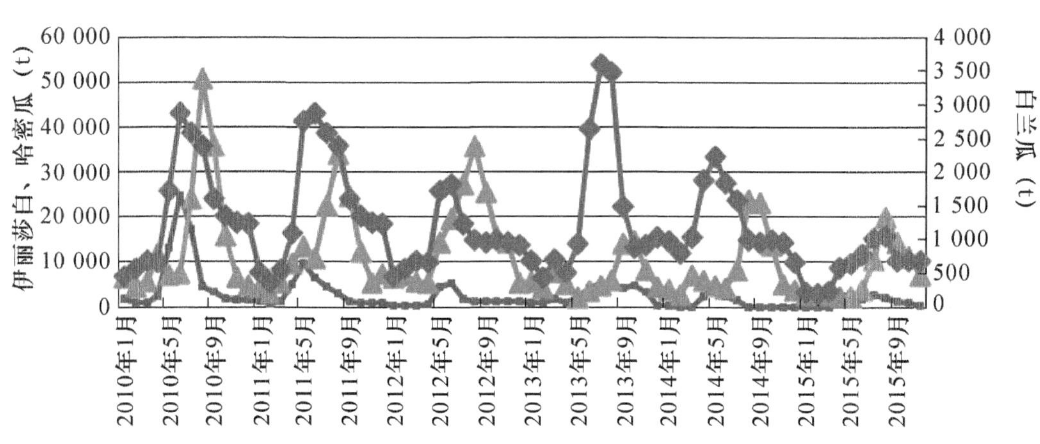

图 9　2010—2014 年北京批发市场白兰瓜、伊丽莎白和哈密瓜交易量比较

数据来源：北京市批发市场数据采集点（数据截至 2015 年 11 月）

4　西甜瓜进出口贸易分析

中国是世界西甜瓜最大生产国，但西甜瓜进出口贸易量在世界的比重不大，国际市场对国内市场的影响不大。中国西瓜进口量占世界进口总量的 10%左右，但不足国内产量的 1%；相比之下，甜瓜的进口量比西瓜更小。西瓜、甜瓜出口量较少，近年平均在 4 万~5 万 t。与往年相比，2015 年中国西瓜进出口数量减少、甜瓜进出口数量增加。

4.1　西瓜

4.1.1　进出口量（额）变化

根据农业部信息中心提供的数据，2014 年中国西瓜进出口总趋势仍为净进口，2015 年中国西瓜出口数量及金额、进口数量及金额同去年同期比均减少（表 1）。2015 年 1—9 月出口数量 2.62 万 t，比 2014 年同期（4.09 万 t）减少 35.9%；出口金额 1 967.17 万美元，比 2014 年同期（3620.23 万美元）减少 45.7%。中国是世界第二大西瓜进口国，2015 年 1—9 月进口数量 17. 44 万 t，比 2014 年同期（20. 1 万 t）减少 13. 2%；进口金额 3330. 68 万美元，比 2014 年同期（3808. 79 万美元）减少 12. 5%。

表 1　2010—2015 年中国西瓜进出口数量（金额）对比

（单位：万 t、万美元）

年份	出口		进口	
	数量	金额	数量	金额
2010 年	5. 07	1 247. 74	31. 33	3 493. 9
2011 年	4. 74	1 574. 76	39. 81	4 859. 58
2012 年	5. 81	2 180. 42	42. 01	5 950. 67
2013 年	6. 01	3 115. 14	24. 97	5 363. 63
2014 年	5. 54	4 769. 71	20. 10	3 808. 78
2015 年（1—9 月）	2. 62	1 967. 17	17. 44	3 330. 68

数据来源：由农业部信息中心提供，经作者整理。

4. 1. 2　进出口国家分布

中国西瓜出口地区主要是香港、澳门；国家主要是越南、俄罗斯、蒙古国、朝鲜、马来西亚，2015 年出口比例较大的是香港（占 70. 3%）、澳门（10. 8%）；从进口国家看，主要为越南和缅甸，进口数量各占 93. 79%、6. 09%（图 10）。

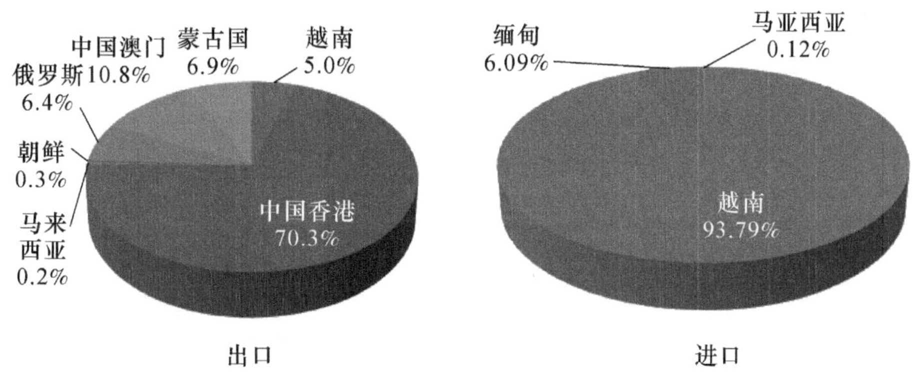

图 10　2015 年中国西瓜进出口分布情况

数据来源：农业部信息中心。

4. 1. 3　分省区进出口情况

从分省的情况看，出口量排列前五的省（自治区）为：广东、云南、内蒙古、福建、广西，其中广东出口量占 46. 38%、云南 26. 27%（图 11）。进口方面，2015 年北京为进口第一，进口量占比 58. 51%，进口量排列前五位的省区为：北京、山东、云南、广东、辽宁，其中北京进口量占 58. 51%，山东省进口量占 21. 20%（图 11）。

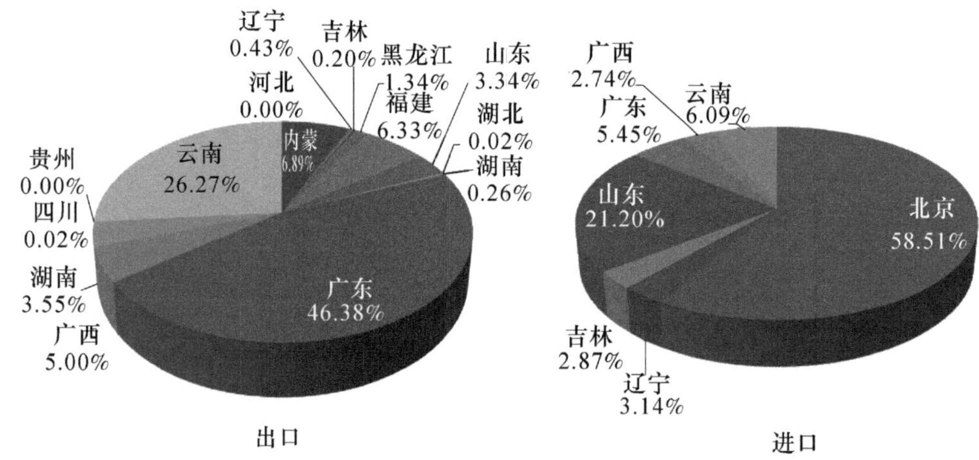

图 11　2015 年中国西瓜进出口分省区情况

4.2　甜瓜

4.2.1　进出口量（额）变化

根据农业部信息中心提供的数据，2015 年中国甜瓜进出口贸易为净出口，2015 年出口/进口数量、出口/进口金额均增加。2015 年 1—9 月出口数量 6.04 万 t，比 2014 年同期（为 3.68 万 t）增加 64.1%%；出口金额 10 649.47 万美元，比 2014 年同期（5 347.18万美元）增加 99%（表 2）。2015 年 1—9 月进口数量仅为 47.88 t（2014 年同期为 11.32 万 t），进口金额 6.01 万美元（2014 年同期 1.58 万美元）（表 2）。

表 2　2010 年至 2015 年中国甜瓜进出口数量（金额）

（单位：万 t、万美元）

年份	出口		进口	
	数量	金额	数量	金额
2010 年	5.63	2 857.11	2.02	118.54
2011 年	5.40	3 602.25	3.50	215.91
2012 年	5.63	5 207.59	3.68	252.70
2013 年	5.86	6 936.66	2.75	221.23
2014 年	5.06	7 517.84	0.00	1.28
2015 年（1—9 月）	6.04	10 649.47	0.00	6.01

数据来源：由农业部信息中心提供，经作者整理。

4.2.2　进出口分布

中国甜瓜出口地区是中国香港、中国澳门地区；国家主要是越南、泰国、马来西亚、俄罗斯、菲律宾、朝鲜。其中出口比例较大的是越南（37.97%）、泰国（17.58%）；香港（25.27%）；从进口地区看，2015 年仅从中国台湾地区少量进口（图 12）。

4.2.3　分省区进出口情况

从分省的情况看，甜瓜出口主要是位于沿海的广东以及甜瓜主产省山东，而产量较

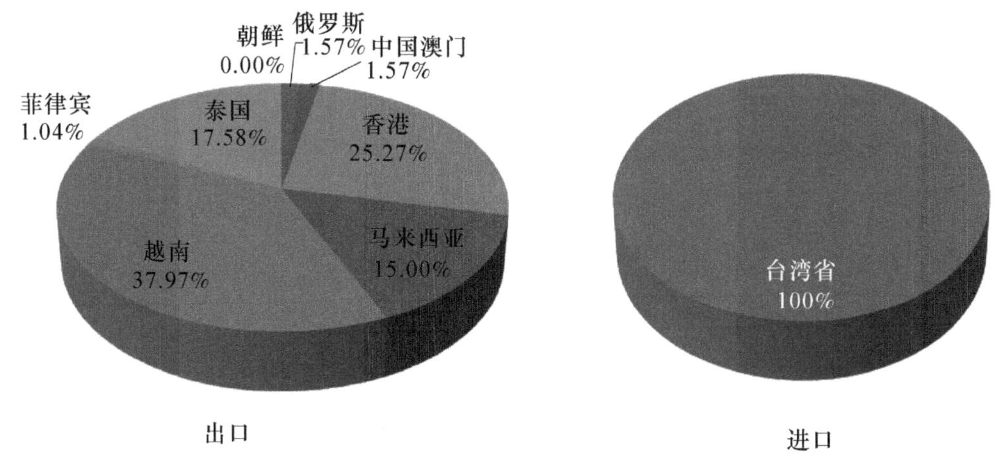

图 12　2015 年中国甜瓜进出口分布情况

小的省区则进口量较大。2015 年甜瓜出口数量排列前五位的省区为：广东、云南、内蒙古、福建、广西，其中广东、云南省出口量占全国出口量分别为 46. 38%、26. 27%（图 12）。对于进口而言，2015 年甜瓜进口的省份增加，北京 58. 51%、山东 21. 20%、云南 6. 09%、广东 5. 45%、辽宁 3. 14%（图 13）。

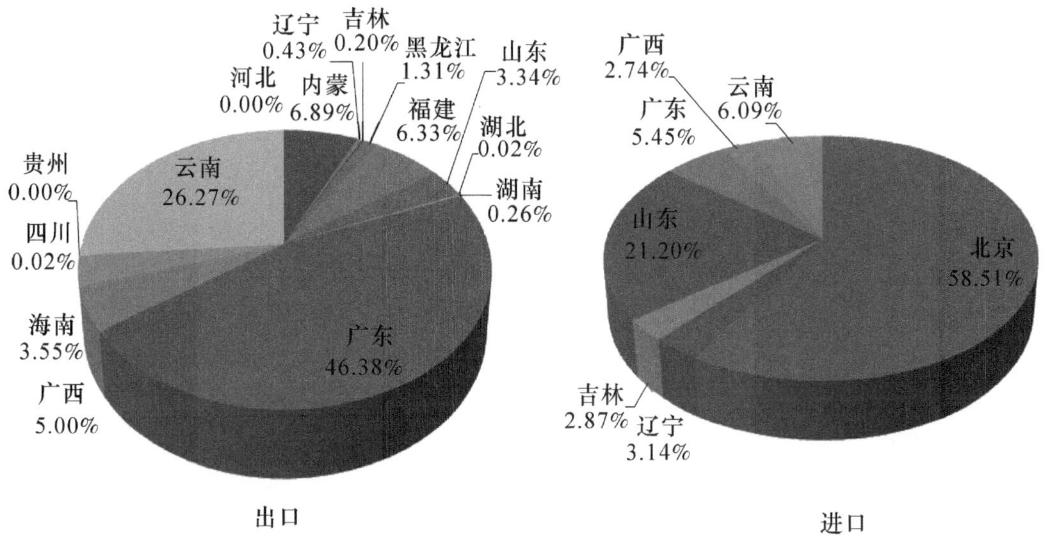

图 13　2015 年中国甜瓜进出口分省区情况

5　国内西甜瓜市场发展趋势的判断

5.1　市场供需

西甜瓜种植面积与产量保持稳中有升，市场供求基本平衡，品种结构更加适应市场需求。随着市场需求的变化，在未来的几年内，中国西、甜瓜种植面积和总产量将继续保持稳中有升的发展趋势。近年来西、甜瓜供求基本平衡，生产规模较稳定，在主产区，种植西、甜瓜仍是农户增加收入的重要来源。同时随着交通条件的改善和物流体系的发展，西瓜甜瓜异地、反季节生产将有新的发展。如新疆厚皮甜瓜在南方和东部地区采用设施栽培品质较原产地长途运输后表现更好。冬春季西、甜瓜也更多来自海南与越南、缅甸等热带产区。随着社会发展和生活水平的提高，消费者对西、甜瓜品种的需求也呈现多样化、差异化的新趋势。消费市场需要类型丰富、口感风味好、外观佳的中小果型商品瓜。根据市场多样化需求，品种结构将出现由高产品种向优质品种、无机产品向绿色有机产品、有籽西瓜向无籽西瓜转变的趋势，中小果型优质无籽西瓜、早中熟中小果型西瓜品种与适应性强的早熟大果型优质厚皮甜瓜品种、优质薄皮甜瓜品种将是生产推广的重点。

5.2 市场价格走势

国内西甜瓜批发市场价格继续呈现趋势性上升及季节性波动的特点，全国各地区的价格水平继续保持差异性。在国内宏观经济因素变化、物价上涨、生产成本上升、物流成本增加等因素的影响下，国内西甜瓜批发市场价格将继续保持趋势性上涨格局，由于市场供应的季节性不平衡短期之内较难改变，西甜瓜市场价格将继续呈现季节性波动，但随着品种的多样化以及反季节生产的发展，这种季节性波动的幅度将减小。由于中国西甜瓜生产的区域性较强，主产区西甜瓜产量优势明显强于非主产区，另外物价因素也是影响各地市场价格水平的因素，因此普遍存在西甜瓜主产区价格低于非主产区、中等城市低于大城市价格、中西部地区低于东部地区的趋势。

5.3 市场流通模式

“农超对接”和“农批对接”是未来西甜瓜市场销售模式的发展趋势，是提高农民收入的有效途径。瓜农在现有的“瓜农—收购商—批发商—零售商”销售模式中得不到最大利益，主要是因为产品在销售物流过程中的中间环节太多，对于水果蔬菜销售者和消费者而言，超市和批发市场均是主要的渠道，因此大力发展“农超对接”和“农批对接”两种模式，能减少物流成本，提高农民的效益，是应当大力发展的物流模式。

5.4 产业化发展

逐步形成“生产集约化、种植规模化、产品标准化、销售品牌化”的产业化发展格局。随着农业产业化进程的推进，我国西甜瓜产业的组织化程度将大大提高，各地将呈现出流通市场与生产基地一体化整合的格局，集中育苗与产销一体的生产经营大户增加，协会组织建设不断完善，在集中优势产区培育壮大一批带动能力强的现代龙头企业，通过外联市场、内联基地，促进西甜瓜生产与国内国际市场的对接，降低瓜农生产的盲目性。品牌意识将进一步得到提升，并将形成与强化“优势产区+优势品种+优势品牌”的格局，如北京的“大兴庞各庄西瓜”、江苏的“东台西瓜”、新疆的“哈密瓜”和“伽师甜瓜”等都已获得国家地理标志产品认证和绿色食品认证，今后将会有更多的优势产区的产品进行认证。瓜农利用标准化综合栽培管理技术、精简化栽培技术和无公害生产栽培模式的比例将有所提高，通过品牌效应驱动，西甜瓜区域优势化布局将更为明显，并建起一批西甜瓜生产基地，从事高产高效优质及特色产品专业化生产，由粗放经营向集约经营转变，实现“生产集约化、种植规模化、产品标准化、销售品牌化”的产业化发展格局。

参考文献

［1］ 顾鲁同. 关于加快江苏省西甜瓜产业发展的思考［J］. 中国园艺文摘，2012（2）.

［2］ 戴思慧等. 我国西瓜种子生产加工处理现状及发展趋势［J］. 中国瓜菜，2012，25（2）：39-42.

［3］ 杨艳涛，张琳，吴敬学. 2011 年我国西甜瓜市场及产业发展趋势与对策分析［J］. 北方园艺，2012（8）.

［4］ 杨艳涛，吴敬学. 2013 年我国西甜瓜市场贸易分析与趋势展望［J］. 长江蔬菜，2014（9）.

报告二　2016年中国西甜瓜市场形势及趋势分析

杨艳涛　张　琳　吴敬学

中国是西瓜甜瓜生产与消费的第一大国，西甜瓜产量一直保持在世界第一，在世界园艺业中始终占有重要地位。中国西瓜面积占世界总面积的60%以上，产量占70%左右；甜瓜面积占世界总面积的45%以上，产量占50%左右；西瓜、甜瓜人均年消费量是世界人均量的2~3倍，约占全国夏季果品市场总量的50%以上。西甜瓜已成为中国重要的经济作物，西甜瓜产业的发展为实现农民增收发挥了重要作用。

1　国内西甜瓜生产形势分析

1.1　播种面积、总产量保持增长

根据《2015中国农业统计资料》公布的数字，2015年全国西瓜播种面积186.07万 hm^2，总产量7 714.0万 t，每公顷产量41.46 t，比上年播种面积增加0.84万 hm^2，总产量增加229.7万 t，增幅3.07%，每公顷单产提高1.05 t。全国甜瓜播种面积46.09万 hm^2，总产量1 527.1万 t，每公顷产量33.13 t，比上年播种面积增加2.2万 hm^2，总产量增加51.3万 t，增幅为3.47%，每公顷单产减少0.49 t。由于种植效益的提高，农民种瓜意愿增强，近年来西、甜瓜的播种面积、总产量保持增长。由于种植结构的调整，近年来全国甜瓜种植面积保持较为明显的增长态势。

1.2　生产区域化特征明显，优势产区集中度大大提高

中国幅员辽阔，南北气候差异大，地理特征明显，西甜瓜最适大陆性气候，在适宜环境中，较高的昼温和较低的夜温有利于西甜瓜生长，特别是果实糖分的积累。由于气候及地域资源的差异决定了西甜瓜种植的区域性特征较为明显。

1.2.1　西瓜

从分区域来看，中国西瓜生产布局依然是华东、中南两大地区主导的局面，全国3/4的西瓜产量来自这两个产区。2015年华东六省一市的西瓜播种面积为62.66万 hm^2，产量2 121万 t，占全国西瓜总播种面积的35.8%，占全国总产量的27.5%（比去年的35.0%比重下降）；中南六省的西瓜播种面积为64.34万 hm^2，产量为2 717万 t，占当年全国西瓜总播种面积的34.6%，占全国总产量的35.2%（比去年的34.3%提高）；西北五省的西瓜播种面积为24.4万 hm^2，产量为931.7万 t，占当年全国西瓜总播种面积的13.1%，占全国总产量的12.1%。

从全国范围来看，2015年排列中国西瓜产量前十位的省份是：河南、山东、安徽、江苏、河北、湖南、新疆、广西、湖北、浙江。其中江苏省2015年西瓜产量增幅最大，

产量464.1万t，比上年增幅11.89%。河南、山东、安徽、河北和江苏是中国西瓜的主要产地，2015年这五个省的西瓜产量达4 244.5万t，占全国总产量的55%，超过全国总产量的一半，比2014年增加216.5万t。河南省是中国西瓜生产第一大省，约占全国总产量的五分之一，2015年产量达1 565.6万t，比2014年增加98.1万t，产量增加主要是由于单产增加，2015年河南省西瓜每公顷产量57.96万t，比2014年增加4.43万t/hm^2。中国西瓜生产的集中度较高，2015年全国31个省（自治区、直辖市）中产量超过100万t的有18个，2015年18个百万吨省区的西瓜产量为7 086.5万t，占全国总产量的91.57%。

1.2.2　甜瓜

中国甜瓜产业布局依然为华东、中南、西北产区三足鼎立的格局，其中西北地区甜瓜播种面积与产量所占比重呈不断增长趋势。2015年，华东六省一市的甜瓜播种面积为12.47万hm^2，产量434.1万t，占全国甜瓜总播种面积的27%，占全国总产量的28.4%；中南六省的甜瓜播种面积为11万hm^2，产量为311.1万t，占全国甜瓜总播种面积的23.9%，占全国总产量的20%。西北地区的甜瓜产业发展迅速，1996—2015年，播种面积呈不断扩大态势，从1.8万hm^2扩大到12.28万hm^2，扩大了6.82倍；产量从32.9万t提高到412.4万t，其产量占全国总产量的比重从9%增长到27%，其中新疆2015年甜瓜产量288.9万t，比2014年增加22.95%，占全国总产量的18.9%。

从全国范围来看，2015年排列中国甜瓜产量前十位的省份是：新疆、山东、河南、河北、内蒙古、辽宁、陕西、黑龙江、甘肃、江苏、安徽、吉林，其中陕西产量增幅最大，产量69.7万t，增幅达到18.46%，对产量增加的贡献最大。新疆、河南、山东、河北、江苏、内蒙古、陕西、辽宁是中国甜瓜的主要产地，产量超过50万t，2015年这8个省的甜瓜产量达1 145.5万t，占全国总产量的75%，由此可见中国甜瓜生产集中度也在不断提高。

2　西甜瓜市场价格与交易量变化分析

2.1　批发市场价格变化总体特征

总体价格呈明显季节性变化并有趋势性上涨的特征不变。由于居民对西甜瓜的需求随着季节的变化而变化，并且西甜瓜的生长周期具有季节性，属于鲜销水果，因此西甜瓜的价格出现明显的季节性特征。根据农业部信息中心的数据，国内西瓜市场的价格变化总体上呈围绕一定趋势增长的正弦波状（图1），具有一定的趋势性和明显的季节性。呈现一定的趋势性是由于宏观经济因素导致的物价上涨以及农资、化肥、原油等原材料价格的上涨。

2.2　甜瓜市场价格变化季节性明显，2016年价格较上年上涨

从近两年的数据看，甜瓜批发市场价格也呈周期性的正弦波状，具有明显的季节性，比较2013—2016年的价格变化，2013年全国甜瓜加权平均价格为3.74元/kg，

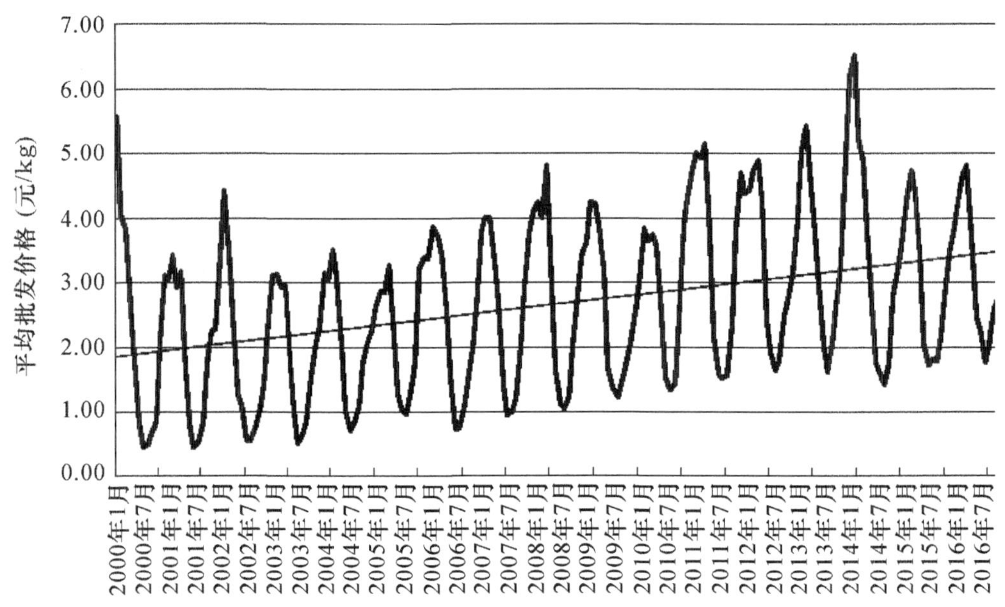

图 1　2000—2016 年全国西瓜批发市场平均价格走势

数据来源：农业部信息中心（截至 2016 年 11 月 31 日）

2014 年 3.50 元/kg，2015 年 4.29 元/kg，2016 年 5.68 元/kg（图 2）。

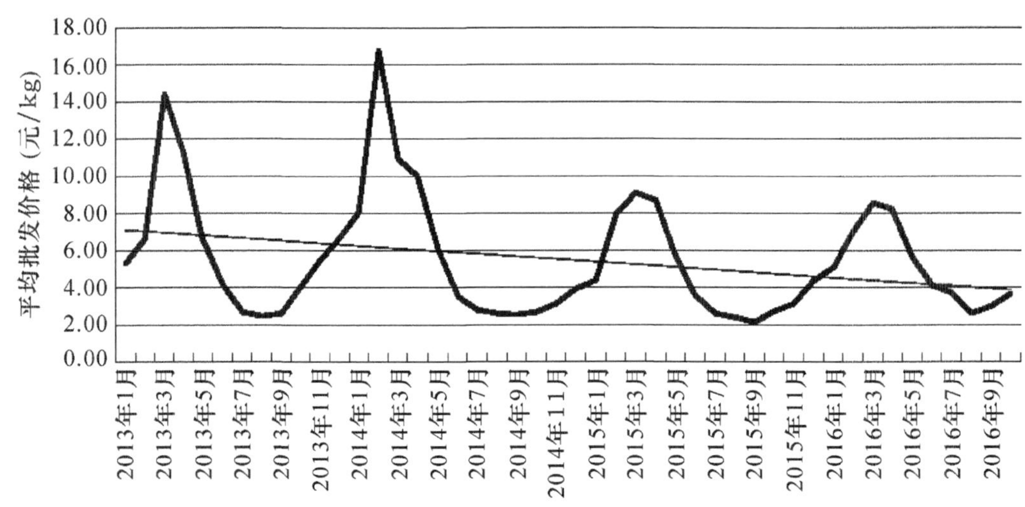

图 2　2013—2016 年全国甜瓜批发市场平均价格走势

数据来源：农业部信息中心（截至 2016 年 10 月 31 日）

2.3　交易量与价格的变化特征

2.3.1　西瓜甜瓜交易量呈明显季节性并且与价格变化呈反向变化，甜瓜交易量显著增长、价格降低

西瓜：从农业部信息中心提供数据可以看出（图 3），我国西瓜市场交易量存在着

明显的季节性，每年的7—8月交易量最大，而此时批发价格处于全年最低阶段；每年的12月至来年的1月、2月交易量最少，批发价格则处于高位。交易量变动与批发价格波动呈相反趋势。

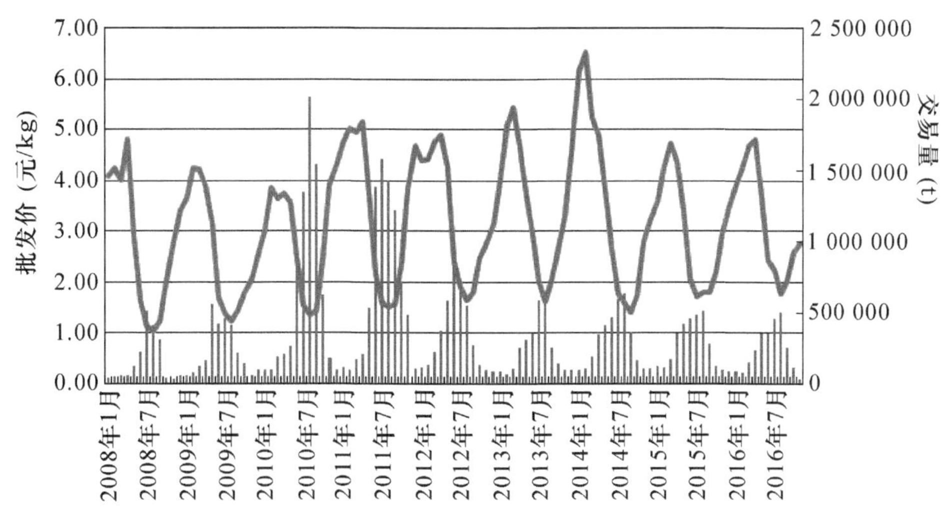

图3　2008—2016年全国西瓜市场价格与交易量变化

数据来源：农业部信息中心（数据截至2016年11月31日）

从全年价格变化看，呈现两头高中间低的季节性波动。1—4月西瓜供应主要来自一些地区的反季节品种，价格偏高；5—9月属于西瓜大量上市时期，价格处于低位，而且7—9月价格保持低位稳定；10月随着天气转凉，供应量减少，价格开始升高。2016全年价格最高点在4月4.82元/kg，最低点在8月1.77元/kg，最低价与最高价差3.05元/kg。

甜瓜：从农业部信息中心提供的数据看（图4），2016年全国甜瓜交易量比2015年下降，2016年1—11月交易量比2015年1—11月减少34.5%。甜瓜交易量也呈现明显的季节性变化，5—8月为交易量的高峰段。2016年全国甜瓜加权平均价格（1—11月）为5.68元/kg，2013年为3.74元/kg，2014年3.50元/kg，2015年4.29元/kg。从全年价格变化看，与西瓜市场变化规律一致，1—4月甜瓜供应主要来自一些地区的反季节品种，价格偏高；5—9月属于甜瓜大量上市时期，价格处于低位，而且7—9月价格保持低位稳定；10月随着天气转凉，供应量减少，价格开始升高。2016年价格比上年增加，但价格最高点低于往年。全年价格最高点在3月8.59元/kg，最低点在8月2.62元/kg，最低价与最高价价差5.97元/kg，2014年价差为14.25元/kg、2015年为6.9元/kg，可以看出价差呈减小趋势。

2.3.2　价格的区域性差异特征明显

地区间的价格分布基本表现为主产区低于非主产区、中等城市低于大城市、中西部地区低于东部地区的特点。

从2016年全国主要地区价格（图5）与全国平均水平对比看，低于全国平均价格

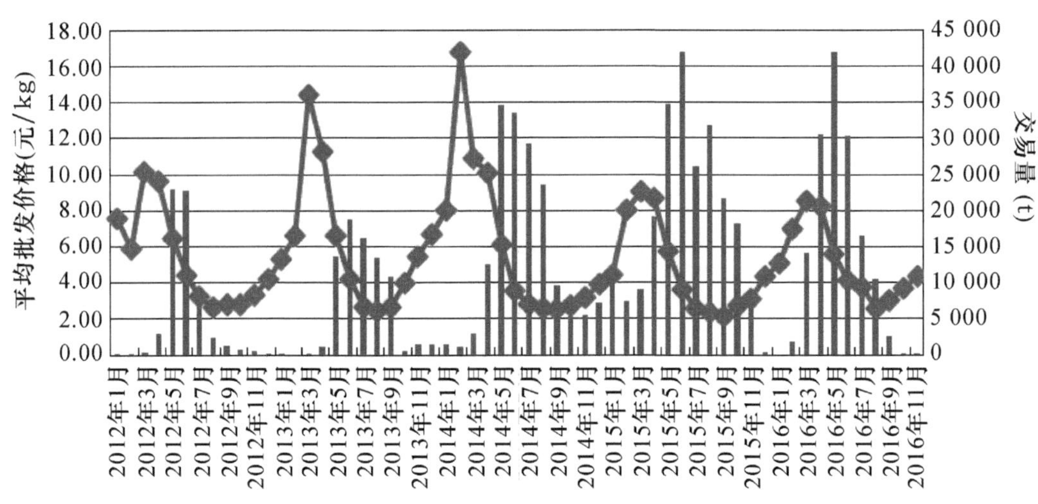

图 4　2012—2016 年全国甜瓜平均批发价格及交易量变化

数据来源：农业部信息中心（数据截至 2016 年 11 月 31 日）

的依次为：河南、河北、湖北、山西、甘肃、广西、安徽、山东、内蒙古，其中河南、河北、安徽、山东为西瓜主产区，其中产量大省——河南的平均价格（加权平均）为 1.64 元/kg，为全国最低，低于全国平均价格（2.91 元/kg）43.6%。高于全国平均价格的省市依次为：江西、天津、广东、辽宁、四川、贵州、江苏、宁夏、湖南、北京、上海市、新疆、浙江、黑龙江、西藏，主要为非主产区，大部分为大城市以及东部经济较发达地区，物价水平较高。西藏为全国价格最高的地区，2016 年 1—10 月西藏加权均价 7.57 元/kg，达到全国平均水平的 2.61 倍。

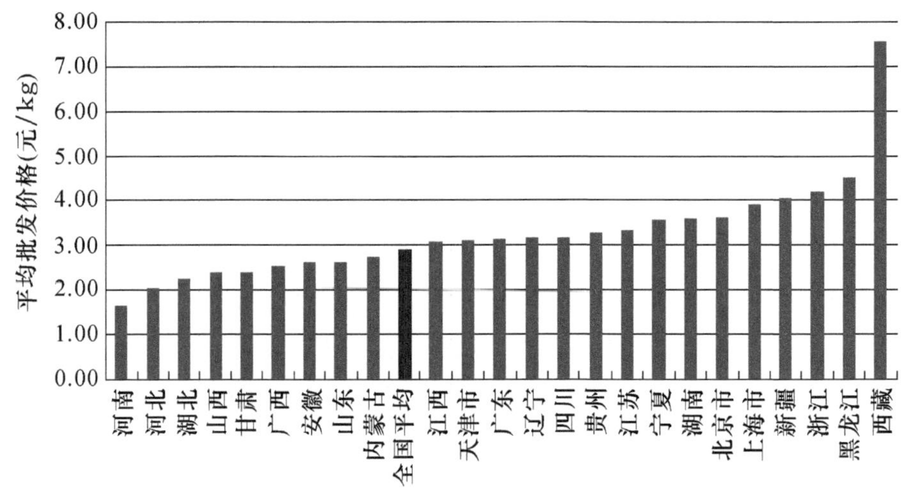

图 5　2016 年 1—10 月全国各地西瓜平均批发价格对比

数据来源：农业部信息中心（经计算整理）

3　分品种价格与交易量分析（以北京批发市场为例）

3.1　西瓜、小西瓜和无籽西瓜的比较

针对西瓜小西瓜和无籽西瓜这三个品种，根据对北京市批发市场采集的数据进行对比，可以发现西瓜、小西瓜和无籽西瓜市场价格的季节性变化特征，2016 年各品种平均市场批发价高于 2015 年同期，其中小西瓜和无籽西瓜价格高于普通西瓜，各品种交易量变化呈现错峰分布、具有季节互补性。

从价格分布看（图 6），西瓜、小西瓜和无籽西瓜均呈现季节性变化的特征，价格高点基本都分布在 1—4 月，而价格低点基本都分布在 7—8 月。从价格对比看，小西瓜因产量小而市场需求大，小西瓜价格明显高于普通西瓜；而无籽西瓜价格平均价格略低于西瓜价格。2016 年 1—11 月北京批发市场西瓜平均价格 3.99 元/kg，高于 2015 年同期（2015 年 1—11 月为 2.79 元/kg），小西瓜平均价格 5.14 元/kg，高于 2015 年同期（2015 年 1—11 月为 4.31 元/kg），无籽西瓜平均价格 3.53 元/kg，与 2015 年同期持平。

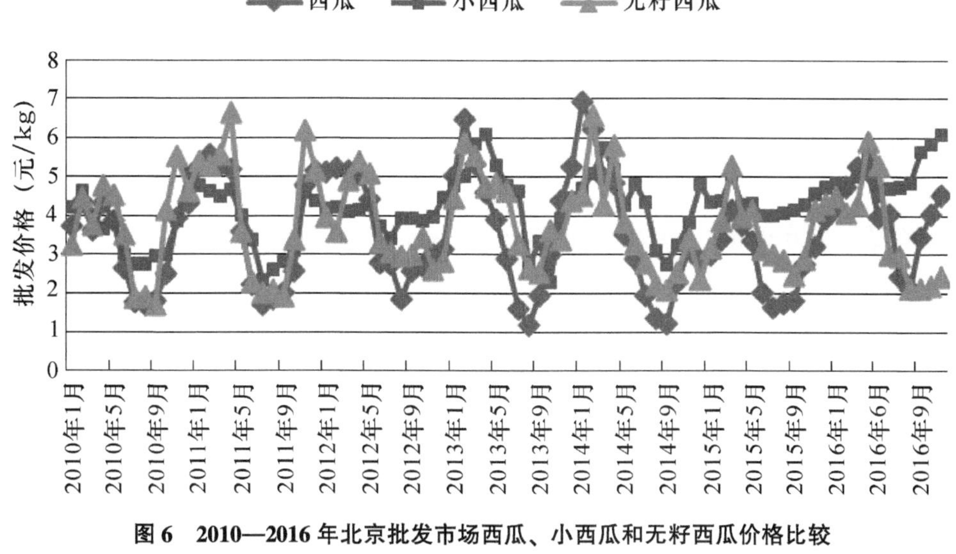

图 6　2010—2016 年北京批发市场西瓜、小西瓜和无籽西瓜价格比较

数据来源：北京市市场协会（数据截至 2016 年 11 月）

从交易量的变化看（图 7），小西瓜、无籽西瓜虽然在交易数量上无法与西瓜相比，但是在季节分布上，与普通西瓜基本形成互补，交易量呈错峰分布。无籽西瓜的交易量高峰在每年的 12 月至次年的 1 月，低谷在每年 4 月至 7 月；而小西瓜的交易量高峰在每年的 4 月，低谷在每年的 7—10 月；普通西瓜的交易量高峰在每年的 8 月，低谷在每年的 10 月至次年 1 月。从交易数量上看，2016 年西瓜交易量低于 2015 年，小西瓜、无籽西瓜交易量高于 2015 年。

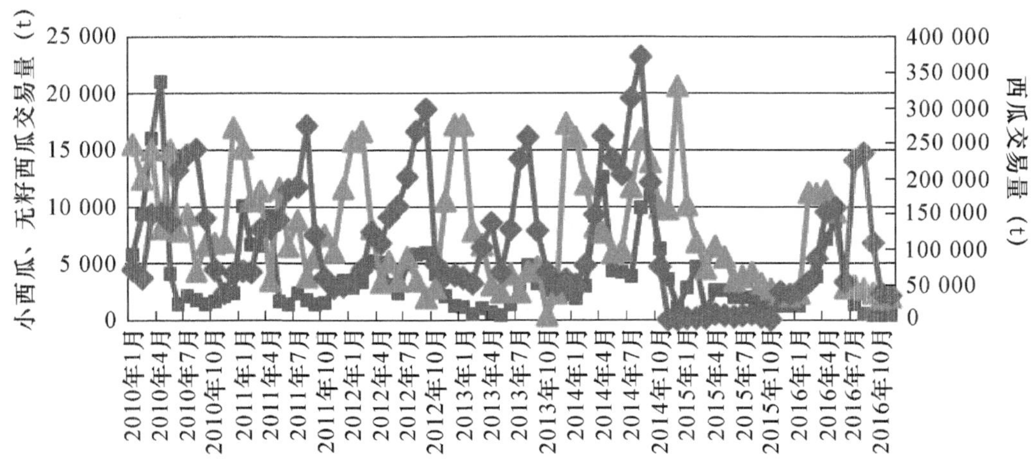

图 7　2010—2016 年北京批发市场西瓜、小西瓜和无籽西瓜交易量比较

数据来源：北京市市场协会（数据截至 2016 年 11 月）

3.2　白兰瓜、伊丽莎白和哈密瓜的比较

根据对北京市批发市场采集的数据对比，可以发现三个甜瓜品种白兰瓜、伊丽莎白和哈密瓜市场价格亦呈季节性分布，2016 年平均价格总体高于 2015 年同期；各品种交易量呈错峰分布，形成季节性互补。

从价格分布看（图 8），白兰瓜、伊丽莎白和哈密瓜同样均呈现季节性变化的特征，价格高点基本都分布在 1—4 月，而价格低点基本都分布在 7—8 月。从价格对比看，

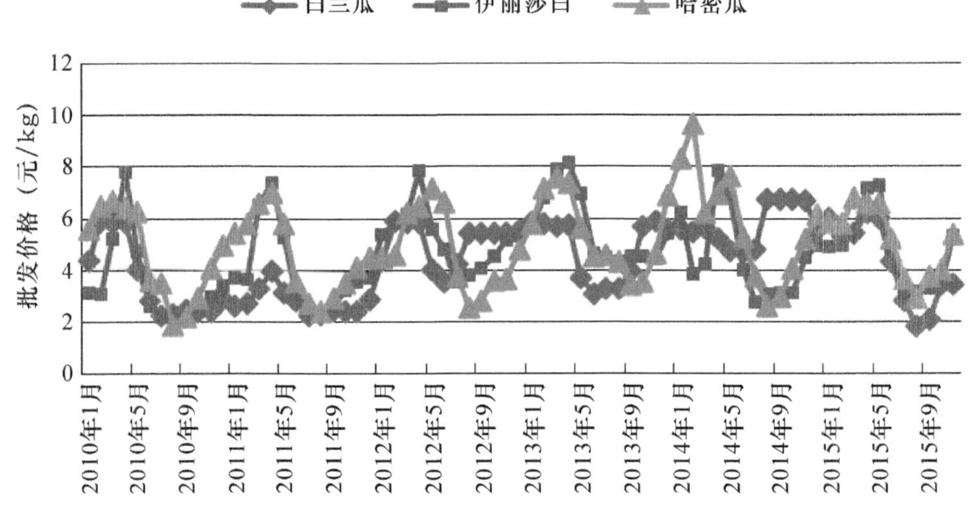

图 8　2010—2016 年北京批发市场白兰瓜、伊丽莎白和哈密瓜价格比较

数据来源：北京市市场协会（数据截至 2016 年 11 月）

2016 年 1—11 月北京批发市场白兰瓜平均价格 3. 26 元/kg，低于 2015 年同期（2015 年 1—11 月为 4. 26 元/kg）；伊丽莎白平均价格 5. 14 元/kg，高于 2015 年同期（2014 年 1—11 月为 4. 8 元/kg）；哈密瓜平均价格 6. 61 元/kg，高于 2015 年同期（2015 年 1—11 月为 5. 14 元/kg）。

从交易量变化看（图 9），哈密瓜交易量明显比白兰瓜和伊丽莎白具有优势，在季节分布上三个品种具有明显的互补性，哈密瓜的交易量高峰在每年的 8 月左右，低谷在每年 11 月至次年 4 月；而伊丽莎白的交易量高峰在每年的 6—7 月，低谷在每年的 11 月至次年 4 月；相比之下，白兰瓜的交易量较低，交易量高峰在每年的 5 月，低谷在每年的 11 月至次年 4 月。从上市期看，伊丽莎白瓜比哈密瓜的上市期早 1—2 月，而白兰瓜比伊丽莎白早一个月左右，因此三个品种可以形成季节上的互补。

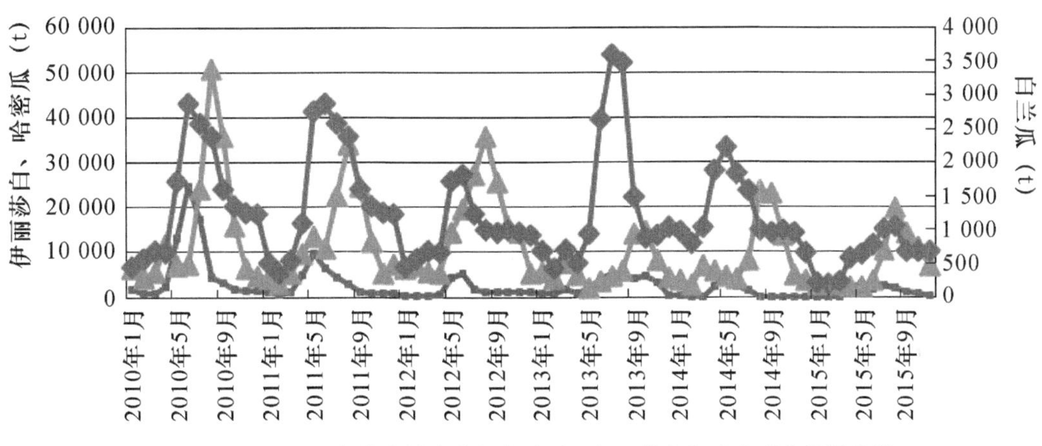

图 9　2010—2016 年北京批发市场白兰瓜、伊丽莎白和哈密瓜交易量比较

数据来源：北京市市场协会（数据截至 2016 年 11 月）

4　西甜瓜进出口贸易分析

中国是世界西甜瓜最大生产国，但西甜瓜进出口贸易量在世界的比重不大，国际市场对国内市场的影响不大。中国西瓜进口量占世界进口总量的 10%左右，但不足国内产量的 1%；相比之下，甜瓜的进口量比西瓜更小。西瓜、甜瓜出口量较少，近年平均在 4 万~5 万 t。近几年来西瓜、甜瓜进出口贸易趋势为西瓜总体减少、而甜瓜总体增加，甜瓜贸易主要为出口。

4.1　西瓜

4.1.1　进出口量（额）变化

中国是世界第二大西瓜进口国，为西瓜净进口，近几年来，西瓜进出口贸易量呈减少趋势。根据农业部信息中心提供的数据（表 1），2016 年中国西瓜出口数量同去年同期比均减少、进口数量同去年同期比有所增加。2016 年 1—9 月出口数量 2.25 万 t，比 2015 年同期（2.62 万 t）减少 14.1%；出口金额 1 982.76万美元，比 2015 年同期（1 967.17万美元）增加 0.79%。2016 年 1—9 月进口数量 18.18 万 t，比 2015 年同期（17.44 万 t）增加 4.2%；进口金额 2 900.57万美元，比 2015 年同期（3 330.68万美元）减少 12.9%。

表 1　2010—2016 年中国西瓜进出口数量（金额）对比

（单位：万 t、万美元）

年份	出口		进口	
	数量	金额	数量	金额
2010 年	5.07	1 247.74	31.33	3 493.9
2011 年	4.74	1 574.76	39.81	4 859.58
2012 年	5.81	2 180.42	42.01	5 950.67
2013 年	6.01	3 115.14	24.97	5 363.63
2014 年	5.54	4 769.71	20.10	3 808.78
2015 年	3.29	2 491.03	20.07	3 807.2
2016 年（1—9 月）	2.25	1 982.76	18.18	2 900.57

数据来源：由农业部信息中心提供，经作者整理。

4.1.2　进出口国家分布

中国西瓜出口国家主要是越南、俄罗斯、蒙古国、朝鲜、马来西亚、泰国；地区主要是中国香港、中国澳门。2016 年出口比例较大的是中国香港（占 63.4%）、中国澳门（14%）；从进口国家看，主要为越南和缅甸，进口数量各占 94%、5.9%（图 10）。

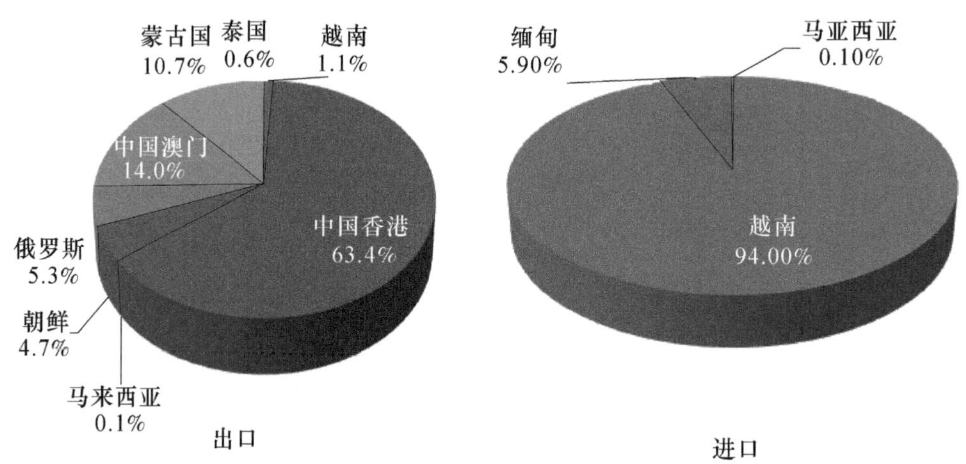

图 10　2016 年中国西瓜进出口分布情况

数据来源：农业部信息中心

4.1.3　分省区进出口情况

从分省的情况看，出口量排列前五的省（区）为：广东、云南、内蒙古、福建、海南，其中广东出口量占42.73%、云南28.9%（表11）。进口方面，2016年北京为进口第一，进口量占比59.35%，进口量排列前五位的省（区）为：北京、山东、广东、云南、吉林，其中北京进口量占59.35%，山东省进口量占16.59%（图11）。

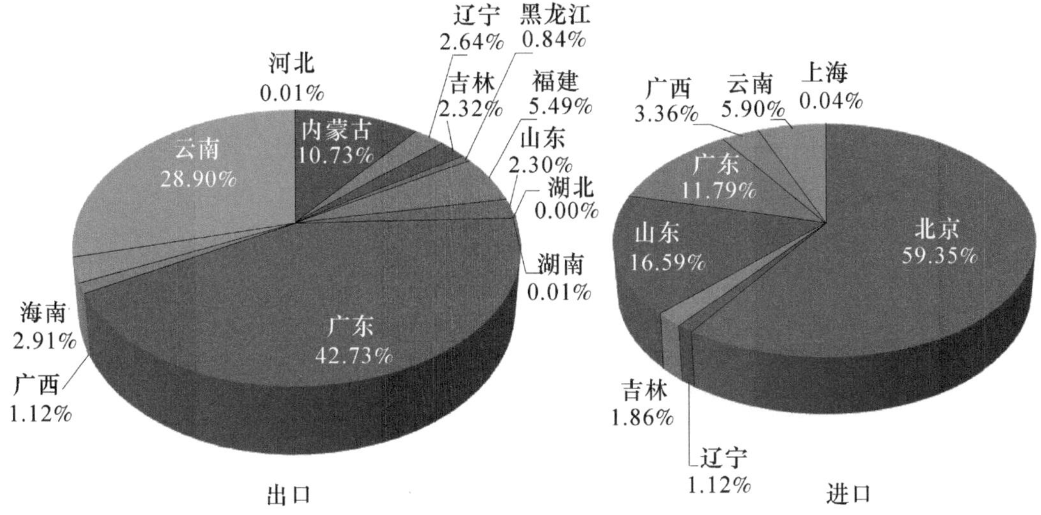

图11 2016年中国西瓜进出口分省（区）情况

4.2 甜瓜

4.2.1 进出口量（额）变化

中国甜瓜进出口贸易一直为净出口，近几年来甜瓜进出口呈现出口增加、进口减少的趋势。根据农业部信息中心提供的数据（表2），2016年出口数量/金额均比2015年增加，2016年1—9月出口数量6.30万t，比2015年同期（为6.04万t）增加4.3%；出口金额12 285.26万美元，比2015年同期（10 649.47万美元）增加15.4%。2014—2016年以来，甜瓜进口数量极少，几乎为零。

表2 2010年至2016年中国甜瓜进出口数量（金额）

（单位：万t、万美元）

年份	出口		进口	
	数量	金额	数量	金额
2010年	5.63	2 857.11	2.02	118.54
2011年	5.40	3 602.25	3.50	215.91
2012年	5.63	5 207.59	3.68	252.70
2013年	5.86	6 936.66	2.75	221.23
2014年	5.06	7 517.84	0.00	1.28
2015年	7.72	13 920.44	0.23	6.40
2016年（1—9月）	6.30	12 285.26	0.00	0.80

数据来源：由农业部信息中心提供，经作者整理

4.2.2　进出口国家的分布

中国甜瓜出口国家主要是越南、泰国、马来西亚、俄罗斯、菲律宾、朝鲜；地区主要是中国香港、中国澳门。其中出口比例较大的是越南（30.31%）、泰国（20.84%）；香港（27.91%）；从进口地区看，2016 年仅从中国台湾少量进口（图 12）。

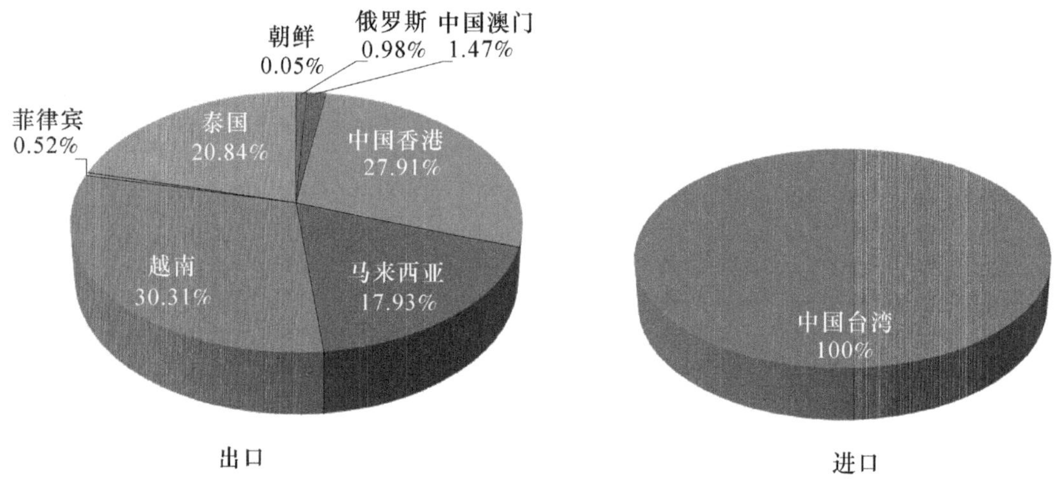

图 12　2016 年中国甜瓜进出口分布情况

4.2.3　分省区进出口情况

从分省的情况看，甜瓜出口主要是位于沿海的广东以及甜瓜主产区，2016 年变化较大的是云南和新疆甜瓜出口量增加较多，2016 年甜瓜出口数量排列前五位的省（区）为：云南、新疆、广东、福建、广西，其中云南、新疆、广东、福建出口量占全国出口量的比例分别为 63.75%、14.55%、7.17%、7.17%（图 13）。对于进口而言，2016 年甜瓜进口的省份只有福建和上海，而且数量很少。

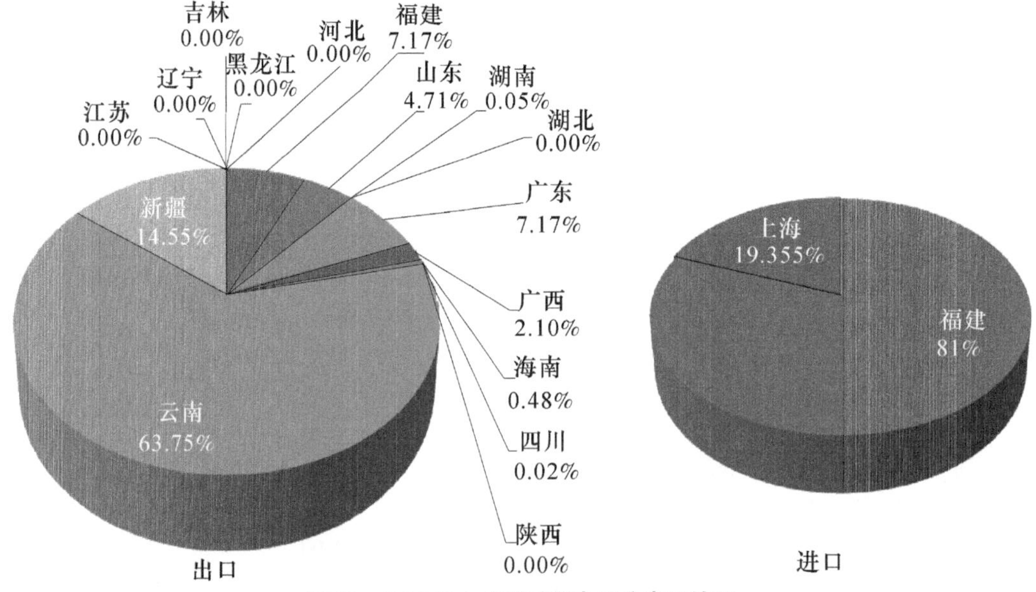

图 13　2016 年中国甜瓜进出口分省区情况

5　国内西甜瓜市场发展趋势的判断

5.1　市场供需

西甜瓜种植面积与产量保持稳中有升，市场供求基本平衡，品种结构更加适应市场需求。随着市场需求的变化，在未来的几年内，中国西、甜瓜种植面积和总产量将继续保持稳中有升的发展趋势。近年来西、甜瓜供求基本平衡，生产规模较稳定，在主产区，种植西、甜瓜仍是农户增加收入的重要来源。同时随着交通条件的改善和物流体系的发展，西瓜甜瓜异地、反季节生产将有新的发展。如新疆厚皮甜瓜在南方和东部地区采用设施栽培品质较原产地长途运输后表现更好。冬春季西、甜瓜也更多来自海南与越南、缅甸等热带产区。随着社会发展和生活水平的提高，消费者对西、甜瓜品种的需求也呈现多样化、差异化的新趋势。消费市场需要类型丰富、口感风味好、外观佳的中小果型商品瓜。根据市场多样化需求，品种结构将出现由高产品种向优质品种、无机产品向绿色有机产品、有籽西瓜向无籽西瓜转变的趋势，中小果型优质无籽西瓜、早中熟中小果型西瓜品种与适应性强的早熟大果型优质厚皮甜瓜品种、优质薄皮甜瓜品种将是生产推广的重点。

5.2　市场价格走势

国内西甜瓜批发市场价格继续呈现趋势性上升及季节性波动的特点，全国各地区的价格水平继续保持差异性。在国内宏观经济因素变化、物价上涨、生产成本上升、物流成本增加等因素的影响下，国内西甜瓜批发市场价格将继续保持趋势性上涨格局，由于市场供应的季节性不平衡短期之内较难改变，西甜瓜市场价格将继续呈现季节性波动，但随着品种的多样化以及反季节生产的发展，这种季节性波动的幅度将减小。由于中国西甜瓜生产的区域性较强，主产区西甜瓜产量优势明显强于非主产区，另外物价因素也是影响各地市场价格水平的因素，因此普遍存在西甜瓜主产区价格低于非主产区、中等城市低于大城市价格、中西部地区低于东部地区的趋势。

5.3　市场流通模式

“农超对接”和“农批对接”是未来西甜瓜市场销售模式的发展趋势，是提高农民收入的有效途径。瓜农在现有的“瓜农—收购商—批发商—零售商”销售模式中得不到最大利益，主要是因为产品在销售物流过程中的中间环节太多，对于水果蔬菜销售者和消费者而言，超市和批发市场均是主要的渠道，因此大力发展“农超对接”和“农批对接”两种模式，能减少物流成本，提高农民的效益，是应当大力发展的物流模式。

5.4　产业化发展与“互联网+”营销

西甜瓜产业逐步形成“生产集约化、种植规模化、产品标准化、销售品牌化”的产业化发展格局。随着农业产业化进程的推进，我国西甜瓜产业的组织化程度将大大提高，各地将呈现出流通市场与生产基地一体化整合的格局，集中育苗与产销一体的生产经营大户增加，协会组织建设不断完善，在集中优势产区培育壮大一批带动能力强的现代龙头企业，通过外联市场、内联基地，促进西甜瓜生产与国内国际市场的对接，降低瓜农生产的盲目性。品牌意识将进一步得到提升，并将形成与强化“优势产区+优势品种+优势品牌”的格局，如北京的“大兴庞各庄西瓜”、江苏的“东台西瓜”、新疆的“哈密瓜”和“伽师甜瓜”等都已获得国家地理标志产品认证和绿色食品认证，今后将会有更多的优势产区的产品进行认证。瓜农利用标准化综合栽培管理技术、精简化栽培技术和无公害生产栽培模式的比例将有所提高，通过品牌效应驱动，西甜瓜区域优势化布局将更为明显，并建起一批西甜瓜生产基地，从事高产高效优质及特色产品专业化生产，由粗放经营向集约经营转变，实现“生产集约化、种植规模化、产品标准化、销售品牌化”的产业化发展格局。“互联网+”产品营销成为未来西甜瓜流通方式变革的方向。随着互联网+时代的到来，专业大户、家庭农场、农民合作社、农业产业化龙头企业等新型农业生产经营主体将与生鲜电商、渠道商等新型互联网企业实现实时对接，从而减少流通成本，实现西甜瓜优质优价。

参考文献

［1］ 顾鲁同．关于加快江苏省西甜瓜产业发展的思考［J］．中国园艺文摘，2012（2）．

［2］ 戴思慧，等．我国西瓜种子生产加工处理现状及发展趋势［J］．中国瓜菜，2012，25（2）：39-42．

［3］ 杨艳涛，张琳，吴敬学．2011 年我国西甜瓜市场及产业发展趋势与对策分析［J］．北方园艺，2012（8）．

［4］ 杨艳涛，吴敬学．2013 年我国西甜瓜市场贸易分析与趋势展望［J］．长江蔬菜，2014（9）．

报告三　2017年中国西甜瓜市场形势及趋势分析

杨艳涛　张　琳　吴敬学

中国是西瓜甜瓜生产与消费的第一大国，西甜瓜产量一直保持在世界第一，在世界园艺业中始终占有重要地位。中国西瓜面积占世界总面积的60%以上，产量占70%左右；甜瓜面积占世界总面积的45%以上，产量占50%左右；西瓜、甜瓜人均年消费量是世界人均量的2~3倍，约占全国夏季果品市场总量的50%以上。西甜瓜已成为中国重要的经济作物，西甜瓜产业的发展为实现农民增收发挥了重要作用。

1　国内西甜瓜生产形势分析

1.1　播种面积、总产量保持增长

根据《2016中国农业统计资料》公布的数字，2016年全国西瓜播种面积189.08万hm^2，总产量7 940.0万t，每公顷产量41.99 t，比上年播种面积增加3.01万hm^2，总产量增加226.0万t，增幅2.93%，每公顷单产提高0.53 t。全国甜瓜播种面积48.19万hm^2，总产量1 635万t，每公顷产量33.93 t，比上年播种面积增加2.1万hm^2，总产量增加107.9万t，增幅为7.07%，每公顷单产增加0.8 t。由于种植效益的提高，农民种瓜意愿增强，近年来西、甜瓜的播种面积、总产量保持增长。由于种植结构的调整，近年来全国甜瓜种植面积保持较为明显的增长态势。

1.2　生产区域化特征明显，优势产区集中度大大提高

中国幅员辽阔，南北气候差异大，地理特征明显，西甜瓜最适大陆性气候，在适宜环境中，较高的昼温和较低的夜温有利于西甜瓜生长，特别是果实糖分的积累。由于气候及地域资源的差异决定了西甜瓜种植的区域性特征较为明显。

1.2.1　西瓜

从分区域来看，中国西瓜生产布局依然是华东、中南两大地区主导的局面，全国3/4的西瓜产量来自这两个产区。2016年华东六省一市的西瓜播种面积为63.47万hm^2，产量2 716万t，占全国西瓜总播种面积的35.8%，占全国总产量的34.2%（比去年的27.5%比重增加）；中南六省的西瓜播种面积为66.79万hm^2，产量为2 894万t，占当年全国西瓜总播种面积的35.3%，占全国总产量的36.4%（比去年的35.2%提高）；西北五省的西瓜播种面积为24.7万hm^2，产量为945万t，占当年全国西瓜总播种面积的13.1%，占全国总产量的11.9%。

从全国范围来看，2016年排列中国西瓜产量前十位的省份是：河南、山东、安徽、江苏、河北、新疆、湖南、广西、湖北、宁夏。其中河南省2016年西瓜产量增幅最大，产量1 716万t，比上年增加150.5万t、增幅9.61%。河南、山东、安徽、

河北和江苏是中国西瓜的主要产地，2016 年这五个省的西瓜产量达 4 381万 t，占全国总产量的 55%，超过全国总产量的一半，比 2015 年增加 137 万 t。河南省是中国西瓜生产第一大省，约占全国总产量的 1/5，2016 年产量达 1 716万 t，比 2015 年增加 150. 5 万 t，产量增加主要是由于播种面积和单产增加，2016 年河南省西瓜播种面积 29. 1 万 hm^2、比 2015 年增加 2. 1 万 hm^2，每公顷产量 58. 95 万 t、比 2015 年增加 0. 985 万 t/hm^2。中国西瓜生产的集中度较高且呈逐年增加趋势，2016 年全国 31 个省（自治区、直辖市）中产量超过 100 万 t 的有 20 个（2015 年为 18 个），2016 年 20 个百万吨省区的西瓜产量为 7 525万 t，占全国总产量的 94. 8%（2016 年 18 个百万吨省区占比为 91. 57%）。

1. 2. 2 甜瓜

中国甜瓜产业布局依然为华东、中南、西北产区三足鼎立的格局，其中西北地区甜瓜播种面积与产量所占比重呈不断增长趋势。2016 年，华东六省一市的甜瓜播种面积为 12. 53 万 hm^2，产量 441 万 t，占全国甜瓜总播种面积的 26%，占全国总产量的 27%；中南六省的甜瓜播种面积为 11. 6 万 hm^2，产量为 359 万 t，占全国甜瓜总播种面积的 24%，占全国总产量的 22%。西北地区的甜瓜产业发展迅速，1996—2015 年，播种面积呈不断扩大态势，从 1. 8 万 hm^2 扩大到 12. 65 万 hm^2，扩大了 7. 03 倍；产量从 32. 9 万 t 提高到 435 万 t，其产量占全国总产量的比重从 9%增长到 27%，其中新疆 2016 年甜瓜产量 292 万 t，占全国总产量的 17. 9%。

从全国范围来看，2016 年排列中国甜瓜产量前十位的省份是：新疆、山东、河南、河北、内蒙古、江苏、辽宁、黑龙江、安徽、陕西、甘肃、吉林，其中河南产量增幅最大，产量 211 万 t，增幅达到 27. 46%，对产量增加的贡献最大 2016 年产量超过 50 万 t 的省区有 11 个（2015 年为 8 个）：新疆、河南、山东、河北、江苏、内蒙古、陕西、辽宁、安徽、吉林、黑龙江，2016 年这 11 个省的甜瓜产量达 1 319万 t，占全国总产量的 80. 7%（2015 年 8 个省区占比为 75%），由此可见中国甜瓜生产集中度也在不断提高。

2 西甜瓜市场价格与交易量变化分析

2. 1 批发市场价格变化总体特征

2. 1. 1 西瓜市场总体价格呈明显季节性变化并有趋势性上涨的特征不变，近几年来加权价格变化不大

由于居民对西甜瓜的需求随着季节的变化而变化，并且西甜瓜的生长周期具有季节性，属于鲜销水果，因此西甜瓜的价格出现明显的季节性特征。根据农业部信息中心的数据，国内西瓜市场的价格变化总体上呈围绕一定趋势增长的正弦波状（图 1），具有一定的趋势性和明显的季节性。呈现一定的趋势性是由于宏观经济因素导致的物价上涨以及农资、化肥、原油等原材料价格的上涨。比较 2013 年至 2017 年的年度加权价格变化看，加权价格变化不大，2013 年全国西瓜加权平均价格为 2. 87 元/kg，2014 年 2. 85 元/kg，2015 年 2. 72 元/kg，2016 年 2. 90 元/kg，2017 年 3. 09 元/kg。

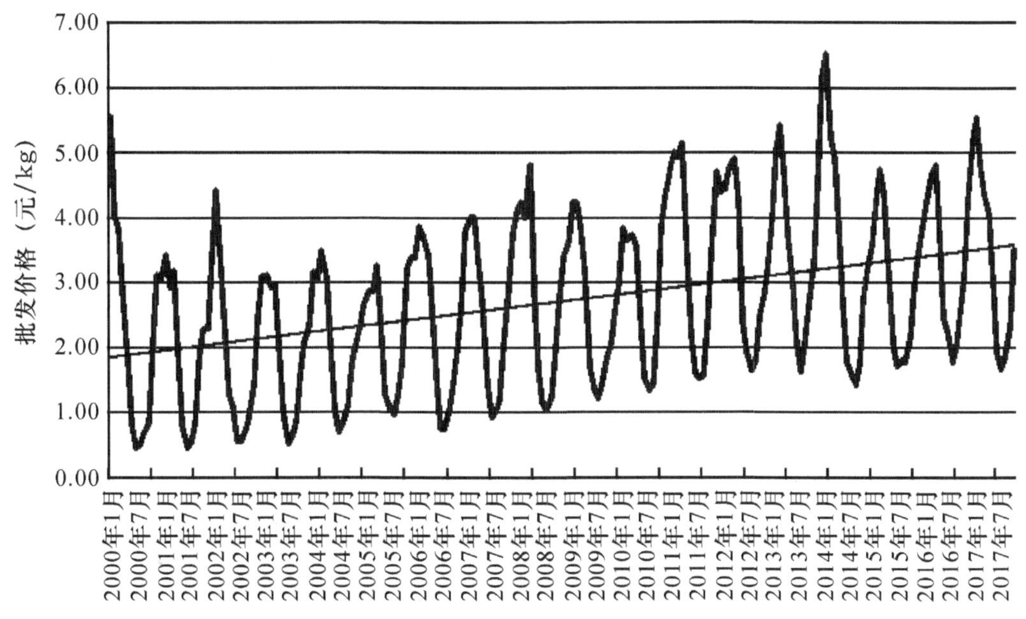

图 1　2000—2017 年全国西瓜批发市场价格走势

数据来源：农业部信息中心（截至 2017 年 11 月 31 日）

2.1.2　甜瓜市场价格变化季节性明显，有趋势性下降特征，但近几年来加权价格呈上升趋势

从 2013—2017 年的数据看（图 2），甜瓜批发市场价格也呈周期性的正弦波状，具有明显的季节性，总体有趋势性下降特征。比较 2013 年至 2017 年的年度加权价格变化看，加权价格呈上升趋势，2013 年全国甜瓜加权平均价格为 3.74 元/kg，2014 年 3.50 元/kg，2015 年 4.25 元/kg，2016 年 5.66 元/kg，2017 年 5.98 元/kg。加权价格呈上升

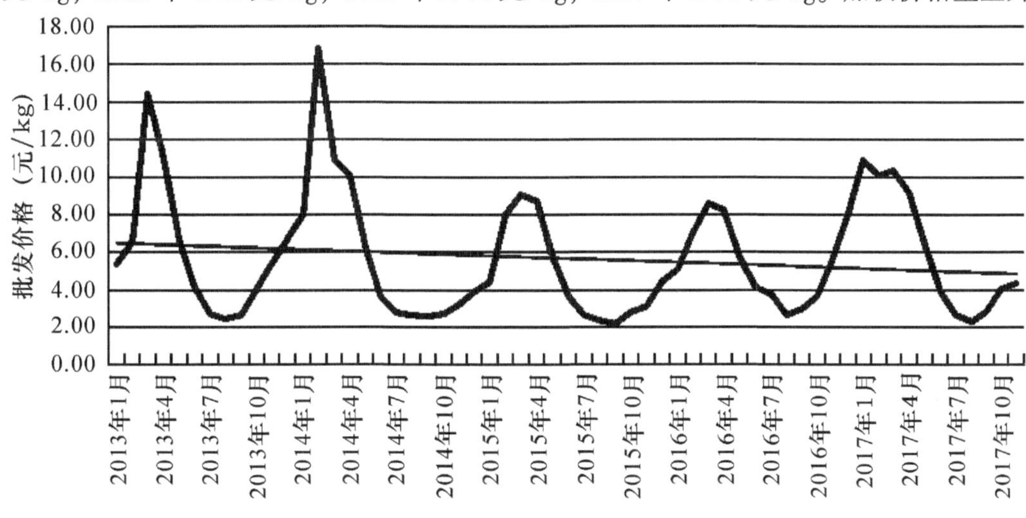

图 2　2013—2017 年全国甜瓜批发市场价格走势

数据来源：农业部信息中心（截至 2017 年 11 月 31 日）

趋势说明我国甜瓜市场供应的均衡性有所增强，价格低时交易量较往年减少、价格高时交易量较往年增加。

2.2 交易量与价格的变化特征

2.2.1 西瓜甜瓜交易量呈明显季节性并且与价格变化呈反向变化，甜瓜交易量显著增长、价格降低

西瓜：从农业部信息中心提供数据可以看出（图3），我国西瓜市场交易量存在着明显的季节性，每年的7—8月交易量最大，而此时批发价格处于全年最低阶段；每年的12月至来年的1月、2月交易量最少，批发价格则处于高位。交易量变动与批发价格波动呈相反趋势。

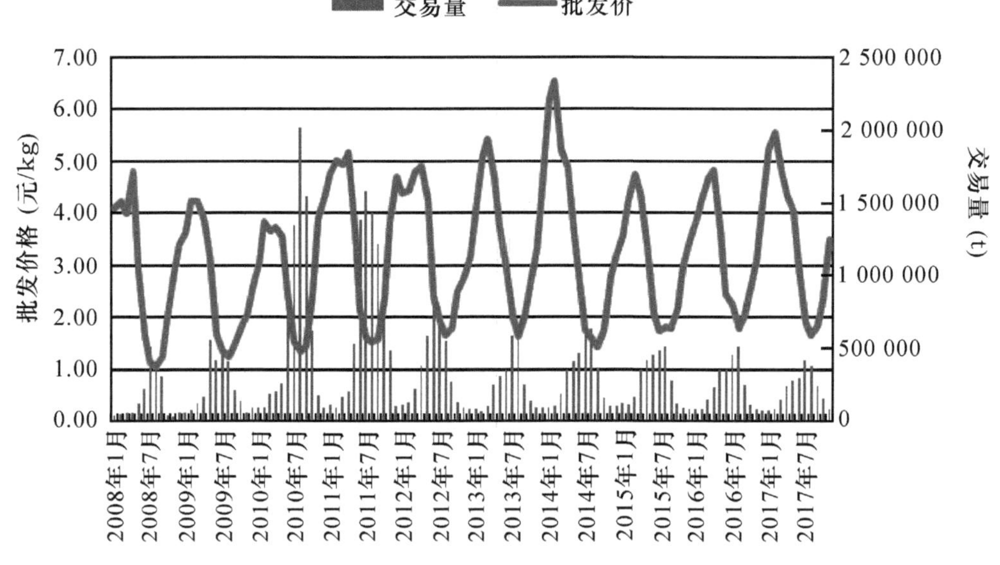

图3 2008—2017年全国西瓜市场价格与交易量变化

数据来源：农业部信息中心（数据截至2017年11月31日）

从全年价格变化看，呈现两头高中间低的季节性波动。1—4月西瓜供应主要来自一些地区的反季节品种，价格偏高；5—9月属于西瓜大量上市时期，价格处于低位，而且7—9月价格保持低位稳定；10月随着天气转凉，供应量减少，价格开始升高。2017全年价格最高点在2月5.55元/kg，最低点在8月1.66元/kg，最低价与最高价差3.89元/kg。

甜瓜：从农业部信息中心提供的数据看（图4），2017年全国甜瓜交易量比2016年下降，2017年1—11月交易量比2016年1—11月减少23.4%。甜瓜交易量也呈现明显的季节性变化，5—8月为交易量的高峰段，2017年全国甜瓜加权平均价格（1—11月）为5.96元/kg。从全年价格变化看，与西瓜市场变化规律一致，1—4月甜瓜供应主要来自一些地区的反季节品种，价格偏高；5—9月属于甜瓜大量上市时期，价格处于低位，而且7—9月价格保持低位稳定；10月随着天气转凉，供应量减少，价格开始升

高。2017 年价格比上年增加，价格最高点高于 2016 年。全年价格最高点在 10.85 元/kg，最低点在 8 月 2.31 元/kg，最低价与最高价价差 8.54 元/kg，2016 年价差为 5.97 元/kg，2015 年为 6.9 元/kg，2014 年为 14.25 元/kg，价差总体呈减小趋势。

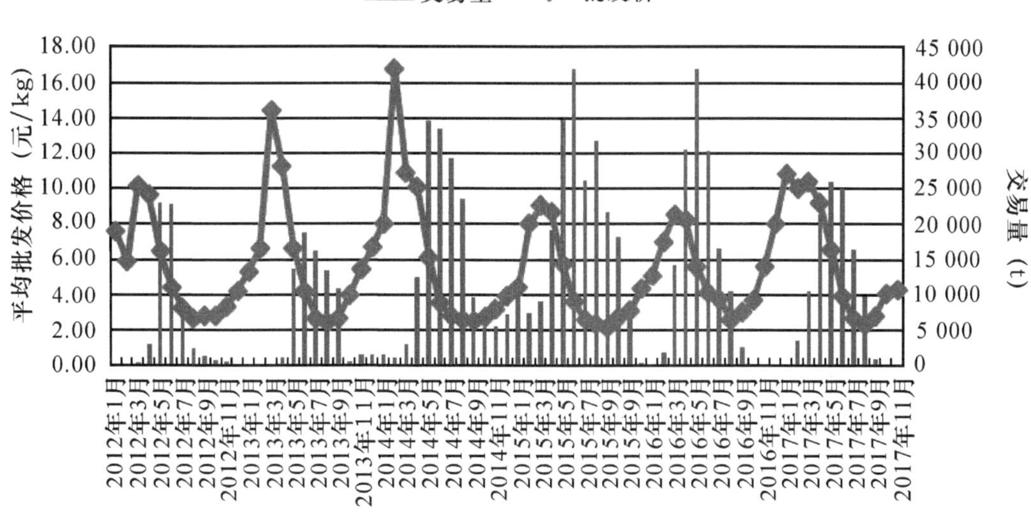

图 4 2012—2017 年全国甜瓜平均批发价格及交易量变化

数据来源：农业部信息中心（数据截至 2017 年 11 月 31 日）

2.2.2 价格的区域性差异特征明显

地区间的价格分布基本表现为主产区低于非主产区、中等城市低于大城市、中西部地区低于东部地区的特点。

从 2017 年全国主要地区价格（图 5）与全国平均水平对比看，低于全国平均价格的依次为：河南、河北、宁夏、内蒙古、天津、新疆、广西、山西、甘肃、广东，其中

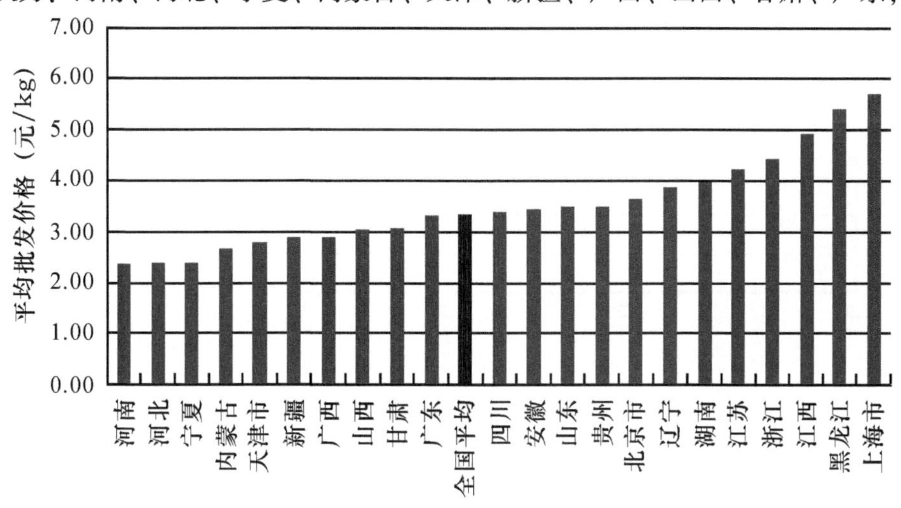

图 5 2017 年 1—11 月全国各地西瓜平均批发价格对比

数据来源：农业部信息中心（经计算整理）

河南、河北、宁夏、甘肃、新疆为西瓜主产区，其中产量大省——河南的平均价格（加权平均）为2.38元/kg，为全国最低，低于全国平均价格（3.4元/kg）30%。高于全国平均价格的省市依次为：四川、安徽、山东、贵州、北京、辽宁、江苏、湖南、浙江、江西、黑龙江、上海市，大部分主要为非主产区，大部分为大城市以及东部经济较发达地区，物价水平较高。上海为全国价格最高的地区，2017年1—11月上海市场加权均价5.72元/kg，达到全国平均水平的1.68倍。

3 分品种价格与交易量分析（以北京批发市场为例）

3.1 西瓜、小西瓜和无籽西瓜的比较

针对西瓜小西瓜和无籽西瓜这三个品种，根据对北京市批发市场采集的数据进行对比，可以发现西瓜、小西瓜和无籽西瓜市场价格的季节性变化特征，2017年各品种平均市场批发价高于2016年同期，其中小西瓜和无籽西瓜价格高于普通西瓜，各品种交易量变化呈现错峰分布、具有季节互补性。

从价格分布看（图6），西瓜、小西瓜和无籽西瓜均呈现季节性变化的特征，价格高点基本都分布在1—4月，而价格低点基本都分布在7—8月。从价格对比看，小西瓜因产量小而市场需求大，小西瓜价格明显高于普通西瓜；而无籽西瓜价格平均价格低于西瓜价格。2017年1—11月北京批发市场西瓜平均价格4.13元/kg，高于2016年同期（2016年1—11月为3.99元/kg），小西瓜平均价格5.22元/kg，高于2016年同期（2016年1—11月为5.08元/kg），无籽西瓜平均价3.59元/kg，高于2016年同期（2016年1—11月为3.44元/kg）。

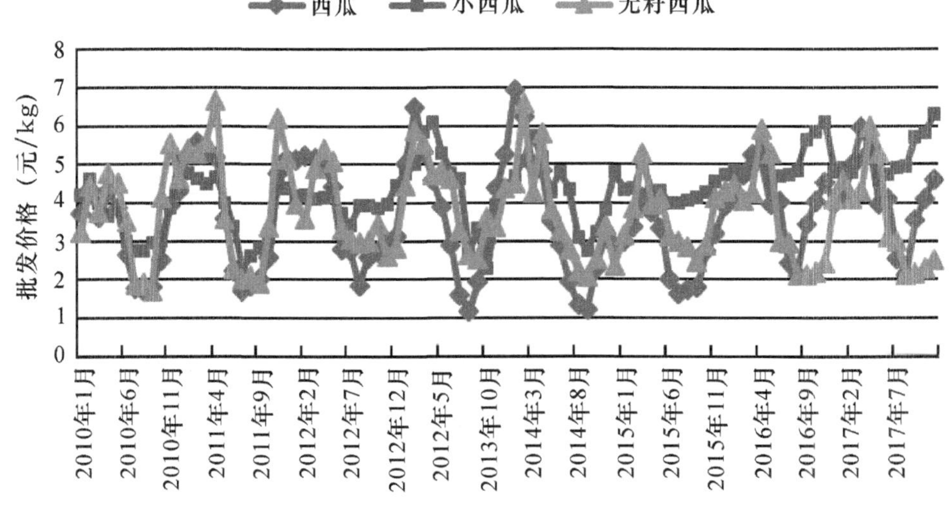

图6 2010—2017年北京批发市场西瓜、小西瓜和无籽西瓜价格比较

数据来源：布瑞克数据库（数据截至2017年11月）

从交易量的变化看（图7），小西瓜、无籽西瓜虽然在交易数量上无法与西瓜相比，

但是在季节分布上，与普通西瓜基本形成互补，交易量呈错峰分布。无籽西瓜的交易量高峰在每年的12月至次年的1月，低谷在每年4月至7月；而小西瓜的交易量高峰在每年的4月，低谷在每年的7月至10月；普通西瓜的交易量高峰在每年的8月，低谷在每年的10月至次年1月。从交易数量上看，2017年西瓜、小西瓜、无籽西瓜交易量高于2016年。

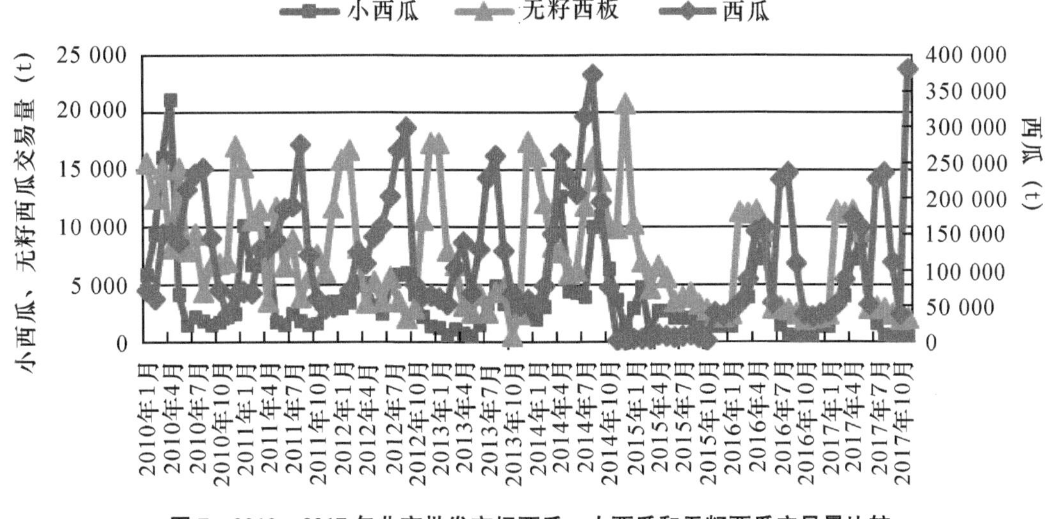

图7　2010—2017年北京批发市场西瓜、小西瓜和无籽西瓜交易量比较

数据来源：布瑞克数据库（数据截至2017年11月）

3.2　白兰瓜、伊丽莎白和哈密瓜的比较

根据对北京市批发市场采集的数据对比，可以发现三个甜瓜品种白兰瓜、伊丽莎白和哈密瓜市场价格亦呈季节性分布，2017年平均价格总体高于2016年同期；各品种交易量呈错峰分布，形成季节性互补。

从价格分布看（图8），白兰瓜、伊丽莎白和哈密瓜同样均呈现季节性变化的特征，价格高点基本都分布在1—4月，而价格低点基本都分布在7—8月。从价格对比看，2017年1—11月北京批发市场白兰瓜平均价格3.31元/kg，高于2016年同期（2016年1—11月为3.26元/kg）；伊丽莎白平均价格5.43元/kg，高于2016年同期（2016年1—11月为5.14元/kg）；哈密瓜平均价格6.65元/kg，高于2016年同期（2016年1—11月为6.10元/kg）。

从交易量变化看（图9），哈密瓜交易量明显比白兰瓜和伊丽莎白具有优势，在季节分布上三个品种具有明显的互补性，哈密瓜的交易量高峰在每年的8月左右，低谷在每年11月至次年4月；而伊丽莎白的交易量高峰在每年的6—7月，低谷在每年的11月至次年4月；相比之下，白兰瓜的交易量较低，交易量高峰在每年的5月，低谷在每年的11月至次年4月。从上市期看，伊丽莎白瓜比哈密瓜的上市期早1~2个月，而白兰瓜比伊丽莎白早1个月左右，因此三个品种可以形成季节上的互补。

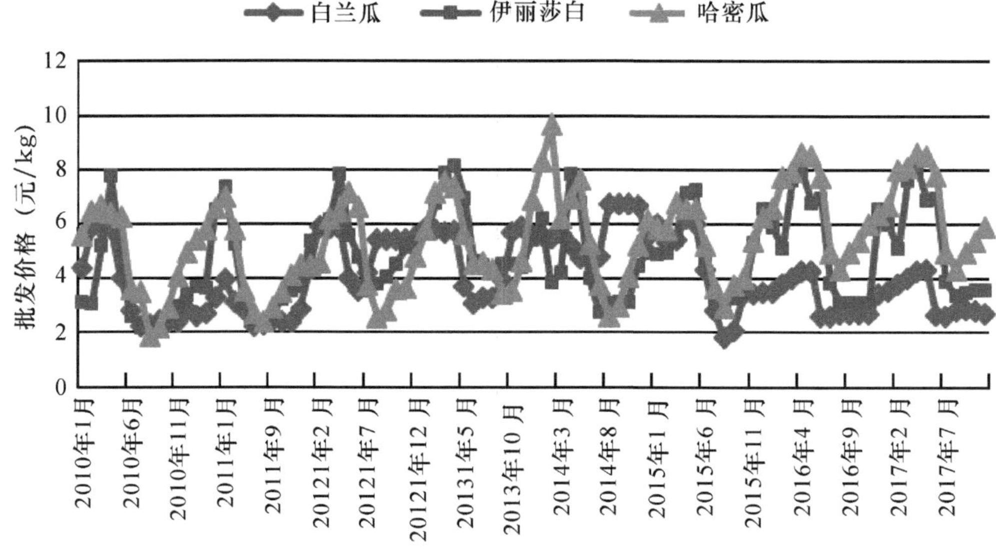

图 8　2010—2017 年北京批发市场白兰瓜、伊丽莎白和哈密瓜价格比较

数据来源：布瑞克数据库（数据截至 2017 年 11 月）

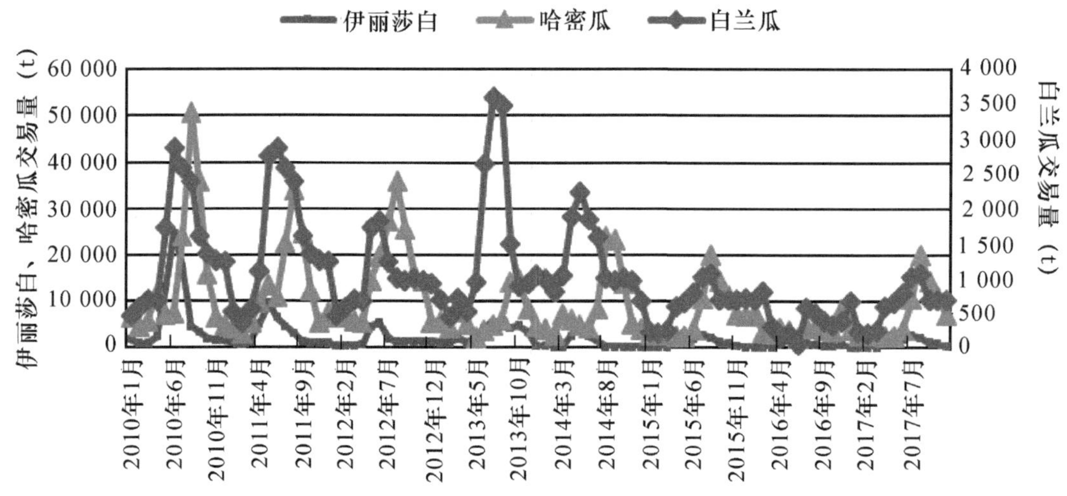

图 9　2010—2017 年北京批发市场白兰瓜、伊丽莎白和哈密瓜交易量比较

数据来源：布瑞克数据库（数据截至 2017 年 11 月）

4　西甜瓜进出口贸易分析

中国是世界西甜瓜最大生产国，但西甜瓜进出口贸易量在世界的比重不大，国际市场对国内市场的影响不大。中国西瓜进口量占世界进口总量的 10%左右，但不足国内产量的 1%；相比之下，甜瓜的进口量比西瓜更小。西瓜、甜瓜出口量较少，近年平均在 4 万~5 万 t 上下。近几年来西瓜、甜瓜进出口贸易趋势为西瓜总体减少、而甜瓜总体增加，甜瓜贸易主要为出口。

4.1　西瓜

4.1.1　进出口量（额）变化

中国是世界第二大西瓜进口国，为西瓜净进口，近几年来，西瓜进出口贸易量呈减少趋势。根据农业部信息中心提供的数据（表1），2017年中国西瓜出口数量（金额）同去年同期比增加、进口数量（金额）同去年同期比减少。2017年1—10月出口数量3.97万t，比2016年同期（2.50万t）增加59%；出口金额2 959万美元，比2016年同期（2 170万美元）增加36.4%。2017年1—10月进口数量16.42万t，比2016年同期（18.18万t）减少9.7%；进口金额2 747万美元，比2016年同期（2 900万美元）减少5.3%。

表1　2010—2017年中国西瓜进出口数量（金额）对比

（单位：万t、万美元）

年份	出口		进口	
	数量	金额	数量	金额
2010年	5.07	1 247.74	31.33	3 493.90
2011年	4.74	1 574.76	39.81	4 859.58
2012年	5.81	2 180.42	42.01	5 950.67
2013年	6.01	3 115.14	24.97	5 363.63
2014年	5.54	4 769.71	20.10	3 808.78
2015年	3.29	2 491.03	20.07	3 807.20
2016年	2.99	2 609.40	20.42	3 278.50
2017年（1—10月）	3.97	2 958.70	16.42	2 746.80

数据来源：由农业部信息中心提供，经作者整理

4.1.2　进出口国家分布

中国西瓜出口国家主要是越南、朝鲜、俄罗斯、蒙古国、马来西亚；地区主要是中国香港、中国澳门。2017年出口比例较大的是中国香港（占64.2%）、澳门（9.6%）；从进口国家看，主要为越南和缅甸，进口数量各占95.33%、4.67%（图10）。

4.1.3　分省区进出口情况

从分省的情况看，出口量排列前五的省为：云南、广东、广西、福建、海南，其中云南出口量占28.9%、广东23.3%；进口方面，2017年北京为进口量第一，进口量占比56.79%，进口量排列前五位的省区为：北京、广东、山东、云南、吉林，其中北京进口量占56.79%，广东省进口量占22.03%（图11）。

4.2　甜瓜

4.2.1　进出口量（额）变化

中国甜瓜进出口贸易一直为净出口，近几年来甜瓜进出口总体呈现出口增加、进口

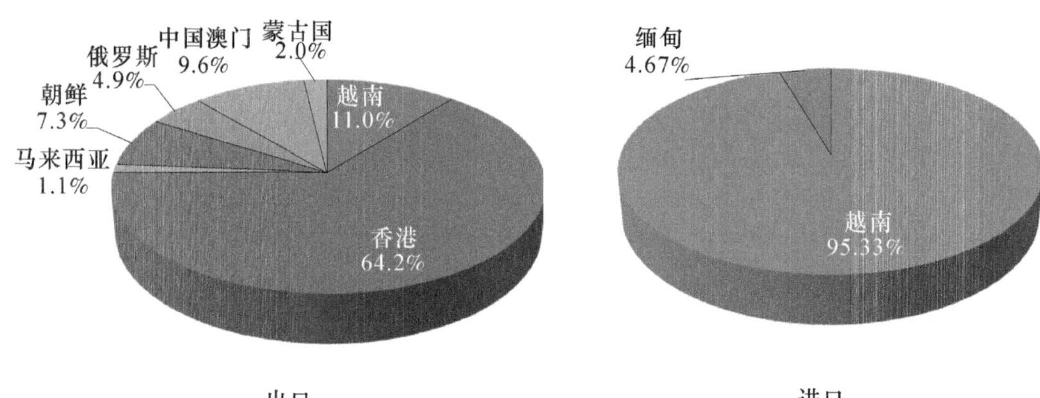

图 10　2017 年中国西瓜进出口分布情况

数据来源：农业部信息中心

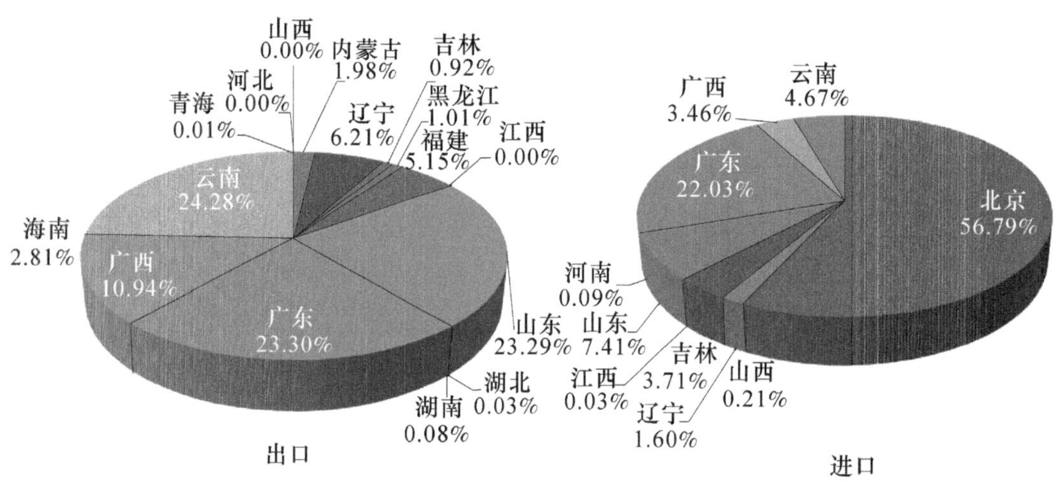

图 11　2017 年中国西瓜进出口分省区情况

减少的趋势。根据农业部信息中心提供的数据，2017 年出口数量/金额均比 2016 年有所减少，2017 年 1—10 月出口数量 5.904 万 t，比 2016 年同期（为 6.94 万 t）减少 14.8%；出口金额 9 307.6万美元，比 2016 年同期（13 415.1万美元）减少 30.6%。2014—2017 年以来，甜瓜进口数量极少，几乎为零（表 2）。

表 2　2010 年至 2017 年中国甜瓜进出口数量（金额）

（单位：万 t、万美元）

年份	出口		进口	
	数量	金额	数量	金额
2010 年	5.63	2 857.11	2.02	118.54
2011 年	5.40	3 602.25	3.50	215.91

（续表）

年份	出口		进口	
	数量	金额	数量	金额
2012 年	5. 63	5 207. 59	3. 68	252. 70
2013 年	5. 86	6 936. 66	2. 75	221. 23
2014 年	5. 06	7 517. 84	0. 00	1. 28
2015 年	7. 72	13 920. 44	0. 23	6. 40
2016 年	7. 68	14 956. 0	0. 00	0. 853
2016 年（1—9 月）	6. 93	13 415. 1	0. 00	0. 800
2017 年（1—10 月）	5. 904	9 307. 6	0. 00	0. 900

数据来源：由农业部信息中心提供，经作者整理

4.2.2　进出口国家的分布

中国甜瓜出口国家主要是越南、泰国、马来西亚、俄罗斯、菲律宾、朝鲜，地区主要是中国香港、中国澳门。其中出口比例较大的是越南（30. 31%）、中国香港（27. 91%）、泰国（20. 84%）；从进口情况看，2016 年仅从台湾省少量进口（图 12）。

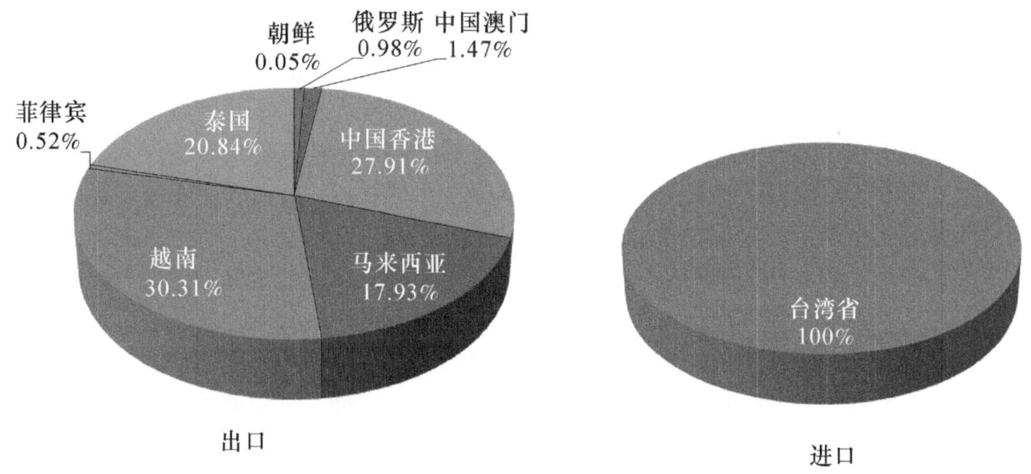

图 12　2016 年中国甜瓜进出口分布情况

4.2.3　分省区进出口情况

从分省的情况看，甜瓜出口主要是甜瓜主产区、位于西南边界的云南、位于沿海的广东等，2017 年甜瓜出口数量排列前五位的省区为：云南、新疆、广东、福建、广西，其中云南、新疆、广东、福建出口量占全国出口量的比例分别为 48. 15%、21. 31%、9. 92%、6. 72%（图 13）。对于进口而言，2017 年甜瓜进口的省份只有福建，而且数量很少。

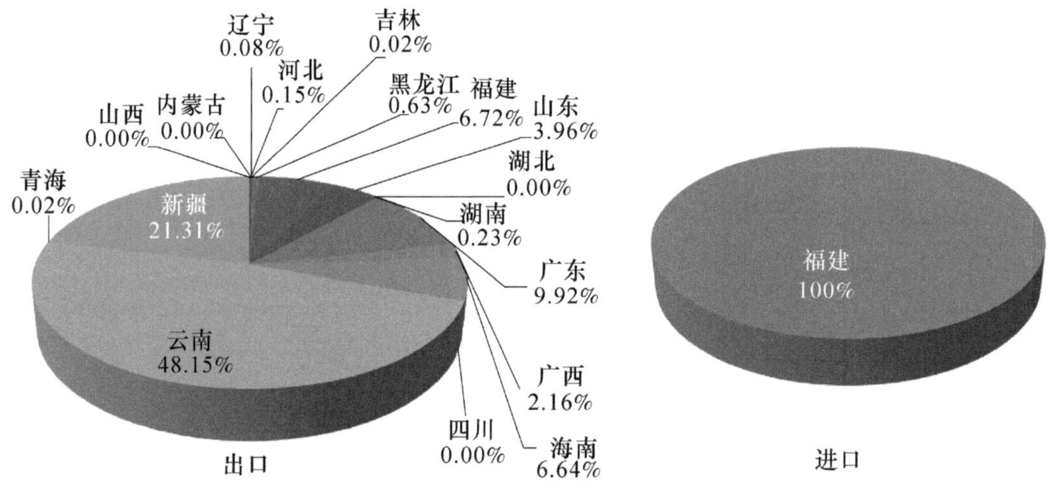

图 13　2017 年中国甜瓜进出口分省区情况

5　国内西甜瓜市场发展趋势的判断

5.1　市场供需

西甜瓜种植面积与产量保持稳中有升，市场供求基本平衡，品种结构更加适应市场需求。随着市场需求的变化，在未来的几年内，中国西、甜瓜种植面积和总产量将继续保持稳中有升的发展趋势。近年来西、甜瓜供求基本平衡，生产规模较稳定，在主产区，种植西、甜瓜仍是农户增加收入的重要来源。同时随着交通条件的改善和物流体系的发展，西瓜甜瓜异地、反季节生产将有新的发展。如新疆厚皮甜瓜在南方和东部地区采用设施栽培品质较原产地长途运输后表现更好。冬春季西、甜瓜也更多来自海南与越南、缅甸等热带产区。随着社会发展和生活水平的提高，消费者对西、甜瓜品种的需求也呈现多样化、差异化的新趋势。消费市场需要类型丰富、口感风味好、外观佳的中小果型商品瓜。根据市场多样化需求，品种结构将出现由高产品种向优质品种、无机产品向绿色有机产品、有籽西瓜向无籽西瓜转变的趋势，中小果型优质无籽西瓜、早中熟中小果型西瓜品种与适应性强的早熟大果型优质厚皮甜瓜品种、优质薄皮甜瓜品种将是生产推广的重点。

5.2　市场价格走势

国内西甜瓜批发市场价格继续呈现趋势性上升及季节性波动的特点，全国各地区的价格水平继续保持差异性。在国内宏观经济因素变化、物价上涨、生产成本上升、物流成本增加等因素的影响下，国内西甜瓜批发市场价格将继续保持趋势性上涨格局，由于市场供应的季节性不平衡短期之内较难改变，西甜瓜市场价格将继续呈现季节性波动，但随着品种的多样化以及反季节生产的发展，这种季节性波动的幅度将减小。由于中国西甜瓜生产的区域性较强，主产区西甜瓜产量优势明显强于非主产区，另外物价因素也是影响各地市场价格水平的因素，因此普遍存在西甜瓜主产区价格低于非主产区、中等城市低于大城市价格、中西部地区低于东部地区的趋势。

5.3　市场流通模式

“农超对接”“农批对接”和“互联网+”产品营销是西甜瓜市场销售模式的发展趋势，是提高农民收入的有效途径。瓜农在现有的“瓜农—收购商—批发商—零售商”销售模式中得不到最大利益，主要是因为产品在销售物流过程中的中间环节太多，对于水果蔬菜销售者和消费者而言，超市和批发市场均是主要的渠道，因此大力发展“农超对接”和“农批对接”两种模式，能减少物流成本，提高农民的效益，是应当大力发展的物流模式。“互联网+”产品营销成为西甜瓜流通方式变革的方向。随着互联网+时代的到来，专业大户、家庭农场、农民合作社、农业产业化龙头企业等新型农业生产经营主体将与生鲜电商、渠道商等新型互联网企业实现实时对接，从而减少流通成本，实现西甜瓜优质优价。

5.4　“绿色生产+品牌化”产业发展格局

西甜瓜产业向“绿色生产+品牌化”发展，逐步形成“生产集约化、种植规模化、产品标准化、销售品牌化”的产业发展格局。我国西甜瓜产业的组织化程度将大大提高，各地将呈现出流通市场与生产基地一体化整合的格局，集中育苗与产销一体的生产经营大户增加，协会组织建设不断完善，在集中优势产区培育壮大一批带动能力强的现代龙头企业，通过外联市场、内联基地，促进西甜瓜生产与国内国际市场的对接，降低瓜农生产的盲目性。品牌意识将进一步得到提升，并将形成与强化“优势产区+优势品种+优势品牌”的格局，如北京的“大兴庞各庄西瓜”、江苏的“东台西瓜”、新疆的“哈密瓜”和“伽师甜瓜”等都已获得国家地理标志产品认证和绿色食品认证，今后将会有更多的优势产区的产品进行认证。瓜农利用标准化综合栽培管理技术、精简化栽培技术和无公害生产栽培模式的比例将有所提高，通过品牌效应驱动，西甜瓜区域优势化布局将更为明显，并建起一批西甜瓜生产基地，从事高产高效优质及特色产品专业化生产，由粗放经营向集约经营转变，实现“生产集约化、种植规模化、产品标准化、销售品牌化”的产业化发展格局。

报告四　我国西瓜甜瓜市场流通体系建设研究

王志丹　张楠楠　柴若冰　贾　可　吴敬学

中国是世界最大的西瓜甜瓜生产国与消费国，而市场流通作为链接西瓜甜瓜生产和消费之间的重要纽带，是决定未来我国西瓜甜瓜产业能否实现健康、稳步、可持续发展的关键环节[1]。尽管随着近年来我国果品市场流通体系的不断完善，已经逐步形成了以个体瓜农、中介组织、经纪人、运销商贩、销售加工企业为流通主体，以城乡集贸市场、果品批发市场、终端零售市场为主要流通渠道，多种流通模式并存的西瓜甜瓜市场流通基本格局，但仍然存在着市场流通现代化水平偏低、市场流通主体规模较小、市场流通环节过多等诸多问题[2]。因此，深刻剖析当前我国西瓜甜瓜市场流通体系的发展现状、主要特点及存在的突出问题，进一步探讨如何加快建立和完善我国西瓜甜瓜市场流通体系的政策建议，这对于顺利实现商品西瓜甜瓜的市场价值、促进我国西瓜甜瓜产业的可持续发展都具有十分重要的现实意义。

1　我国西瓜甜瓜市场流通体系发展现状分析

1.1　市场流通主体分析

1.1.1　个体瓜农

在自产自销模式下的西瓜甜瓜种植农户，在短距离范围内的生产地销售市场（地区）自行销售自己生产的西瓜甜瓜。其优点在于：由于瓜农可以直接与消费者接触，中间省去了其他不必要的市场流通环节，瓜农的种植收益能够得到及时、有效兑现。其缺点在于：一方面，由于缺乏对于西瓜甜瓜的加工、包装等商品化处理，导致西瓜甜瓜产品的附加值相对较低；另一方面，由于属于就近销售，因此西瓜甜瓜销售的辐射范围有限，很难在更大空间范围内发现更高的市场交易价格，加之每次的销售量相对较小，导致西瓜甜瓜的单位流通成本相对较高。

1.1.2　专业合作组织（协会、基地）

目前，在我国西瓜甜瓜主产区有许多小规模、分散经营的瓜农以契约或自愿等形式组织起来成立的果蔬（西瓜甜瓜）专业合作组织（协会、基地）。其优点在于：这些组织在提高瓜农的组织化程度、指导瓜农进行标准化生产、增强瓜农抵御生产和市场双重风险能力等方面可以发挥一定的促进作用。其缺点在于：由于目前这种组织形式大部分尚处于发展初级阶段，受技术、资金、规模等因素制约较大，还无法对西瓜甜瓜种植农户在种植、管理、销售等方面提供必要的有效引导。

1.1.3　农村经纪人

由于拥有及时获取市场信息的渠道和广泛的交际人脉，经纪人通过在买方与卖方之间提供中介服务极力促成西瓜甜瓜商品交易，从中赚取一定比例的佣金。其特点在于：

他们能够在一定程度上降低瓜农与批发收购商之间的交易成本，降低瓜农对于批发收购商的依赖程度。但在实际运作中，也普遍存在农村经纪人与批发收购商串通联合压低西瓜甜瓜收购价格的突出问题。

1.1.4 各级批发商

由批发商从瓜农或者中间人（合作组织、经纪人等）手中收购西瓜甜瓜，以既有的一定规模的果蔬批发市场为依托，批发销售给零售商，通过购销差价赚取中间利润。其优点在于：西瓜甜瓜销售流通半径明显扩大，而且由于收购、批发的成交量比较大，使得单位西瓜甜瓜产品的物流成本相对较低。其缺点在于：由于目前的批发商大多只是单纯的从事西瓜甜瓜的收购和批发销售业务，至多也只是做到西瓜甜瓜产品的初级分类，很少进行商品包装、加工等增值性业务。

1.1.5 各级零售商

一种是直接与瓜农联系。通过深入到西瓜甜瓜产地直接与瓜农进行交易，然后再由零售商将西瓜甜瓜销售给消费者；另一种是直接与批发商联系。通过到果蔬批发市场与批发商进行交易，然后再由零售商将西瓜甜瓜销售给消费者。其特点在于：它在一定程度上兼具了采购、配送、销售于一身的多重角色。通过利用瓜农与消费者之间的信息不对称来赚取中间利润。其缺点在于：成交量相对较小、技术水平相对较低、西瓜甜瓜的流通范围也有一定局限性。

1.1.6 加工销售企业

企业通过专业合作组织（协会、基地）间接或者直接的与瓜农联系，签订产销合同，而瓜农则是按照合同约定进行西瓜甜瓜种植，最后由企业对收购上来的西瓜甜瓜进行加工、包装、贴标等一系列处理后再配送给超市、水果超市等终端零售商。其优点在于：企业通过对西瓜甜瓜进行加工、包装、保鲜等一系列加工处理后，大大增加了西瓜甜瓜的产品附加值。企业凭借着雄厚的资金、广泛的信息渠道等优势，指导和安排瓜农合理进行西瓜甜瓜生产，从而大大降低了瓜农的自然风险和市场风险。其缺点在于：由于缺乏强制性的法律约束手段，对于双方的市场行为约束性不强，当市场出现异常波动时，容易出现企业与瓜农之间的契约关系稳定性较差问题。

1.2 市场流通渠道分析

1.2.1 城乡集贸市场

作为我国分布范围最广、建设数量最多的市场交易场所，城乡集贸市场在西甜瓜市场流通体系中不仅具有产地收购市场和批发市场的功能，还兼具着销地批发市场和零售市场的部分功能[3]。特别是在20世纪90年代以后，城乡集贸市场已经发展成中小型城市城乡居民选购西瓜甜瓜的主要流通渠道之一，它对于繁荣城乡市场经济、保障城乡居民生活供应、解决部分人员就业等方面发挥了不可替代的积极作用。其主要特点在于：由于在城乡集贸市场上销售的西瓜甜瓜主要是以零售为主，其进货渠道多是来自批发市场，因此在市场销售价格、新鲜程度等方面城乡集贸市场具有一定的相对竞争优势。但是，由于个体从业人员流动性较大，且其受教育程度较低、消费服务意识较差、市场诚信度较差，加之市场基础服务设施不完善、卫生安全保障程度较低等不利因素，导致城乡集贸市场在发展过程中受综合超市、水果超市等高端零售市场冲击较大。

1.2.2 批发市场

一方面，由于相对于综合超市、水果超市、社区便利店、流动摊点等终端零售市场而言，批发市场具有相对更为广阔的辐射范围，它可以吸引和汇集较大区域内的生产者和农副产品，在较短的时间内完成交易过程，顺利实现商品使用价值的让度和价值转移；另一方面，由于有来自各地不同的经营主体进入批发市场进行市场交易，这使得批发市场更为有效地发挥着商品集散和信息集散的作用[4]。在一定意义上形成了商品完全竞争市场，通过产品质量和价格的完全竞争，使其最终批发销售价格更加趋近于市场均衡价格，更为真实地反映出产品的市场供需关系，也更具市场价格竞争优势。因此，总体上讲，目前商品西瓜甜瓜从产地到进入消费市场的流通过程中主要还是通过批发市场。而且，目前一些新建的果品批发市场，在建设之初就考虑到了产品的储藏、保鲜功能以及代理结算、信息发布等服务功能，已经初步具备了现代化批发市场的典型特征。

1.2.3 终端零售市场

以综合超市、水果超市、社区便利店、流动摊点等为代表的终端零售市场，特别是超市，凭借其选购的便利性和优越的选购环境优势在西瓜甜瓜市场流通体系中也占有相当一部分的市场份额。由于超市具有经营品种丰富多样、选购环境较为优越、经营管理相对规范、经营商品明码实价、商品质量卫生相对有保障等优点，目前已经成为居民选购鲜活果蔬农产品的重要渠道之一，特别是大中型城市消费者在超市选购鲜活果蔬农产品的比例越来越大。但是，其缺点在于：由于其保鲜、储藏等日常管理成本较高，客观上提高了果蔬农产品的市场销售价格；超市的果蔬农产品价格反应速度相对滞后。个体流动商贩能够根据果蔬从早到晚的新鲜程度不同来制定相应的市场价格策略，因而早晚的价格差异较大，而超市中销售的果蔬农产品的日销售价格变化不大。

1.3 不同市场流通模式分析

目前我国西瓜甜瓜的市场流通模式可谓多种多样，各有其优缺点，其发挥作用的前提条件和对象有所不同，但是各种市场流通模式之间也不是完全独立的，往往不同市场流通模式之间存在着交叉和关联[5]。通过前文对西瓜甜瓜市场流通主体和流通渠道的分析，并根据不同西瓜甜瓜市场流通模式中发挥主导作用的主体不同，大致可以归纳为“零售商+瓜农”模式、“合作组织（协会、基地）+瓜农”模式、“批发商+合作组织（协会、基地）+瓜农”模式、“企业+合作组织（协会、基地）+瓜农”模式等四种主要流通模式（图 1）①。

---

① 由于在前文中已经结合不同市场流通主体、主要市场流通渠道对不同市场流通模式的特点进行了详细阐述，因此此处就不再作赘述。

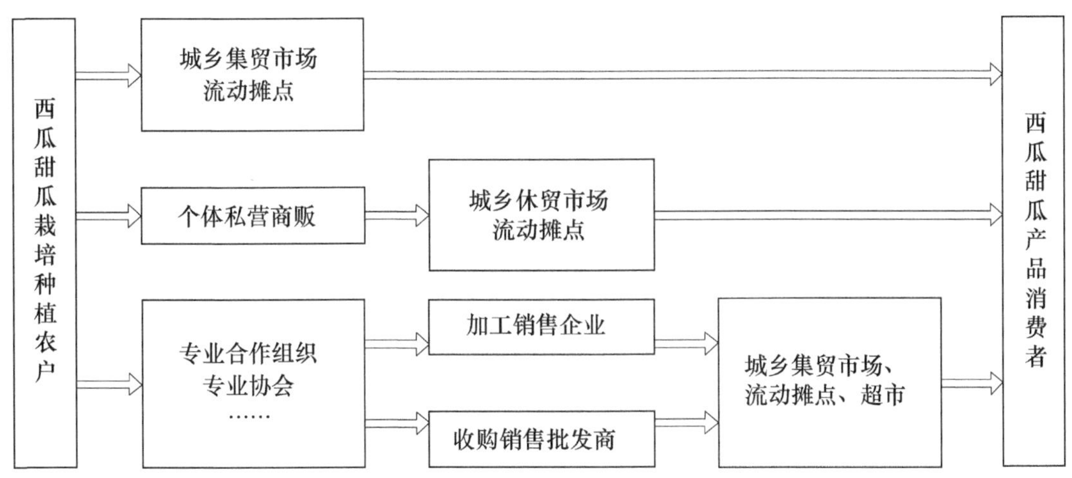

图1　我国西瓜甜瓜主要市场流通模式

2　当前我国西瓜甜瓜市场流通体系存在的主要问题

2.1　市场流通现代化水平偏低，流通成本较大

市场流通现代化水平较低已经成为制约我国西瓜甜瓜产业发展的重要影响因素之一，主要突出表现在：①在运输的手段上，由于西瓜甜瓜的含水量高、保鲜期短，在贮运过程中极易发生损耗和腐烂，而目前我国的农产品市场流通尚处于“四散”（即散装、散卸、散储、散运）阶段，西瓜甜瓜在市场流通过程中还是以常温物流或自然物流形式为主，导致西瓜甜瓜在市场流通过程中损耗、腐烂严重[6]；②在农产品市场建设上，存在基础设施落后、功能设施不健全等突出问题。目前我国大多数农产品市场还是以大棚式和露天式的形式存在的，储藏设施、检测设备严重缺乏，而且很多农产品市场尚不具备电子结算、网上交易的现代化交易功能，市场交易效率较低，导致无法充分发挥农产品市场在西瓜甜瓜市场流通体系中的主体作用。

2.2　市场流通主体的规模较小，组织化程度不高

第一，目前我国的西瓜甜瓜生产经营方式还是以个人或家庭承包种植经营为主，缺少统一的领导、指导和规范，瓜农多是以个体为单位进行零星、分散的买卖交易，瓜农在同采购商的谈判往往单打独斗，谈判能力相对较弱，得不到市场定价权，无法在市场流通中占据有利地位；第二，虽然目前我国的农村专业合作组织（协会）数量不少，但大多数尚处于发展初级阶段，且多偏重于对瓜农的生产指导，在组织瓜农有序进入市场、及时获取市场供需信息、实现西瓜甜瓜销售等方面的作用相对较弱；第三，西瓜甜瓜加工销售企业核心竞争力不强，缺乏包装、商标和品牌意识，产业链条过短，产品增值程度偏低，获取市场信息渠道不畅，与瓜农之间的利益联结机制还不完善，很少与合作组织（协会、基地）建立稳定的供销关系、签订购销契约，形成真正利益共同体的更是少而又少。

2.3 市场流通环节过多，流通效率较低

商品西瓜甜瓜一般要经过各级商品采购批发商、产地（销地）批发市场、城乡农贸市场、超市等多个市场流通环节之后才最终到达消费者手中。中间的市场流通环节过多，流通链条过长，每经过一个市场流通环节都要层层加价，不仅增加了商品西瓜甜瓜的流通成本和中间损耗，而且也大大降低了市场流通效率。根据“农业部西甜瓜产业技术体系”课题组对全国主要西瓜甜瓜产区的实地调研结果显示，目前我国西瓜甜瓜在采购、储藏、运输等市场流通环节中的损失率可以高达8%~10%，而相比之下，发达国家的果蔬损失率则仅为5%以下[7]。市场流通环节过多、流通效率较低的直接后果就是商品西瓜甜瓜最终市场销售价格的居高不下和西瓜甜瓜种植农户利润空间的大幅缩减，进而严重影响到广大瓜农栽培种植西瓜甜瓜的积极性。

3 政策建议

3.1 加强政府和市场引导，开拓西瓜甜瓜销售流通的新模式

政府相关部门要加快建立覆盖重点县乡、龙头企业、专业大户、农产品批发市场、中介组织、科研单位的信息网络，及时准确采集、分析、整理、发布西瓜甜瓜的生产和市场等相关信息，指导瓜农根据市场需求合理安排西瓜甜瓜生产，避免西瓜甜瓜大量集中上市或脱销断档，促进西瓜甜瓜生产稳定发展、市场销售平稳运行。要改变传统生产销售模式，不断积极开拓新的西瓜甜瓜销售流通模式。大力发展订单农业，通过“瓜农与西瓜甜瓜加工销售龙头企业”“瓜农与专业批发市场”“瓜农与专业合作组织”“瓜农与经销公司、经纪人、客商”之间签订西瓜甜瓜生产购销合同，加快形成产销一体的利益共同体，建立稳定的产销关系，切实保障瓜农利益，有效降低瓜农的生产和市场风险。积极开发“互联网+农产品流通”“农超对接”“农批对接”等西瓜甜瓜现代物流新模式，减少中间流通环节，降低物流成本，提高瓜农的直接经济效益[8]。鼓励西瓜甜瓜销售企业采用休闲观光采摘、网上直销、城市配送等多种营销手段，多渠道有效解决瓜农的销售难题。

3.2 加快现代化物流体系建设，提高西瓜甜瓜产品的市场流通效率

加快制定出台相关产业发展扶持政策，鼓励和支持果蔬加工企业和专业合作组织加快贮藏、保鲜、清选分级、包装等环节的配套设备更新换代和工艺技术升级，减少西瓜甜瓜产后损失，逐步提高西瓜甜瓜产业直接经济效益。引导和推动西瓜甜瓜生产、销售采购、运输储运等相关组织之间的相互协调配合，推动多种贮运方式之间的高效衔接，形成收购、贮运、加工、市场销售等环节一体化的现代化西瓜甜瓜产品物流体系[9]。加强对于贮存保鲜、低温运输等西瓜甜瓜物流新技术的自主研发和先进物流设备的研制，提高西瓜甜瓜产品物流装备的现代化水平。积极推动主产区与主销区之间的西瓜甜瓜保鲜物流体系，大力发展和合理布局大型果品批发市场、集贸市场、连锁超市、连锁果品配送中心、专业水果超市等市场流通渠道建设，逐步建立多渠道、少环节、高效率

的西瓜甜瓜产品市场流通网络，从而为西瓜甜瓜产业的可持续发展提供有力的流通保障。

参考文献

[1] 王志丹，吴敬学，毛世平，等．中国甜瓜产业国际竞争力比较分析与提升对策［J］．农业现代化研究，2013，34（1）：81-82.

[2] 王志丹，吴敬学，毛世平，等．我国甜瓜产业发展与对策研究［J］．农业经济，2013（11）：23-24.

[3] 张喜才，张利庠．中国农产品流通体系建设研究［J］．中国食物与营养，2012，18（9）：5-9.

[4] 杨艳涛，张琳，吴敬学．2011年我国西甜瓜市场及产业发展趋势与对策分析［J］．北方园艺，2012（15）：183-187.

[5] 王丹．陕西甜瓜销售模式分析［J］．中国商贸，2010（25）：46-48.

[6] 赵一夫．中国生鲜蔬果物流体系发展模式研究［M］．北京：中国农业出版社，2008：12-19.

[7] 程国强．我国农村流通体系建设：现状、问题与政策建议［J］．农业经济问题，2007（4）：59-62.

[8] 王志丹．中国甜瓜产业经济发展研究［D］．北京：中国农业科学院，2014.

[9] 杨念，孙玉竹，吴敬学．世界西瓜甜瓜生产与贸易经济分析［J］．中国瓜菜，2016，29（10）：1-9.

专题三　中国西瓜甜瓜效率、成本与价格分析

报告一　湖北省西瓜产业全要素生产率研究

文长存　杨　念　吴敬学

我国的西瓜生产规模已经连续20多年位居世界第一。2013年中国西瓜收获面积达183.98万 hm^2，占全球总面积的52.73%；产量达7 318.88万t，占全球总产量的66.97%（FAO，2013）。“十一五”期间，中国西甜瓜播种面积已经超过麻类、糖料、烟叶、药材等传统经济作物。2010年中国西瓜产业产值达到1 740亿元，占种植业总产值6%左右，在部分主产区更高达20%（马跃，2011）。

我国西瓜栽培地域广泛，除了少数寒冷地区和海拔超过2500米以上的高寒地区不能进行露地种植外，其他地区均可种植。西瓜广泛的适应性及高效性的特点，使西瓜成为农村种植业中的“短、平、快”的高效经济作物，在促进农民增收、推动农业产业结构调整中发挥着日益重要的作用；同时西瓜作为我国重要的鲜食水果，其消费量占全国6—8月份夏季上市水果的60%左右，人均消费量在50 kg左右，是世界西瓜人均消费量的3倍多，西瓜生产对城乡居民营养膳食结构的改善有重要的影响。可见，西瓜生产直接关系到我国农村经济发展、瓜农增收及居民膳食消费等。所以研究我国西瓜的生产效率问题，对促进西瓜产业的持续健康发展有重要意义。本文具体以湖北省西瓜产业为研究对象来研究西瓜生产效率问题，湖北省是我国西瓜的主产区之一，西瓜产业作为湖北省农业的主导产业之一，一直是湖北省农民增收、农业增效的重要途径之一[1]。

自美国经济学家R. solow在综合要素生产率研究方面的突出贡献而获得诺贝尔经济学奖以来，测度生产效率对经济增长的影响程度就成了一个持久不衰的课题。目前，对以劳动密集型技术为特征的西瓜产业生产率研究的相关文献并不多，仅赵姜等（2014）利用2010—2012年的调研数据对中国西瓜主产省市区的效率进行了分析和测算。本文在总结测算全要素生产率及技术效率方法的技术上，运用非参数的Malmquist指数法对湖北省西瓜生产全要素生产率进了测算，并且为非效率决策单元提供了一个提高效率的方案。

1　文献回顾与效率测量方法

效率包括技术效率和配置效率（Farrell，1957），其中技术有效指给定投入，企业能够获得最大产出的能力（产出技术有效），或者是给定产出，企业使用最少投入的能力（投入技术有效）；配置效率指企业在一定要素投入价格条件下实现投入（产出）最优组合的能力。在一般情况下，农户往往是首先利用现有的资源而不是对其重新组合进

而从降低成本中获益，因此更多情况对效率的测量是针对技术效率[2]。因此，本文具体考察农户西瓜生产的技术效率。

从已有文献的研究方法来看，主要使用的是基于前沿理论的参数法（例如 Boyle，2004；Hailu *et al.*，2007）和非参数法（例如 Ariyaratne *et al.*，2000；Galdeano *et al.*，2006），这两种方法各有其优缺点。参数方法的优点是考虑到了随机误差因素并对相关假设进行统计检验，能将随机扰动影响与非效率分开，缺点是在假定前沿面之前就设定了具体函数形式，无法区分设定偏误与非效率性问题，且局限于单一产出；非参数方法（主要是 DEA 方法）能克服前者的缺点。但是，传统 DEA 方法也存在没有考虑随机扰动影响等缺陷。但是相对而言，参数方法优势明显。本文所采用的 Malquist 指数分析属于非参数方法的范畴。Malmquis 指数（Malmquist 消费指数）最初是由瑞典经济学家 Sten Malmquist 在 1953 年提出的，受 Malmquist 消费指数启发，Caves 等于 1982 年将这种思想运用到生产分析中，通过距离函数之比构造生产率指数，并将这种指数命名为 Malmquist 生产率指数[3]。Fare *et al.*（1994）构建的基于 DEA 的产出导向的 Malquist 指数的计算公式如下。①

$$M_0(X_s,Y_s,X_t,Y_t)=\left[\frac{d_0^s(X_t,Y_t)}{d_0^s(X_s,Y_s)}\times\frac{d_0^t(X_t,Y_t)}{d_0^t(X_s,Y_s)}\right]^{\frac{1}{2}}$$

$$=\frac{d_0^t(X_t,Y_t)}{d_0^s(X_s,Y_s)}\times\left[\frac{d_0^s(X_t,Y_t)}{d_0^t(X_s,Y_s)}\times\frac{d_0^s(X_t,Y_t)}{d_0^t(X_s,Y_s)}\right]^{\frac{1}{2}}=Effch\times Tch$$

式中，(X_s, Y_s) 表示 s 时期的投入向量，(X_t, Y_t) 表示 t 时期的产出向量，d_0^s 和 d_0^t 分别表示以 t 时期的技术 T^t 为参照、时期 s 和时期 t 的距离函数。Malquist TFP 指数可以捕获全要素生产率变化（*TFP*）的两个重要来源：技术效率变化（*Effch*，又称为综合技术效率变化）和技术变化（*Tch*，又称为技术进步）。在不变规模报酬条件下（*CRS*），效率变化与技术进步是生产率变化仅有的两个来源。在可变规模报酬（*VRS*）条件下，技术效率变化（*Tech*）可分解为纯技术效率（*Pech*）和规模效率（*Sech*），且有 $Effch=Tech\times Sech$。全要素生产率的变化可分解为技术效率变化（*Tech*）、技术进步（*Tch*）和规模效率的变化（*Sech*）的乘积，即 $TFPmal=Tech\times Tch\times Sech$。技术效率通常和生产前沿面联系在一起，其值为生产单元实际生产活动与前沿面的相对距离。纯技术效率测量的是规模报酬可变条件下生产单元当前的生产点与生产前沿面之间的距离；而规模效率测量的是规模报酬不变的生产前沿与规模报酬可变的生产前沿之间的距离，反映投入增长对总要素生产率变化的影响[3,4,5]。

2　数据来源和样本统计描述

2.1　数据来源及变量说明

湖北省是中国规划的西瓜甜瓜产业的优势区域之一。2012 年湖北省西瓜产量为

① 由于 DEA 模型已经是一种较为成熟的方法，这里就不再赘述其数学原理及计算步骤，只简单给出 Malquist 指数分解。

295.29 万 t，占湖北省水果产量的 33.34%。播种面积为 82 千 hm^2（中国国家统计局）。本文所用数据是依托国家西甜瓜产业体系经济研究室的地方试验站的调查数据①。问卷调查了西瓜甜瓜户主及西瓜甜瓜生产的基本情况、投入产出情况、技术需求与技术供给情况等。调查法采取分层抽样调查法，抽取重点乡（镇），然后在重点乡（镇）抽取重点村，接着随机抽取西瓜甜瓜种植户进行调查。在湖北省的被调查农户的地域分布为蔡甸区、潜江县、石首县、松滋县、宜城县、钟祥县六个县区。目前以累积了 2010—2014 年的 31 户定点观测数据。为了获得平衡面板数据，本文剔除了在某些年份退出的农户。最后获得有效样本 125 份。

本文选取西瓜单位面积产值（*CZ*，单位为元/667 m^2）作为产出变量，单位面积的直接费用（*ZHF*，单位为元/667 m^2）、间接费用（*JJF*，单位为元/667 m^2）、劳动力天数（*YGT*，单位为 667 m^2）为投入变量。其中直接费用包括种子费、化肥费、农家肥费、农膜费、机械作业费等。间接费用包括固定资产折旧、销售费用等，劳动力用工天数包括家庭用工和雇工。因为数据跨度仅为五年，上述价格变量不考虑通胀问题。

2.2 被调查农户的基本特征

2014 年湖北省被调查农户的西瓜种植 1 334 m^2（20 亩）以下的种植比重为 76.0%，西瓜种植以中小规模为主，综合来看，被调查农户的种植规模具有一定的代表性，即以小农户种植为主，大中型农户为辅；被调查户主的平均年龄为 49.6 岁，年龄在 50 岁以上的户主所占比例达 56%，这说明西瓜种植的主要劳动力以中老年为主，瓜农老龄化趋势明显；农户户主受教育程度为高中的农户在被调查农户的比重超过 63%，说明西瓜种植户户主的受教育程度普遍较低（表 1）。

表 1　2014 年被调查农户的基本特征

项目	选项	户数	占总户数的比重
种植面积	2 668 m^2 以下	4	16.00%
	3 335~6 670 m^2	8	32.00%
	6 670~1 334 m^2	7	28.00%
	113 340 m^2	6	24.00%
受教育程度	初中及以下	6	31.58%
	高中	12	63.16%
	大专及以上	1	5.26%
户主年龄	40 以下	2	8.00%
	40~50 岁	9	36.00%
	50 岁以上	14	56.00%

资料来源：根据问卷计算整理

① 西瓜成本收益的数据在《全国农产品成本收益资料汇编》中没有统计，其他政府统计数据，《中国农业统计资料》也只统计了西瓜的播种面积和产量，缺乏成本收益数据的统计。

2.3 被调查农户的年均投入产出情况

根据被调查农户的相关数据计算的单位面积年平均投入产出情况（见表 2）可以看出，单位面积产值波动明显，直接费用和用工天数呈现出增减交替的波动性变化，间接费用投入呈明显的上涨趋势。

表 2 2010—2014 年湖北省西瓜单位面积平均投入产出情况

年份	产值（元/亩）	直接费用（元/亩）	间接费用（元/亩）	用工天数（天/亩）
2010	2 403.94	963.80	93.20	28.56
2011	2 726.88	858.96	94.60	28.58
2012	3 097.31	876.52	99.80	26.80
2013	2 660.74	943.80	123.80	28.20
2014	2 161.36	838.24	155.18	32.35

资料来源：根据问卷计算整理

3 实证分析

3.1 全要素生产率变动及其构成

本文运用 DEAP2.1 软件，对 2010—2014 年湖北省西瓜种植户投入产出的平衡面板数据进行 Malmquist 生产率指数分析，求得湖北省西瓜生产全要素生产率及构成部分的变化情况（见表 3）。

表 3 湖北省 2010—2014 年西瓜全要素生产率指数及构成变化

年份	效率变化（*Effch*）	技术变化（*Tech*）	纯技术效率变化（*Pech*）	规模效率变化（*Sech*）	全要素生产率指数（*Tfpmal*）
2010/2011	1.201	0.846	1.01	1.189	1.016
2011/2012	0.914	1.208	1.002	0.912	1.104
2012/2013	0.742	1.045	0.902	0.822	0.775
2013/2014	1.071	1.014	0.869	1.233	1.086
平均	0.966	1.02	0.944	1.024	0.986
变动系数	0.203	0.144	0.075	0.196	0.153

注：变动系数=样本标准差/样本均值

2011—2014 年湖北省西瓜种植全要素生产率指数在年际间出现较大波动，年均全要素生产率指数 *TFP* 为 0.986<1，年均下降 0.47%，但这并不说明近几年来湖北省西瓜生产率都在下降。从每年的 *TFP* 值可以发现在 2013 年的大幅下降（降幅为 22.50%）导致了年均全要素生产率指数（0.986）小于 1，但其他年份（2010 年、2012 年、2014

年）全要素生产率 *TFP* 均大于 1，说明近几年湖北省西瓜生产在整体上具有可持续性。湖北省西瓜甜瓜 90%以上为地膜覆盖栽培，这种栽培方式抵御灾害性天气的能力低，西瓜生产受突发性事件和灾害性天气影响严重。2013 年的“倒春寒”等不利天气是西瓜生产率下降的重要原因。另外，湖北省西瓜以地膜覆盖为主的栽培方式下的生长规律为 3 月下旬至 4 月初播种育苗，6 月下旬至 7 月上旬集中上市，上市期过于集中，造成阶段性卖瓜难，西瓜产值实现容易受到冲击。

湖北省在 2011—2014 年之间西瓜生产率的提高主要是依靠技术进步，效率变化的大幅波动在一定程度上抵消了技术进步变化的平稳，导致 TFP 指数变化的较大波动。2010—2014 年湖北省西瓜生产的技术变化（技术进步）的年均值为 1.020>1，技术变化指数的变动系数为 0.144，变动幅度较小。技术进步年均增长 2.83%，呈现出明显的上升趋势；效率变化的年均值为 0.966<1，从其变动系数来看，高达 0.203，变动幅度大，年均下降 1.80%，充分说明效率变化指数在 2011—2014 年发展并不平稳。具体来看，技术进步指数仅在 2011 年小于 1，2012—2014 年技术变化均大于 1，年均增长分别为 20.80%、4.5%、1.40%。而效率变化指数在 2012 年和 2013 年均是小于 1 的（即效率下降），其增长率分别下降 8.60%、25.80%，下降幅度大。

从可变规模报酬（*VRS*）角度来看，效率变化的影响因素为纯技术效率变化以及规模效率的变化。湖北省西瓜效率变化的下降趋势主要来自于纯技术效率的下降，规模效率年均正增长不能弥补纯技术效率年均下降。其中规模效率年均变化为 1.024，年均上涨 3.90%，纯技术效率年均变化为 0.944，年均下降 5.43%，这说明湖北省的西瓜生产在 2011—2014 年效率的损失主要是受到纯技术效率变化的影响。

综上可见，湖北省近年西瓜生产率的增长主要源于技术进步的增长，而不是来自效率的改善。西瓜生产技术进步与效率损失并存的现象表明，湖北省西瓜产业对现有农业技术的推广和扩散效率低。新技术的不断创新与采用，以被作为区分现代农业与传统农业的一个标准（Schutz，1964）。制约一项新技术快速扩散的因素可能有许多，如缺乏信贷，不合适的农场规模，互补投入的供给不稳定等（Feder，just，Ziberman）。然而教育在农户决定新技术的采用中影响是至关重要的。大量的经验研究验证了农户教育水平对农户采用新技术的概率和采用密度具有正的和统计上的显著效应（林毅夫，1990）[6]。在我们所调查的湖北省西瓜种植户户主正规教育情况中，仅有一人为大专及以上，受教育程度为高中的农户在被调查农户的比重超过 63%，农户正规教育的不足，按理论是可以在生产实践中通过自我摸索或向周边农户学习，或是参加技术培训、进修来弥补。但从我们的调查发现瓜农无论是在农闲还是农忙时，学习的兴致都不高。参加培训情况也是“偶尔参加”和“不参加”比重占了调查样本的大部分。瓜农学习积极性不高在很大程度上可能与年龄、种植规模等有关，从我们调查的样本户主的年龄来看（表 1），年龄在 50 岁以上的户主所占比例达 56%，西瓜种植的主要劳动力老龄化趋势严重，老龄瓜农在学习意识不强烈，学习新知识、新技术的能力上也由于精力等原因受到约束。

此外一个农场的规模对采用新技术的决策具有正向效益。规模过小可能会成为阻碍技术变迁的因素（林毅夫，1990）[6]。在湖北省西瓜调查样本户中西瓜种植以中小规模为主（表 1），在我们按年均值测算的规模报酬情况显示 2010—2014 年中除了 2012 年为规模报酬不变外，其他年份都是处于规模报酬递增性质，这也说明湖北省目前西瓜种植规模偏小。

3.2 运用数据包络的进一步分析

为了给出非决策单元（DMU）的改善效率的方案，需要应用数据包络分析法做进一步的分析。首先对 25 个农户的投入产出数据按年份求平均值，然后以各年的平均值进行数据包络分析，可以观察西瓜生产投入（或产出）的冗余（或不足）程度和生产的规模收益情况，以及为达到最优效率应该改进的投入（或产出）水平（表 4）。

表 4　湖北省西瓜生产投入要素改进参考值及规模收益阶段

年份	每亩产值			每亩直接费用			每亩间接费用			每亩用工天数			规模报酬
	YZ	TZ	MB	YZ	TZ	MB	YZ	TZ	MB	YZ	TZ	MB	
2010	2 416.9	0	2 416.9	865.1	-48.2	723.3	92.6	0.0	82.6	29.2	-4.4	21.7	递增
2011	2 497.7	0	2 497.7	992.0	-153.2	747.5	94.0	0.0	85.3	28.6	-3.5	22.4	递增
2012	2 885.5	0	2 885.5	863.6	0.0	863.6	98.6	0.0	98.6	25.9	0.0	25.9	不变
2013	2 690.3	0	2 690.3	915.3	-38.0	805.2	99.8	0.0	91.9	29.5	-3.0	24.2	递增
2014	2 869.1	0	2 869.1	996.8	-107.1	858.7	137.8	-35.5	98.0	26.6	0.0	25.8	递增

注：YZ 表示原值。MB 表示目标值，即达到有效率的生产的值。TZ 表示调整值，其中投入变量对应的 TZ 值表示在现有技术及产出下，现有的投入比最小可能的投入多出冗余的数量；产出变量对应的 TZ 值表示在现有技术及投入下，现在的产出比最大可能的产出不足的数量。规模收益情况是根据规模报酬可变模型（BCC 模型）计算出的。

从总体上来看，湖北省近年的西瓜投入产出比例不太合理。从规模收益情况来看，湖北省西瓜生产除了 2012 年处于规模报酬不变外，其他年份都是规模报酬递增，表明现有规模普遍偏小，规模偏小是导致生产率不高的重要的原因。农户西瓜生产效率可以通过改变种植规模来提高，即保持同样的产出组合但改变种植规模而获得效率改进。一般情况下无效率单位不仅处于技术无效率状态，还存在投入或产出冗余。因此在提高技术效率的同时，还应该根据计算出的投入或产出冗余，做结构调整。因此，表 4 还给出了非效率决策单元的一个改善方案。例如，为使 2014 年西瓜生产达到技术效率最大的一个改善方案是，在直接费用（*ZJF*）、间接费用（*JJF*）及用工数（*YGT*）比现有投入量分别减少 13.85%、28.85%、3.11%仍能达到每亩 2 869.1元的产出，且在此基础上适当扩大规模能获得规模收益递增阶段的好处。

4　结论及建议

本文利用 2010—2014 年定点调查的农户西瓜投入产出的平衡面板数据，运用 Malmquist 指数法对湖北省西瓜生产的 *TFP* 变动进行了测算，并将其分解为三个部分：效率变动、技术变动（技术进步）和规模效率变动，并在此基础上利用增长率对西瓜 *TFP* 变动做进一步分析，并给出了非有效的决策单元的一个改进方案。

（1）湖北省西瓜全要素生产率指数在2011—2014年呈现交替变动趋势。虽然研究期的年均全要素生产率指数小于1，但总体上来看湖北省西瓜生产是具有可持续性的。湖北省农户西瓜种植TFP的增长主要来自于农业技术进步，而不是农业技术效率的改善。技术进步变化波动相对平稳，技术进步在促进湖北省西瓜产业的发展中起了重要的作用。效率变化波动幅度大，大幅的波动是拉下全要生产率的主要原因。湖北省西瓜生产技术进步与效率损失并存说明对现有农业技术的推广和扩散有效率低。瓜农正规教育程度不高以及自学、参加培训的积极性不高，以及一线瓜农老龄化趋势严重是造成技术推广扩散效果不佳的重要的原因。

（2）湖北省西瓜生产技术效率的下降趋势主要源于纯技术效率的下降，纯技术效率年均下降5.43%，规模效率的上升不能弥补纯技术效率的下降。

（3）湖北省西瓜生产的非效率源于投入冗余和产出不足以及处于规模收益递增阶段等原因。

技术变迁是农业发展的主要力量，为了提高湖北省西瓜生产的投入产出水平，湖北省西瓜生产仍需依赖于技术创新，加大对西瓜优良品种、简约化栽培技术等的研发的资金投入，加快西瓜生产的技术进步。同时需要注重对现有西瓜现有技术的推广和扩散，加强对农户的教育宣传和培训，注重培养瓜农的长远意识和质量安全意识，避免增产反减收陷阱；调整单位面积西瓜的物质要素投入，扩大西瓜生产规模。

参考文献

[1] 戴照义，王运强，郭凤领，等．湖北省西瓜甜瓜产业发展状况［J］．中国瓜菜，2014，27（增刊）：173-174.

[2] 黄祖辉，扶玉枝，徐旭初．农民专业合作社的效率及其影响因素分析［J］．中国农村经济，2011（7）：4-14.

[3] 中国全要素生产率分析—Malquist指数法评述与应用［J］．数量经济技术研究，2008（6），111-120.

[4] Bjurek，Hans：The Malmquist Total Factor Productivity Index［J］．Scand. J. of Economics，1996，98（2）：303-313，1996.

[5] 石会娟，王俊芹，王余丁．基于DEA的河北省苹果产业生产效率的实证研究［J］．农业技术经济，2011（10）：86-91.

[6] 林毅夫．1992．制度、技术与中国农业发展［M］．上海：格致出版社．

报告二　交易成本对农户销售高价值农产品行为的研究

——基于湖北省西瓜种植户调查数据的分析

文长存　吴敬学

1　引　言

鲜活农产品由于易腐烂、对储运条件要求高及流通主体资产专用性强等特点，“卖难”问题在高价值鲜活农产品流通领域尤为常见。竞争环境下的农户（尤其是中小农户）面临着流通约束，这种约束不仅体现在进入市场需要物质投资，还存在着与新的农产品市场相关联的交易成本（Pingli *et al.*，2005）。交易成本是阻碍农户进入竞争性市场的首要因素（Birthal *et al.*，2008），交易成本对农产品市场总需求、总供给和市场存量有显著影响。交易成本理论为研究农户选择不同销售方式的影响因素提供了一个较好的视角，本文侧重分析交易成本对农户农产品销售方式选择的影响。

西瓜是我国重要的高价值经济作物之一，其生产规模已经连续20多年居世界第一。2013年中国西瓜收获面积达183.98万hm^2，占全球总面积的52.73%，产量达7 318.88万t，占全球总产量的66.97%（FAO）。“十一五”期间，中国西甜瓜播种面积已经超过麻类、糖料、烟叶、药材等传统经济作物。2010年中国西瓜产业产值达到1 740亿元，占种植业总产值6%左右，在部分主产区更高达20%。西瓜生产在促进农民增收、推动农业产业结构调整中发挥着日益重要的作用；我国西瓜人均消费量在50 kg左右，是世界西瓜人均消费量的3倍多，西瓜生产对城乡居民营养膳食结构的改善有重要的影响（文长存等，2015）。基于此，本文以西瓜为例，分析交易成本对农户农产品销售方式选择的影响，以期为理解瓜农销售偏好及存在的主要约束，寻求制度性安排来降低交易费用，以提高农产品营销效率和农业比较效益，进而为维持农户的生产积极性和增加收入提供一些建议。

2　文献回顾及理论分析

2.1　农产品销售方式及特征

农产品销售方式是指农产品及相关服务通过一系列相互依存的组织或个人从生产领域转移到消费领域的途径、过程以及相互关系，它是连接农产品生产与消费的桥梁和纽带（齐文娥等，2009）。结合本文的研究范畴，本研究将涉及的几种主要的销售方式归为以下两类：

自行交易方式。主要包括：1）“农户+消费者”。农户通过零售市场或者在田头或沿街贩卖给个体消费者。交易双方在事前没有约定时间、地点和交易价格等条件的随机的、一次性交易。2）农户+城镇批发市场。农户自己将农产品运输到乡（镇）或县城的农贸市场、农产品批发市场，再把农产品销售给批发商。3）农户+企事业单位。农户自己通过各种关系，自己组织运输，联系政府、学校等企事业单位销售农产品。在自行交易方式下，农户虽可直接出售农产品给消费者，获取较高的价格，但不确定较大，单次销售量较小，需要支付高昂的搜寻成本和执行成本。

通过中间商销售方式。这种方式指农户通过上门收购的农民经纪人、商贩、合作社等中间商或服务组织销售农产品，这种方式通常是大批量、一次性的销售完农产品。所以，其销售价格比“农户+消费者”的销售价格低。相比于零散的纯粹市场交易而言，农户与中间商之间的关系更加稳固，农户可以获取由于专业化流通中介组织与农户间互利性契约安排的存在，使不确定性、有限理性、机会主义、资产专用性等因素的实际影响大为降低，获取更低的市场交易成本。但同时农户要付出组织成本、利益分摊、管理协调等内生交易费用和定价、签订合约、交割、运输以及违约风险等外生交易成本。

2.2 交易成本与农户农产品销售方式选择

交易成本是导致现代农产品市场交易分工日益细化的根本原因，每一个流通环节和流通途径都有相应的专业化组织与分工，这些都产生于专业化分工提高交易效率与交易成本的均衡结果（屈小博，2008）。农户高价值农产品生产是以市场为导向，以专业化生产为趋势的生产经营行为，目的是为了获取高价值农产品交易所带来的收益。高价值农产品农户进入市场时必然受到参与市场的交易成本的影响，其交易成本的大小决定了农户是否参与市场以及参与市场的具体模式（Sadoulet *et al.*，1994）。如果某种参与市场的交易成本超过了市场所能获得的收益，农户就不会以该种模式进入市场。威廉姆森（1986）从资产专用性、交易频率和不确定性 3 个角度刻画交易成本，并将交易成本分为交易前的信息成本、交易时的谈判成本、交易后的执行成本。威廉姆森的交易成本分类在农产品交易的实际研究中已被广泛采用（Hobbs，1997）。

在农户农产品销售方式选择的影响因素方面，国外学者已做了不少研究。Hobbs（1997）从交易成本视角，采用 Tobit 模型对果农的销售行为及其影响因素进行的实证分析具有里程碑式的意义。Poole *et al.*（1998）对西班牙水果种植农户的研究指出，农户面临的来源于价格和付款的不确定性是影响农户销售方式选择的主要因素。Berdegue *et al.*（2006）对墨西哥石榴种植农户的研究指出，农户所拥有的固定资产的数量及农户所处的地理位置是影响其所生产的石榴能否进入超市等渠道的主要因素，而种植规模、户主受教育程度及是否参加专业合作组织则对农户选择石榴销售方式不具有显著影响。国内基于交易成本理论视角的定量研究的对象主要涉及茶叶、苹果、梨、柑橘等生产周期较长的多年生高价值农产品（宋金田等，2011；屈小博等 2007；黄祖辉等，2008；姚文等，2011），缺乏对具有生产周期短、见效快的西瓜等高价值园艺作物销售行为的研究。对种植茶叶、苹果、梨柑橘等多年生高价值农产品的农户来说，因为栽种与第一次收获要相隔若干年，市场波动问题更加棘手。而像西瓜这类生产周期短、见效快，且现代的设施栽培技术的发展使得其生产调整速度远高于苹果等多年生作物，其生产者的市场销售行为必定与多年生作物种植者的行为有较大的差异，其交易成本对瓜农销售方式选择的影响亦不同。因此，本研究拟以西瓜为例，通过建立带罚函数的二项 logistic 模型，试图解释信息成本、谈判成本和执行成本等不同类型的交易成本对农户西瓜销售方式选择的影响。

3　数据来源与样本统计描述

3.1　数据来源

本文数据来源于课题组在湖北省武汉市、荆州市、宜城市、钟祥市的调查。本研究以这些地方为调查区域的原因是，湖北省是中国重要的西瓜主产区之一，西甜瓜产业是湖北省农业主导产业之一，是农民增收、农业增效的重要途径，但是近年来也遇到了销售困难、增产不增收、种植西瓜积极性下降等问题。为了解湖北省西瓜主产区农户生产、销售等方面情况，在国家西甜瓜产业技术体系的支持下进行了问卷调查，调查采取分层抽样和调查员入户与农户面对面访谈的方式进行，共获得 238 份问卷，剔除数据不全及有矛盾的问卷，获取有效问卷 220 份。

3.2　样本的统计描述

3.2.1　销售方式与种植规模

被调查农户以中小规模为主，西瓜种植面积在 8 亩及以下的农户所占总样本比重为 56.76%，8 亩以上的农户所占总样本比重为 43.24%（表 1）。选择通过中间商销售方式的农户占总样本的 69.37%。小规模、大规模农户选择自行销售方式的均值分别为 0.447、0.185（表 2），可见小规模农户中选择自行交易方式的比重远大于大规模农户，但无论大规模、小规模农户均选择通过中间商交易为主。

表 1　被调查农户基本特征

项目	选项	户数	占总户数比重%
西瓜种植面积	4/667m^2 以下	43	19.37
	4~8/667$m^2$$m^2$	83	37.39
	8/667m^2 以上	96	43.24
户主年龄	40 岁以下	19	8.56
	40~60	184	82.88
	60 岁以上	19	8.56
户主受教育程度	小学及以下	43	19.37
	初中	107	48.20
	高中及职业中专	69	31.08
	高中以上	3	1.35

表 2　不同规模农户交易特征及农户特征描述

变量	较小规模		较大规模	
	均值	标准差	均值	标准差
Y	0.447	0.500	0.185	0.390
X1	0.398	0.492	0.487	0.502
X2	1.680	0.931	2.008	1.252
X3	2.330	0.809	2.639	0.548
X4	3.262	0.939	3.218	0.865
X5	0.194	0.397	0.134	0.343
X6	1.903	0.679	2.042	0.573
X7	0.874	0.334	0.882	0.324
X8	0.252	0.437	0.387	0.489
X9	1.981	1.482	3.529	1.794
X10	0.699	0.461	0.773	0.421
X11	12.95	5.911	15.96	5.055
X12	3.926	2.003	15.61	8.287
X13	51.42	8.519	49.99	7.016
X14	8.272	2.658	9.723	1.864
X15	1.612	0.645	1.866	0.650
X16	0.379	0.487	0.513	0.502
X17	0.806	0.397	0.756	0.431

3.2.2　农户专用性资产投资

西瓜生产对专用性资产要求不太高，主要表现为土地投资、农机具投资和运输工具投资，这是普遍通用性的投资。而露地西瓜与设施西瓜相比较，设施投入的专用性资产投资特征较为明显。本研究以西瓜种植方式来衡量农户专用性资产投资差异程度。较小规模农户专用性资产投资均值（0.699）大于较大规模的均值（0.773），这说明目前较大规模农户以露地种植为主，设施种植以中小规模为主。就销售渠道看，设施栽培的农户以中间商销售为主（占 62.07%），露地种植的农户以自行销售为主（占 80.49%）。

3.2.3　农户人力资本与社会资本

从事西瓜种植以中老年劳动力为主，被调查农户户主总体样本的平均年龄为 50.65 岁，年龄在 40~60 岁的农户所占比例达 82.88%，且较大规模农户的平均年龄小于较小规模农户；西瓜种植农户户主受教育程度普偏偏低，户主受教育程度为初中及以下的农户在被调查农户中占 67.57%，高中及以上学历仅占 1.35%，且较小规模农户的平均受教育年限小于较大规模农户（表 1）。就农户种植经验而言，小规模平均种植年限小于较大规模农户，选择自行销售的农户的种植年限均值（13.8）小于选择中间商销售方式的农户（14.8）。可见，较大规模农户的具有更高的人力资本，更偏好与市场协作更紧密的销售方式。

加入合作社是提高农户组织化程度的重要方式。小规模农户加入合作社的比例远小于大规模农户。调查发现，并不是所有加入合作社的农户都选择中间商作为主要销售渠道，也有相当一部分加入合作社的农户选择以自行销售方式为主要销售为渠道，农户普遍反映合作社在组织销售方面能力有限，更多的注重与生产技术、物质统一购买等方面的服务，在产后的销售环节服务薄弱。

4　变量说明与模型选择

4.1　变量说明

参照屈小博等（2007）和姚文等（2011）对交易费用的分类，本文将农户对交易费用的认知分为对交易前信息成本的认知、交易过程中的谈判成本，以及对交易执行成本的认知三个阶段。以生产特征、农户社会资本特征、农户户主个人特征作为控制变量。将因变量（西瓜种植户对销售方式的选择）分为选择自行销售形式和选择中间商销售形式两大类①，具体的解释变量的定义及描述性统计分析见表3。

表3　变量的赋值与描述性统计分析

变量名称	测量及赋值	均值	标准差
Y（销售模式选）	自行销售=1；经中间商销售=0	0.306	0.462
信息成本			
*X*1（是否了解市场行情）	是=1；否=0	0.446	0.498
*X*2（不了解本地市场信息对销售的影响）	没有影响=1；有些影响=2；影响很大=3	1.856	1.124
*X*3（与买主取得联系的方式）	自己联系=1；经纪人介绍=2；买主主动联系=3	2.495	0.697
谈判成本			
*X*4（农户与中间商在西瓜等级认定上的差异）	完全不一致=1；经常不一致=2；有时一致=3；多数情况一致=4；完全一致=5	3.239	0.898
*X*5（与买主是否签订销售合同）	是=1；否=0	0.162	0.369
*X*6（自行销售同等级西瓜与通过中间商销售价格差异）	差异较大=1；大=2；较小=3	1.977	0.627
执行成本			
*X*7（结算方式）	现金交易=1；其他=0	0.878	0.328

① 在实际销售中，农户会选择多种销售方式，本文以销售量最大的方式来计算。

（续表）

变量名称	测量及赋值	均值	标准差
X8（运输困难程度）	运输困难=1；没困难=0	0.324	0.469
X9（农户到最近农产品市场的距离）	0~5 km=1；5~10 km=2；10~15 km=3；15~20km=4；20 km以上=5	2.811	1.825
生产特征			
X10（栽培方式）	露地=1；设施=0	0.739	0.440
X11（西瓜种植年限）	西瓜种植年限	14.57	5.657
X12（西瓜种植规模）	农户西瓜种植面积（亩）	10.19	8.522
农户特征			
X13（户主年龄）	户主实际年龄（岁）	50.65	7.765
X14（户主受教育程度）	户主受教育年限	9.050	2.375
X15（户主风险态度）	风险厌恶型=1；风险中立型=2；风险偏好型=3	1.748	0.659
社会资本特征			
X16（是否是合作社成员）	是=1；否=0	0.450	0.499
X17（家庭是否从事非农产业）	是=1；否=0	0.779	0.416

信息成本。信息成本是指获得价格和产品信息的成本以及识别合适交易对象的成本。借鉴屈小博等的研究，将是否了解市场行情（X1）和不了解本地市场行情对销售影响程度（X2）这两个变量来反映农户能否获得准确的市场信息及信息对销售的影响程度。与买主的联系方式（X3）反应农户的搜寻成本。

谈判成本。谈判成本是买卖双方讨价还价过程中产生的成本。用农户与中间商西瓜等级认定差异（X4）、自行销售同等级西瓜与通过中间商销售价格差异（X6）变量来反映农户与买主达成交易的难以程度以农户的议价能力。与买主是否签订销售合同（X5）反映交易双方起草正式合约的成本。

执行成本。执行成本是农户为完成农产品销售所付出的成本。以结算方式（X7）体现了交易的支付形式，反映了交易双方遵守交易条款所耗费的成本。运输困难程度（X8）和农户到最近农产品市场的距离（X9）反映农户完成交易所付出的交通成本。

控制变量。控制变量包括生产特征、社会资本特征、户主个人特征三大类。生产特征包括农户西瓜栽培方式（X10），反映西瓜种植的物质资本投入情况，西瓜种植年限（X11）反映人力资本情况，西瓜种植面积（X12）反映农户的生产规模；社会资本状况包括农户是否加入合作社（X16）和家中是否有人从事非农业务（X17）。农户个人特征包括户主受教育程度、年龄、风险态度。现有国内对农户生产经营规模划分的研究中，基本以种植面积为划分标准，且农户的规模分类差异不大，一般将种植面积小于3到5亩的分为小规模农户，种植面积大于8亩分为大规模农户。本文将借鉴此种分法，分别对全体样本和两类不同种植规模的瓜农的销售选择行为进行模型估计。

4.2 模型设定

本文主要考察农户销售方式选择的影响因素，农户销售方式选择这一因变量是离散选择变量。由于被解释变量属于离散变量，在分析离散选择问题时采用概率模型（logistic、probit 和 Tobit）是理想的估计方法。在处理二分类因变量的情况下，logistic 回归模型和 probit 模型的结果十分近似，目前尚不存在坚实的理论区别二者的优劣。但在某些情况下，logistic 模型和 probit 模型的估计相差很大，当模型包含连续自变量时，应用 logistic 回归模型更好（王济川等，2001）。本文设定以下离散选择变量。

$$E\nabla U_i=B'X_i+\varepsilon_i \quad \begin{cases} Y_i=1 & if\nabla U_i>0 \\ Y_i=0 & if\nabla U_i<0 \end{cases} \tag{1}$$

其中，X_i 为影响西瓜种植农户销售方式选择的因素，$X_i'=(X_{i0}, X_{i1}, \cdots, X_{i17})$ 且 $X_{i0}=1$，相关赋值及解释见表 3，B 是待估参数向量，$B_i'=(B_1, B_2, \cdots, B_{17})$，$\varepsilon_i$ 为误差项。$\nabla U_i>0$，则西瓜种植农户更愿意选择自行销售方式，即 $Y_i=1$；否则 $Y_i=0$。令：

$$prob(Y_i=1)=\pi_i=prob(\varepsilon_i>-B'X_i)=1-F(B'X_i) \tag{2}$$

假设误差项满足 logistic 分布，即：

$$prob(Y_i=1)=\pi_i=\frac{e^{B'X_i}}{1+e^{B'X_i}} \tag{3}$$

在（3）式相对应的对数似然函数与得分方程分别为：

$$\ln L=\sum_{i=1}^{n}[Y_i\ln\pi_i-(1-Y_i)\ln(1-\pi_i)] \tag{4}$$

$$U(B_r)=\partial\ln L/\partial B_r=\sum_{i=1}^{n}[(Y_i-\pi_i)X_{ir}](\mathrm{r}=0,1,\cdots,17) \tag{5}$$

如果在小样本容量的情形下，直接由（5）式估算参数将存在偏误与分离问题。为了提高小样本容量情形下单独运用二项 logistic 回归模型分析结果的客观有效性。本文采纳 Firth（1993）与 Heinze and Schemper（2002）的建议在对数似然函数中添加罚函数，令：

$$\ln\mathrm{L}^*=\ln L+1/2\ln|I(B)| \tag{6}$$

（6）式中 $I(B)$ 为信息矩阵，$|I(B)|$ 为信息矩阵行列式。相应的得分方程为：

$$U(B_r)^*=U(B_r)+1/2trace[I(B)^{-1}(\partial I(B)/\partial)B_r](\mathrm{r}=0,1,\cdots,17) \tag{7}$$

5 模型估计结果与分析

Logistic 回归对多元共线性敏感，当多元共线程度较高时，系数标准误的估计将产生偏差，在进行 Logistic 回归分析之前检验变量间的多重共线性。方差膨胀因子 *VIF*（variance inflation factor）可用于多元共线性的诊断，一般认为，若 $VIF\leqslant5$，可认为变量间不存在严重的多重共线性问题（王济川等，2001）。利用 Stata 进行多重共线性诊断，结果显示最大的方差膨胀因子为 2.02<5，检验表明所选变量间不存在严重多重共线。

运用 Stata. 13 软件对（7）式采用 N-R 迭代方法，相关参数估计结果见表 4。分别是全体样本农户（模型Ⅰ）、8 亩以下样本农户（模型Ⅱ）、8 亩以上样本农户（模型Ⅲ）的估计结果。由于模型Ⅱ和模型Ⅲ是按种植面积划分的，估计时将变量 X12（经营规模）去掉，该变量只在模型Ⅰ中体现。从模型回归结果看，3 个模型拟合效果均较好，3 个中模型自变量的系数符号和关键变量的显著性基本保持一致，体现出较好的模型稳健性。为进一步检验模型的稳健性，分别采用 OLS 模型、probit 模型对样本数据进行拟合（拟合结果由于篇幅未列出），回归结果的关键变量的符号和显著性与带罚函数的二元 logistic 模型估计结果基本一致。

表 4　带罚函数的二元 logistic 模型结果

自变量	模型Ⅰ（总样本）		模型Ⅱ（小规模）		模型Ⅲ（较大规模）	
	系数	exp（B）	系数	exp（B）	系数	exp（B）
X1	−0. 338 （0. 494）	0. 710 （0. 351）	−1. 317 （0. 841）	0. 268 （0. 225）	−0. 136 （0. 813）	0. 873 （0. 709）
X2	0. 750*** （0. 213）	2. 118*** （0. 452）	1. 111*** （0. 419）	3. 036*** （1. 271）	0. 769** （0. 322）	2. 158** （0. 695）
X3	0. 343 （0. 358）	1. 410 （0. 504）	0. 167 （0. 496）	1. 181 （0. 586）	1. 080 （0. 920）	2. 945 （2. 708）
X4	−0. 528** （0. 243）	0. 590** （0. 143）	−0. 866** （0. 347）	0. 421** （0. 146）	−0. 015* （0. 522）	0. 015* （0. 530）
X5	−0. 177 （0. 672）	0. 836 （0. 561）	0. 144 （1. 046）	1. 153 （1. 206）	−1. 164 （1. 246）	0. 312 （0. 389）
X6	−0. 655* （0. 383）	0. 521* （0. 199）	−0. 933* （0. 538）	0. 394* （0. 212）	−1. 822* （1. 079）	0. 162* （0. 174）
X7	−2. 465*** （0. 734）	0. 086*** （0. 063）	−4. 860*** （1. 638）	0. 008*** （0. 013）	−2. 936** （1. 271）	0. 053** （0. 067）
X8	−0. 577 （0. 539）	0. 560 （0. 302）	−1. 209 （1. 055）	0. 299 （0. 315）	−1. 195 （1. 091）	0. 303 （0. 331）
X9	−0. 614*** （0. 197）	0. 542*** （0. 107）	−0. 469** （0. 347）	0. 626** （0. 217）	−0. 402** （0. 309）	0. 669** （0. 207）
X10	−3. 883*** （0. 661）	0. 0208*** （0. 014）	−3. 578*** （1. 079）	0. 028*** （0. 030）	−4. 616*** （1. 195）	0. 010*** （0. 012）
X11	0. 136*** （0. 046）	1. 145*** （0. 053）	0. 254*** （0. 089）	1. 289*** （0. 116）	0. 045 （0. 085）	1. 046 （0. 089）
X12	−0. 843*** （0. 286）	0. 431*** （0. 123）	—	—	—	—

（续表）

自变量	模型Ⅰ（总样本）		模型Ⅱ（小规模）		模型Ⅲ（较大规模）	
	系数	exp（B）	系数	exp（B）	系数	exp（B）
X13	0.087 （1.530）	1.086 （1.660）	−1.852 （1.980）	0.157 （0.311）	4.081 （2.738）	59.19 （162.1）
X14	−0.019 （0.101）	0.982 （0.099）	0.007 （0.136）	1.007 （0.137）	−0.012 （0.223）	0.988 （0.220）
X15	−0.550 （0.366）	0.578 （0.212）	−0.446 （0.641）	0.640 （0.411）	−0.061 （0.681）	0.941 （0.641）
X16	−1.387** （0.556）	0.251** （0.139）	−2.864*** （1.007）	0.057*** （0.058）	−0.539 （0.838）	0.583 （0.489）
X18	0.273 （0.578）	1.313 （0.758）	0.943 （0.883）	2.566 （2.264）	−0.391 （0.998）	0.676 （0.675）
常数项	7.858 （6.279）	2，552 （16.003）	16.34* （8.728）	1.237* （1.080）	−11.16 （10.53）	1.42 （0.001）
LR chi2	124.05		67.07		57.91	
Prob>chi2	0.000		0.000		0.000	
Pseudo R2	0.459		0.483		0.508	
Log likelihood	−73.201		−35.874		−28.009	

注：括号内为标注差。***、**、*分别表示1%、5%和10%显著性水平下显著

5.1　信息成本对销售行为的影响

信息成本变量中，X1（是否了解西瓜市场行情）在3个模型中影响方向均为负，但在统计上均不显著。可能的原因是，在信息爆炸时代，农民信息利用能力和信息鉴别能力差，仍然无法获取真正有效的信息。表1中X1的均值为0.446，说明被调查农户绝大多数农户都不了解市场行情。表2中，小规模农户中了解市场行情的仅占总样本的39.8%，大规模农户中了解市场行情的占总样本的48.7%。

X2变量（不了解本地市场信息对销售行为的影响）对农户销售行为在3个模型中均影响显著，影响方向为正。说明在其他条件不变的情形下，不了解市场信息对销售影响越大，农户选择自行销售方式的倾向越高。调查显示，绝大多数农户不不了解市场行情，由于缺乏信息渠道和难以支付过高的信息搜寻成本以及出于中间商了解市场信息的程度要远大于农户而面临被狠压价的考虑，农户（尤其是小规模农户）在销售西瓜前并不询问价格，而是直接将西瓜拉到以往常去的市场，随行就市。且X2变量对小规模种植户的影响大于大规模种植户的影响，大规模农户更倾向于选择通过中间商销售方式。这可能是因为较大规模农户面临着较大的产量销售压力，而自行销售方式通常只是小批量的销售，销量有限，大规模农户在市场信息了解不充分背景下，也不得不选择通

过中间商方式来销售。

X3（与买主取得联系的方式）均未通过显著性检验。可能的原因是，在被调查的农户中绝大多数的西瓜销售都是由买主主动联系。在选择自行销售的农户中，有67.65%的农户是买主主动联系，在选择中间商销售的农户中，由中间商主动联系的农户所占比例也达到了36.36%。

5.2 谈判成本对销售行为的影响

表征谈判成本的变量在3个模型中对被解释变量的影响均为负。X4变量（农户与中间商在西瓜等级认定上差异）通过均通过了显著性检验。在其他条件不变的情况下，等级认定差异越小，农户选择通过中间商销售方式的倾向越明显。由于不同规模农户的“进入能力”和“留住能力”存在差异，对小规模农户的影响大于大规模农户。目前西瓜市场缺乏统一等级认定标准，中间商在收购西瓜时都有压低等级的倾向和行为，但出于组织货源和选择大规模农户有利于降低运输成本和谈判成本的考虑，中间商在西瓜等级认定上对大规模农户的“压级”现象要明显少于对小规模农户。

X5变量（是否与买主签订销售合同）在3个模型中均未通过显著性检验，可能是因为在被调查农户中，与买主签订销售合同的仅占16.22%。由于调查样本中与买主签订销售合同的比例过低，是否与买签订销售合同这一变量对销售方式选择影响不显著。

X6变量（自行销售同等级西瓜相比于通过中间商销售的销售价格差异）在3个模型中均影响显著且符号为负。这表明，通过中间商销售与自行销售的价格差异越小，农户选择通过中间商销售的倾向越高。其原因是农户选择自行销售方式的目的是获得更多的收益，如果两种销售方式的价格差异不大，则收益也相差不大，农户通过中间商销售还能因交易成本更低而获取更高的净收益。从不同规模来看，对大规模农户的影响大于对小规模农户的影响，这与屈小博等（2007）的结论相反。这是因为小农户参与市场的交易成本不仅会因农户的经营规模、地区等的不同而发生变化，还会因产品类型不同而变化，从品种属性差异看，西瓜的耐储藏性弱于苹果，且西瓜的消费主要集中于夏季，而苹果更耐储藏且消费者对其消费偏好的季节性弱，苹果农户可储藏待价出售。种植西瓜的大规模农户面临更大的及时销售压力，销售途径的有限性更加剧了这一压力，因此X6变量对大规模瓜农的影响大于对小规模的影响。

5.3 执行成本对农户销售行为的影响

X7变量（西瓜销售的结算方式）对农户西瓜销售方式选择的影响在3个模型中均显著且方向为负，对小规模农户的影响大于大规模农户的影响。说明在西瓜销售中，现金交易方式比其他交易方式更受欢迎。当前广大农村地区的市场和法制建设远落后于市场需求，农户遭遇抵赖时运用法律手段维权的成本极高。出于规避风险的考虑，现金交易成为农户的理想选择。对不同规模农户而言，中间商在收购西瓜时，对大多数小规模农户在价格上采用“一口价”方式，在结算方式上多支付现金。较大规模农户有更高的交易量，西瓜不耐储藏等压力接受非现金结算方式的压力越大，有时候不得不接受支付部分定金等其他形式。

X8 变量（西瓜运输困难程度）对销售方式选择影响不显著，原因可能是因为所调查的绝大多数农户所处地区道路运输状况不存在困难（占总样本的 67.57%），交通运输比较便利，两种选择方式所面临的外在运输条件差异不大。X9 变量（农户到最近农产品市场的距离）在 3 个模型中均通过了显著性检验，且影响方向为负。表明农户距离市场越远，农户选择自行销售的可能性越低，选择中间商销售的倾向越高。一般而言，成本随距离的增大而增加，与农户居住地距离越远的地点销售农产品，所付出的信息成本和执行成本要高。西瓜长距离运输成本高，损耗较大，中间商销售方式大批量上门集中采购有利于降低运输成本，农户更倾向于选择中间商销售西瓜。

5.4 生产特征对销售行为的影响

在全体农户样本模型中物质资本投入、人力资本专用性和生产规模等变量均通过了显著性检验。代理物质资本投入指标的 X10 变量（西瓜栽培方式）在三个模型中均产生了显著负向影响，即采用设施栽培的农户（相对于露地栽培农户）选择中间商销售方式的倾向越高。从不同规模来看，栽培方式对小规模农户的影响明显大于大规模农户。这是因为采用设施栽培的农户更多的集中于小规模农户，表 1 可知，大规模农户和小规模农户采用设施栽培的均值分别为 0.227、0.301，从这个角度看，小规模农户的资本投入要高于大规模农户，说明物质资本专用性越强的农户越倾向于选择紧密型销售协作模式。

X11 变量（西瓜种植年限）对农户销售方式选择在总样本和小规模样本模型中呈显著正向影响，说明西瓜种植年限越长的农户越倾向于选择自行销售方式。种植年限越久，不仅意味着种植技术经验更为丰富，也意味着在销售渠道、市场信息获取等方面也积累了丰富销售经验，农户自行销售的信息成本降低，谈判能力得到提升，自行销售能获取更高的销售收益。种植年限对大规模农户销售方式选择影响不显著，可能的解释是，西瓜用于鲜食，不耐储藏，大规模农户面临更大的产量销售压力，即使销售经验丰富，由于自行销售方式大多一次交易量有限，大规模农户只能选择通过中间商销售主要销售方式。X12（种植规模）对销售方式选择的影响通过了 1%统计水平的显著性检验且方向为负，进一步验证了种植规模越大的农户选择中间商销售的可能性越大。

5.5 社会特征、个人特征对农户销售行为的影响

表征社会资本特征的 X16 变量（是否加入合作社）在 3 个模型中影响均为负，在小规模农户样本模型中通过了显著性检验，但在大规模农户样本模型未通过显著性检验，说明合作社对农户销售方式选择对小规模农户的影响显著。调查样本中虽然大规模农户加入合作社的比例远大于小规模农户，但大多合作社注重的是对生产技术指导、物资统一购买等生产方面的服务，对销售重视不够或者销售运营能力有限，对大规模种植户的销售服务能力受限。户主受教育程度变量对农户西瓜销售方式选择的影响不显著。可能原因是所调查农户的受教育程度差异不大，使得教育程度对西瓜销售方式选择影响不显著。户主年龄对销售方式选择影响不显著。

6 结论与政策建议

本文使用调研数据，以农户西瓜销售行为为例，采用描述性统计及带罚函数的二元 logistic 模型探讨了交易成本对农户销售行为的影响及交易成本对不同规模农户影响的差异，得出以下结论。

一是通过中间商销售方式销售西瓜是被调查农户的首选，在农户西瓜销售方式选择中占主导地位，这与宋金田（2011）对农户柑橘销售方式选择的结果一致。大规模农户较小规模农户选择通过中间商销售的倾向更为明显。农户生产规模的扩大及生产专业化的提高将促进销售方式由纯粹的市场交易向市场分工协作交易方式转变。

二是交易成本对农户交易方式选择影响显著。具体而言，在反映信息成本的变量中，不了解本地市场行情对销售的影响程度变量对选择自行销售方式有显著正向影响；在反映谈判成本的变量中，西瓜等级认定差异变量和自行销售同等级西瓜相比于中间商的价格差异变量对农户选择自行销售方式呈显著负向影响，且等级认定差异变量对小规模农户的影响大于对大规模农户的影响，价格差异变量对大规模农户的影响大于对小规模农户的影响；在执行成本变量中，结算方式和农户到最近农产品市场的距离变量对选择自行销售方式呈显著负向影响，其中结算方式对小规模农户的影响明显大于对大规模农户的影响。

三是生产特征和社会特征对农户销售行为影响显著，农户个人特征对销售行为影响不显著。经营规模对农户选择自行销售方式呈显著负向影响。栽培方式对农户销售方式选择有显著负向影响。种植年限对小规模农户销售行为影响显著，但对大规模农户影响不显著。合作社对不同规模农户销售行为的影响差异显著，对小规模农户销售方式选择影响显著，对大规模农户影响不显著，合作社的销售服务能力薄弱。

基于以上结论，相关部门在制定西瓜产业政策时应注意以下几点：①加快农业信息化建设，增强有效信息供给，提供准确及时有效的市场信息，降低农户的信息搜寻成本。加强相关培训，提高农户的信息获取能力，增强农户与中间商讨价还价能力，进而提高其销售价格。②推进西瓜生产经营的组织化和专业化。培育多元化的西瓜营销主体和服务组织，完善以农业专业合作社为核心，行业协会、经纪人等为依托专业化服务组织，涵盖农业生产、加工及流通各环节的多层次农业组织体系，降低农户从外部获得生产要素的成本和进入市场的交易成本。③引导西瓜生产集中化、流通规模化。发挥农户、合作社、批发市场、经纪人等市场主体的产业集聚和规模效应，进一步引导西瓜产业向优势区域集中。

参考文献

黄祖辉，张静 . 2008. 交易费用与农户契约选择——来自浙冀两省 15 县 30 个村梨农调查的经验证据［J］. 管理世界（9）：76-81.

齐文娥，唐雯珊 . 2009. 农户农产品销售渠道的选择与评价——以广东省荔枝种植者为例［J］. 中国农村观察（6）：14-22.

屈小博，霍学喜 . 2007. 交易成本对农户农产品销售行为的影响——基于陕西省 6

个县 27 个村果农调查数据的分析 [J]. 中国农村经济 (8): 35-46.
屈小博 . 2008. 不同经营规模农户市场行为研究 [D]. 杨凌: 西北农林科技大学 .
宋金田, 祁春节 . 2011. 交易成本对农户农产品销售方式选择的影响——基于对柑橘种植农户的调查 [J]. 中国农村观察 (5): 33-44.
王济川, 郭志刚 . 2001. Logistic 回归模型——方法与应用 [M]. 北京: 高等教育出版社 .
威廉姆森 . 2003. 资本主义经济制度 [M]. 北京: 商务印书馆 .
文长存, 杨念, 吴敬学 . 2015. 湖北省西瓜产业全要素生产率研究 [J]. 北方园艺 (20): 172-176.
姚文, 祁春节 . 2011. 交易成本对中国农户鲜茶叶交易中垂直协作模式选择意愿的影响——基于 9 省 (区, 市) 29 县 1 394户农户调查数据的分析 [J]. 中国农村观察 (2): 52-66.
Balsevich F, Berdegue J A, Reardon T. 2006. Supermarkets, new - generation wholesalers, tomato farmers, and NGOs in Nicaragua [R]. Michigan State University, Department of Agricultural, Food, and Resource Economics.
Birthal, Pratap S. 2008. Improving farm - to - market linkages through contract farming [J]. IFPRI discussion paper.
David Firth. 1993. Firth DBias reduction of maximum likelihood estimates. Biometrika 80: 27-38 [J]. Biometrika, 80: 27-38.
Heinze G, Schemper M. 2002. A solution to the problem of separation in logistic regression [J]. Statistics in Medicine, 21 (16): 2409-2419.
Hobbs, J. E. 1997. Measuring the importance of transaction costs in the marketing [J]. American Journal of Agricultural Economics, 79: 1083-1095.
Pingali P, Khwaja Y, Meijer M. 2005. Commercializing small farms: Reducing transaction costs [J]. The future of small farms, 61: 5-8.
Poole N D, Gomis F J D C, Igual J F J, *et al.* 1998. Formal contracts in fresh produce markets [J]. Food Policy, 23 (2): 131-142.
Sadoulet E, Fukui S, Janvry A D. 1994. Efficient share tenancy contracts under risk: The case of two rice-growing villages in Thailand☆ [J]. Journal of Development Economics, 45 (2): 225-243.

报告三　我国西瓜生产成本收益分析

杨　念　王蔚宇　孙玉竹　吴敬学

1　我国西瓜生产结构

如表 1 所示，从种植茬口来看，春夏季为西瓜最主要的种植时节，播种面积和产量分别达到 97.28%和 98.48%，而秋冬茬的比例很小，667 m^2 产量水平也相对较低。

表 1　2016 年西瓜生产结构

生产结构		播种面积占比（%）	产量占比（%）	667 m^2 产量（kg）	收益占比（%）	成本占比（%）
茬口	春夏茬	97.28	98.48	3 282	97.77	96.94
	秋冬茬	2.72	1.52	1 814	2.23	3.06
播种方式	直播	21.91	21.05	3 048	14.26	14.91
	非嫁接育苗	23.66	21.97	2 946	23.08	23.08
	嫁接育苗	54.44	56.98	3 321	62.66	62.01
栽培方式	露地栽培	53.48	47.80	2 898	34.53	32.83
	小拱棚栽培	19.07	20.66	3 512	18.64	16.96
	大中棚栽培	27.18	31.24	3 727	45.88	49.49
	日光温室栽培	0.28	0.30	3 580	0.95	0.72
品种类型	早中熟	49.01	52.28	3 459	58.52	61.41
	中晚熟	21.50	21.57	3 253	17.67	15.31
	小型西瓜	2.12	2.40	3 662	3.55	3.52
	无籽西瓜	9.15	8.23	2 916	7.67	5.85

注：品种类型中尚有一部分为“品种类型不明”，因此表中 4 个品种类型的面积、产量、收益和成本的占比总和小于 100%。

我国目前西瓜的播种方式是以嫁接育苗为主，其播种面积和产量均占到总量的 50%以上，而非嫁接育苗方式和直播比例相当。因为技术较为成熟，3 种播种方式中，嫁接育苗的 667 m^2 产量水平相对较高，为 3 321 kg，而非嫁接育苗播种方式的 667 m^2 产量最低。

在栽培方式上多为露地营养钵育苗移栽，播种面积和产量占比最大，但 667 m^2 产量水平相对较低，为 2 898 kg。大中棚栽培容积大，气温比较稳定，光照条件好，能较好发挥早熟效应，产量和经济效益较高，667 m^2 产量 3 727 kg，收益占比 45.88%。

由于生活水平日益提高，对西瓜的消费不仅限于夏季，同时消夏的水果也不再是以西瓜为主，为了避免7月份西瓜集中上市，造成价格低廉且销路不畅，因而推广了不同熟期的品种，从5月中下旬到11月底都有西瓜上市，既能满足消费者需求，也能使农民增产增收。目前，早中熟西瓜品种仍为最主要的推广品种，其播种面积和产量占比都为50%左右，中晚熟品种次之，而小型西瓜最少。就667 m^2 产量水平而言，小型西瓜水平相对较高，为3 662 kg，其余依次为早中熟、中晚熟和无籽西瓜。

2　西瓜生产成本收益变化趋势分析

为了消除价格因素的影响，本部分成本和收益分别使用农业生产资料价格指数和水果生产价格指数进行平减，得到以2010年为基期，2010—2016年期间我国西瓜生产实际成本和收益。由于国家统计局年度数据库中尚未公布，2016年的价格指数是根据2010—2015年的年均增长率计算而来。2010—2016年我国西瓜成本、收益、成本收益率测算结果如表2所示。

2.1　西瓜生产成本变化趋势

2010—2016年期间，我国西瓜667 m^2 生产成本总体平稳，期间有一定的波动，由2010年的1 349元减少到2016年的1 310元，年均增长率为-0.49%。在不同茬口、播种方式、生产方式以及品种中，分别以秋冬茬、嫁接育苗、日光温室栽培和小型西瓜的成本较高，春夏茬、直播、露地栽培和无籽西瓜成本较低。其中，日光温室栽培成本最高，无籽西瓜栽培成本最低。非嫁接育苗和中晚熟西瓜成本上涨趋势相对明显，年均增长率均为4%左右。随着经济水平和生活质量的提高，超时令、反季节，特别是冬春季上市的西瓜深受消费者喜爱，秋冬茬西瓜一般在元旦前后上市，销售形势较好，而小型西瓜外形精致美观，是馈赠亲友的佳品，在经济效益的驱动下，技术得到了较快的发展和推广，较2010年成本明显降低，分别出现6.48%和1.28%的负增长率，特别是秋冬茬西瓜2016年的667 m^2 成本与春夏茬较为接近。

2.2　西瓜生产收益变化趋势

2010—2016年期间，我国西瓜667 m^2 收益总体呈下降趋势，增长率为-4.13%。只有非嫁接育苗和无籽西瓜年均增长率为正值，且数值较小。在不同茬口、播种方式、生产方式以及品种中，分别以春夏茬、嫁接育苗、日光温室栽培和小型西瓜的收益较高，秋冬茬、直播、露地栽培和中晚熟西瓜收益较低。其中，日光温室和大中拱棚栽培的西瓜收益最高，直播和中晚熟西瓜的收益最低。

2.3　西瓜成本收益率变化趋势

在此期间，除了早中熟西瓜以外，西瓜的成本收益率均呈下降趋势。在不同茬口中，春夏茬高于秋冬茬，2010—2016年均值分别为2.29和1.58。按照播种方式，依次为嫁接育苗、直播和非嫁接育苗，均值分别为2.28、2.18和2.09。在不同生产方式中，日光温室平均成本收益率水平最高为3.9，小拱棚次之，为2.78，露地栽培和大中拱棚栽培方式分别为2.59和1.87。无籽西瓜的平均成本收益率明显高于其他品种，为

表 2　2010—2016 年西瓜成本收益变化趋势

项目	年份	平均成本	茬口		播种方式			生产方式				品种			
			春夏茬	秋冬茬	直播	非嫁接	嫁接育苗	露地	小拱棚栽培	大中拱棚	日光温室	早中熟	中晚熟	小型西瓜	无籽西瓜
667 m² 成本（元）	2010	1 349	1 337	2 294	919	1 062	1 479	781	1 068	2 479	3 042	1 679	748	2 439	780
	2011	1 135	1 079	2 102	823	1 057	1 242	613	1 254	2 255	2 273	1 396	686	2 240	565
	2012	1 385	1 369	1 400	1 019	1 314	1 542	835	1 623	2 477	2 721	1 597	961	2 520	785
	2013	1 243	1 235	1 431	934	1 193	1 393	833	1 129	2 461	3 113	1 542	769	2 754	832
	2014	1 361	1 364	1 322	1062	1 500	1 508	924	1 135	2 694	2 864	1 665	1 015	2 171	795
	2015	1 274	1 273	1 348	891	1 284	1 483	796	1 198	2 760	3 376	1 628	868	2 365	673
	2016	1 310	1 356	1 535	919	1 318	1 540	835	1 211	2 479	3 530	1 706	970	2 257	870
	均值	1 294	1 288	1 633	938	1 247	1 455	802	1 231	2 515	2 988	1 602	859	2 392	757
	年均增长率/%	-0.49	0.24	-6.48	0.01	3.66	0.67	1.13	2.12	0.00	2.51	0.27	4.43	-1.28	1.85
667 m² 收益（元）	2010	5 048	5 048	5 200	3 270	3 755	5 588	2 998	6 971	84 069	15 541	6 441	3 245	8 759	2 759
	2011	4 179	4 125	5 127	2 923	3 963	4 610	2 917	4 354	75 520	9 023	4 911	2 807	6 914	3 024
	2012	4 834	4 786	5 470	3 602	4 583	5 360	3 425	5 450	82 700	9 986	5 353	3 762	8 780	3 821
	2013	4 192	4 187	4 076	3 035	3 721	4 756	2 843	4 211	85 253	22 859	5 283	2 651	9 389	2 994
	2014	4 031	4 037	2 806	2 880	3 786	4 595	2 656	3 941	82 909	18 845	4 714	3 367	7 553	3 203
	2015	3 392	3 393	3 250	2 566	3 017	3 844	2 497	3 311	65 920	12 857	3 857	2 605	6 220	3 152
	2016	3 919	3 938	3 215	2 532	3 793	4 477	2 530	3 829	72 105	13 439	4 679	3 222	6 551	3 284
	均值	4 228	4 216	4 163	2 972	3 803	4 747	2 838	4 581	78 354	14 650	5 034	3 094	7 738	3 177
	年均增长率/%	-4.13	-4.05	-7.70	-4.18	0.17	-3.63	-2.79	-9.50	-2.53	-2.39	-5.19	-0.12	-4.73	2.95
成本收益率	2010	2.74	2.77	1.27	2.56	2.54	2.78	2.84	5.52	2.11	4.11	2.84	3.34	2.59	2.54
	2011	2.68	2.82	1.44	2.55	2.75	2.71	3.76	2.47	2.07	2.97	2.52	3.09	2.09	4.35
	2012	2.49	2.50	2.91	2.53	2.49	2.48	3.10	2.36	2.06	2.67	2.35	2.92	2.48	3.86
	2013	2.37	2.39	1.85	2.25	2.12	2.41	2.41	2.73	2.18	6.34	2.43	2.44	2.41	2.60
	2014	1.96	1.96	1.12	1.71	1.52	2.05	1.88	2.47	1.82	5.58	1.83	2.32	2.48	3.03
	2015	1.66	1.66	1.41	1.88	1.35	1.59	2.14	1.76	1.19	2.81	1.37	2.00	1.63	3.69
	2016	1.88	1.90	1.10	1.75	1.88	1.91	2.03	2.16	1.67	2.81	1.74	2.32	1.90	2.77
	均值	2.26	2.29	1.58	2.18	2.09	2.28	2.59	2.78	1.87	3.90	2.15	2.63	2.23	3.26
	年均增长率/%	-6.12	-6.09	-2.40	-6.11	-4.89	-6.07	-5.45	-14.47	-3.85	-6.16	22.04	-7.80	-5.88	-5.02

3.26，其次是中晚熟西瓜，小型西瓜和中早熟西瓜的成本收益率较为接近。

3 小　结

将2016年西瓜生产结构与同期成本收益率比较，茬口中，春夏茬成本收益率高，种植面积广。3种播种方式的成本收益率较为接近，嫁接育苗的成本收益率略高，播种面积最大；直播方式的成本收益率次之，面积最小；非嫁接方式的成本收益率最低，播种面积居中。不同生产方式中，日光温室平均成本收益率最高而种植面积最小，成本收益率最低的大中拱棚和露地栽培方式，种植面积占到总量的80%以上；无籽西瓜的平均成本收益率最高，但播种面积不足10%；成本收益率最低的中早熟品种，种植面积却达到了50%以上。因而，我国西瓜的种植结构还需要进一步调整。

参考文献

[1] 杨念，孙玉竹，吴敬学．世界西瓜甜瓜生产与贸易经济分析［J］．中国瓜菜，2016，29（10）：1-9.

[2] 王志丹，张楠楠，柴若冰，等．浅论我国西瓜甜瓜市场流通体系的建设［J］．中国瓜菜，2017，30（4）：6-9.

[3] 马跃．透过国际分析，看中国西瓜甜瓜的现状与未来［J］．中国瓜菜，2011，24（2）：64-67.

[4] 张琳，杨艳涛，吴敬学．新形势下中国西瓜甜瓜产业发展的战略思考［J］．北方园艺，2014（19）：187-190.

报告四　中国瓜果生产者价格波动性研究

文长存　吴敬学

西瓜和甜瓜都是世界农业的重要水果作物，而中国又是西瓜、甜瓜生产与消费的第一大国，在世界园艺业中始终占有重要地位。中国西瓜面积占世界总面积的60%以上，产量占70%左右；甜瓜面积占世界总面积的45%以上，产量占50%左右；西瓜、甜瓜人均年消费量是世界人均量的2~3倍，约占全国夏季果品市场总量的50%以上。西瓜、甜瓜已成为中国重要的经济作物。目前，我国西瓜甜瓜播种面积已超过麻类、糖料等传统经济作物，其产值约为种植业总产值的6%，在部分主产区达到20%以上。西瓜、甜瓜产业在促进农民增收和改善膳食结构和营养水平方面发挥了重要作用。

西瓜甜瓜的生长周期具有季节性，属于鲜销水果，目前居民对西瓜甜瓜的消费偏好主要集中于夏秋季节，生产和消费具有明显的季节性。我国西瓜、甜瓜市场不同于粮食市场，开放较早，已逐渐发展为完全市场化阶段，其价格主要由市场来决定。生产者价格是批发市场价格和零售价格的基础，当生产者价格下降的信息传递到零售市场，可能导致西瓜、甜瓜零售价格下降。西瓜、甜瓜生产者价格直接影响到瓜农的收入水平和生产决策，同时也影响到市场的需求。本文从如何稳定西瓜、甜瓜价格波动的角度对我国西甜瓜生产者价格进行波动分析，探讨西瓜、甜瓜生产者价格的长期发展趋势，测算西瓜、甜瓜生产者价格的波动周期及特征情况，从而把握我国西瓜、甜瓜生产者价格变动规律，为瓜农的生产决策和调整价格变动提供参考依据。

学术界对生活必需品如粮食、猪肉、食用油等大宗农产品价格波动的属性特征、波动成因、波动周期划分及调控政策等做了大量研究，并取得了丰硕的成果，庄岩[1]利用HP滤波法将1978—2010年中国农产品总体价格波动周期划分为6个周期，认为各周期波动的时间和幅度差异比较显著，且波动周期时间呈变短趋势；徐雪高[2]采用H-P滤波法，将1978—2006年的农产品总体价格波动分为5个周期，并认为不同农产品价格波动各周期的整体特征和结构特征各不相同，农产品价格波动周期具有不可重复性和非对称性；金三林等[3]利用X11季节调整法、HP滤波法和12项中心移动平均法对国际主要大宗农产品大米、小麦、玉米以及大豆的波动特征分别进行了分析，并且分别对每种农产品的总体波动特征、趋势成分波动特征、季节成分波动特征以及波动周期进行了分析。李剑等[4]利用X12-ARIMA模型和ARCH模型，对我国2002年1月至2012年6月小麦和大豆的几个序列进行季节调整，发现中国粮食价格季节性波动逐年减弱；粮食价格具有明显的波动集簇性，前期价格波动和外部冲击对后期价格的影响具有持续性；小麦价格波动的非对称性不显著，而大豆价格波动则呈现明显的非对称特征；顾国达和方晨靓[5]采用马尔科夫局面转移向量误差修正模型（MS-VECM）对国际市场因素影响下中国农产品价格波动的特征进行实证分析。目前已有研究主要集中于大宗农产品总体价格波动分析。吕建兴和祁春节[6]利用censusX12、H-P滤波法和变异系数法将我国2002—2012年苹果、香蕉季度收购价格波动周期划分为5个周期，将橙子的收购价格划分为3个波动周期。然而，对于目前我国生产和消费均占世界第一的西瓜、甜瓜确鲜有研究，以上对农产品价格波动的研究对本文西瓜、甜瓜价格波动的研究提供了借鉴。但这些研究在波动周期划分中大多采用主观判断法，科学性不足，价格波动偏离率在划分周期时更加客观，因此，本文先计算瓜果的价格波动偏离率（RV），然后按照偏离率的变动幅度来划分周期。

1　研究方法及数据来源

1.1　研究方法

1.1.1　季节调整方法

比较常用的季节调整（Seasonal Adjustment）方法有$X11$法、Census $X12$法、tramo/Seats法和移动平均法。$X12$季节调整方法是美国商务部人口普查局在$X11$季节调整程序基础上的扩展而来，共包括4种季节调整的分解形式：乘法、加法、伪加法和对数加法模型。即：设Y_t为时间序列变量，TC为趋势循环要素，S_t为季节要素，I_t为不规则要素，则加法模型为$Y_t=TC_t+S_t+I_t$乘法模型为$Y_t=TC_t \times S_t \times I_t$；伪加法模型为$Y_t=TC_t(S_t+I_t-1)$；对数加法模型为$\ln Y_t=\ln TC_t+\ln S_t+\ln I_t$。本文应用Census X12加法模型，把$Y_t$分解为趋势循环项$TC_t$季节项$S_t$和不规则要素$I_t$。

1.1.2　趋势分解方法

在季节调整方法中，趋势和循环要素视为一体不能分开。Hodrick-Prescott滤波是被广泛使用的将趋势和循环要素进行分解的一种方法。该方法在Hodrick and Prescott（1980）分析战后美国经济周期的论文中首次使用[7]。我们简要介绍这种方法的原理：设$\{Y_t\}$是包含趋势成分和波动成分的经济时间序列，$\{Y_t^T\}$是其中含有的趋势成分，$\{Y_t^C\}$是其中含有的波动成分。则$Y_t=Y_t^T+Y_t^C$，$t=1, 2, \cdots, T$。计算HP滤波就是从$\{Y_t\}$中将$\{Y_t^T\}$分离出来。一般地，时间序列$\{Y_t\}$中的不可观测部分趋势$\{Y_t^T\}$常被定义为下面最小化问题的解：

$$\min\{\sum_{t=1}^{T}(Y_t-Y_t^T)^2+\lambda\sum_{t=2}^{T-1}[(Y_{t+1}^T-Y_t^T)-(Y_t^T-Y_{t-1}^T)]^2\}$$

其中λ是趋势成分$\{Y_t^T\}$波动正的惩罚因子，随着λ值得增大，估计的趋势越光滑，当λ值趋向于无穷大时，估计的趋势接近线性函数。该值是先验给定的，对于λ的取值目前还存在争议，但一般认为，当使用年度数据时，$\lambda=100$；当使用季度数据，$\lambda=1\,600$；当使用月度数据时，$\lambda=14\,400$。

1.1.3　波动周期划分方法

在H-P滤波的基础上，计算波动成分对趋势成分的偏离率RV（ration of variation）：$RV=Y_t^c/Y_t^T$，该偏离率反映了经济时间序列的偏离幅度，从而可较为客观的反映经济时间序列的短期波动情况[8]。

1.1.4　波动结构特征分析方法

利用变异系数（CV）来测算我国瓜果生产者价格波动的结构特征。它是分量经济时间序列波动强度的重要指标。首先运用 H-P 滤波法求出的各主要农产品价格的趋势值$\hat{Y}_t$，然后构造残差序列 $\{\Delta Y_t\}$，$\Delta Y_t = Y_t - \hat{Y}_t$，$Y_t$ 为原序列。CV 系数等于残差序列标准差除以残差序列的均值。

1.2 数据来源及处理

根据 2013 年《中国农村统计年鉴》的相关数据计算得知，西瓜和甜瓜的产量占水果总产量的 34.9%，西瓜甜瓜产量占瓜类水果总产量的 93.9%。农产品生产价格是指农产品生产者第一手（直接）出售其产品时实际获得的单位产品价格，是农产品批发市场、农产品集贸市场和农产品零售价格的基础。因此，选取西瓜和甜瓜的生产价格作为中国瓜类水果的代表，并选取这两类果用瓜 2003 年至 2012 年的生产价格指数（分别记 Xprice 和 Tprice）来分析瓜果的波动性。数据均来自《中国农产品价格调查年鉴》。由于最新的《中国农产品价格调查年鉴》中甜瓜生产价格指数只统计到 2010 年，甜瓜的数据只从 2003 年到 2010 年。

数据预处理：由于所收集的 2003—2012 年季度的生产者价格指数是同比指数，而同比指数容易受到上一年基数的影响，可能存在翘尾因素和新涨价格因素，为了反映价格指数的真实变化情况，夏春对 CPI 的处理方法[9]，对 2003 年至 2012 年的生产价格指数做定基（2003 年=100）处理。

2 结果与分析

2.1 中国瓜果收购价波动特征

2.1.1 长期趋势

利用 eviews8.0 运用 X-12（加法模型）进行模拟，借以分析我国主要果用瓜生产者价格的季节性波动特征。长期趋势要素代表经济时间序列长期的趋势特征。西瓜和甜瓜生产者价格均呈上升长期趋势，而且其长期趋势没有出现明显的拐点，整体较为平滑（图 1）。相对而言，甜瓜长期趋势上涨的速度要比西瓜快（图 1）。近 10 年来，我国果用瓜从整体上来说，呈持续上涨态势，瓜果价格围绕其长期趋势做周期性变化，波动周期长短不一。

2.1.2 季节波动特征

季节波动要素是每年重复出现的循环变动，以 12 个月或 4 个季度为周期的周期性影响，是由温度、降雨、年中的月份，假期和政策等引起的。西瓜生产者价格的季节性波动特征十分显著，具体表现为第 1—2 季度生产者价格下降，第 2—3 季度价格小幅上涨，第 3—4 季度价格再次下降，头年第 4 季度到次年第 1 季度生产者价格大幅度上升，同时呈现价格上升幅度逐渐加大的趋势（图 2）。西瓜是时令性水果，夏季（6—8 月份）供应占全年总交易量的一半以上，价格呈下行趋势，而春冬季节由于供给不足从而呈上升趋势。但是，近些年来随着居民消费需求的升级和西瓜设施栽培技术的发展，反季节的设施西瓜栽培的比重在逐渐扩大，西瓜的消费由夏季为主逐渐转变为全年消费，特别是在元旦、春节期间品尝西瓜逐渐成为一种时尚，这从西瓜季节性波动图中越来越高的波峰也可验证这点。

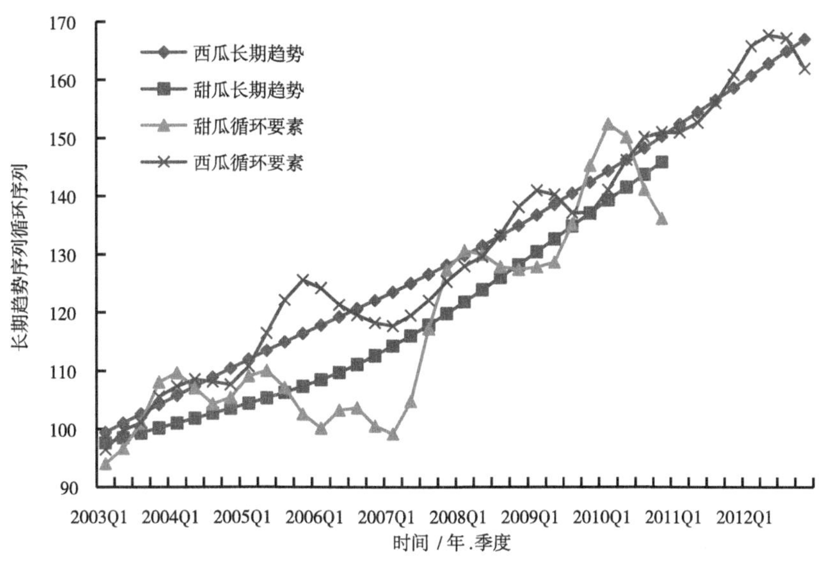

图 1　西瓜甜瓜生产者价格长期趋势和趋势循环要素

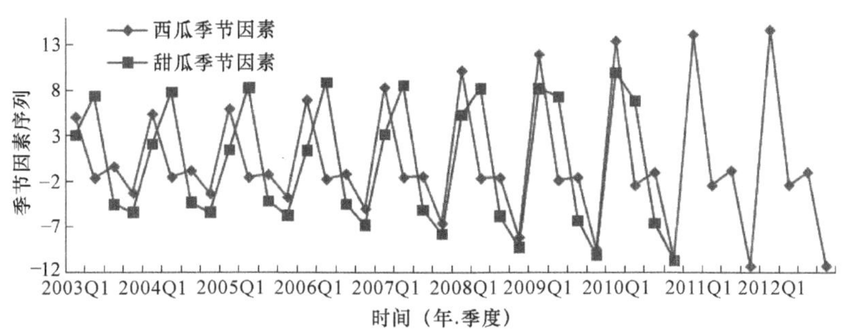

图 2　西瓜甜瓜生产者价格季节因素

甜瓜的生产者价格季节性波动也很明显，且季节波动幅度有加大的趋势。波动呈倒 V 形态势。即头年第 4 季度到次年第 2 季度呈现快速上涨趋势，从次年的第 2 季度到下一年的第 3 季度快速下降趋势，第 3 季度到第 4 季度缓慢下降（图 2）。从 2003 年到 2008 年波峰均为每年的第 2 季度，但 2009 年和 2010 年的波峰在第一季度出现，所研究年份的波谷均在每年的第 4 季度出现。甜瓜的上市时间主要集中在 7 月至 10 月，导致这段时期的甜瓜市场价格全年最低，这与甜瓜季节性波动因素在第 3 季度到第 4 季度之间的价格为波谷段相吻合。另外也可从栽培方式的不同导致生产者价格的差异来解释甜瓜季节性波动的特征。因为近些年来，随着居民收入水平的提高和消费结构的升级，居民对甜瓜消费主要集中在夏秋季节的特征在逐渐减弱，居民对反季节甜瓜的消费需求逐渐变大，导致设施栽培甜瓜种植比重上升①，设施栽培甜瓜（供应以 11 月到来年 6 月

① 根据 2013 年国家农业部种植业司对全国范围的甜瓜生产情况的调查显示：截至 2012 年年底，我国设施甜瓜栽培面积和产量分别占甜瓜总面积和总产量的 42. 88%、41. 17%。

为主）的价格明显高于露地栽培甜瓜（供应以 7—10 月为主）。2012 年 4 月份甜瓜大宗价全国平均为 9.64 元/kg，而当年八月份的为 2.64 元/kg，前者约为后者的 3.7 倍。

总的来说，西瓜、甜瓜的生产者价格的季节性波动明显，并且交替上涨下跌波动态势随时间推移波幅呈扩大趋势。

2.1.3 不规则要素

不规则要素又称随机因子、残余变动或噪声，其变动无规则可循，这类因素是由偶然发生的事件引起的，如罢工、意外事故、地震、水灾、恶劣气候、战争、法令更改和预测误差等。西瓜和甜瓜生产者价格受外界冲击的影响因素较大，不规则因素的波动性强，而且不存在明显的规律性（图 3）。西瓜生产者价格受不规则因素影响虽然不存在明显的规律性，但整体上不规则影响因素的波动还比较平稳。甜瓜生产者价格在 2005 年第 4 季度和 2006 年第 1 季度以及 2009 年第 4 季度和 2010 年第 1 季度受外部因素的影响明显，收购价出现了较大幅度的波动，其他时间受不规则因素的影响相对较小。

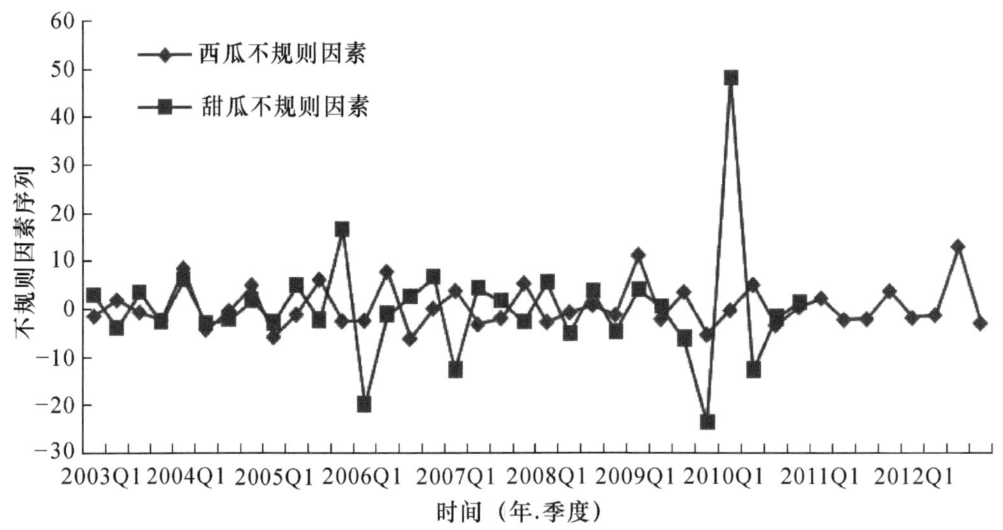

图 3　西瓜甜瓜生产者价格不规则要素序列走势

2.2 中国瓜果生产者价格波动周期划分

从瓜果生产者价格序列中剥离长期趋势之后，得到价格波动值，再将该波动值除以对应的趋势值即可以得到瓜果价格偏离长期趋势的偏离程度（CV），其结果如图 4 所示。由于周期划分标准与最后得到的周期数密切相关，在此用倒 U 型进行周期划分，即将偏离率开始上升时期到临近的波峰在反弹回落至临近波谷时期看做一个完整周期。综合考虑实际选取每次波动偏离率所形成的波峰与波谷之间的落差大于 4%作为划分波动周期的标准，结果如表 1 所示。结果表明：从 2003 年到 2012 年，中国西瓜生产者价格周期可划分为 5 个周期，从 2003 年到 2010 年，中国甜瓜生产者价格可分为 5 个周期。

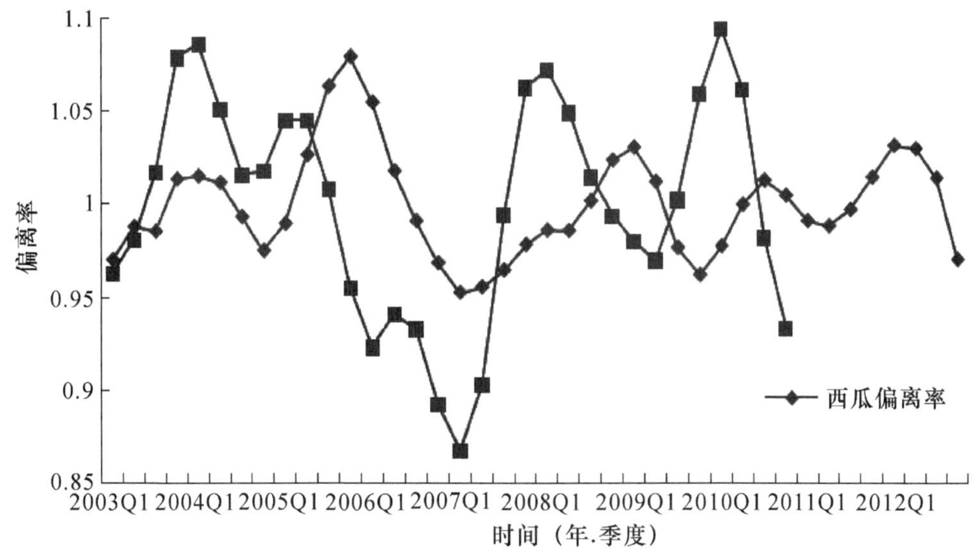

图 4　西瓜甜瓜生产者价格波动偏离率

表 1　我国西甜瓜生产者价格波动周期划分

周期	西瓜			甜瓜		
	起止时间（年、月）	跨度/个季度	峰谷落差/%	起止时间（年、月）	跨度/个季度	峰谷落差/%
1	2003. 01—2004. 04	8	4. 6	2003. 01—2004. 03	7	11. 8
2	2005. 01—2007. 01	9	12. 3	2004. 04—2006. 01	7	9. 8
3	2007. 02—2009. 04	11	8	2006. 02—2007. 01	4	8. 9
4	2010. 01—2011. 02	6	5. 1	2007. 02—2009. 02	9	21. 9
5	2011. 03—2012. 04	6	6. 2	2009. 03—2010. 04	6	15. 7

2. 3　中国瓜果生产者价格波动周期的总体特征

从表 1 可看到，2003 年一季度至 2012 年四季度我国西瓜生产者价格发生了 5 次周期性波动，其中有三次较大的波动，平均每 8 个季度就会有一次大的价格波动。2003 年一季度至 2010 年四季度我国甜瓜生产者价格发生了 5 次周期性波动，其中有三次较大的波动。平均每 6. 6 个季度就会有一次大的波动。我国甜瓜的生产者价格波动比西瓜生产者价格波动更剧烈。

从波动周期平均持续时间来看，瓜果市场平均周期持续的时间要远远短于农产品价格波动平均周期 5. 6 年[2]，也短于猪肉市场价格平均周期持续的 31. 8 个月[9]，这说明我国西瓜市场相比农产品总体市场以及生活必需品市场而言稳定性更差。

从波动周期持续时间的变化来看，2009 年以前西瓜生产者价格各波动周期持续时间比较长，而 2009 年以后各波动周期持续的时间缩短，说明 2009 年以后西瓜生产者价格波动有更加剧烈的趋势。我国甜瓜生产者价格的波动周期持续时间整体上看比西瓜要短，比西瓜生产者价格波动更为频繁。

一般来说，波动周期可分为对称性和非对称性，其对称性的波动周期的扩张期和收缩期的反映像基本是重合的，而非对称性则不重合[2]。我国西瓜甜瓜生产者价格波动周期具有不可重复性和非对称性（表2）。首先，5个完整的波动周期的波长和波距各不相同，周期重复性差。从波长来看，周期三的波长最长，为11个季度，为中周期；周期二的波长为9个季度，周期一的波长为8个季度，周期四和周期五最短，均为6个季度，这四个均为短周期。虽然波长为6个季度的出现了两次，但其他均为单一波长，说明周期重复性差。从波距来看，西瓜生产者价格周期二的波距较大，为15.1%，为价格波动较为剧烈期；周期三和周期五均为10.1%，为价格波动较大期；周期一和周期四波距较小，波距均在8%以内，为价格平稳波动期。甜瓜生产者价格周期四的波距为31.5%，为价格剧烈波动期；周期一和周期五的波距分别为15.7和16.2%，为价格波动较为剧烈期；周期二和周期三的波距小，均在10%以内，为价格平稳波动期。其次，波动周期的对称性差。通过计算波峰在波长中的位置发现，除了西瓜生产者价格在周期四和周期五和甜瓜生产者价格的周期二和周期三的波峰位于波长的中间位置外，其余的周期的波峰均不在波长的中间位置，而且由于各周期的波幅不一，导致周期的对称性差。

表2　西瓜、甜瓜生产者价格波动周期的整体特征

周期	波长（个季度）		波距（%）		波峰在波长中的位置		周期类型	
	西瓜	甜瓜	西瓜	甜瓜	西瓜	甜瓜	西瓜	甜瓜
1	8	7	4.6	15.7	5	5	缓升陡降	缓升陡降
2	9	6	15.1	9.9	4	3	陡升缓降	陡升缓降
3	11	4	10.1	1.1	8	2	缓升陡降	陡升缓降
4	6	9	7.3	31.5	3	4	陡升缓降	陡升缓降
5	6	6	10.1	16.2	3	4	陡升缓降	缓升陡降
平均	8	6.4	9.44	14.88	4.6	3.6		

由于西瓜和甜瓜生产者价格波动周期的不可重复性和非对称性，其波动周期的类型也不全相同。通过对各周期波动趋势的类型分类（表3）可知；西瓜在周期一和周期三表现为缓升陡降型，而在周期二、周期四和周期五表现为陡升缓降型；甜瓜在周期二、周期三和周期四表现为陡升缓降型；而在周期一和周期五表现缓升陡降型。

2.4　中国西瓜果生产者价格波动周期的结构特征

不同波动周期具有不同的结构特征（表3）。首先西瓜和甜瓜的波动程度不同，西瓜和甜瓜的波动周期有不同的结构特征，从周期一到周期四西瓜的变异系数要大于西瓜，而周期四和周期五西瓜的变异系数小于甜瓜。在2003年第1季度到2004年第4季度和2011年第3季度和2012年第4季度西瓜生产者价格波动相对剧烈；在2005年第1季度甜瓜生产者价格波动相对剧烈。总体来说，西瓜生产者价格的波动幅度逐渐变小，甜瓜的生产者价格波动幅度之间加大。

表3　西瓜甜瓜生产者价格变异系数

波动周期	周期一 2003.01— 2004.04	周期二 2005.01— 2007.01	周期三 2007.02— 2009.04	周期四 2010.01— 2011.02	周期五 2011.03— 2012.04
西瓜	0.256	0.029	−0.051	0.058	0.139
甜瓜	0.018	−0.173	−0.008	0.076	0.038

3　讨　论

本文研究结果显示：我国西瓜、甜瓜生产者价格波动周期具有不可重复性和非对称性，这与徐学高[2]、胡友和祁春节[11]等研究粮食和大宗水果的结论一致；近年来我国西瓜和甜瓜的生产者价格呈持续上涨趋势，价格波动幅度与频率较高，这与胡友、祁春节[11]和吕建兴、祁春节[6]以苹果、香蕉和橙子为例的中国大宗水果市场生产者价格长期趋势呈明显上涨趋势的研究结论一致。这也进一步验证了虽然西瓜、甜瓜的价格在波动周期长短、频率等方面有自己的特征，但其长期趋势与大宗水果市场价格长期趋势具有一致性。这给我们一个启示，关注西瓜和甜瓜市场价格波动趋势，不仅可以从西瓜和甜瓜自身的价格入手，也可以关注其他大宗水果及整个水果市场的价格波动情况，从而能更加准确的判断西瓜、甜瓜的市场价格波动及走向。

季节性变动的发生，不仅是由于气候的直接影响，而且社会制度及风俗习惯也会引起季节变动。如何准确定义移动假日效应变量，合理剔除移动假日效应对经济序列的影响，是我国季节调整研究中的热点和难点。目前 *X*12 和 SEATS 已经成为世界各国进行季节调整的标准方法。然而，这些方法和程序是欧美国家根据本国节假日特点设计的，不能直接用国外季节软件对我国时间序列进行季节调整可能对经济形势做出错误的判断[12]。虽然中国人民银行 PBC 版 X-12-ARIMA 季节调整软件和国家统计局版 NBS-SA 季节调整软件已开发，但软件没有对外公开，本文对我国西瓜和甜瓜价格的季节调整中没有考虑到节假日和贸易日影响。引入有节假日和贸易日因素的季节调整是进一步深入研究我国西瓜、甜瓜价格季节性波动的一个方向，以及我国西瓜、甜瓜价格波动与宏观经济指标之间的关系也有待于我们作进一步研究。

4　结论与建议

4.1　结论

通过对2003—2012年我国西瓜、甜瓜的季度生产者价格波动性分析，可以得出以下结论：①西瓜和甜瓜的生产者价格均表现出上升长期趋势，而且其长期趋势没有出现明显的拐点，整体较为平滑；②西瓜和甜瓜的生产者价格季节性波动特征明显，而且易受到外部因素的冲击；③2003 年到 2012 年，西瓜的生产者价格有 5 个波动周期，平均波动周期为 8 个季度；2003 年到 2010 年，甜瓜生产者价格有 5 个波动周期，平均波动周期为 6. 6 个季度；④这两类瓜果生产者价格的波动周期都具有不可重复性和非对称性；⑤西瓜生产者价格的波动幅度逐渐变小趋势，而甜瓜的生产者价格波动幅度之间加大趋势。

4. 2　建议

瓜果市场不同于粮食市场，其价格较早放开，由有市场来决定，现阶段几乎进入完全市场化阶段。瓜果价格的波动是一种正常的市场现象，故瓜果价格的调整应该充分优先利用市场的调节作用。区分引起瓜果价格大幅波动的因素，针对不同因素引起的价格波动，采取不同的措施。

在瓜果市场价格受到严重的不规则因素的影响时，比如受到恶劣的自然灾害等，政府可考虑给予瓜农一定的灾害损失补贴，同时需要积极发展和细化农业保险，探索涵盖西瓜生产和销售的风险保障机制，调动瓜农生产的积极性。但对于非严重的不规则因素的冲击时，不必过急采取措施，不规则因素的影响是随机的、暂时的，不会引起持久的影响，同时市场的自发调节也能抚平不规则因素所产生的突变。

应对瓜果生产者价格长期趋势的上升态势，需要发挥以科技创新在降低瓜果生产成本方面的优势。譬如瓜果产业属于劳动密集型产业，随着劳动力成本的上升，其在价格构成中的比重越来越大，因此发展省工机械技术，以机械部分替代劳动力，是未来的趋向；进一步提高育种技术，研发更多高产、优质、抗病的西甜瓜种子等，减小瓜农栽培种植的自然风险，保证市场供给。

为了平缓西甜瓜季节性因素对价格波动的显著影响，要科学合理安排西甜瓜生产。譬如进一步扩大西甜瓜的反季节栽培比例，大力提倡春提早和秋延后栽培，从而保证西甜瓜的周年供应，减缓西甜瓜价格波动的季节性波动，同时加强西甜瓜冷藏储运技术研发和应用，减缓区域间价格波动；积极进行消费引导，改变西甜瓜消费主要集中在夏秋季节的消费偏好。

参考文献

［1］　庄岩．中国农产品价格波动特征的实证分析［J］. 统计与信息论坛，2012（6）：59-65.

［2］　徐雪高．新一轮农产品价格波动周期：特征、机理及影响［J］财经研究，2008（8）：110-119.

［3］　金三林，张江雪．国际主要农产品价格波动的特点及影响因素［J］. 经济纵横，2012（3）：29-36.

［4］　李剑，宋长鸣，项朝阳．中国粮食价格波动特征研究_ 基于 X_ 省略__ ARIMA 模型和 ARCH 类模型_ 李剑［J］. 统计与信息论坛，2013（6）：16-21.

[5] 顾国达，方晨靓．中国农产品价格波动特征分析中国农村经济 [J]. 2010 (6): 67-75.

[6] 吕建兴，祁春节．中国水果生产者价格波动性研究——以苹果、香蕉和橙子为例 [J]. 林业经济问题，2012，6 (32): 528-534.

[7] Hodrick, Robert J., Edward C. Prescott. Postwar U. S. Business Cycles: An Empirical Investigation [J]. Carnegie Mellon University discussion paper no. 451, 1980.

[8] 高铁梅．计量经济分析与建模：Eviews 应用及实例 [M]. 第 2 版．北京：清华大学出版社，2009.

[9] 夏春．实际经济时间序列的计算、季节调整及相关季节含义 [J]. 经济研究，2002 (3): 36-43.

[10] 毛学峰，基于时间序列分解的生猪价格周期识别 [J]. 中国农村经济，2008 (12): 4-13.

[11] 胡友，祁春节．基于 H-P 滤波模型的农产品价格波动分析——以水果为例 [J]. 华中农业大学学报（社会科学版），2014 (4): 57-62.

[12] 陈雄强，张晓峒．我国居民消费的增长与波动——基于季节调整方法 [J]. 华东经济管理，2012，26 (10): 75-79.

专题四　中国西瓜甜瓜贸易

报告一　我国西瓜进出口贸易现状及发展趋势研究

杨　念　王蔚宇　胡秀花　吴敬学

我国是西瓜主产国，产量居世界首位，占世界西瓜总产量的60%以上，但出口规模较小，是西瓜净进口国。农业部信息中心数据显示，2016 年西瓜出口数量不足 3 万 t，进口 23. 8 万 t。与农业部信息中心统计口径一致，笔者以我国大陆地区所辖 31 个省（自治区、直辖市），不含港澳台地区为研究范围，以 2000—2016 年统计数据为基础，分析我国西瓜进出口贸易发展趋势，数据均来源于农业部信息中心，时间跨度为 17 年，为了消除价格因素的影响，所有价格数据均采用以 2000 年为基期的干鲜瓜果类居民消费价格指数进行平减，该指数根据国家统计局公布的干鲜瓜果类居民消费价格指数（上年=100）计算而来。由于 2016 年的国家数据尚未公开，该年度的指数是在 2015 年指数的基础上调整得到，调整幅度为 2000—2015 年的年均增长率。根据中国人民银行发布的 244 个交易日人民币兑美元汇率的中间价数据，计算 2016 年平均汇率，100 美元=664. 23 人民币元。文中主要进出口地区和国际市场的选取均根据 2000—2016 年累计进出口数量和累计进出口金额排序（图 1）。

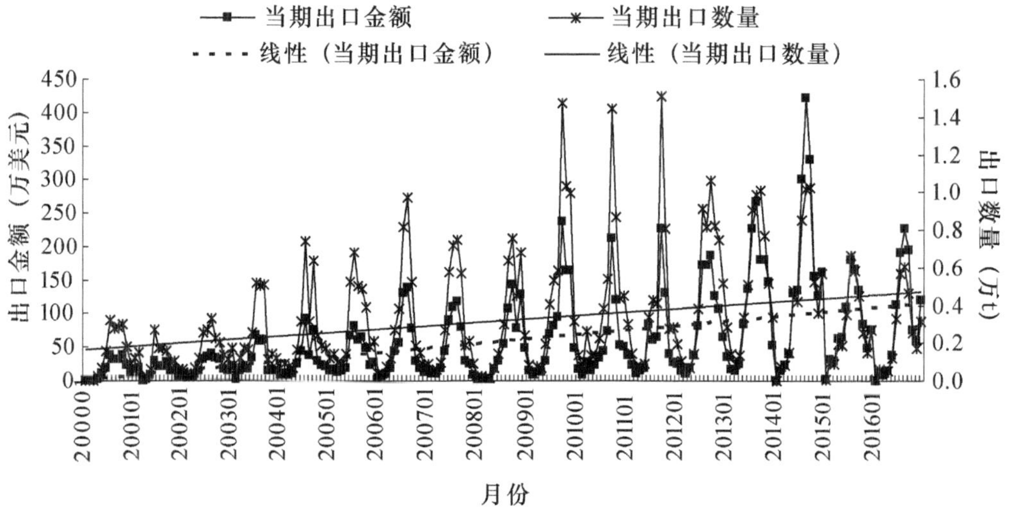

图 1　2000 年 1 月至 2016 年 12 月我国西瓜出口金额和数量（部分）

1　我国西瓜进出口规模

2000 年 1 月至 2016 年 12 月我国西瓜出口规模如图 1 所示，根据图中趋势线可以看出，此期间西瓜的出口金额和数量都呈上升趋势，年均增长率分别为 10.86% 和 3.60%，每月增长幅度分别为 4.04%和 3.49%。从总量上看，2013 年出口量最大，达到 6.01 万 t，近 3 年的出口量逐年下降，2016 年仅为 2.99 万 t，接近 2004 年的出口数量。金额曲线和数量曲线波动具有明显的季节特征，1—3 月为出口的淡季，7—9 月为旺季，与国内春夏茬、早中熟为主的种植模式相符，2006、2008 和 2011 年季节波动明显，离散系数均大于 1，2001 年和 2002 年月出口量相对平稳，离散系数为 0.65。

我国西瓜进口规模要大于同期出口规模，如图 2 所示，根据图中趋势线可以看出，进口金额和数量都呈上升趋势，但进口金额的增速要慢于进口数量，年均增长率分别为 18.26%和 25.36%，每月增长幅度均为 2%。从总量上看，2000 年进口数量仅为 0.55 万 t，此后波动幅度增长，2012 年进口量达到最大，为 42.01 万 t，近 3 年的进口量逐年下降。金额曲线和数量曲线波动具有明显的季节特征，但与出口的波动趋势相反，1—4 月为旺季，6—10 月为淡季，2001 年季节波动明显，离散系数均为 2.19，2012 年月进口量相对平稳，离散系数为 1.18。

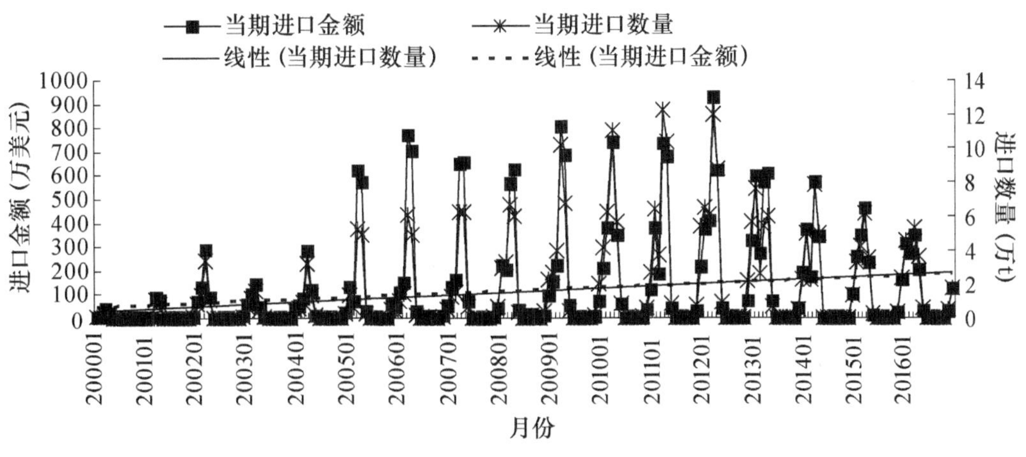

图 2　2000 年 1 月至 2016 年 12 月我国西瓜进口金额和数量（部分）

2　我国主要西瓜进出口地区

我国出口西瓜的主要地区为广东、广西、内蒙古、山东、云南和黑龙江。如图 3 所示，前 3 个省份出口量分别占全国出口总量的 72.7%、13.59%和 4.65%，集中度较高。近几年，广西省出口西瓜数量明显减少，2016 年不足 500 t，排在全国第 9 位，自 2013 年 12 月起，云南省出口西瓜数量激增，2016 年出口 8 331 t，占全国出口总量的 27.9%，仅次于广东省的 41.2%，排在第 2 位。如图 4 所示，从出口金额上看，主要地区为广东、云南、广西、山东、福建和黑龙江，可见，云南西瓜的出口价格较高。

我国主要进口西瓜的地区为北京、云南、广西、山东、广东和河南，如图 5 所示，前 3 个省份进口量分别占全国进口总量的 31.04%、28.02%和 13.24%。近几年，云南和广西西瓜的进口数量明显减少，2016 年分别占全国进口总量的 5.25%和 3.75%，山东和广东的进口数量明显增加，2016 年分别占全国进口总量的 15.70%和 12.61%，仅

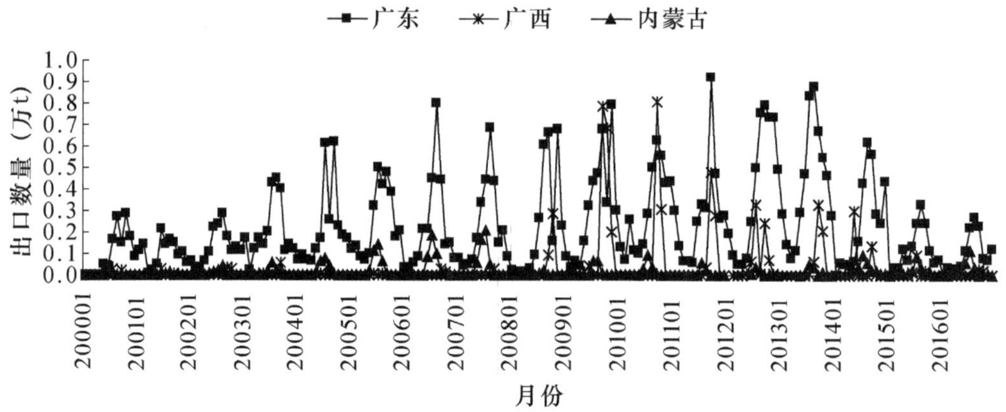

图3　2000年1月至2016年12月我国主要西瓜出口地区的出口数量（部分）

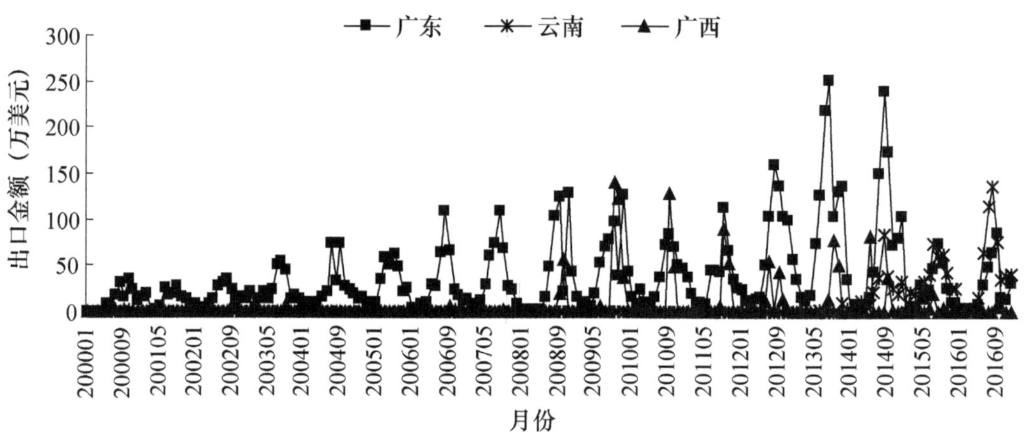

图4　2000年1月至2016年12月我国主要西瓜出口地区的西瓜出口金额（部分）

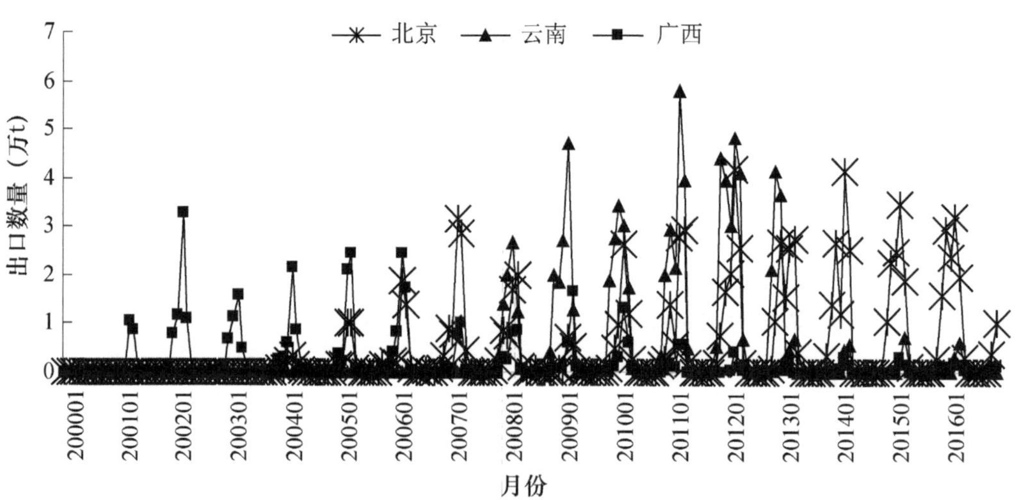

图5　2000年1月至2016年12月我国主要西瓜进口地区西瓜进口数量（部分）

次于北京的59.80%，排在第2位和第3位。如图6所示，从进口金额上看，主要地区为北京、天津、河北、山西、内蒙古和辽宁，可见，天津和河北进口西瓜的价格较高。

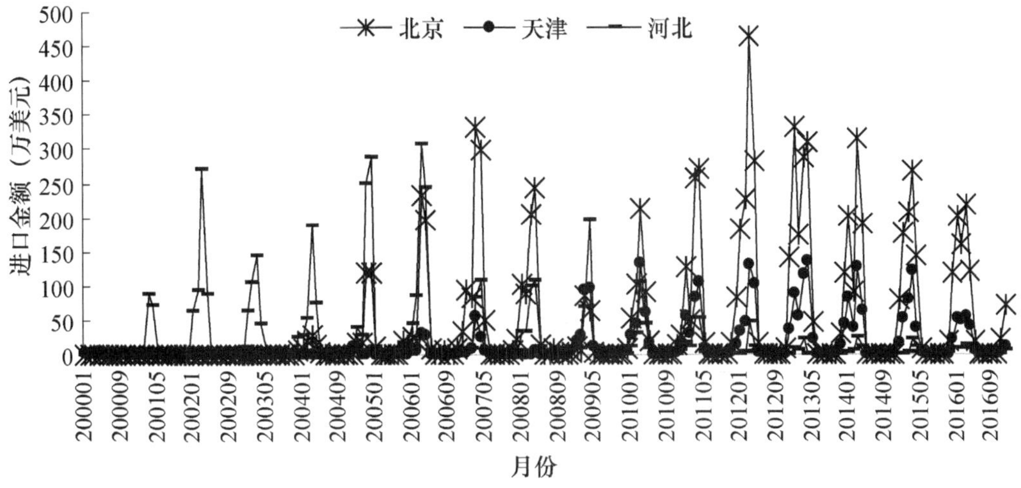

图6 2000年1月至2016年12月我国主要西瓜进口地区西瓜进口金额（部分）

3 我国主要西瓜进出口市场

如图7、图8所示，我国西瓜主要出口至中国香港、中国澳门；越南、蒙古国和俄罗斯，2000—2016年分别占我国出口总量的69.54%、10.29%；10.66%、4.65%和3.95%。其中出口到越南的西瓜数量在逐年减少，2016年只占出口总量的1.66%。如图8所示，从金额上看，主要出口国家越南、俄罗斯和蒙古国；主要出口地区为中国香港、中国澳门；出口至俄罗斯的西瓜价格相对较高。

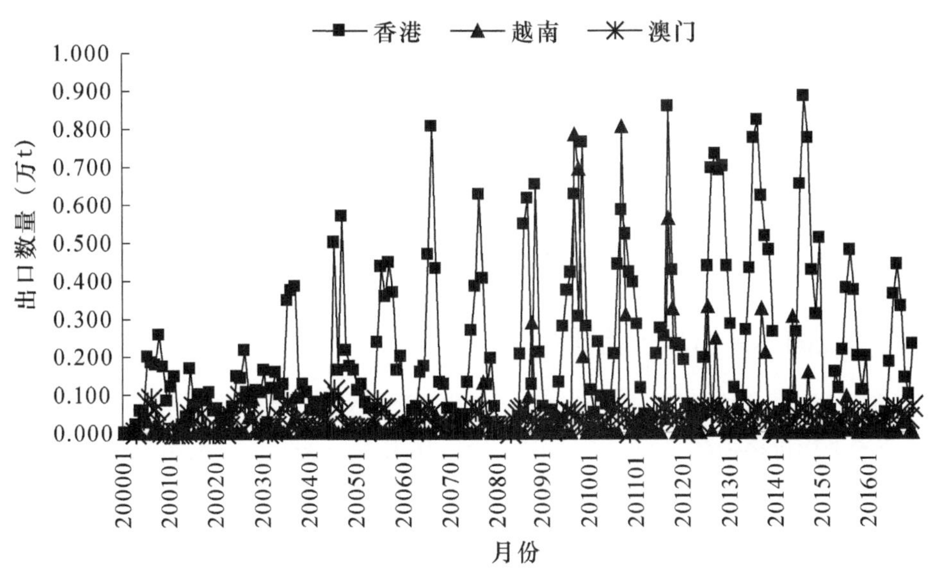

图7 2000年1月至2016年12月我国主要西瓜出口市场的出口数量（部分）

我国进口西瓜主要源自越南和缅甸（图 9），从马来西亚、老挝、泰国和中国台湾有少量进口，从越南和缅甸 2 个国家 2000—2016 年进口的西瓜数量分别占我国西瓜进口总量的 71.5%、27.9%，占进口金额的 89.05%和 9.32%。

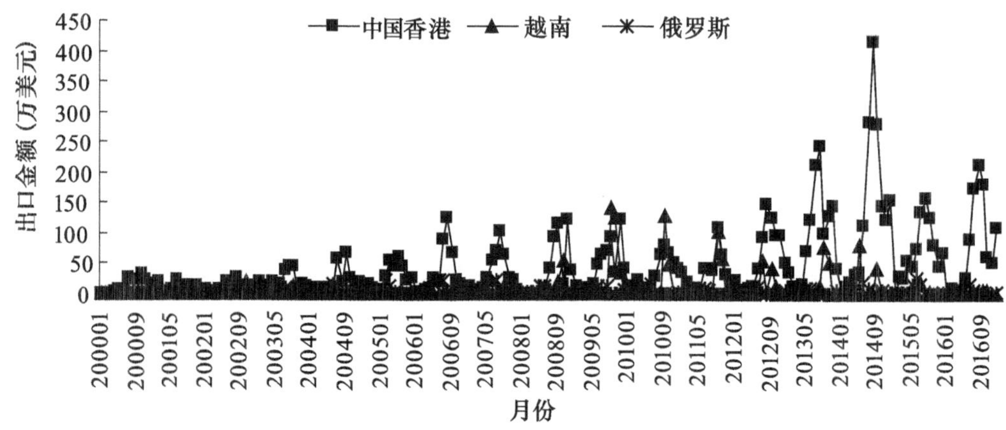

图 8　2000 年 1 月至 2016 年 12 月我国主要西瓜出口市场的出口金额（部分）

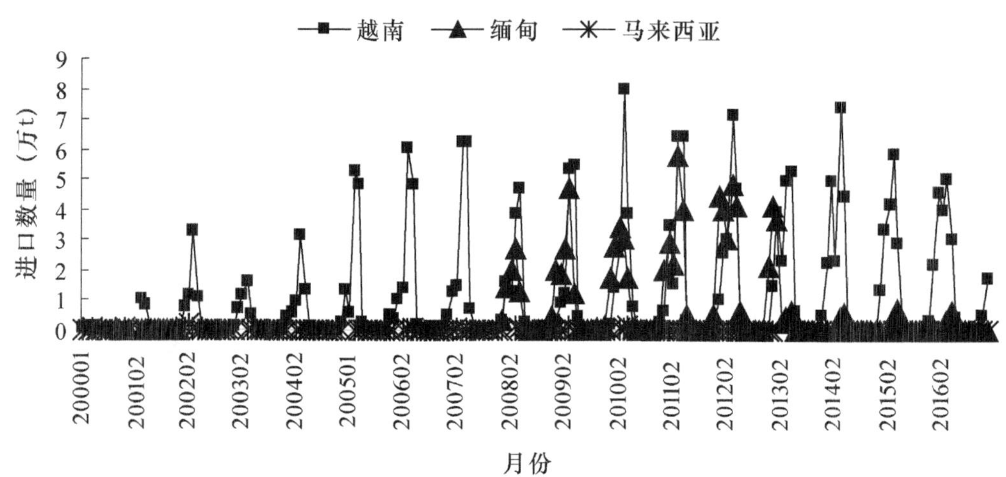

图 9　2000 年 1 月至 2016 年 12 月我国主要西瓜进口市场的进口数量（部分）

4　我国西瓜国内外市场价格比较

如图 11 所示，我国西瓜国内市场价格和进口价格呈下降趋势，出口价格逐年上涨。其中，全国平均价格最高 5.56 元 · kg^{-1}，最低 0.46 元 · kg^{-1}，分别出现在 2000 年 1 月和 2000 年 7 月；出口价格最高 2.82 元 · kg^{-1}，最低 0.64 元 · kg^{-1}，分别出现在 2016 年 9 月和 2011 年 12 月；进口价格最高 2.97 元 · kg^{-1}，最低 0.14 元 · kg^{-1}，分别出现在 2016 年 6 月和 2011 年 8—10 月。出口价格相对平稳，进口价格波动最为强烈，全国平均价格变化居中，离散系数分别为 0.33、1.14 和 0.52。

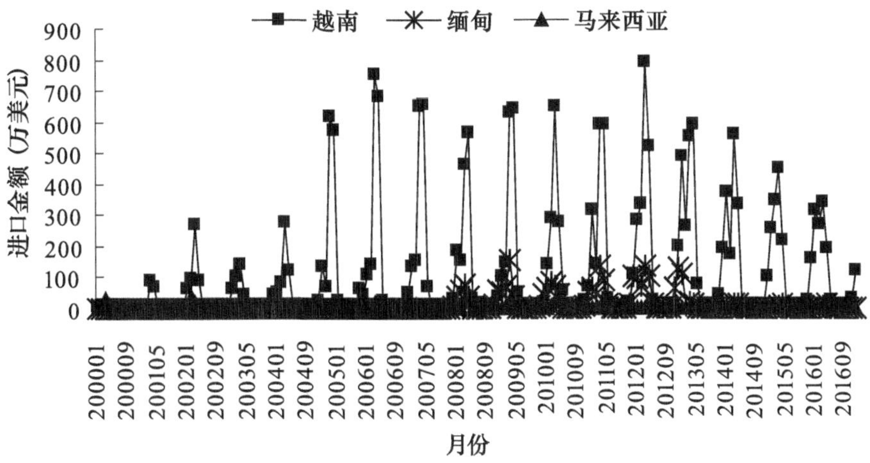

图 10　2000 年 1 月至 2016 年 12 月我国主要西瓜进口市场的进口金额（部分）

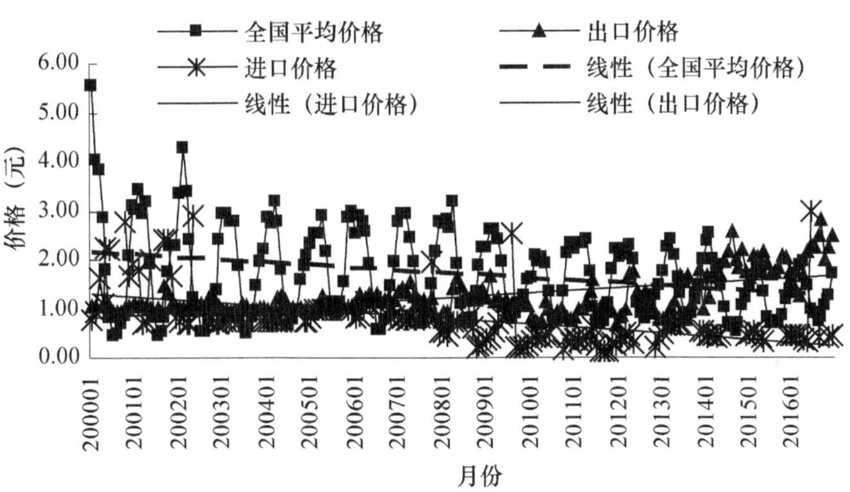

图 11　2000 年 1 月至 2016 年 12 月我国西瓜国内外市场价格（部分）

5　结　论

通过对 2000 年 1 月至 2016 年 12 月我国西瓜国际贸易和国内销售月度数据收集、整理和分析，得出以下结论。

（1）我国西瓜出口规模和进口规模都呈波动增长模式，其中出口量增速慢于出口金额，进口量增速快于进口金额。我国西瓜以春夏茬和早中熟为主，因此 5 月底至 8 月上市数量大，此时也是出口旺季，而西瓜进口旺季是国内生产淡季，以弥补国内生产的不足，满足消费需求。

（2）我国出口西瓜以广东、广西和内蒙古为主，进口西瓜以北京、云南和广西为主，云南出口西瓜价格较高，天津和河北进口西瓜价格较高。主要出口至中国香港、中国澳门地区，越南；出口至俄罗斯的价格较高；进口主要源自越南和缅甸，价格偏低。

（3）我国西瓜国内市场价格和进口价格呈下降趋势，出口价格逐年上涨。农产品生产容易受到自然条件影响，价格会在一定范围内波动。此外，由于茬口、播种方式、栽培方式和品种的不同，上市时间有差别，人均供给量波动较大，需求量则相对稳定，供求关系也会影响价格。近几年出现异常天气，导致国内西瓜价格走低。目前我国西瓜市场行情为出口价格最高，国内市场价格居中，进口价格最低。

参考文献

[1] 张琳，杨艳涛，文长存，等．中国西瓜市场分析与展望［J］．农业展望，2015（6）：21-24.

[2] 尤春，孙兴祥．江苏省西瓜甜瓜产业现状与发展建议［J］．中国瓜菜，2017，30（7）：35-37.

[3] 张敬敬，武彦荣，高秀瑞，等．河北省西瓜甜瓜产业现状及发展趋势［J］．中国瓜菜，2016，29（12）：55-57.

报告二　中国甜瓜出口增长因素分析——基于恒定市场份额模型

杨　念　王蔚宇　王志丹　吴敬学

1　引　言

联合国粮农组织数据库统计资料显示，从19世纪80年代起，中国甜瓜的产量在世界一直处于领先水平，特别是自2001年以来，在世界总产量中所占的比重维持在50%左右。我国甜瓜的出口率在逐年增加，但与产量相比，出口规模相对较小，2011年仅为0.42%。随着生活水平的提高，人们对膳食要求营养均衡、结构合理，水果消费比重日益增加。甜瓜味道甘甜，含水量大，富含维生素，中国、土耳其、美国、伊朗、西班牙、埃及、印度等国普遍栽培，但以中国产量最高，因此中国甜瓜出口面临着巨大的发展空间。

2　中国甜瓜出口贸易现状

2.1　出口规模

根据联合国粮农组织数据库统计数据计算，1992年我国出口甜瓜7 871 t，占当年世界甜瓜出口总量的1.08%，排名第15位；2011年增长到53 973 t，占当年世界甜瓜出口总量的2.61%，排名第9位。在此期间，出口量年均增长率为22.83%（由于1993和1994年没有出口量，出口增长率的报告期为2006—2011年，出口额增长率同理），其中有6年的出口量较上一年减少，1999减幅达到了42.37%。增幅比较大的是2002年（155.92%）和2003年（99.92%）。

2.2　出口价格和金额

2.2.1　出口价格

1992—2011年（其中1993年、1994年、2002年、2003年、2004年没有进口量，无法统计价格），中国甜瓜的出口价格一直很低，最高价格出现在1995年，达到658.14美元/t，自此3年（1995—1997年）均高于世界平均出口价格。由于我国甜瓜出口的目标市场以亚洲为主，因此受东南亚金融危机影响，1998年出口价格迅速滑落，由1997年550.21美元/t降到151.92美元/t，每吨比世界平均价格低282.58美元，并于1999年出现了近20年来的最低价位150.50美元/t。此后逐年上升，在2007年受经济危机影响，出现了小幅度的波动，2011年达到了667.43美元/t，并再次高于世界平均出口价格。

2.2.2 出口金额

1992 年我国甜瓜出口额 412.3 万美元，占当年世界甜瓜出口总额的 0.88%，排名第 14 位；2011 年增长到 3 602.3万美元，占当年世界甜瓜出口总额的 2.63%，排名第 11 位。在此期间，出口额年均增长率为 28.83%，其中有 5 年的出口量较上一年减少，1998 年减幅达到了 72.21%。增幅比较大的是 2002 年（164%）和 2005 年（92.46%）。

3 中国甜瓜出口市场规模变化

3.1 模型构建及数据选取

恒定市场份额模型把一国对外贸易的增长分解为规模效应、商品结构效应、市场分布效应和未被解释的竞争力效应，研究的对象是一组产品和一组市场的贸易情况[1]。由于本文研究的是甜瓜一种产品的出口，对产品结构效应不作考虑，因此单一产品的 CMS 模型公式可以变型为如下公式。

$$V^2 - V^1 = rV^1 + \sum_{j=1}^{n}(r_j - r)V_j^1 + \sum_{j=1}^{n}(V_j^2 - V_j^1 - r_jV_j^1)$$

其中，V^1 和 V^2 分别表示第 1、2 期我国对 j 国家（地区）甜瓜出口的额度；r 表示世界甜瓜的出口增长率，r_j 表示我国对 j 国家（地区）甜瓜出口的增长率。所以，第 1、2 期我国甜瓜出口变化可以解析为 3 个部分[2]。

第一部分是 rV^1，即市场规模效应，以我国甜瓜出口额在世界贸易中所占市场份额恒定为假定条件，因为世界贸易规模的变化而导致我国甜瓜出口贸易的变化。当 $r>0$ 时，市场规模效应为正；$r<0$ 时，市场规模效应为负。

第二部分是 $\sum_{j=1}^{n}(r_j - r)V_j^1$，即市场分布效应，表示我国甜瓜在各个出口市场上出口贸易规模的相对变化而引起的甜瓜总出口量的变化，若 $r_j>r$，分布效应为正，$r_j<r$，分布效应为负。

第三部分是 $\sum_{j=1}^{n}(V_j^2 - V_j^1 - r_jV_j^1)$，称为竞争力效应，它是剩余的出口竞争力残差效应，衡量我国甜瓜出口竞争力的情况。

本文选取了中国甜瓜出口的 12 个主要市场。主要国家为越南、马来西亚、俄罗斯、泰国、印度尼西亚、菲律宾、新加坡、日本、加拿大；主要地区为中国香港、中国澳门；其他国家和地区，将 1992—2011 年平均分为 4 期，每期时间跨度为 5 年，为降低个别年份出口额波动对分析结果产生影响，每期出口额均采用 5 年的均值。

3.2 测算结果分析

经计算，1992—2011 年中国甜瓜市场规模效应、市场分布效应和出口竞争力效应见表 1。

表 1　1992—2011 年中国甜瓜出口额恒定市场份额模型测算结果

项目	1~2 期		2~3 期		3~4 期	
效应	贡献金额（万美元）	贡献率（%）	贡献金额（万美元）	贡献率（%）	贡献金额（万美元）	贡献率（%）
总效应	-57.70	-100.00	394.40	100.00	1 466.80	100.00
市场规模效应	54.50	94.45	70.70	17.93	250.10	17.05
市场分布效应	31.60	54.77	146.20	37.07	1 217.70	83.02
出口竞争效应	-143.80	-249.22	177.50	45.01	-1.00	0.07

资料来源：根据联合国粮农组织数据库（FAOSTAT）数据计算整理

3.2.1　第 1~2 期

相对第 1 期，第 2 期中国甜瓜出口额减少了 57.70 万美元，减少的额度可以分解为以下 3 部分。

第一，市场规模效应，54.50 万美元，贡献比例 94.45%。与第 1 期相比，世界甜瓜贸易规模扩大 18.82%，而中国出口量减少 20.94%，比原有份额减少了 0.13%，因此，世界甜瓜贸易规模的扩大对中国甜瓜的出口起到了正向作用。

第二，市场分布效应，31.60 万美元，贡献比例 54.77%。与第 1 期相比，中国主要的甜瓜出口市场中，中国香港、印度尼西亚和其他国家地区的进口增长率为负值，但绝对值小于世界进口增长率，市场分布效应为正。

第三，竞争力残差-143.80 万美元，贡献比例-249.22%，对中国甜瓜出口的增长起抑制作用。

总结各因素对中国甜瓜出口规模的影响程度可知，第 2 期中国甜瓜出口量的减少，主要是由于中国甜瓜竞争力的下降产生的抑制作用。

3.2.2　第 2~3 期

相对第 2 期，第 3 期中国甜瓜出口额增加了 394.40 万美元，增加的额度可以分解为以下 3 部分。

第一，市场规模影响效应，70.70 万美元，贡献比例 17.93%。与第 2 期相比，世界甜瓜贸易规模扩大 31.14%，中国甜瓜出口量增加 181.08%，比原有份额增加 0.29%，因此，世界甜瓜贸易规模的扩大对中国甜瓜的出口起到了正向作用。

第二，市场分布效应，146.20 万美元，贡献比例 37.07%。与第 2 期相比，中国主要的甜瓜出口市场中，新加坡、日本、其他国家地区的进口增长率为负值，日本、其他国家地区的绝对值很小，新加坡为-13.23%，但由于出口额较小，因此负效应并不显著。马来西亚、中国香港、俄罗斯、泰国、中国澳门、印度尼西亚、菲律宾的进口增长率均为正值且大幅高于世界进口增长率，正向相应显著。因此市场分布效应为正。

第三，竞争力残差 177.50 万美元，贡献比例 45.01%，对出口的增长起到了正向作用。

总结各因素对中国甜瓜出口规模的影响程度可知，第 3 期中国甜瓜出口增加，受到世界甜瓜贸易规模的扩大、中国甜瓜出口市场的优化调整和贸易竞争力提升的综合影响。

3.2.3 第3~4期

相对第3期，第4期中国甜瓜出口额增加了1466.80万美元，增加的额度可以分解为以下3部分。

第一，市场规模影响效应，250.10万美元，贡献比例17.05%。与第3期相比，世界甜瓜贸易规模扩大41.28%，中国甜瓜出口量增加239.59%，比原有份额增加0.78%，因此，世界贸易规模的扩大促进了中国甜瓜的出口。

第二，市场分布效应，1 217.70万美元，贡献比例83.02%。与第3期相比，中国主要的甜瓜出口市场中，越南、俄罗斯、新加坡、日本、加拿大；中国澳门的进口增长率为负值，除俄罗斯（-2.62%）和中国澳门地区（-16%）以外，其他国家的绝对均低于世界进口增长率，但由于中国对俄罗斯和中国澳门地区的出口额较小，负效应并不显著。因此市场分布效应为正。

第三，竞争力残差1万美元，数额较小，对中国甜瓜出口的增长没有起到促进作用。

总结各因素对中国甜瓜出口规模的影响程度可知，第4期中国甜瓜出口增加，主要来源于世界甜瓜出口规模的扩大和中国甜瓜出口市场的调整，虽然2007年受经济危机的影响，但由于中国甜瓜出口的目标国主要位于亚洲，因此出口竞争力未出现明显波动。

4 小　结

1992—2011年间，中国甜瓜出口额由412.3万美元增长到3 602.3万美元，在世界甜瓜出口贸易中所占份额由0.88%增加到2.63%。根据前文的分析结果，出口规模的增长源于市场规模效应和市场分布效应的推动。

由于对甜瓜需求量的增加，甜瓜国际贸易的规模日益发展，因此也促进了中国甜瓜出口的增长，但市场规模效应的贡献呈下降趋势，1~2期为94%，2~3期下降到18%，3~4期下降到17%，说明中国甜瓜出口对世界市场的依赖程度在减弱。

市场分布效应对中国甜瓜的出口增长贡献呈先降后升趋势，1~2期为55%，2~3期下降到37%，3~4期增加到83%，说明近几年中国甜瓜出口市场结构在不断优化，以前中国甜瓜出口过度集中在亚洲国家，1992年出口国家和地区只有7个，其中99.52%出口至中国香港；2011年出口国增加到12个，4.27%出口至俄罗斯，其余95%以上出口至亚洲，其中马来西亚37.01%，越南30.28%，中国香港16.62%，与1992年相比，在亚洲市场的出口集中程度有所下降，但在国际市场上仍有较大的发展空间。因此，中国应在稳步发展现有市场的基础上，积极拓展出口市场的多元化，继续扩大甜瓜出口规模，同时可以避免或弱化贸易伙伴经济波动带来的影响。

在中国甜瓜出口增长推动中，出口竞争效应的出口贡献率远低于市场规模效应和市场分布效应，可见促进中国甜瓜出口的发展还需提高出口市场竞争力。可以通过完善检验检测体系、溯源体系、质量监督体系，提高甜瓜质量；通过提高采摘后加工技术，加快品牌建设，增加甜瓜附加值；加强物流体系建设，提高甜瓜流通效率[3]。

参考文献

[1] 张兵，刘丹．美国农产品出口贸易的影响因素分析——基于恒定市场份额模型测算［J］．国际贸易问题，2012（6）：49-60.

[2] 刘艺卓，田志宏．基于恒定市场份额模型的中国林产品出口分析［J］．林业经济问题，2007（5）：443-449.

[3] 王志丹，赵姜，毛世平，等．中国甜瓜产业区域优势布局研究［J］．中国农业资源与区划，2014，35（1）：128-133.

报告三　中美西瓜甜瓜产业发展比较分析

孙玉竹　杨　念　吴敬学

西瓜甜瓜是世界主要水果之一，属于高效园艺类作物范畴。尤其在亚洲地区，西瓜甜瓜作为重要的农作物，是许多国家发展现代农业的支柱产业之一。中国作为世界最大的西瓜甜瓜生产国和消费国，2014 年西瓜甜瓜产量分别占世界总产量的 67.61%、50.04%；美国也是世界主要西瓜甜瓜生产国，2014 年西瓜甜瓜产量为别为世界第 8 位、第 7 位（FAO）。笔者从总产量、种植面积、单产、人均占有量、贸易情况等角度，对比中美两国西瓜甜瓜产业发展情况，以期探索两国西瓜甜瓜产业发展特点，为我国西瓜甜瓜产业发展提供经验借鉴[1]。

1　世界西瓜甜瓜生产水平

1.1　世界整体西瓜甜瓜产业发展情况

1.1.1　西瓜甜瓜播种面积趋于稳定，西瓜总产量涨幅明显

从世界整体水平来看，西瓜播种面积保持稳定，总产量呈明显增长态势；相对于西瓜而言，甜瓜播种面积和总产量增长速度缓慢，波动较小。

将世界西瓜生产水平分为 3 个阶段，第一阶段为 1961—1994 年。无论是播种面积还是总产量，西瓜均保持平稳增长趋势，涨幅分别为 12.73%、114.54%，年均增长率分别为 0.39%、3.47%，1994 年世界西瓜播种面积为 232.6 万 hm^2，总产量为 0.42 亿 t。该阶段西瓜播种面积无明显增长趋势，总产量增加主要依靠单产水平提高。

第二阶段为 1995—2005 年。西瓜播种面积与总产量均有大幅提升，年均增长率为 4.12%、11.99%，2005 年世界西瓜播种面积为 328.5 万 hm^2，总产量为 0.91 亿 t。该阶段播种面积与产量年均增长速度最快，受播种面积和单产增加的双重作用，世界西瓜总产量呈持续上升趋势。

第三阶段为 2005—2014 年。2005 年之后播种面积与产量逐渐平稳，增长速度变缓，年均增长率分别为 0.65%、2.40%，2014 年世界西瓜播种面积为 347.7 万 hm^2，总产量为 1.11 亿 t。西瓜生产增长速度再次放缓，播种面积趋向稳定，总产量增加主要依靠单产水平提高。

世界甜瓜产业 1961—2014 年以来整体呈现平稳增长趋势，播种面积和总产量涨幅分别为 87.89%、323.66%，年均增长速度为 1.63%、5.99%。从图 1 中可以看出，甜瓜播种面积和总产量增长趋势基本一致，即总产量随播种面积增加而增加，说明世界甜瓜单产变化幅度较小，总产量受甜瓜播种面积的影响较大。

1.1.2　世界西瓜单产增长较快，甜瓜单产增长相对较慢

西瓜甜瓜世界单产水平发展同样分 3 个阶段，如图 2 所示。

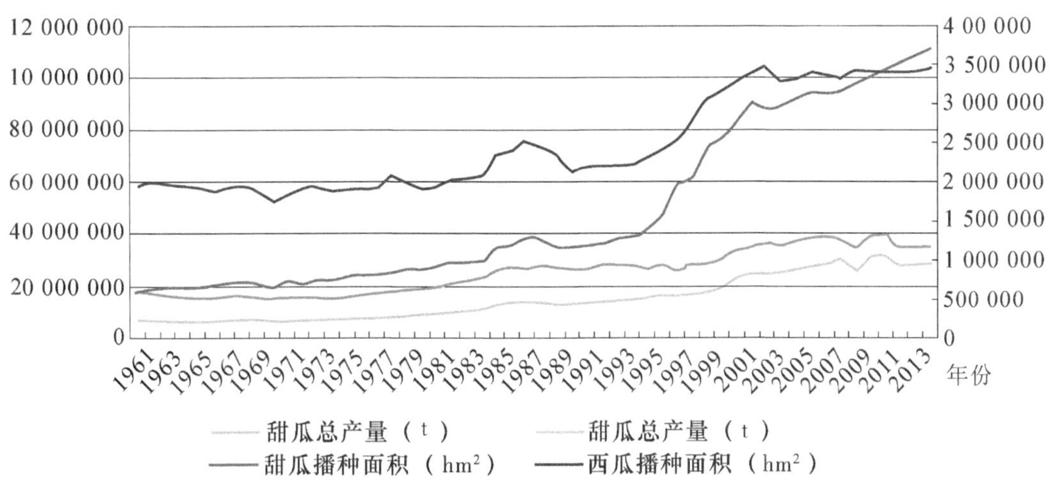

图1　1961—2014年世界西瓜甜瓜播种面积与总产量趋势图

第一阶段为1961—1995年。西瓜单产年均增长率为2.81%，甜瓜单产年均增长率为1.64%。1961年西瓜甜瓜每hm^2产量分别为9.13 t、11.15 t，甜瓜单产水平高于西瓜。1989年西瓜甜瓜每hm^2产量分别为14.96 t、14.71 t，世界西瓜单产首次高于甜瓜，此后西瓜单产保持快速增长。

第二阶段为1995—2005年。西瓜单产年均增长率为5.57%，甜瓜单产年均增长率为2.36%，2005年西瓜甜瓜每hm^2产量分别为27.79 t、21.45 t。该时期西瓜单产增长速度明显高于甜瓜，二者单产均呈现大幅增长，相比之下，甜瓜单产增长速度较慢。

第三阶段为2005—2014年。西瓜单产年均增长率为1.65%，甜瓜单产年均增长率为1.91%。2014年西瓜甜瓜每公顷产量分别为31.92 t、25.13 t，这一阶段西瓜甜瓜单产增速放缓，但仍呈不断增长趋势。

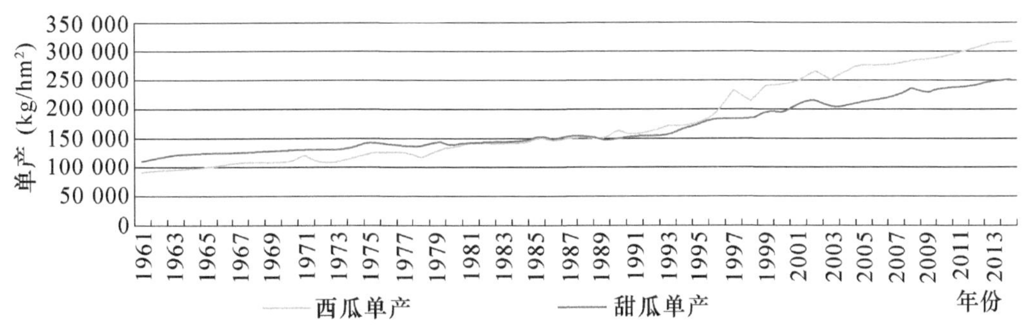

图2　1961—2014年世界西瓜甜瓜单产趋势图

1.2　五大洲西瓜甜瓜产业发展概况

1.2.1　亚洲是世界西瓜甜瓜主产区，具有绝对优势

亚洲西瓜甜瓜播种面积和产量在世界占比最大，2014年世界西瓜甜瓜总产量分别为1.11亿t与0.296亿t，播种面积为347.7万hm^2与117.9万hm^2。亚洲是西瓜甜瓜

的主产地，美洲、欧洲、非洲播种面积和产量在世界占比相差不多，大洋洲不到世界总水平的 0.5%（见图 3~图 6）。因亚洲（尤其中国）劳动力资源、自然资源优势以及独特的消费习惯和大量的市场需求，亚洲西瓜甜瓜播种面积与产量远超过其他洲，占世界比重最大，具有绝对优势。2014 年亚洲西瓜甜瓜播种面积占世界比重分别为 76.54%、70.91%；亚洲西瓜甜瓜产量占世界比重分别为 83.96%、73.91%。

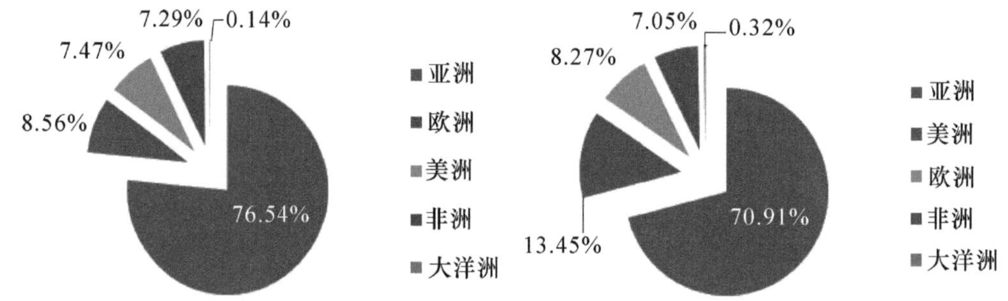

图 3　2014 年五大洲西瓜播种面积分布　　图 4　2014 年五大洲甜瓜播种面积分布

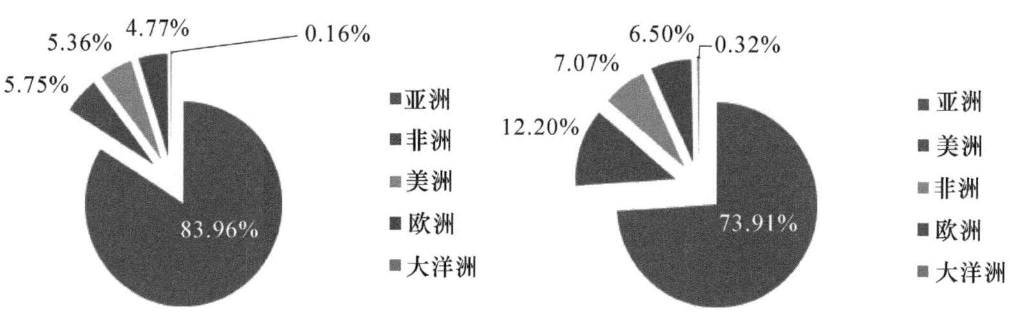

图 5　2014 年五大洲西瓜产量分布　　图 6　2014 年五大洲甜瓜产量分布

1.2.2　西瓜单产大洋洲最高，甜瓜单产亚洲最高

西瓜甜瓜单产水平方面，虽然大洋洲西瓜甜瓜播种面积与产量占世界比重低，但单产居世界前列，如图 7 所示，2014 年大洋洲西瓜甜瓜单产分别为 367.69 $t \cdot hm^{-2}$、256.68 $t \cdot hm^{-2}$，分别居五大洲单产第一和第二；亚洲西瓜甜瓜单产均高于世界平均水平，西瓜略高于甜瓜，分别为 350.17 $t \cdot hm^{-2}$、261.97 $t \cdot hm^{-2}$，分别居五大洲单产第二和第一；在非洲、美洲，西瓜与甜瓜单产几乎持平，均低于世界平均水平；欧洲西瓜甜瓜单产最有特点，即甜瓜单产大于西瓜。

1.3　世界西瓜甜瓜产业发展前十名国家

在世界 117 个生产西瓜和 96 个生产甜瓜的国家中，产量排名前十的国家，西瓜甜瓜分别占世界总产量的 84.71%与 80.76%，生产集中度较高。产量居世界第一的中国，2014 年西瓜甜瓜产量分别为 0.75 亿 t、0.15 亿 t，占世界的 67.61%、50.04%。如图 8~图 9 所示，其他 9 个国家产量差别较小，其中亚洲国家占 4 个，非洲、美洲各有 2 个国家，欧洲有 1 个国家，美国西瓜甜瓜产量分别位居世界第 8 位与第 7 位。

400 000
350 000
300 000
250 000
200 000
150 000
100 000
50 000
0
单产（t·hm⁻²）
西瓜
甜瓜
大洋洲
亚洲
世界
非洲
美洲
欧洲

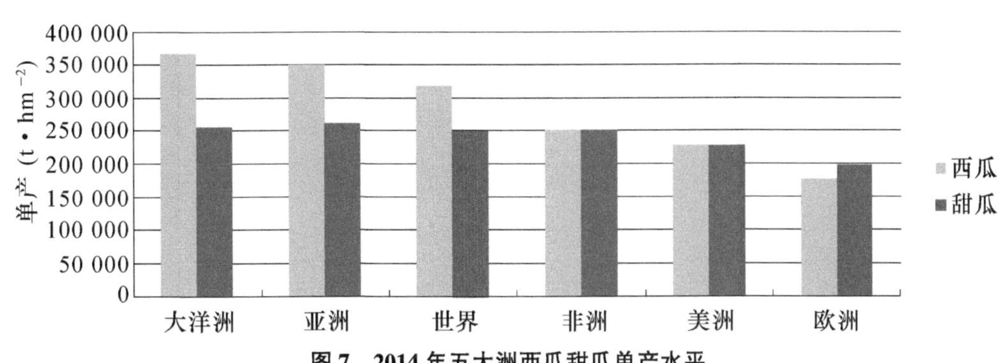

图 7　2014 年五大洲西瓜甜瓜单产水平

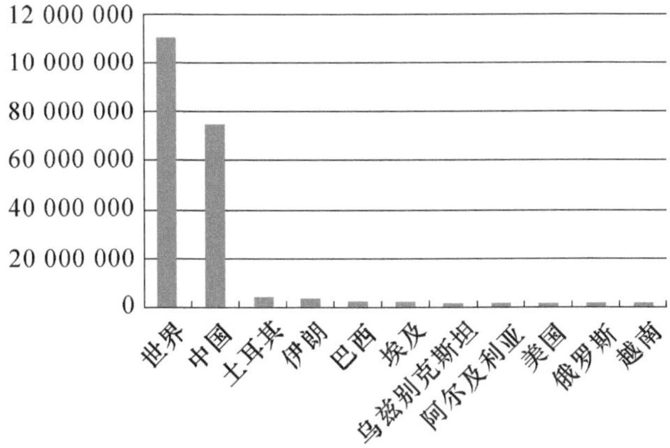

12 000 000
10 000 000
80 000 000
60 000 000
40 000 000
20 000 000
0
世界
中国
土耳其
伊朗
巴西
埃及
乌兹别克斯坦
阿尔及利亚
美国
俄罗斯
越南

图 8　2014 年世界西瓜产量前十名

35 000 000
30 000 000
25 000 000
20 000 000
15 000 000
10 000 000
500 0000
0
世界
中国
土耳其
伊朗
埃及
印度
哈萨克斯坦
美国
西班牙
摩洛哥
危地马拉

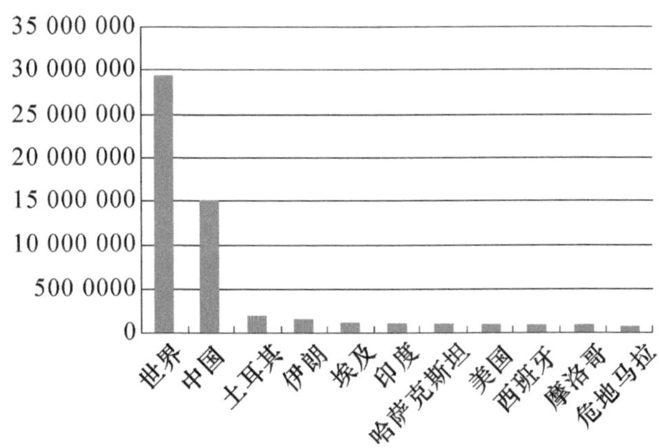

图 9　2014 年世界甜瓜产量前十名

2　中美西瓜甜瓜产业发展比较

2.1　美国西瓜甜瓜播种面积不断下降，中国播种面积增长速度变缓

1961—2014 年来美国西瓜甜瓜播种面积呈下降趋势，且波动幅度平缓。2014 年美

国西瓜播种面积 4.51 万 hm^2，为 1961 年的 36.20%；甜瓜播种面积 2.94 万 hm^2，为 1961 年的 55.91%。

中国西瓜甜瓜播种面积趋势呈阶段性变化，如图 10 所示。

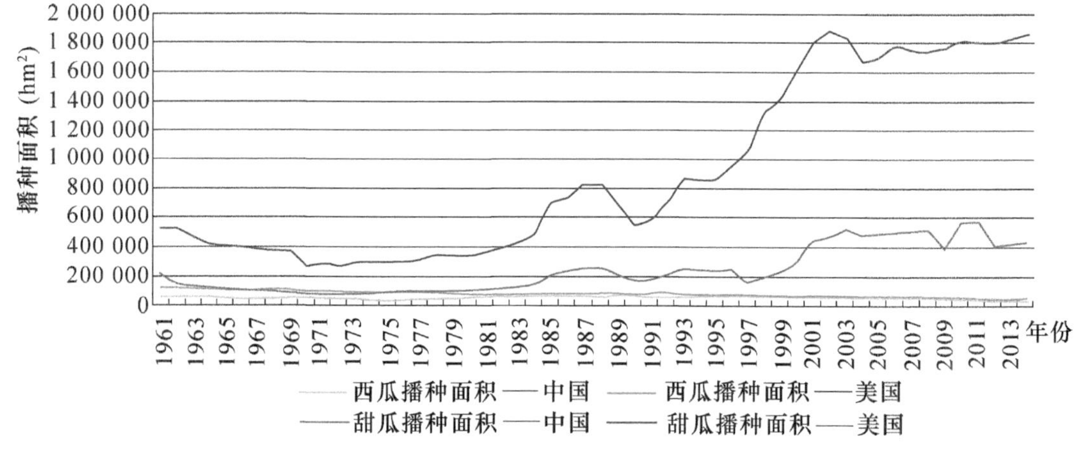

图 10　1961—2014 年中美西瓜甜瓜播种面积走势图

第一阶段 1961—1990 年：西瓜与甜瓜播种面积变化平缓，年均增长速度分别仅为 0.15%、-0.68%，1990 年中国西瓜甜瓜播种面积分别为 55.50 万 hm^2、16.60 万 hm^2。中国西瓜甜瓜播种面积有增有减，但波动幅度不大。

第二阶段 1990—2003 年：这一阶段中国西瓜甜瓜播种面积大幅增长，年均增长速度高达 17.76%、16.30%，2003 年中国西瓜甜瓜播种面积分别为 183.63 万 hm^2、51.77 万 hm^2。中国西瓜甜瓜产业在这一阶段飞速发展。

第三阶段 2003—2014 年：中国西瓜与甜瓜播种面积平稳波动，年均增长速度分别仅为 0.05%、-1.38%，2014 年中国西瓜甜瓜播种面积分别为 185.23 万 hm^2、43.89 万 hm^2。西瓜甜瓜播种面积逐渐平稳，甜瓜出现小幅下降，总产量的增加不再依靠播种面积的增长，仅依靠单产水平的提高。

2.2　中美两国单产均呈不断上升趋势

中美两国西瓜甜瓜单产波动走势相似，如图 11 所示。

第一阶段 1961—1990 年：中美两国西瓜甜瓜单产增长幅度都比较慢。中国西瓜、甜瓜年均增长幅度分别为 1.85%、2.01%，到 1990 年单产分别为 19.3 $t \cdot hm^{-2}$、17.5 $t \cdot hm^{-2}$；美国西瓜、甜瓜年均增长幅度为 0.90%、1.42%，到 1990 年单产分别为 13.6 $t \cdot hm^{-2}$、17.5 $t \cdot hm^{-2}$。

第二阶段 1990—2003 年：中美西瓜甜瓜单产大幅提高，中国西瓜甜瓜单产年均增长率为 4.91%、2.22%，美国为 8.56%、4.65%。这一阶段单产高速增长是中美两国西瓜甜瓜总产量大幅增加的主要因素。

第三阶段 2003—2014 年：中国单产增速仍保持较高水平，2014 年中国西瓜单产为 40.41 $t \cdot hm^{-2}$，年均增长率 4.57%；甜瓜单产为 33.61 $t \cdot hm^{-2}$，年均增长率 3.85%。

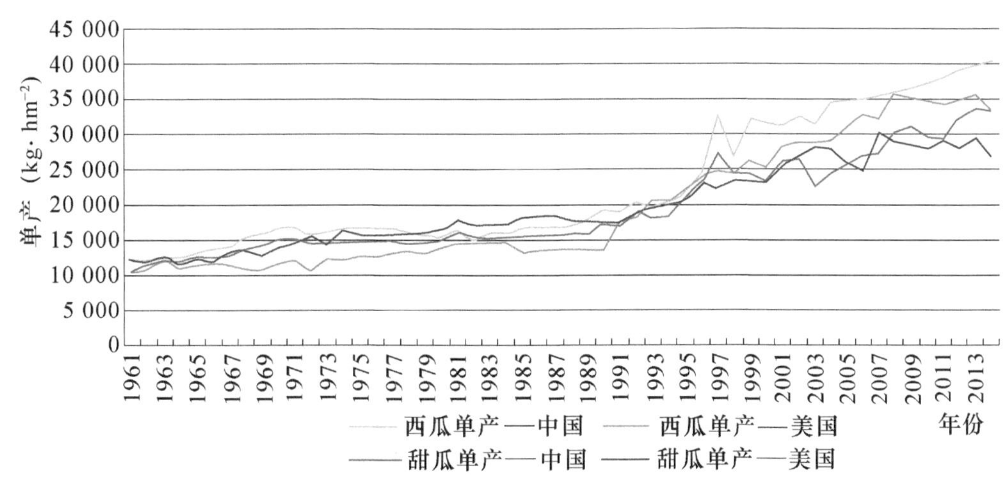

图 11　1961—2014 年中美西瓜甜瓜单产走势图

美国西瓜甜瓜单产增速较第二阶段下降，西瓜、甜瓜单产年均增长率分别为 6.12%、2.21%，2014 年美国西瓜甜瓜单产分别为 33.48 t · hm^{-2}、26.77 t · hm^{-2}。依靠科技进步等因素，两国西瓜甜瓜单产水平持续增长，也是支撑两国西瓜甜瓜总产量增长的主要因素。

2.3　中美西瓜甜瓜产量不断上升，中国上升速度远大于美国

总产量方面，美国西瓜甜瓜产量缓慢上升，1961—2014 年西瓜甜瓜产量涨幅分别为 14.37%与 23.17%，2014 年产量分别为 150 万 t 与 79 万 t。这期间美国西瓜甜瓜播种面积呈下降趋势，说明总产量不断提高的主要原因是单产水平不断提高。

如图 12 所示，与播种面积变化相似，将中国西瓜甜瓜产量变化分为 3 个阶段。

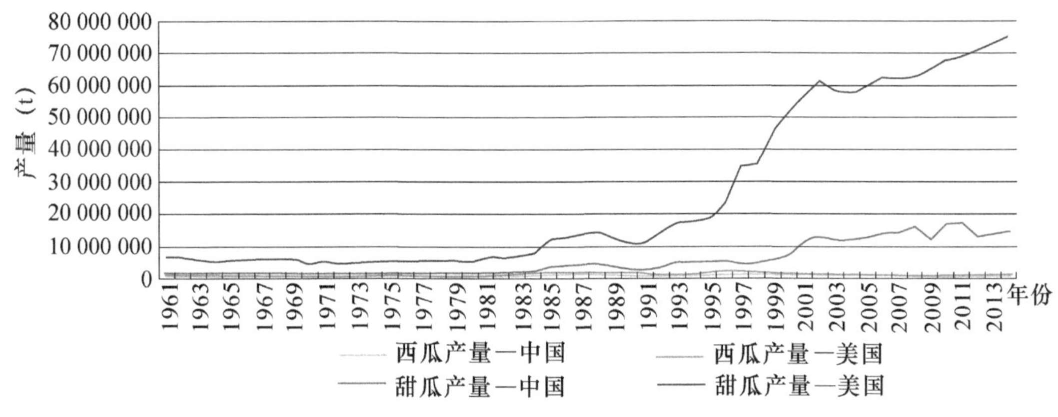

图 12　1961—2014 年中美西瓜甜瓜产量走势图

第一阶段 1961—1990 年：中国西瓜甜瓜产量增长缓慢，年均增长速度为 2.08%与 0.91%，西瓜增长幅度大于甜瓜，1990 年中国西瓜甜瓜产量分别为 0.11 亿 t 与 0.03 亿 t。该阶段中国西瓜甜瓜产量增长幅度不大，产业缓慢发展。

第二阶段 1990—2003 年：中国西瓜甜瓜产量进入高速增长阶段，年均增长速度高达 34.01%与 23.23%，2003 年中国西瓜甜瓜产量分别为 0.58 亿 t 与 0.12 亿 t。该阶段中国西瓜甜瓜总产量提高受单产水平提高与播种面积增加影响，而总产量增长速度远高于播种面积的增长速度，说明单产提高是影响总产量提高的主要因素。

第三阶段 2003—2014 年：中国西瓜甜瓜产量再次进入缓慢平稳增长阶段，年均增长率分别为 2.64%与 2.41%，2014 年中国西瓜甜瓜产量分别为 0.75 亿 t 与 0.15 亿 t。该阶段西瓜播种面积增长缓慢，甜瓜播种面积稍微下降，产量增长只靠单产的提高。

2.4 美国西瓜甜瓜人均占有量不断下降，中国西瓜人均占有量大幅增长

如图 13 所示，美国西瓜甜瓜人均占有量不断下降，2014 年西瓜甜瓜人均占有量分别为 4.73 kg 与 2.47 kg，与 1961 年相比，年均增长速度分别为-0.63%与-0.54%，说明 54 年来，美国西瓜甜瓜产量增长速度低于人口增长速度，人均西瓜甜瓜占有量不断降低。

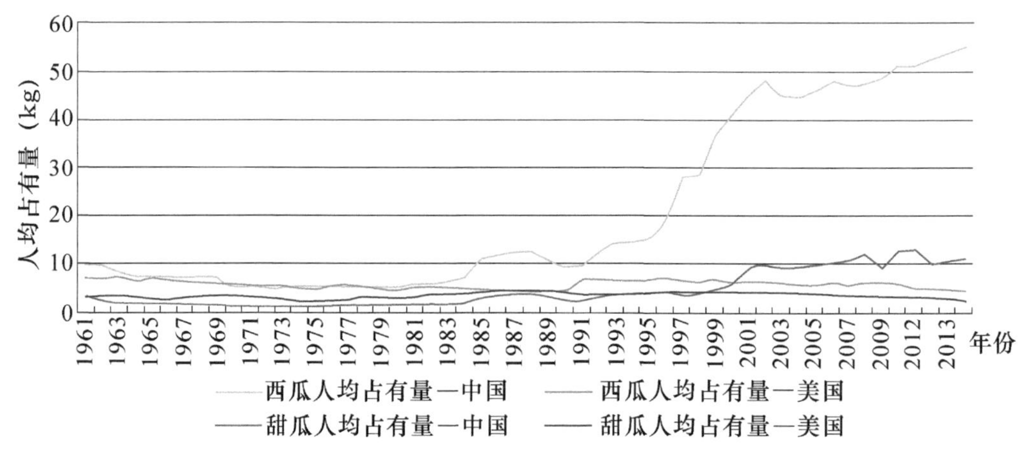

图 13　1961—2014 年中美西瓜甜瓜人均占有量趋势图

受两国不同消费偏好与生产比较效益影响，与美国相反，中国西瓜甜瓜人均占有量不断提高，尤其是西瓜，1961—2014 年来人均占有量的年均增长率高达 8.47%，甜瓜的年均增长率也达到 4.00%，甜瓜人均占有量趋于稳定，西瓜人均占有量仍呈不断增长趋势。

3 中美西瓜甜瓜贸易发展比较

3.1 西瓜贸易情况比较

美国西瓜贸易量较大，基本保持进口量大于出口量。2013 年净进口量为 37.56 万 t，占当年国内西瓜总产量的 22.93%；西瓜进口总量的 88.93%来自墨西哥，其余部分来自危地马拉、洪都拉斯、哥斯达黎加等，均为拉丁美洲国家；2013 年美国西瓜出口量的 98.56%销往加拿大，其余部分销往墨西哥、日本。

中国西瓜贸易量相对较小，1986 年之前西瓜进出口量基本为零，1992 年后中国西瓜进口量快速增长，之后中国西瓜贸易一直呈净进口状态（图 14）。但西瓜贸易量占国内生产总量的比重低，2013 年中国西瓜净进口量为 21.96 万 t，仅占当年国内西瓜总产量的 0.3%。

20 世纪 90 年代后，中美两国西瓜进出口量增长幅度较快（图 14）。1990—2013 年间美国与中国西瓜进口量年均增长率分别为 20.65%与 14.27%；出口量相对较小，增长幅度较缓，年均增长率分别为 4.25%与 4.06%。美国西瓜贸易频繁；中国西瓜贸易量占国内总产量比重低。

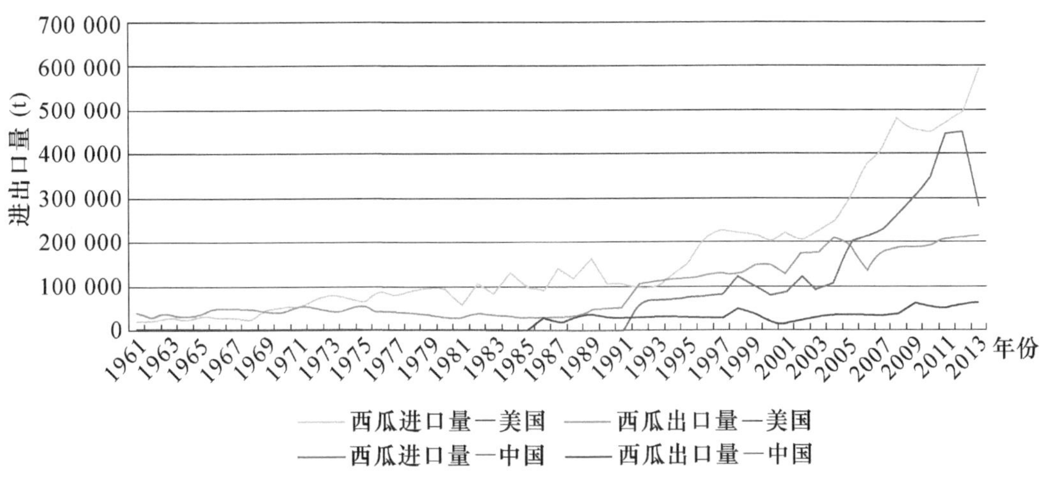

图 14　1961—2013 年中美西瓜进出口量走势图

美国西瓜贸易额与贸易量波动幅度基本一致，贸易额增长速度高于贸易量；与美国相反，中国西瓜贸易额增长速度低于贸易量（图 15）。1994 年后，中国西瓜、美国西瓜一直呈贸易逆差，美国逆差额不断扩大，中国逆差额平稳波动；2013 年美国西瓜净进口额为 1.95 亿美元，中国西瓜净进口额为 0.36 亿美元。1990—2013 年间美国与中国西瓜进口额年均增长率分别为 44.35%与 7.65%；出口额相对较小，增长幅度较缓，分别为 14.20%与 11.90%。

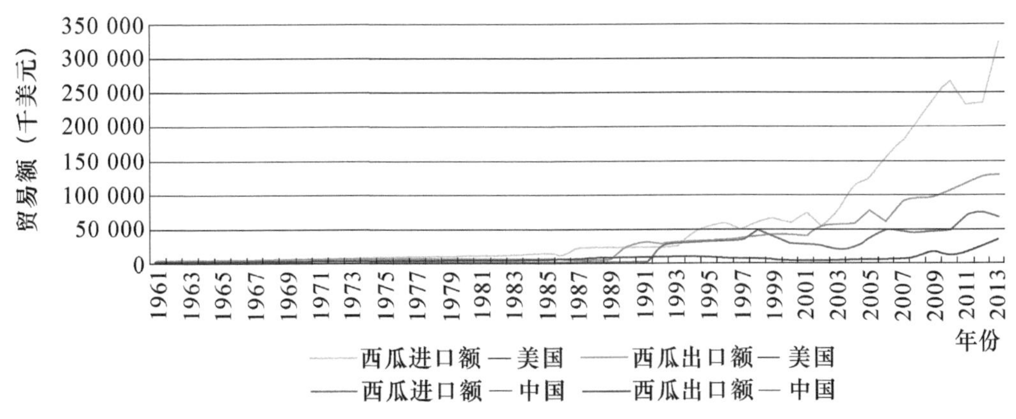

图 15　1961—2013 年中美西瓜贸易额走势图

3.2 甜瓜贸易情况比较

美国甜瓜进口量较大，一直保持进口量大于出口量，呈贸易逆差状态（图 16）。2013 年净进口量为 43.77 万 t，占当年国内甜瓜总产量的 44.31%；甜瓜进口总量的 48.29%来自危地马拉，26.37%来自洪都拉斯，16.94%来自墨西哥，其余部分来自哥斯达黎加、巴西、加拿大等，均为美洲国家；2013 年美国甜瓜出口量的 81.26%销往加拿大，其余部分销往墨西哥、日本、韩国，中国香港、中国台湾地区，大约 10%销往亚洲。美国甜瓜进口量在 1982—1999 年增长较快，年均增长率为 41.96%；进入 21 世纪后，甜瓜进口量平缓下降，逐渐趋于稳定。

中国甜瓜贸易活动相对较少，自 2003 年开始，中国甜瓜出口量超过进口量，且贸易量差额不断扩大，2013 年进口量为 1.50 万 t，出口量为 5.92 万 t，净出口量仅为当年国内甜瓜总产量的 0.31%。中国甜瓜贸易量与贸易额较低，呈顺差趋势（图 16）。

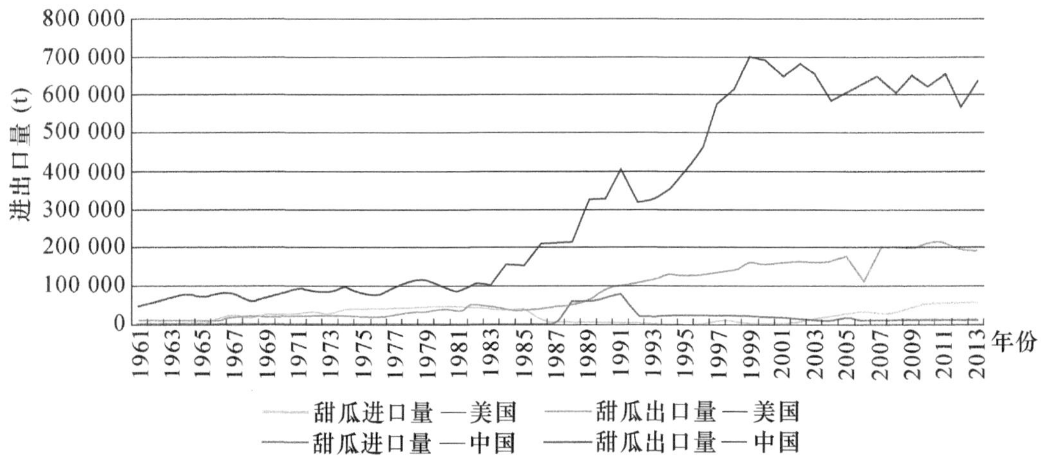

图 16　1961—2013 年中美甜瓜进出口量趋势图

美国甜瓜进口量逐渐平稳，但进口额不断增加。2001—2013 年期间年均增长率为 6.13%，2013 年美国甜瓜进口额为 3.42 亿美元，出口额为 1.33 亿美元（图 17）。

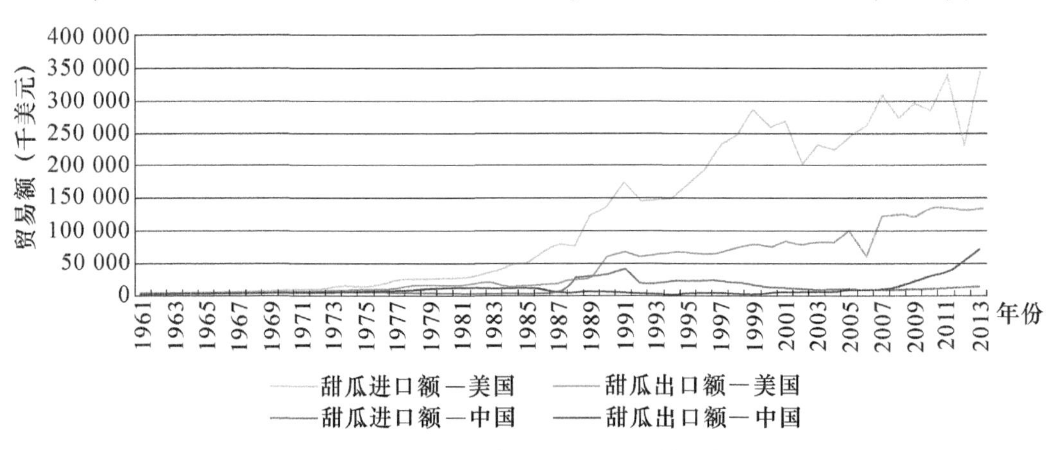

图 17　1961—2013 年中美甜瓜贸易额趋势图

中国甜瓜贸易额波动情况与贸易量基本一致，甜瓜出口额增长速度较快（图 17）。自 2006 年，中国甜瓜出口额开始超过进口额，贸易呈现顺差趋势，2006—2013 年甜瓜出口额以年均 159.08%的速度增长，2013 年出口额为 7 029万美元，但与美国相比仍处于较低水平。

3.3 中美两国西瓜甜瓜市场供给情况

西瓜甜瓜总供给结构方面，中国几乎全部来自国内生产，美国净进口量占总供给比重越来越大。美国西瓜甜瓜贸易频繁，国内总供给结构中，进口占比越来越大（图 18）。2013 年美国甜瓜净进口量为 43.77 万 t，是当年国内甜瓜总产量的 0.44 倍，占当年国内甜瓜总供给量的 30.70%；2013 年美国西瓜净进口量为 37.55 万 t，占当年国内甜瓜总供给量的 18.65%。中国贸易量占国内总供给比重不足 0.5%，国内市场供给 99.5%以上自产。

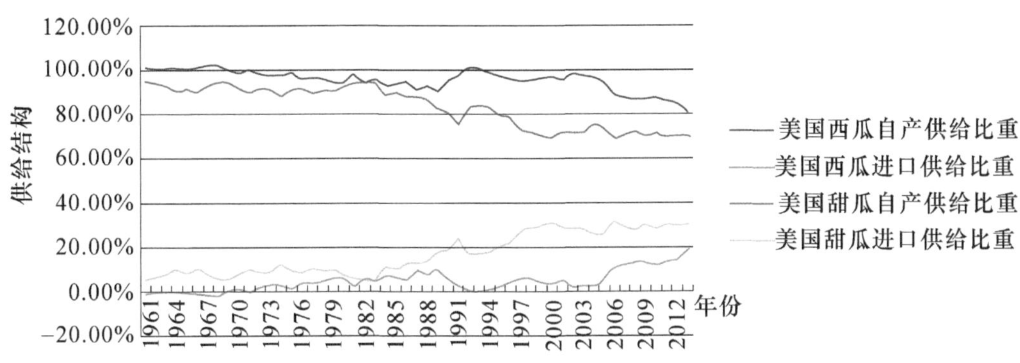

图 18 1961—2013 年中美西瓜甜瓜市场供给结构变化趋势

4 结论与启示

4.1 结论

世界西瓜甜瓜的种植面积将缓慢增长甚至出现小幅减少，但由于技术的进步，单产和总产量仍会持续增长；由于自然资源、劳动力成本、消费偏好等多重因素影响，亚洲（特别是中国）将长期作为世界西瓜甜瓜主产区；美国西瓜甜瓜人均占有量不断下降，中国西瓜人均占有量不断增长，消费量趋于稳定；美国的净进口量不断增加，占国内总供给的比重越来越大，目前西瓜甜瓜净进口占比分别为 20%、33%；中国西瓜甜瓜自给率始终维持在非常高的水平，目前西瓜自给率为 99.5%左右，甜瓜呈现出净出口，自给率高达 100%；美国西瓜甜瓜消费量并没有随着经济发展收入增加而出现明显增加现象。

4.2 启示

第一，要控制我国西瓜甜瓜播种面积，随着科技进步，西瓜甜瓜单产水平不断提高，面积会趋于稳定或有可能呈现出小幅下降，但总产量水平会缓慢增长。第二，大力开展提质增效行动，依靠生产高品质西瓜甜瓜满足市场需求，优化产品结构和栽培方式，发展错季生产，缩小季节性价格波动幅度，强化品牌建设，增加西瓜甜瓜产业附加值。第三，提高资源利用率，减少化肥农药的使用，推动产业绿色低碳发展。第四，充分发挥区域比较优势，在周边国家适度扩大进出口贸易，有利于优化配置国内外资源。第五，加强机械装备水平，大力提高劳动生产率和投入产出效率[2]。

参考文献

[1] 杨念，孙玉竹，吴敬学．世界西瓜甜瓜生产与贸易经济分析［J］．中国瓜菜，2016，29（10）：1-9.

[2] 杨念，孙玉竹，吴敬学．中国西瓜甜瓜的区域优势分析［J］．中国瓜菜，2016，29（3）：14-18.

专题五 世界西瓜甜瓜产业发展

报告一 世界西瓜生产和贸易分析及对中国的启示

王 琛 吴敬学 杨艳涛

西瓜作为世界重要的水果作物之一，在世界五大洲均有种植。20 世纪 90 年代以来，世界西瓜产业进入快速稳步发展期，西瓜的产量、收获面积和产值都不断攀高。根据联合国粮食及农业组织数据库（FAOSTAT）统计数据，2012 年十大水果中西瓜的收获面积和产量分别居第 1 和第 2 位（仅次于香蕉）[1]。我国无论在西瓜栽培种植面积还是产量方面都是世界生产大国[2]，产量占世界总产量的 60%以上[3]。研究世界西瓜产业的生产和贸易情况及发展趋势可以明确我国西瓜产业的发展路径和方向。

1 世界西瓜生产分布及中国西瓜产业地位

1.1 世界西瓜生产总量与收获面积

从世界西瓜的总产量和收获面积情况来看，20 世纪 70 年代以前，产量和收获面积基本保持平稳，而 70 年代之后收获面积呈整体平稳、缓慢增长趋势，期间略有波动，产量则快速增长，尤其是进入 90 年代以后更是快速增长，远大于收获面积的增长程度，说明西瓜生产技术的提高显著增加了其单产水平（图 1）。世界西瓜总产量从 1961 年的 1 784.7万 t 增长到 2012 年的 10 537.2万 t，52 年间增长了 5.9 倍，年均增长率达 11.35%；收获面积从 1961 年的 195.6 万 hm^2 扩大到 2012 年的 344.0 万 hm^2，扩大了 175.9%，远低于产量的增长水平，说明生产技术进步是西瓜产量增长的主要因素。

1.2 世界西瓜生产的地理分布

从世界各大洲西瓜产量情况来看，受地缘和气候条件因素影响，西瓜生产的世界地理分布也相对集中。亚洲是最重要的西瓜主产区，其西瓜产量一直位列世界第 1。2012 年，亚洲、美洲、非洲、欧洲、大洋洲的西瓜产量分别为 8 779.95万 t、614.13 万 t、594.89 万 t、533.47 万 t 和 14.79 万 t，在世界西瓜总产量中所占的比重依次为 83.3%、5.83%、5.65%、5.06%和 0.14%（图 2）。20 世纪 90 年代以来，美洲和非洲的西瓜产量增长较快，欧洲西瓜产量略有下降，大洋洲所占份额则一直非常小。各大洲西瓜产量的增长速度也有较大差别，1961—2012 年，产量年均增速最快的是大洋洲，为 17.7%，最慢的是欧洲，约为 0.82%，亚洲、非洲和美洲分别为 13.8%、8.3%和 3.4%。

世界各大洲西瓜收获面积情况来看与西瓜产量的分布情况有一定差异。1961—2012

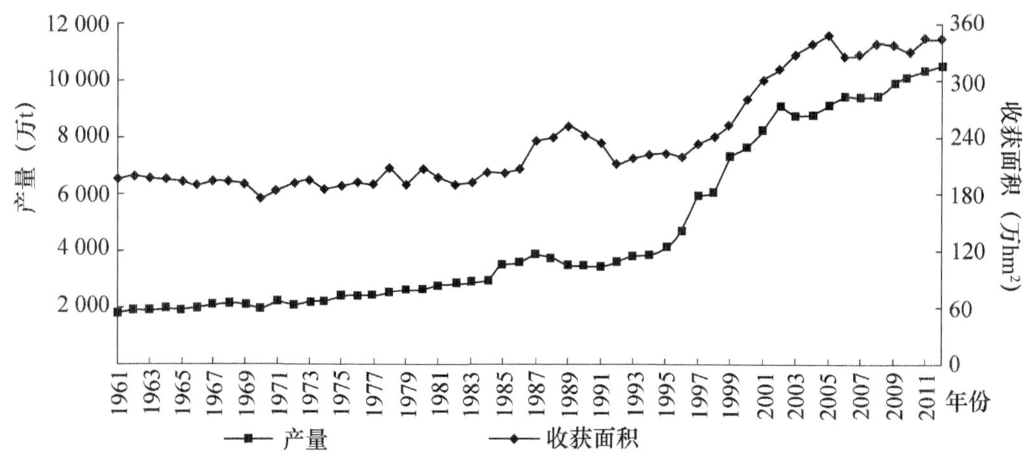

图1　1961—2012年世界西瓜收获面积与总产量变动情况

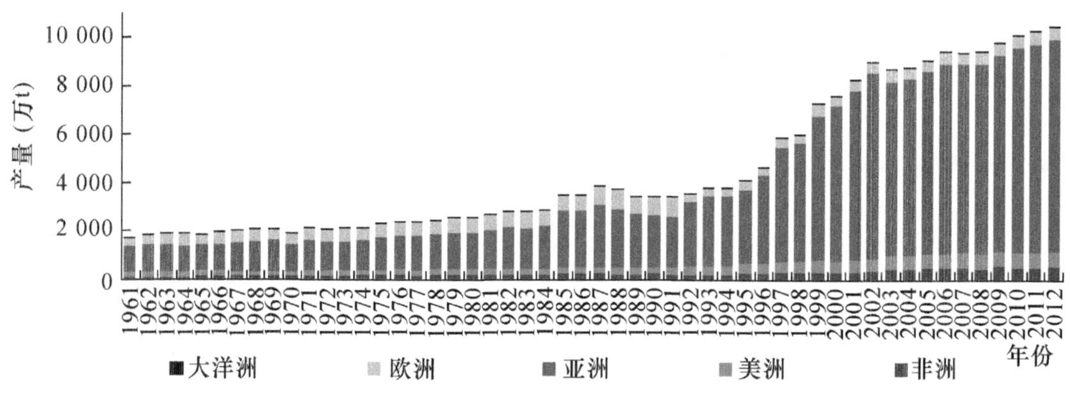

图2　1961—2012年世界各大洲西瓜产量情况

年，美洲西瓜收获面积一直较为平稳，围绕26.8万hm^2的平均水平上下小幅波动；大洋洲收获面积也保持在较低水平的平稳状态，其平均值为3 500 hm^2；非洲收获面积整体呈不断增长趋势，增长了2.8倍；欧洲和亚洲收获面积变动较大，其中，欧洲出现了较为明显的缩减，减少了55.3%，而亚洲地区则显著增长，2012年达265.29万hm^2，增长了1.9倍，占世界的76.4%（图3）。

从世界各大洲西瓜单产的情况来看，亚洲、欧洲、美洲和大洋洲四大洲的西瓜单产变动趋势相似，整体均呈上升趋势。其中，亚洲的单产水平整体较高，平均为198.2 t/hm^2，2000年之后更高达303.6 t/hm^2；欧洲则相对较低，平均为118.1 t/hm^2；大洋洲的单产水平变化幅度较大，1999年之后其西瓜单产经历了3次大幅震荡（1999年、2005年和2010年），单产水平下降非常显著，随后虽有回升，但由于该地区的西瓜生产较为松散，生产规模较小且进出该行业频繁，造成生产波动，单产水平依然不稳定；非洲的西瓜单产在1990年之前一直远高于世界其他地区，随后开始小幅下行，1993年开始有缓慢上升趋势，与亚洲、美洲、欧洲三大洲趋同，整体而言仅次于亚洲，略高于美洲和欧洲的水平（图4）。

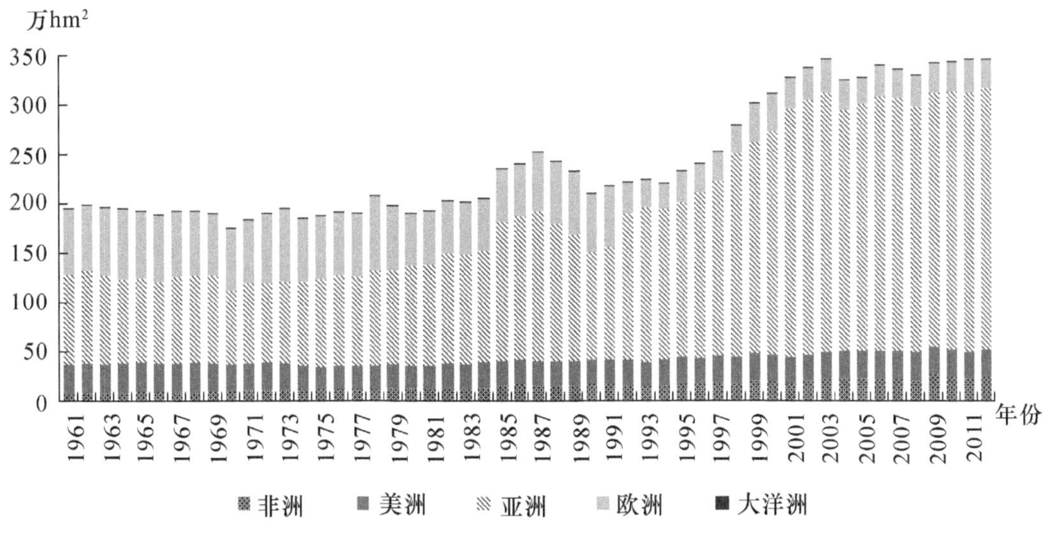

图 3　1961—2012 年世界各大洲西瓜收获面积分布情况

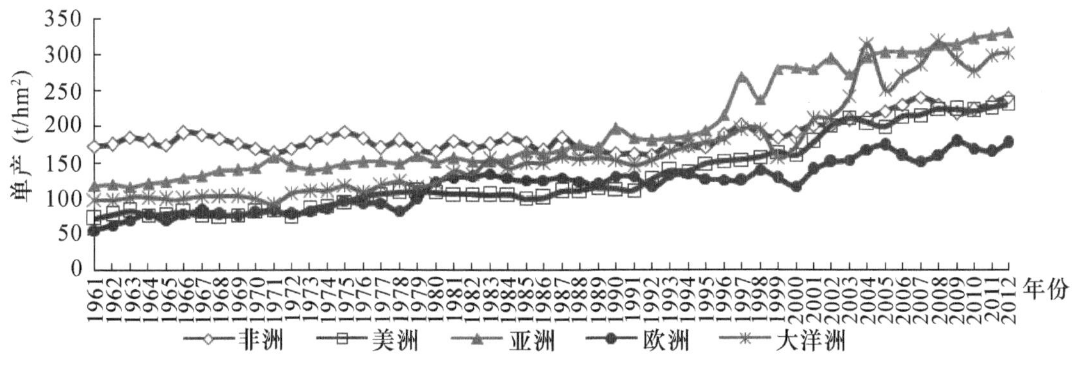

图 4　1961—2012 年世界各大洲西瓜单产变动情况

1.3　世界西瓜主要生产国

1980 年以来，西瓜的主要生产国保持相对稳定，1980—2011 年曾位于西瓜产量世界前 10 的国家共有 20 个，其中，中国、土耳其、伊朗和美国一直居于前 6 位，前苏联在 1980—1991 年一直是世界西瓜第二大生产国，1991 年解体后，土耳其跃居第 2 位。埃及的西瓜产量也一直位于世界前列，巴西、墨西哥在 20 世纪 90 年代中后期逐渐进入世界前 10 名，俄罗斯、阿尔及利亚、乌兹别克斯坦近 10 年来出现在前 10 位。21 世纪后，日本、意大利等国的西瓜生产规模出现萎缩，产量减少，退出世界前 10 位（表 1）。

利用市场集中率指标 CR_n 来评估世界西瓜生产的集中程度[4]，CR_1、CR_5 和 CR_{10} 分别代表产量最高的 1 个、5 个和 10 个西瓜生产国的产量分别占世界总产量的比重（表 2）。西瓜的市场集中程度从世界范围来看整体呈不断提高的趋势，CR_1 值从 1980 年的 20.7% 提高到 2000 年的 67.7%，2011—2012 年虽略有下降但也维持在 66.4% 以上。中国一直保持世界西瓜产量第一大国的地位，自 1996 年起 CR_1 值就超过了 50%，说明近20年来中国基本主导了世界的西瓜生产。CR_5 值从1980年的57.2%提高到2000年的79.5%，到2012年略降至77.6%。CR_{10} 值从1980年的73.36%提高到2012年的84.5%。平均来说世界西瓜产量的七成以上主要集中在中国、伊朗、土耳其、巴西、美国和埃及6国，八成以上被生产排位前10的国家所垄断，集中程度较高。

表1　1980—2012年世界西瓜主要生产国　（单位：万t）

排名	1980年		1990年		2000年		2011年		2012年	
	国家	产量	国家	产量	国家	产量	国家	产量	国家	产量
1	中国	547	中国	1 096	中国	5 182	中国	6 889	中国	7 000
2	苏联	379	苏联	500	土耳其	390	土耳其	386	土耳其	404
3	土耳其	300	土耳其	330	埃及	179	伊朗	325	伊朗	380
4	伊朗	170	伊朗	265	美国	169	巴西	220	巴西	208
5	埃及	116	美国	114	伊朗	165	美国	169	埃及	187
6	美国	103	埃及	101	墨西哥	105	俄罗斯	157	美国	177
7	日本	98	西班牙	82	韩国	92	埃及	151	阿尔及利亚	150
8	叙利亚	91	日本	75	西班牙	72	乌兹别克斯坦	129	俄罗斯	145
9	意大利	71	意大利	66	巴西	68	阿尔及利亚	129	乌兹别克斯坦	135
10	泰国	63	希腊	63	希腊	66	墨西哥	100	哈萨克斯坦	115

数据来源：FAOSTAT

表2　1980—2012年世界西瓜集中度　（单位：%）

集中程度	1980年	1990年	2000年	2011年	2012年
CR_1	20.7	31.4	67.7	67.0	66.4
CR_5	57.2	66.1	79.5	77.7	77.6
CR_{10}	73.3	77.2	84.8	84.1	84.5

数据来源：FAOSTAT

2　世界西瓜贸易情况

2.1　世界西瓜进出口市场分析

2.1.1　主要进口国家和地区

2011年世界西瓜的主要进口国家（地区）为美国、中国、德国、加拿大和法国等（表3）。其中，进口最多的为美国，进口量达47.36万t，占26.6%，其次是中国，进口量为39.81万t，占22.3%，德国位列第3，进口量达23.10万t，占13.0%。前5位进口国的进口量约占世界总进口量的八成。从进口金额来看，超过1亿美元的有美国、德国和加拿大。其中，进口单价最低的为中国和波兰，分别为122美元/t和372美元/t，较508.1美元/t的世界平均进口单价分别低76.0%和26.8%，而进口单价最高的为英国，达到 727 美元/t，为中国的 6 倍。

表 3　2011 年世界主要西瓜进口国家和地区

排名	国家（地区）	数量（万 t）	金额（万美元）	单价（美元/t）
1	美国	47.36	23 440	495
2	中国	39.81	4 860	122
3	德国	23.10	14 950	647
4	加拿大	20.97	10 180	485
5	法国	10.42	6 220	597
6	波兰	9.70	3 600	372
7	荷兰	8.88	7 270	819
8	捷克	7.72	2 940	381
9	英国	5.64	4 100	727
10	中国香港	4.75	2 070	436

数据来源：FAOSTAT

2.1.2　主要出口国家和地区

世界主要西瓜出口国家（地区）为墨西哥、西班牙、爱尔兰、美国和越南等，其中墨西哥出口量居世界第 1 位，达到 54.19 万 t，占 25.4%，西班牙次之，出口量为 41.85 万 t，占 19.6%，爱尔兰的出口量排在第 3，达 33.42 万 t，占 15.7%（表 4）。世界前五大出口国的出口量占世界总出口量的 79.5%。从出口金额来看，超过 1 亿美元的国家为墨西哥、西班牙和美国。其中墨西哥出口金额为 2.38 亿美元，在世界西瓜出口市场占据主导地位。而越南虽然出口数量较多，但其 178 美元/t 的出口单价水平过低，仅为世界平均出口价格 437.5 美元/t 的 40.7%。而出口单价水平最高的为荷兰，达到 1 017美元/t，较世界平均水平高 132.4%。中国虽为世界西瓜第一大生产国，但出口量只排在世界第 14 位，仅为 4.74 万 t，出口金额为 0.16 亿美元，仅为墨西哥的 6.7%，出口单价也低于世界平均水平，为 332 美元/t，这主要是由于我国西瓜流通市场建设不完整，西瓜冷链物流和品牌包装等增加农产品附加值的工业产业发展较为落后，严重影响了我国西瓜产业在世界贸易格局中的地位[5]。

表 4　2011 年世界主要西瓜出口国

排名	国家（地区）	数量（万 t）	金额（万美元）	单价（美元/t）
1	墨西哥	54.19	23 820	440
2	西班牙	41.85	26 120	624
3	爱尔兰	33.42	8 490	254
4	美国	20.75	11 590	559
5	越南	19.41	3 450	178

（续表）

排名	国家（地区）	数量（万 t）	金额（万美元）	单价（美元/t）
6	意大利	15. 67	6 760	431
7	希腊	10. 64	3 220	303
8	荷兰	6. 92	7 040	1 017
9	沙特阿拉伯	5. 30	1 650	312
10	瓜地马拉	5. 25	1 350	257
14*	中国	4. 74	1 570	332

数据来源：FAOSTAT

注：＊为对比加列了中国的情况

2. 2　中国西瓜贸易情况

2. 2. 1　进出口量（额）变化

2010—2014 年中国西瓜进出口贸易为净进口（表 5）。2014 年西瓜进出口量、额较前几年均有显著减少。2014 年 1—10 月进口量仅为 20. 1 万 t，较 2013 年同期的 24. 97 万 t 减少了 19. 5%，进口额为 3 808. 78万美元，仅为 2013 年同期 5 363. 63万美元的 71. 0%。2014 年 1—10 月出口量 4. 62 万 t，比 2013 年同期的 6. 01 万 t 减少 23. 1%，出口额 4 023. 55万美元，比 2013 年同期的 3 115. 14万美元增加了 29. 2%，2014 年我国西瓜出口单价水平较 2013 年有较大幅度提高。

表 5　2010—2014 年中国西瓜进出口情况

年份	出口		进口	
	数量（万 t）	金额（万美元）	数量（万 t）	金额（万美元）
2010	5. 07	1 247. 74	31. 33	3 493. 90
2011	4. 74	1 574. 76	39. 81	4 859. 58
2012	5. 81	2 180. 42	42. 01	5 950. 67
2013	6. 01	3 115. 14	24. 97	5 363. 63
2014	4. 62	4 023. 55	20. 10	3 808. 78

数据来源：农业部信息中心

注：2014 年数据截至 10 月

从近 5 年中国西瓜进出口情况的变化看，西瓜国际贸易进出口数量整体呈波动下降趋势，尤其是 2014 年，进出口数量较上年明显下降。中国西瓜的出口数量远低于进口数量，这表明国内西瓜市场还主要停留在自给自足的国内市场发展阶段。国内相对封闭的西瓜市场环境并不利于中国西瓜产业的进一步发展，尤其影响了对国外优良新品种的引进和国内西瓜生产水平的进一步提高，也不符合国民日益丰富的消费需求。值得注意的是，2014 年中国西瓜出口金额首度超过进口金额，实现贸易顺差，这表明我国西瓜的国际竞争力水平有所提高。

2.2.2　进出口分布

根据国家西甜瓜产业技术信息管理平台数据，中国西瓜出口国家和地区主要集中在中国香港、中国澳门地区；越南、蒙古国和俄罗斯等相邻国家（图5）。这说明一方面西瓜作为鲜活农产品不易保存和远程运输，另一方面也突出了由于我国鲜活农产品冷链物流等方面较为落后的问题，使得贸易市场相对狭小。其中出口比例最大的是中国香港，达到71%，其次是越南，占10%，中国澳门位列第3，占7%，表明我国西瓜近八成其实是国内贸易，实际出口水平要低得多。而中国西瓜的进口来源则更为单一，2014年仅从越南和缅甸进口少量西瓜，其中来自越南的进口量高达95%。

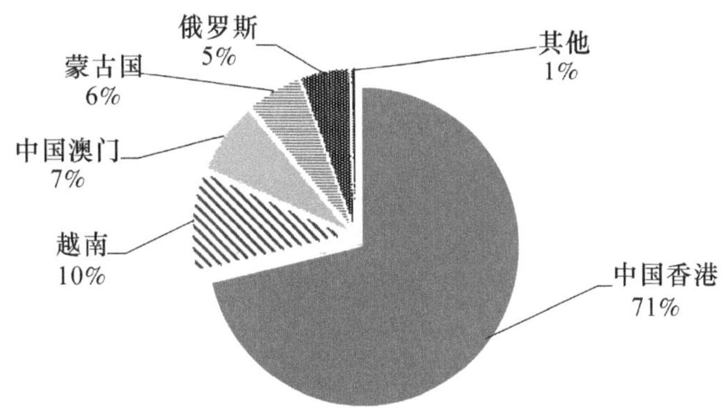

图5　2014年中国西瓜出口分布情况

2.2.3　分省进出口情况

中国西瓜的主要出口省份为广东、山东和广西，其中广东为中国西瓜主产省之一（图6）。广东、广西的产量在我国西瓜产区中并不高，其能成为中国对外贸易的主要物流通道在于两省具有西瓜出口的地缘优势，在地理位置上距中国西瓜的主要出口地（中国香港和中国澳门；越南等）较近，具有较大的运输成本优势。而山东省作为西瓜生产大省和中国最为主要的鲜活农产品物流中转地，在运输成本和销售成本方面也具有优势。2014年1—10月，广东、山东、广西等地的西瓜出口量占全国总出口量的比例分别为49%、23%和10%，从中国各省份西瓜进口情况来看，2014年进口量占比最大的为北京市，达53%，这主要是由于北京市人口众多、消费能力较高，其次为山东省和广东省，分别达到21%和10%，这主要是由于山东省是我国鲜活农产品物流转运中心，而广东省与主要进口来源地越南和缅甸在运输方面具有优势（图6）。

3　结论和启示

世界西瓜产业进入了快速发展时期，生产量和贸易量均达到历史新高，世界各主要西瓜生产、贸易国（地区）的西瓜生产水平也得到了较大发展。世界西瓜的生产主要集中在亚洲，而中国又是世界第一大西瓜生产国，2012年的集中度水平达到了66.4%，超过六成的西瓜生产都集中在中国。世界西瓜最主要的进口国为美国，最主要的出口国为墨西哥，而中国的西瓜进出口量均处于较低水平，与其生产地位严重不相符。这主要

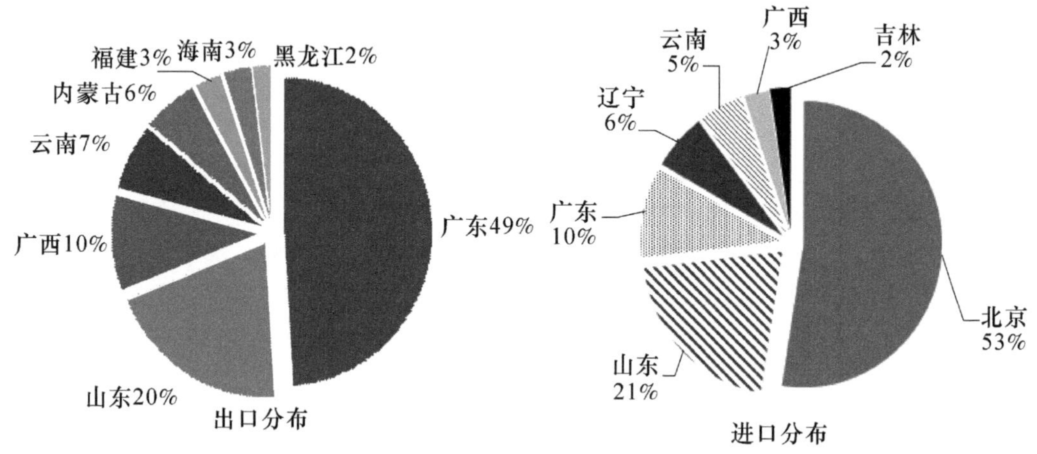

图 6　2014 年中国西瓜进出口省份分布情况

是由于中国西瓜物流体系的建设还不完善，市场流通的现代化水平偏低、主体规模较小、环节较多，其贸易对象也较为单一，以出口贸易为主的单向贸易特征显著，国内西瓜消费市场也还处于较为封闭的状态，都将严重影响中国西瓜产业的发展。

在世界西瓜产业发展的背景下，中国西瓜产业未来进一步发展必须加快现代化物流体系的建设，提高西瓜产品的市场流通效率。具体而言，要支持瓜农和专业合作组织加快建立西瓜冷链物流和分级包装等体系，建立收购、贮运、加工、市场销售等一体化物流系统。同时，还要积极推动西瓜主产省份与国外市场建立订单生产和物流配送体系，开发西瓜出口的新伙伴地区。进一步加强国内西瓜品种改良和新品种引进，加大国外优质西瓜进口力度，改善国内西瓜市场竞争环境，加快西瓜品种升级换代。

参考文献

［1］ 杨艳涛，张琳，吴敬学 . 2011 年我国西瓜市场及产业发展趋势与对策分析［J］. 北方园艺，2012（8）：183-187.

［2］ 马跃 . 中国西瓜甜瓜业 21 世纪进入 WTO 后的发展探索［J］. 中国西瓜甜瓜，2000（4）：38-40.

［3］ 王琛，张琳，赵姜，等 . 中国西瓜市场形势分析与展望［J］. 农业展望，2013（4）：27-30.

［4］ 王志丹，吴敬学，毛世平，等 . 中国甜瓜产业国际竞争力比较分析与提升对策［J］. 农业现代化研究，2013，34（1）：81-84.

［5］ 吴敬学，等 . 2011—2012 年国家西甜瓜产业经济报告集［R］. 中国农业科学院农业经济与发展研究所，2014.

报告二　世界西瓜产业发展现状与展望

杨　念　文长存　吴敬学

西瓜在世界水果生产中占有极其重要的地位，根据联合国粮食及农业组织统计数据库（FAOSTAT）数据，2013 年世界水果中西瓜的种植面积和产量分别居第 7 位和第 1 位，同时生产技术的进步使西瓜的单产水平远高于其他水果[1]。

1　世界西瓜生产现状

1.1　种植面积稳定，单产和产量不断提高

1978 年以来，世界西瓜生产持续发展，西瓜种植面积趋于平稳，单产水平持续提高，西瓜产量不断增加。1978—2013 年，世界西瓜种植面积由 207.465 万 hm^2 增至 348.921 万 hm^2，扩大了 68.18%（图 1）；西瓜单产水平由 1978 的 12.13 t/hm^2 增至 1989 年的 14.96 t/hm^2，增幅达 23.33%，年均增长率为 1.92%，截至 2013 年，持续提高至 31.32 t/hm^2，增长了 1.09 倍，年均增长率为 3.13%（图 2）；西瓜产量由 2 515.61万 t 增至 10 927.87万 t，提高了 334.40%（图 1）。分阶段看，1978—1995 年，世界西瓜种植面积和产量年均增长率分别为 0.70%和 2.99%；1996—2001 年，西瓜生产进入快速发展时期，产量增幅明显，种植面积和产量年均增长率分别达 6.33%和 12.03%；2002 年西瓜产量超过 9 000万 t，2003 和 2004 年小幅回落后持续保持小幅增长，年均增长率为 1.72%，同期种植面积较为稳定，年均增长率为 0.28%（图 1）。

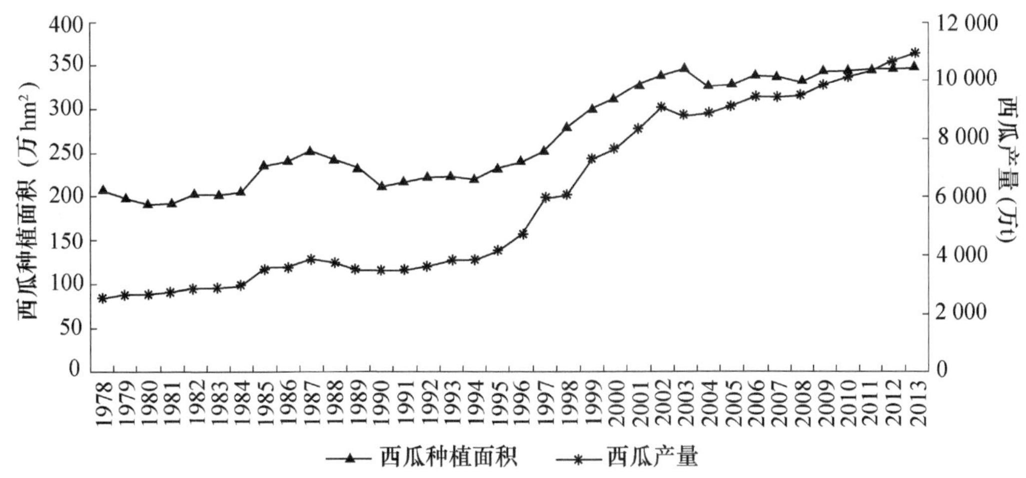

图 1　1978—2013 年世界西瓜产量和种植面积

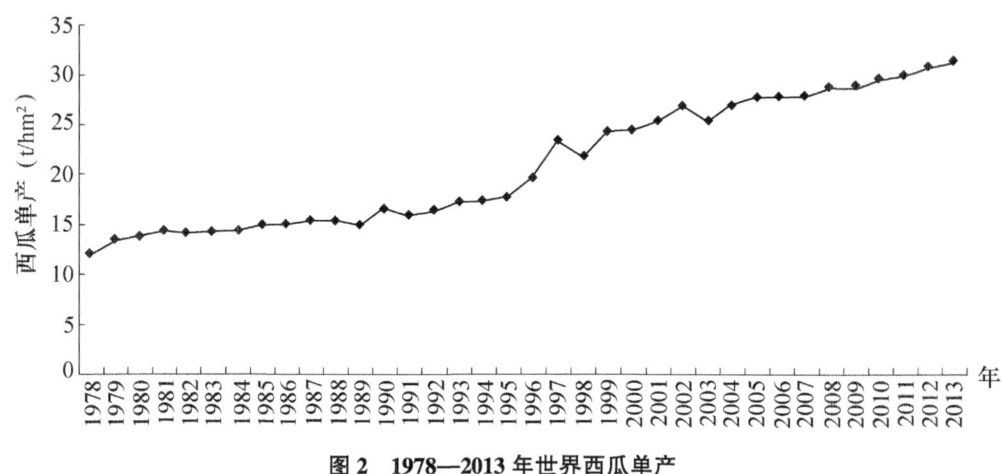

图 2　1978—2013 年世界西瓜单产

1.2　西瓜生产在世界水果生产中占有重要地位

根据 FAOSTAT 数据，2013 年，全球西瓜种植面积为 348. 921 万 hm^2，占水果总种植面积的 11. 13%，在水果中列第 7 位；产量 10 927. 87万 t，占水果总产量的 13. 40%，在水果中列第 1 位；单产为 31. 32 t/hm^2，高于种植面积较其大的葡萄、大蕉、杧果、山竹、番石榴、苹果、香蕉和柑橘，在水果中最高（表 1）。

表 1　2013 年世界西瓜生产在水果生产中的地位

排名	品种	种植面积（万 hm^2）	占水果比例（%）	品种	产量（万 t）	占水果比例（%）	品种	单产（t/hm^2）
1	葡萄	715. 519	11. 13	西瓜	10 927. 87	13. 40	西瓜	31. 32
2	大蕉	547. 212	8. 51	香蕉	10 671. 42	13. 09	木瓜	28. 16
3	杧果、山竹和番石榴	544. 137	8. 46	苹果	8 082. 25	9. 91	葡萄	25. 72
4	苹果	521. 760	8. 11	葡萄	7 718. 11	9. 47	甜瓜	24. 86
5	香蕉	507. 901	7. 90	柑橘	7 144. 54	8. 76	菠萝	24. 19
6	柑橘	407. 998	6. 35	芒果、山竹和番石榴	4 330. 01	5. 31	草莓	21. 40
7	西瓜	348. 921	5. 43	大蕉	3 787. 78	4. 65	蔓越莓	21. 05
8	橘子	289. 335	4. 50	甜瓜	2 946. 25	3. 61	香蕉	21. 01
9	李子	266. 080	4. 14	橘子	2 867. 82	3. 52	柑橘	17. 51
10	梨果	176. 698	2. 75	梨果	2 520. 38	3. 09	苹果	15. 49

数据来源：根据 FAOSTAT 数据计算

1.3　亚洲在世界西瓜生产中的优势明显

世界西瓜产区主要集中在亚洲，美洲、非洲和欧洲的产量相当，大洋洲最少。据

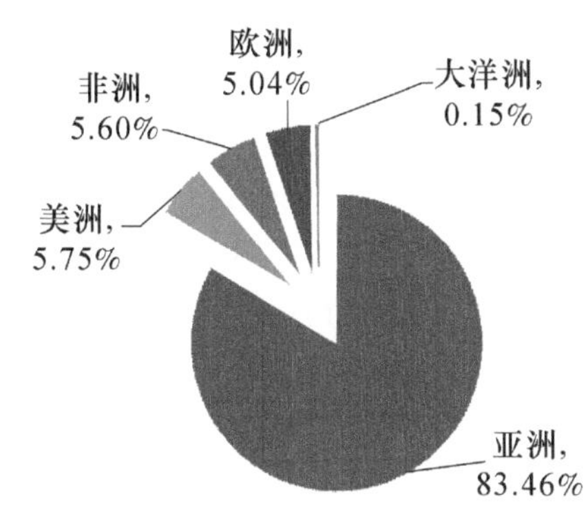

图3　2013年世界西瓜产量洲际分布

FAO统计，2013年，世界西瓜总产量为10 927.87万t，其中，亚洲以其劳动力资源和自然资源等优势其西瓜产量居各大洲之首，高达9 120.12万t，占世界西瓜总产量的83.46%；其余依次为美洲、非洲、欧洲、大洋洲，西瓜产量分别为628.64万t、612.07万t、550.25万t、16.79万t，分别占世界西瓜总产量的5.75%、5.60%、5.04%、0.15%（图3）。

2013年，全世界有117个国家生产西瓜，产量集中在少数几个国家，排名前10位的国家依次为中国、伊朗、土耳其、巴西、埃及、美国、乌兹别克斯坦、阿尔及利亚、俄罗斯、越南，西瓜产量分别为7 294.38万t、394.71万t、388.73万t、216.35万t、189.47万t、177.17万t、155.83万t、150.06万t、142.00万t、116.26万t，占世界西瓜总产量的比重分别为66.75%、3.61%、3.56%、1.98%、1.73%、1.62%、1.43%、1.37%、1.30%、1.06%；排在10位以后的国家西瓜产量均在100万t以下，其中，产量在50万t以上的有9个国家，产量在10万~50万t的有35个国家，产量在10万t以下的有63个国家，有33个国家产量还不足1万t，排在10位以后的国家西瓜产量合计为1 702.92万t，仅占世界西瓜总产量的15.58%（图4）。

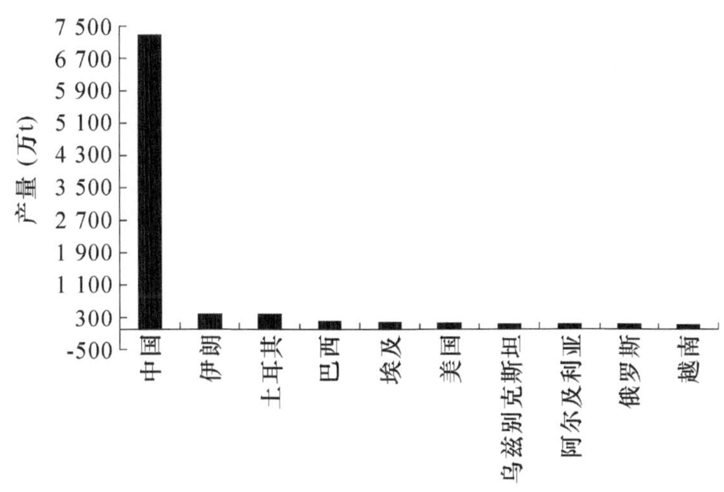

图4　2013年世界西瓜产量前10位的国家

2　世界西瓜贸易现状

西瓜产量在世界水果产量中居于首位[2]，但其贸易量却很低，2012年出口比率仅为2.8%，各大洲的出口比率依次为欧洲20.51%、美洲15.87%、大洋洲1.61%、非洲0.90%、亚洲0.87%。

2.1 出口量和出口额同步增长，出口价格波动增长

世界西瓜出口规模增长较快，1978—2012 年，世界西瓜出口量由 41. 17 万 t 增至 297. 69 万 t，出口额由 7 025万美元增至 126 088. 6万美元，分别增长了 6. 23 倍和 16. 95 倍，年均增长率分别为 5. 99% 和 8. 86%，世界西瓜出口量和出口额的最高值均出现于 2010 年，分别为 318. 34 万 t 和 127 865. 1万美元。同期，西瓜出口价格也由 170. 64 美元/t 上涨到 423. 55 美元/t，年均增长率为 2. 71%（图 5）。1978—2010 年，世界西瓜出口量有 11 个年份出现了下降，出口额有 6 个年份出现了下降，有 13 个年份出口额增长率低于出口量增长率（图 6）。

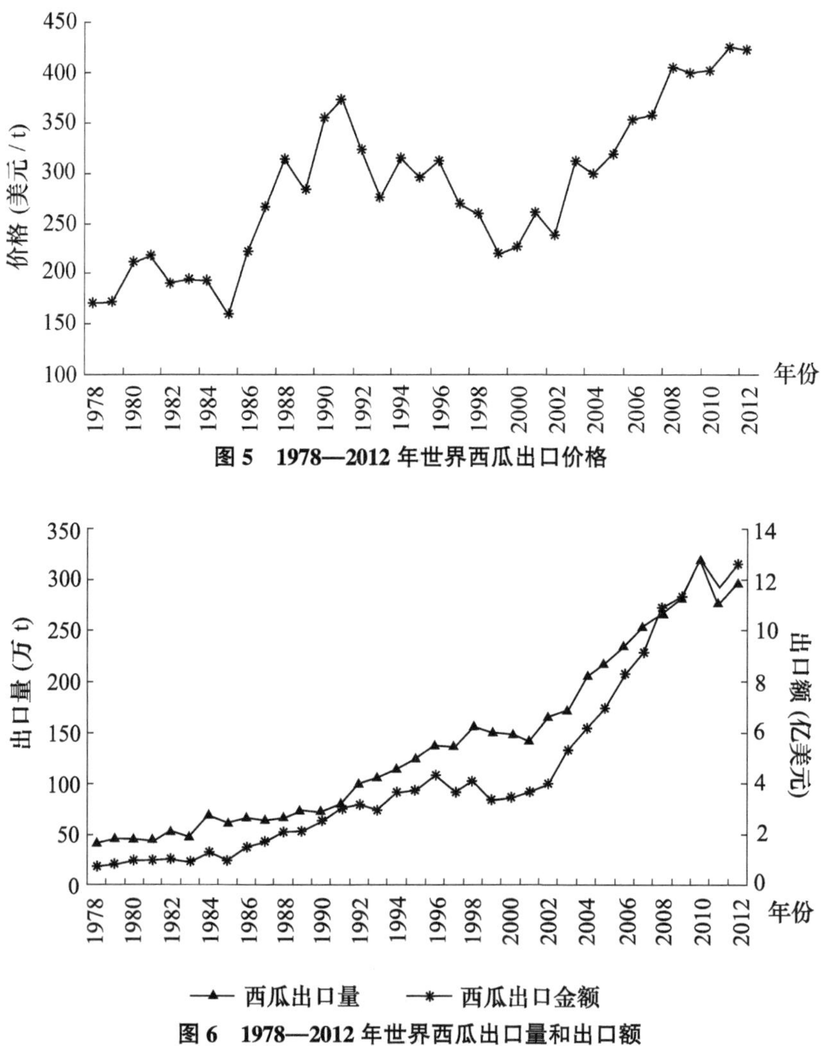

图 5　1978—2012 年世界西瓜出口价格

图 6　1978—2012 年世界西瓜出口量和出口额

2.2 欧洲在世界西瓜贸易中的地位较突出

世界西瓜贸易主要集中于欧洲，2012 年，世界西瓜贸易洲际排名依次为欧洲、美

洲、亚洲、非洲、大洋洲，其中，欧洲西瓜进口量和进口额分别为 115.89 万 t 和 62 506.9万美元（分别占世界西瓜进口量和进口额的 45.40%和 56.49%），西瓜出口量和出口额分别为 112.84 万 t 和 53 574.9万美元（分别占世界西瓜出口量和出口额的 37.91%和 42.49%）；美洲西瓜进口量和进口额分别为 77.09 万 t 和 36 172.6万美元（30.20%和 32.69%），西瓜出口量和出口额分别为 99.76 万 t 和 47 034.9万美元（33.51%和 37.30%）；亚洲西瓜进口量和进口额分别为 61.27 万 t 和 11 394.4万美元（24.00%和 10.30%），西瓜出口量和出口额分别为 79.30 万 t 和 22 280.9万美元（26.64%和 17.67%）；非洲西瓜进口量和进口额分别为 0.78 万 t 和 277.9 万美元（0.31%和 0.25%），西瓜出口量和出口额分别为 5.51 万 t 和 2 919.5万美元（1.85%和 2.32%）；大洋洲西瓜进口量和进口额分别为 0.22 万 t 和 300.1 万美元（0.09%和 0.27%），西瓜出口量和出口额分别为 0.27 万 t 和 278.4 万美元（0.09%和 0.22%）（图 7、图 8）。

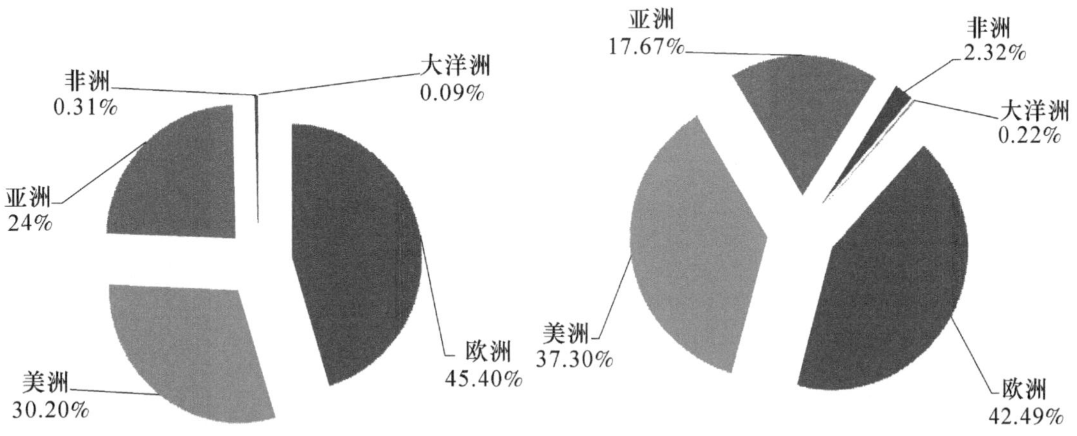

图 7　2012 年世界西瓜进口量洲际分布

图 8　2012 年世界西瓜出口量洲际分布

3　西瓜产业发展展望

随着人们生活水平的日益提高，营养膳食结构不断优化，水果在居民日常食物消费中所占的比例逐渐增加，全球水果需求量也在持续攀升。西瓜单产水平高，已成为世界水果产业中发展较快的产业，生产量和贸易量均达到历史新高，世界各主要西瓜生产、贸易国（地区）的西瓜生产水平也得到了较大发展，未来对西瓜的需求也仍会继续增加。但西瓜产业在快速发展的同时也面临着一些新的问题和挑战，如：灾害性天气及病虫害严重影响了西瓜的产量和质量[3]；西瓜上市过于集中、创新品种不足难以满足消费需求；生产过程中大量使用化肥农药污染了环境；耗水量大造成资源的浪费等。因此，未来世界西瓜生产要加大品种创新和技术推广力度、改进生产方式和发展理念，提质增效，从而确保西瓜产业可持续发展。

未来一段时期，世界西瓜的种植面积将缓慢增长甚至出现小幅减少，依靠技术进步西瓜产量和单产水平仍会持续增长。由于气候、环境和成本等多方面的原因，世界西瓜产地将依然集中于亚洲地区。受经济发展和生活水平的影响，世界西瓜进出口贸易以欧洲较为活跃，出口率和进出口价格将继续高于其他各洲，而发展中国家由于收入的增长和城市化进程的推进，西瓜人均消费量趋于提高，有望成为世界西瓜生产和消费增长的主要驱动力。

参考文献

［1］ 杨艳涛，张琳，吴敬学 . 2011 年我国西甜瓜市场及产业发展趋势与对策分析［J］. 北方园艺，2012（8）：183-187.

［2］ 王琛，吴敬学，杨艳涛 . 世界西瓜生产和贸易分析及对中国的启示［J］. 农业展望，2015（2）：71-76.

［3］ 张琳，杨艳涛，文长存，等 . 中国西瓜市场分析与展望［J］. 农业展望，2015（6）：21-24.

报告三　世界西瓜甜瓜生产与贸易经济分析

杨　念　孙玉竹　吴敬学　张楠楠

西瓜原产于非洲，经古代苏丹和古埃及栽培后，传播到希腊和古罗马并在罗马帝国范围内普及，大约在隋唐时期经伊拉克、伊朗、阿富汗传入我国新疆地区[1]。甜瓜种的起源中心在非洲埃塞俄比亚高原及其毗邻地区，在中国至少已有2 000多年的栽培历史。经过几千年的发展，西瓜甜瓜现已在世界水果生产中占有极其重要的地位。根据联合国粮农组织FAOSTAT数据库统计数据，2013年世界水果中西瓜的种植面积和产量分别居第七位和第一位，甜瓜分列第十二和第八位，同时生产技术的进步使西瓜的单产水平远高于其他水果，甜瓜的单产水平仅低于西瓜、木瓜和葡萄。

1　世界西瓜甜瓜生产现状

1.1　种植面积趋于平稳，产量不断增加，单产持续提高

如图1，1978—1995年，世界西瓜种植面积和产量缓慢增长，年均增长率分别为0.51%和2.81%；1996—2001年，进入快速发展时期，特别是产量增幅明显，年均增长率达到了11.62%，种植面积为5.54%；2002年西瓜产量达到9 000万t以上，2003和2004年有小幅回落后，至今保持小幅增长，年均增长率1.74%，同期种植面积较为稳定，年均增长率0.31%。纵观1978—2013年，世界西瓜种植面积由2 074.65千hm^2发展到3 489.2千hm^2，扩大了68.18%，产量由2 515.61万t增长到10 927.87万t，提高了334.40%，说明世界西瓜单产水平不断提高。

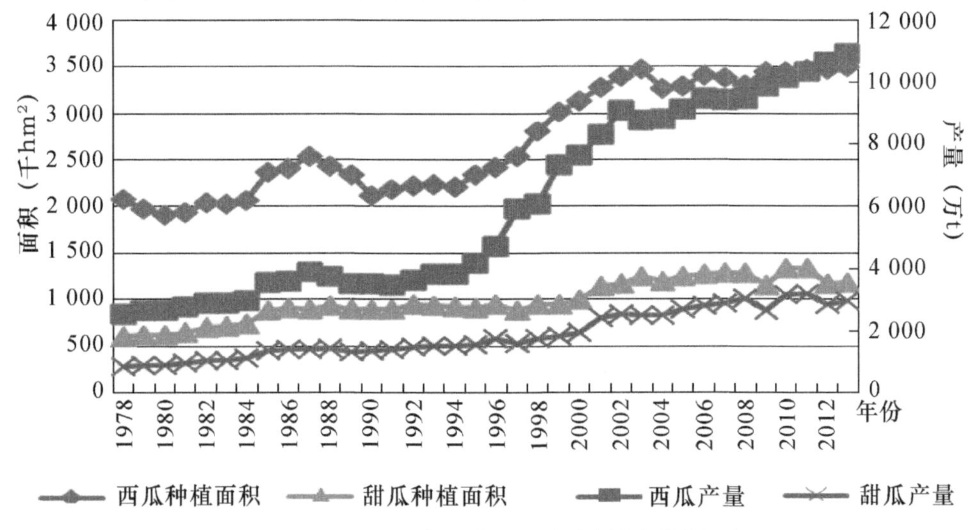

图1　1978—2013年世界西瓜甜瓜产量和种植面积

与西瓜相比，甜瓜的种植面积和产量增长较为平稳，2013 年种植面积 1 185.30千 hm^2，较 1978 年的 609.35 千 hm^2 增长了 94.52%，年均增长率为 2.10%；2013 年产量为 2 946.25万 t，较 1978 年的 847.94 万 t 增长了 2.47 倍，年均增长率为 3.90%。

西瓜甜瓜的单产都呈上升趋势，西瓜上升较快（图 2）。1978 年西瓜每公顷产量 12.37t，较甜瓜的 13.92 t 略低，1989 年西瓜单产 14.96 t/hm^2，超过甜瓜的 14.71 t/hm^2，在此期间，西瓜单产增长了 23.38%，年均增长率 1.99%，甜瓜单产增长了 5.73%，年均增长率 0.55%。1989—2013 年，西瓜单产由 14.96 t/hm^2 增长到 31.32 t/hm^2，增长了 1.09 倍，年均增长率 3.02%；甜瓜单产由 14.71 t/hm^2 增长到 24.86 t/hm^2，增长了 68.95%，年均增长率 1.95%。在此期间，无论是单产还是单产的增长率西瓜均较甜瓜高，因此二者单产的差距在逐渐扩大。

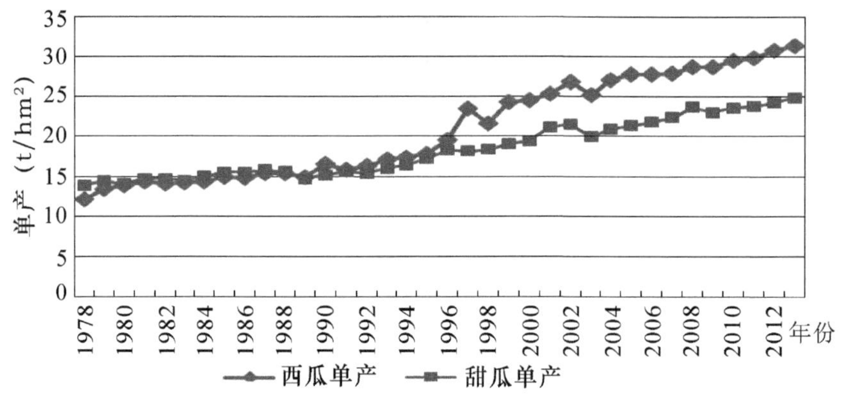

图 2　1978—2013 年世界西瓜甜瓜单产

1.2　在世界水果生产中占有重要地位

西瓜生产在世界水果生产中占有极其重要的地位，根据联合国粮食及农业组织 FAOSTAT 数据库公布的数据，如表 1 所示，2013 年全球西瓜甜瓜的种植面积分别为 3 489.21千 hm^2 和 1 185.30千 hm^2，占水果总种植面积的 11.13%和 1.84%，在水果中分列第 7 和第 12 位；产量 10 927.87万 t 和 2 946.25万 t，占水果总产量的 13.40%和 3.61%分列第 1 和第 8 位。可见西瓜甜瓜产量的排名和占水果产量的份额均高于种植面积的排名和占水果种植面积的份额，这是由于西瓜的单产为 31.32 t/hm^2，高于种植面积较大的葡萄，大蕉，芒果、山竹、番石榴，苹果，香蕉和柑橘，在水果中单产最高；甜瓜的单产为 24.86 t/hm^2，高于种植面积较大的香蕉、柑橘、苹果和梨果，居水果单产第 4 位。

表 1　2013 年世界西瓜甜瓜生产在水果生产中的地位

排名	品种	种植面积（千 hm^2）	占水果比例（%）	品种	产量（万 t）	占水果比例（%）	品种	单产（t/hm^2）
1	葡萄	7 155.19	11.13	西瓜	10 927.87	13.40	西瓜	31.32
2	大蕉	5 472.12	8.51	香蕉	10 671.42	13.09	木瓜	28.16

（续表）

排名	品种	种植面积（千 hm^2）	占水果比例（%）	品种	产量（万 t）	占水果比例（%）	品种	单产（t/hm^2）
3	芒果，山竹，番石榴	5 441.37	8.46	苹果	8 082.25	9.91	葡萄	25.72
4	苹果	5 217.60	8.11	葡萄	7 718.11	9.47	甜瓜	24.86
5	香蕉	5 079.01	7.90	柑橘	7 144.54	8.76	菠萝	24.19
6	柑橘	4 079.98	6.35	芒果，山竹，番石榴	4 330.01	5.31	草莓	21.40
7	西瓜	3 489.21	5.43	大蕉	3 787.78	4.65	蔓越莓	21.05
8	橘子	2 893.35	4.50	甜瓜	2 946.25	3.61	香蕉	21.01
9	李子	2 660.80	4.14	橘子	2 867.82	3.52	柑橘	17.51
10	梨果	1 766.98	2.75	梨果	2 520.38	3.09	苹果	15.49
11	桃	1 538.17	2.39	菠萝	2 478.58	3.04	柠檬	15.16
12	甜瓜	1 185.30	1.84	桃	2 163.90	2.65	梨果	14.26

数据来源：根据 FAOSTAT 数据库计算

1.3　世界西瓜甜瓜生产亚洲优势明显

世界西瓜产区主要集中在亚洲，美洲、非洲和欧洲的产量相当，大洋洲最少（图 3）。据 FAO 统计，如图 3 所示，2013 年世界西瓜总产量为 10 927.87万 t，其中亚洲以其劳动力资源和自然资源等优势雄居各大洲西瓜产量之首，高达 9 120.12万 t，占世界西瓜总产量的 83.46%；其次，美洲 628.64 万 t，占 5.75%；非洲 612.07 万 t，占 5.60%；欧洲 550.25 万 t，占 5.04%；大洋洲 16.79 万 t，占 0.15%。

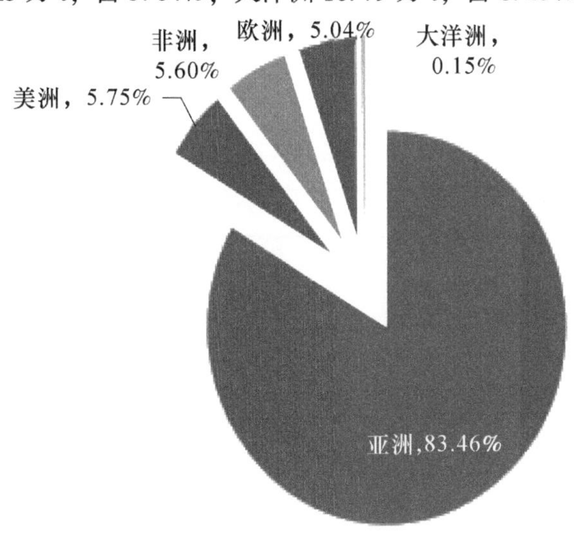

图 3　2013 年世界西瓜产量洲际分布

世界甜瓜产量还是亚洲占有绝对优势，如图 4 所示，2013 年世界甜瓜总产量为 2 946. 25万 t，亚洲 2 129. 66万 t，占世界甜瓜总产量的 72. 28%；其次，美洲 399. 59 万 t，占 13. 56%；非洲 206. 80 万 t，占 7. 02%；欧洲 200. 67 万 t，占 6. 81%；大洋洲 9. 54 万 t，占 0. 32%。

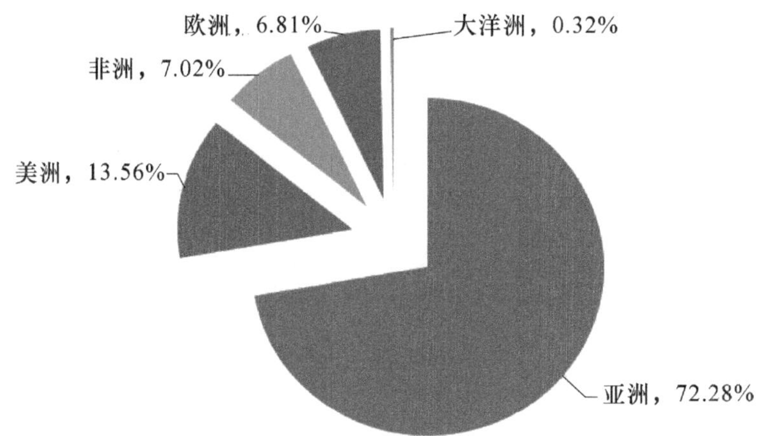

图 4　2013 年世界甜瓜产量洲际分布

2013 年全世界有 117 个国家生产西瓜，产量集中在少数几个国家。如图 5 所示，前 10 位的国家为中国 7 294. 38万 t，占世界西瓜产量的 66. 75%；伊朗 394. 71 万 t，占世界西瓜产量的 3. 61%；土耳其 388. 73 万 t，占世界西瓜产量的 3. 56%；巴西 216. 35 万 t，占世界西瓜产量的 1. 98%；埃及 189. 47 万 t，占世界西瓜产量的 1. 73%；美国 177. 17 万 t，占世界西瓜产量的 1. 62%；乌兹别克斯坦 155. 83 万 t，占世界西瓜产量的 1. 43%；阿尔及利亚 150. 06 万 t，占世界西瓜产量的 1. 37%；俄罗斯 142. 00 万 t，占世界西瓜产量的 1. 30%；越南 116. 26 万 t，占世界西瓜产量的 1. 06%。排在 10 位以后的国家产量均在 100 万 t 以下，产量合计 1 702. 92万 t，共占世界西瓜总产量的 15. 58%，

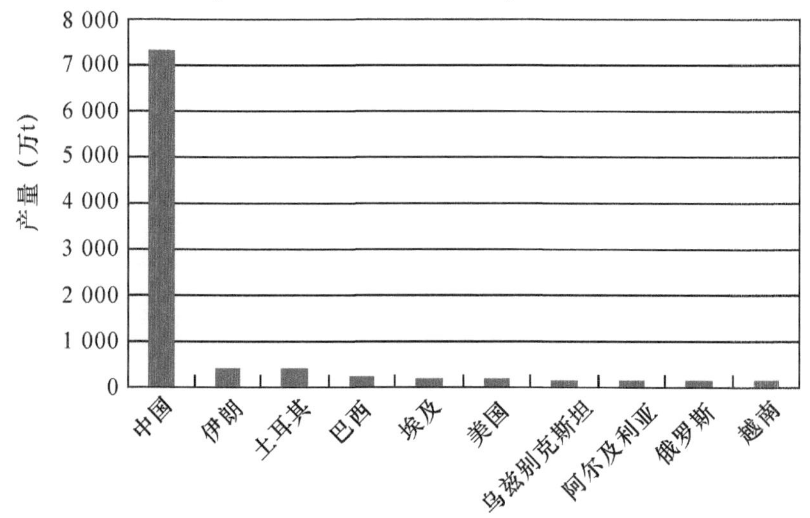

图 5　2013 年世界西瓜产量前 10 位

其中产量在 50 万 t 以上的有 9 个国家，10 万~50 万 t 的有 35 个国家，10 万 t 以下的有 63 个国家，其中 33 个国家不足 1 万 t。

2013 年全世界有 96 个国家生产甜瓜，与西瓜情况类似，集中度较高。如图 6 所示，前 10 位的国家为中国 1 433. 68万 t，占世界甜瓜产量的 48. 66%；土耳其 169. 96 万 t，占世界甜瓜产量的 5. 77%；伊朗 150. 14 万 t，占世界甜瓜产量的 5. 10%；埃及 102. 07 万 t，占世界甜瓜产量的 3. 46%；印度 100. 00 万 t，占世界甜瓜产量的 3. 39%；美国 98. 61 万 t，占世界甜瓜产量的 3. 35%；西班牙 85. 70 万 t，占世界甜瓜产量的 2. 91%；哈萨克斯坦 77. 42 万 t，占世界甜瓜产量的 2. 63%；墨西哥 70. 00 万 t，占世界甜瓜产量的 2. 38%；危地马拉 56. 91 万 t，占世界甜瓜产量的 1. 93%。排在 10 位以后的国家产量均在 60 万 t 以下，产量合计 601. 77 万 t，共占世界甜瓜总产量的 20. 43%，其中产量在 50 万 t 以上的有 3 个国家，10 万~50 万 t 的有 16 个国家，10 万 t 以下的有 67 个国家，其中 39 个国家不足 1 万 t。

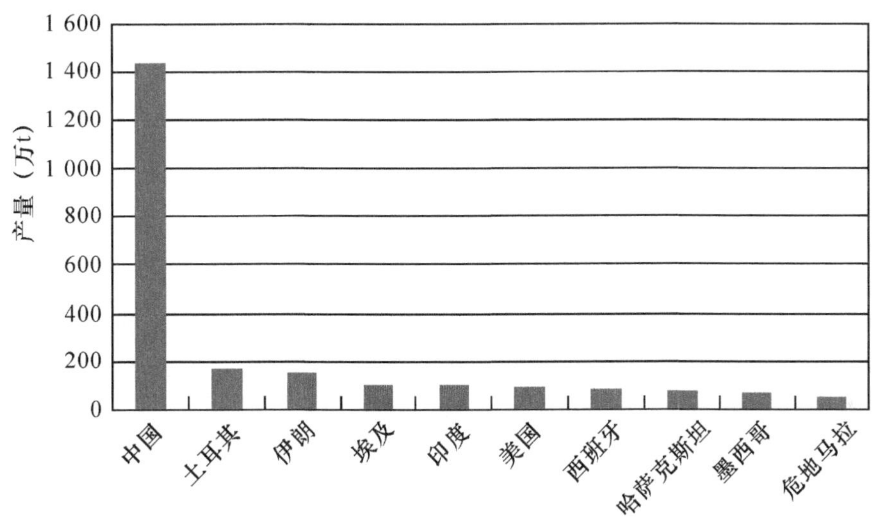

图 6　2013 年世界甜瓜产量前 10 位

2　世界西瓜甜瓜贸易情况

西瓜产量高，在世界水果产量中居首位，但其进出口量却很低，2012 年出口率仅为 2. 8%，各大洲的出口率依次为欧洲 20. 51%，美洲 15. 87%，大洋洲 1. 61%，非洲 0. 90%，亚洲 0. 87%。与西瓜相比，甜瓜的出口率较高，但 2012 年也仅为 7. 74%，各大洲的出口率依次为美洲 20. 31%，欧洲 12. 00%，大洋洲 4. 65%，非洲 1. 12%，亚洲 0. 20%。

2. 1　出口量和出口金额同步增长，出口价格波动增长

世界西瓜出口规模保持以相对稳定的速度扩大，1978 年世界西瓜出口 41. 17 万 t，出口额 7 025万美元，2012 年增长到 297. 69 万 t 和 126 088. 6万美元，分别增长了 6. 23

倍和16.96倍，年均增长率6.63%和10.11%。出口量和出口金额均于2010年出现最高值，分别为318.34万t和127 865.1万美元。如图7，1978—2010年期间世界西瓜出口量有11个年份出现了下降，出口额有6个年份出现了下降，13个年份出口额增长率低于出口量增长率。

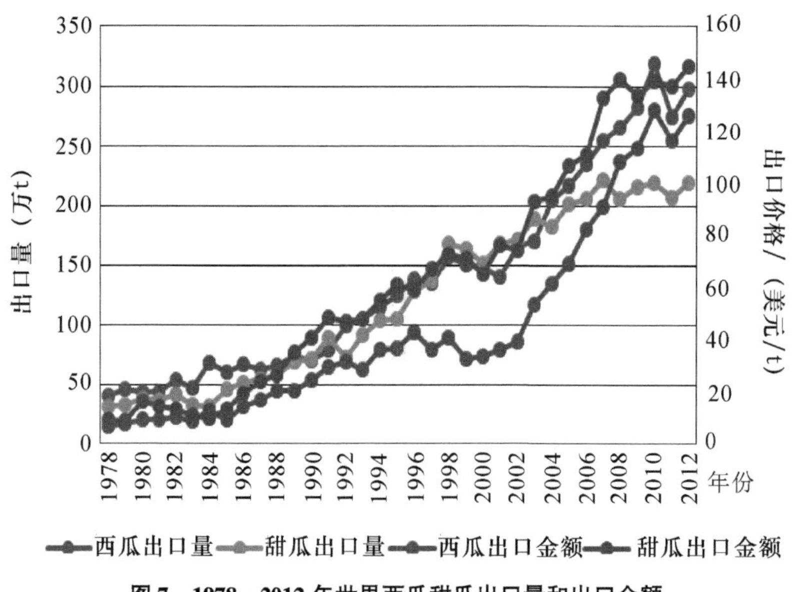

图7　1978—2012年世界西瓜甜瓜出口量和出口金额

1978年世界甜瓜出口32.02万t，出口额9 687万美元，2012年增长到219.69万t和144 644.1万美元，分别增长了5.47倍和13.14倍，年均增长率7.84%和10.59%。出口量和出口金额分别于2007年和2010年出现最高值，为221.78万t和139 264.8万美元。1978—2010年期间世界甜瓜出口量和出口额均有10个年份出现了下降，其中5个年份是同期下降，12个年份出口量增长率高于出口额增长率。

世界西瓜产量虽然是甜瓜产量的三倍以上，但出口量差距较小，出口率远不及甜瓜。1978—2012年，西瓜出口率由1.64%增长到2.79%，年均增长率1.58%；甜瓜出口率由3.78%增长到7.74%，年均增长率2.13%，总体上看，世界西瓜甜瓜出口总体偏低。

与西瓜相比，甜瓜的种植面积和产量偏低，出口量略低，但出口额除1984年以外均较高，特别是1999年和2001年出口金额是西瓜的2倍以上，可见甜瓜的出口价格要高于西瓜。如图8，1978—2012年，西瓜出口价格由170.64美元/t上涨到423.55美元/t，年均增长率为2.71%；甜瓜出口价格由302.60美元/t上涨到658.39美元/t，年均增长率为2.31%。

2.2　世界西瓜贸易集中于欧洲

2.2.1　西瓜出口分布

如图9和图10，世界西瓜出口主要集中在欧洲和美洲，欧洲2012年出口112.84万

图 8　1978—2012 年世界西瓜甜瓜出口价格

t，价值 53 574. 9万美元，占世界西瓜出口量和出口额的 37. 91%和 42. 49%；其次是美洲，出口 99. 76 万 t，价值 47 034. 9万美元，占世界西瓜出口量和出口额的 33. 51%和 37. 30%；再次是亚洲，出口 79. 30 万 t，价值 22 280. 9万美元，占世界西瓜出口量和出口额的 26. 64%和 17. 67%；第四位是非洲，出口 5. 51 万 t，价值 2 919. 5万美元，占世界西瓜出口量和出口额的 1. 85%和 2. 32%；最后是大洋洲，出口 0. 27 万 t，价值 278. 4 万美元，占世界西瓜出口量和出口额的 0. 09%和 0. 22%。

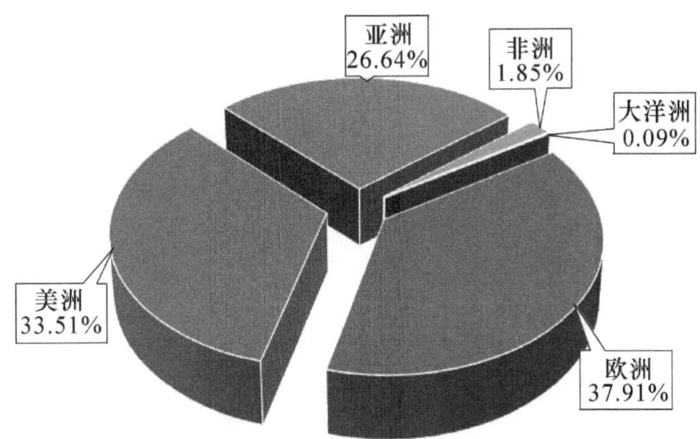

图 9　2012 年世界西瓜出口量洲际分布

2012 年世界西瓜出口国有 112 个，其中有 30 个国家的出口量在万 t 以上，其中 7 个国家达到 10 万 t，占世界西瓜出口总量的 72. 98%，可见世界西瓜出口主要集中在少数国家。排在前 10 位的国家占世界西瓜出口总量的 79. 57%，如图 11 所示，其中欧洲国家 4 个：西班牙、意大利、希腊和荷兰，分别占世界和欧洲出口总量的 30. 93%和 81. 59%；美洲国家 3 个：墨西哥、美国和危地马拉，分别占世界和美洲出口总量的 28. 16%和 84. 03%；亚洲国家 3 个：伊朗、越南和中国，分别占世界和亚洲出口总量的 20. 48%和 76. 86%。西瓜出口量前 3 位的国家分别位于美洲、欧洲和亚洲，共占世界西

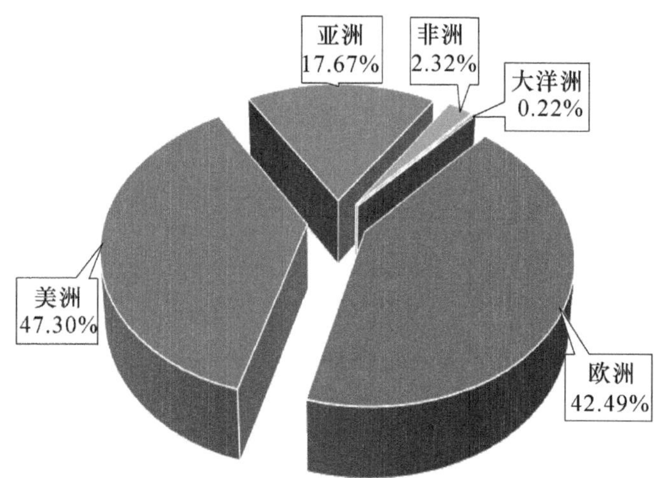

图 10　2012 年世界西瓜出口金额洲际分布

瓜出口数量的比例为 48.18%。其中第一位是墨西哥，分别占世界和美洲出口总量的 18.92%和 56.44%；第二位是西班牙，分别占世界和欧洲出口总量的 17.19%和 45.35%；第三位是伊朗，分别占世界和亚洲出口总量的 12.07%和 45.32%。

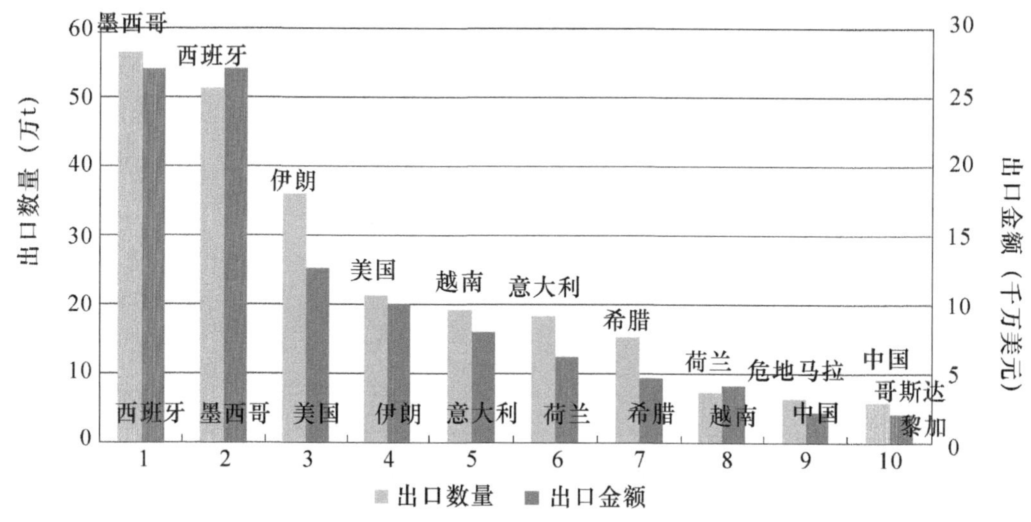

图 11　2012 年世界西瓜出口国家前 10 位

从出口金额上看，排在前 10 位的国家分别为西班牙、墨西哥、伊朗、美国、越南、意大利、希腊、荷兰、危地马拉和哥斯达黎加，与出口数量相比，墨西哥和伊朗下降了 1 位，越南下降了 2 位，危地马拉则由第 9 位下降到第 15 位，西班牙、美国、意大利和中国上升了 1 位，荷兰上升了 2 位，哥斯达黎加由第 13 位上升到第 10 位。

2.2.2　西瓜进口分布

如图 12 和图 13，2012 年欧洲进口西瓜 115.89 万 t，价值 62 506.9万美元，占世界西瓜进口量和进口额的 45.40%和 56.49%；其次是美洲，进口 77.09 万 t，价值

36 172.6万美元，占世界西瓜进口量和进口额的30.20%和32.69%；再次是亚洲，进口61.27万t，价值11 394.4万美元，占世界西瓜进口量和进口额的24.00%和10.30%；第四位是非洲，进口0.78万t，价值277.9万美元，占世界西瓜进口量和进口额的0.31%和0.25%；最后是大洋洲，进口0.22万t，价值300.1万美元，占世界西瓜进口量和进口额的0.09%和0.27%。

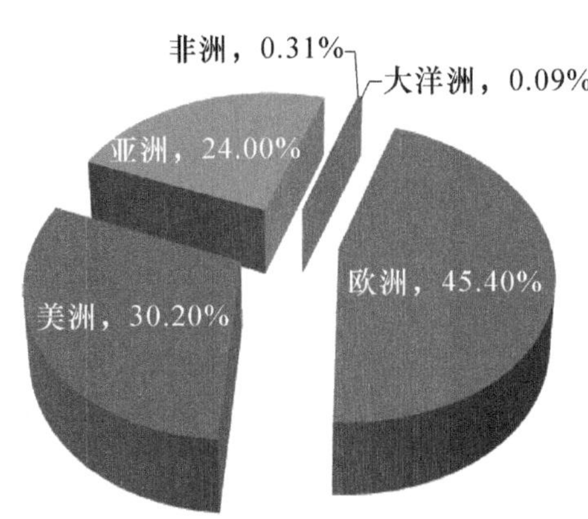

图12　2012年西瓜进口量洲际分布

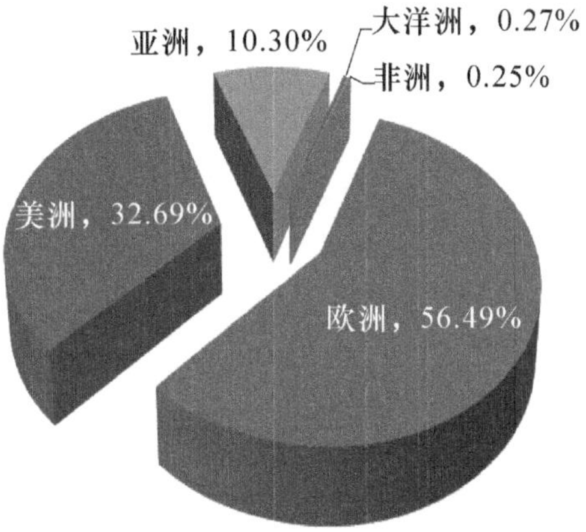

亚洲，10.30%
大洋洲，0.27%
非洲，0.25%
美洲，32.69%
欧洲，56.49%

图13　2012年西瓜进口金额洲际分布

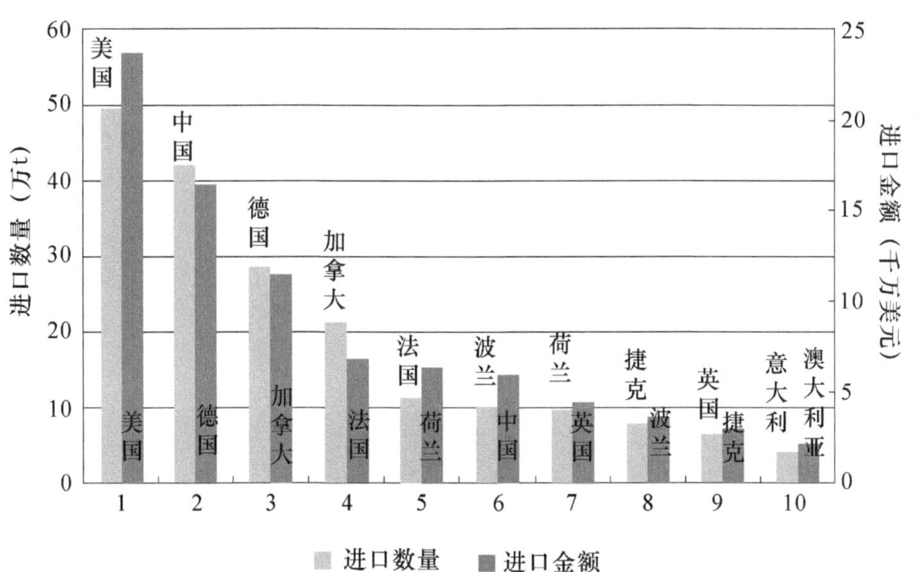

图14　2012年世界西瓜进口国家前10位

2012年世界西瓜进口国有130个，其中有35个国家的进口量在万t以上，其中5个国家达到10万t，占世界西瓜进口总量的59.64%，可见世界西瓜进口主要集中在少数国家。排在前10位的国家占世界西瓜进口总量的74.56%，如图14所示，其中欧洲国家7个：德国、法国、波兰、荷兰、捷克、英国和意大利，分别占世界和欧洲进口总量的30.41%和66.98%；美洲国家2个：美国和加拿大，分别占世界和美洲进口总量的

27.69%和91.70%；亚洲国家1个：中国，分别占世界和亚洲进口总量的16.46%和68.57%。西瓜进口量前3位的国家分别位于美洲、亚洲和欧洲，共占世界西瓜进口数量的比例为46.98%。其中第一位是美国，占世界和美洲进口总量的19.42%和30.76%；第二位是中国，占世界和亚洲进口总量的16.46%和26.89%；第三位是德国，占世界和欧进口总量的11.10%和9.97%。

从进口金额上看，排在前10位的国家分别为美国、德国、加拿大、法国、荷兰、中国、英国、波兰、捷克和澳大利亚，与进口数量相比，美国依然居首位，中国由第2位下降到第6位，波兰第6位下降到第8位，捷克和意大利均下降1位分别为第9位和11位；德国、加拿大、法国均上升了1位，荷兰和英国上升了2位，澳大利亚加由第13位上升到第10位。

2.3 甜瓜出口贸易美洲占优，进口贸易集中于欧洲

2.3.1 甜瓜出口分布

如图15和图16，世界甜瓜出口主要集中在美洲和欧洲，美洲2012年出口127.67万t，价值63 901.5万美元，占世界甜瓜出口量和出口额的58.11%和44.18%；其次是欧洲，出口66.05万t，价值59 839.6万美元，占世界甜瓜出口量和出口额的30.06%和41.37%；再次是亚洲，出口18.33万t，价值12 692.6万美元，占世界甜瓜出口量和出口额的8.34%和8.78%；第四位是非洲，出口6.87万t，价值6 851.2万美元，占世界甜瓜出口量和出口额的3.13%和4.74%；最后是大洋洲，出口0.78万t，价值1 359.2万美元，占世界甜瓜出口量和出口额的0.36%和0.94%。

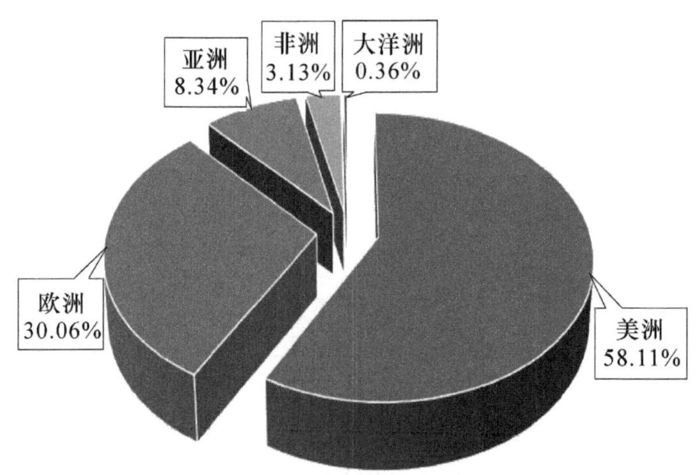

图15 2012年世界甜瓜出口量洲际分布

2012年世界甜瓜出口国有107个，其中有17个国家的出口量在万t以上，8个国家达到10万t，占世界甜瓜出口总量的82.59%，可见世界甜瓜出口主要集中在少数国家。排在前10位的国家占世界甜瓜出口总量的87.66%，如图17所示，其中美洲国家6个：危地马拉、美国、洪都拉斯、巴西、墨西哥和哥斯达黎加，分别占世界和美洲出口总量的57.62%和99.15%；欧洲国家2个：西班牙和荷兰，分别占世界和欧洲出口总

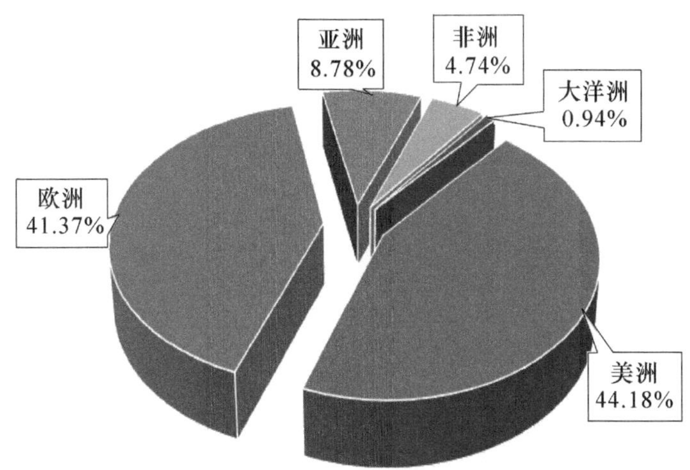

图 16　2012 年世界甜瓜出口金额洲际分布

量的 24.98%和 83.08%；亚洲国家 2 个：中国和伊朗，分别占世界和亚洲出口总量的 5.07%和 60.71%。甜瓜出口量前 2 位的国家出口量十分接近，远高于第 3 位的美国，分别位于欧洲和美洲，共占世界甜瓜出口数量的比例为 39.57%。其中第一位是西班牙，分别占世界和欧洲出口总量的 19.84%和 65.98%；第二位是洪都拉斯，分别占世界和美洲出口总量的 19.739%和 33.95%。

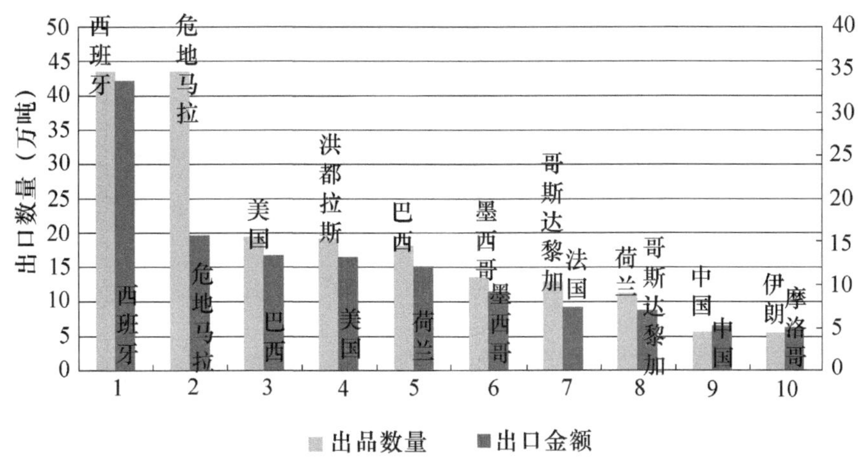

图 17　2012 年世界甜瓜出口国家前 10 位

从出口金额上看，排在前 10 位的国家分别为西班牙、危地马拉、巴西、美国、荷兰、墨西哥、法国、哥斯达黎加、中国和摩洛哥，与出口数量相比，西班牙和危地马拉仍居前两位，墨西哥和中国仍为第 6 和第 9 位，美国和哥斯达黎加下降 1 位，洪都拉斯和伊朗分别下降至第 11 和第 12 位，巴西和荷兰分别上升至第 3 和第 5 位，法国和摩洛哥则由第 13 位和第 12 位上升至第 7 和第 10 位。

2.3.2　甜瓜进口分布

如图 18 和图 19，2012 年欧洲进口甜瓜 100.71 万 t，价值 102 603万美元，占世界甜瓜进口量和进口额的 52.85%和 68.33%；其次是美洲，进口 75.06 万 t，价值 35 136.4万美元，占世界甜瓜进口量和进口额的 39.39%和 23.40%；再次是亚洲，进口 14.34 万 t，价值 11 613.3万美元，占世界甜瓜进口量和进口额的 7.53%和 7.73%；第四位是非洲，进口 0.22 万 t，价值 315.8 万美元，占世界甜瓜进口量和进口额的 0.12%和 0.21%；最后是大洋洲，进口 0.21 万 t，价值 483.1 万美元，占世界甜瓜进口量和进口额的 0.11%和 0.32%。

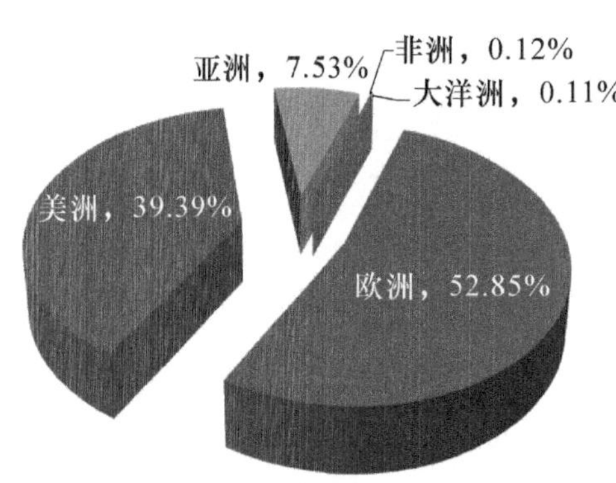

图 18　2012 年甜瓜进口量洲际分布

图 19　2012 年甜瓜进口金额洲际分布

2012 年世界甜瓜进口国有 129 个，其中有 21 个国家的进口量在万 t 以上，其中 6 个国家达到 10 万 t，占世界甜瓜进口总量的 69.76%，可见世界甜瓜进口主要集中在少数国家。排在前 10 位的国家占世界甜瓜进口总量的 80.19%，如图 20 所示，美国是最主要的甜瓜进口国，进口量是第 2 位法国的 1.30 倍，占世界和美洲进口总量的 29.90%和 75.90%。排在 2~9 位的国均位于欧洲，分别是荷兰、法国、英国、加拿大、德国、西班牙、葡萄牙、比利时和意大利，占世界和欧洲进口总量的 50.29%和 95.15%。

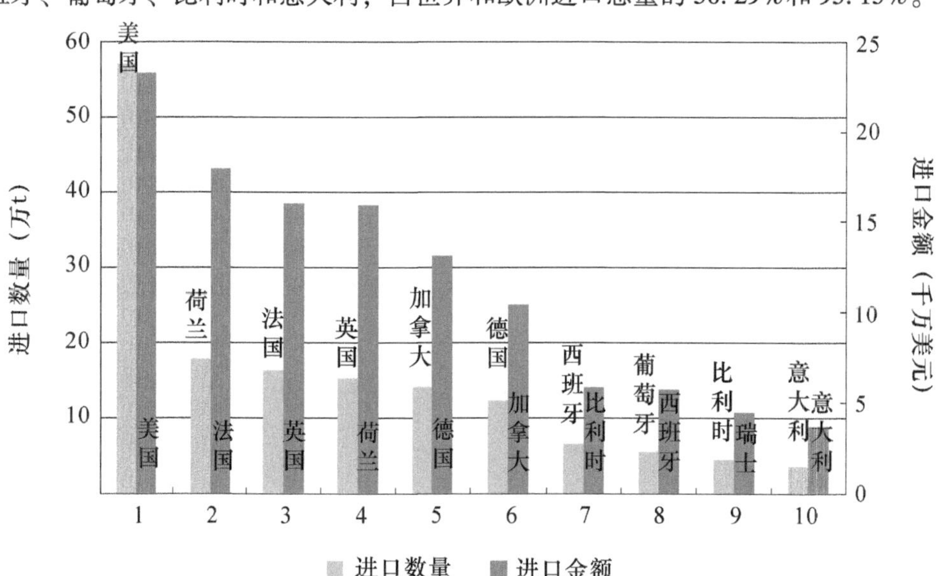

图 20　2012 年世界甜瓜进口国家前 10 位

从进口金额上看，排在前 10 位的国家分别为美国、法国、英国、荷兰、德国、加拿大、比利时、西班牙、瑞士和意大利，与进口数量相比，美国和意大利依然居首位和第 10 位，荷兰由第 2 位下降到第 4 位，加拿大和西班牙均下降 1 位分别为第 6 位和第 8 位，葡萄牙由第 8 位下降到第 12 位；法国、英国、德国和比利时均上升了 1 位，瑞士由第 12 位上升到第 9 位。

3 小 结

随着人们生活水平的日益提高，营养膳食结构不断优化，水果在居民日常食物消费中所占的比例逐渐增加，全球水果需求量也在持续攀升。西瓜甜瓜单产水平高，已成为世界水果产业中发展较快的产业，生产量和贸易量均达到历史新高，世界各主要西瓜甜瓜生产、贸易国（地区）的西瓜甜瓜生产水平也得到了较大发展，很明显，未来人类对西瓜甜瓜的需求仍会继续增加。西瓜甜瓜产业在在快速发展同时也面临着一些新的问题和挑战，如受灾害性天气及病虫害影响严重[2]，上市集中、创新品种不足难以满足消费需求，在生产过程中投入大量化肥农药引发环境污染，耗水量大造成资源浪费，等等。因此，未来世界西瓜甜瓜生产要加大品种创新和技术推广力度，以便满足消费者需求；改进生产方式和发展理念，缓解对环境产生的压力，才能确保可持续发展。

今后西瓜甜瓜的种植面积将缓慢增长甚至出现小幅减少，但由于技术的进步，产量和单产水平仍会持续增长。由于气候、环境和成本等多方面的原因，产地还是集中于亚洲。受经济发展和生活水平的影响，进出口贸易以欧洲和美洲较为活跃，出口率和进出口价格将继续高于其他各洲，特别是欧洲仍是西瓜甜瓜的主要消费市场，但由于发展中国家收入的增长和城市化进程的推进，发展中国家人均消费量将提高，成为世界西瓜甜瓜生产和消费增长的主要驱动力。

参考文献

[1] 张中义，柏桂英，徐萍. 中国西瓜史探讨 [J]. 郑州轻工业学院学报，1995，10（4）：15-18.

[2] 张琳，杨艳涛，文长存，等. 中国西瓜市场分析与展望 [J]. 农业展望，2015（6）：21-24.

[3] 赵姜，王志丹，吴敬学. 中国西瓜甜瓜生产省际间比较优势分析 [J]. 中国瓜菜，2012，25（5）：1-7.

[4] 杨念，孙玉竹，吴敬学. 中国西瓜甜瓜的区域优势分析 [J]. 中国瓜菜，2016，29（3）：14-18.

专题六　中国西瓜甜瓜主产省调研报告

报告一　2015 年浙江省调研报告

西爱琴　吴敬学　张　琳

引　言

浙江省地处我国东南沿海长江三角洲南部，属于亚热带季风季候，山地和丘陵占 70.4%，平原和盆地占 23.2%，河流和湖泊占 6.4%，耕地面积仅 208.17 万 hm^2，故有“七山一水二分田”之说。独特的地貌结构和气候条件，使得浙江省的农业要走特色农业之路。

西瓜是浙江省的重要经济作物和主要农作物品种，被列入浙江省特色优势农产品之一。主要栽培类型主要有大棚早熟栽培、露地和高山栽培等类型。随着大棚等设施条件的改善，近几年西瓜设施栽培发展迅速，已占西瓜种植总面积的 30%以上，宁波的宁海、鄞州，台州的温岭、三门，湖州的德清、长兴，温州的乐清、衢州的常山等地已成为设施西瓜连片规模种植区，区位辐射作用明显，呈增加态势。大棚栽培西瓜主要分布在嘉兴、宁波、台州、湖州、衢州等地，主栽品种为早佳（84-24），栽培面积最大。西瓜露地栽培主要集中在宁波慈溪，嘉兴平湖，温州瑞安、永嘉，金华兰溪、义乌，丽水，绍兴诸暨等地，主栽品种有西农 8 号、87-14、抗病 948，但总体面积呈下降趋势。常山、嘉善、平湖一带主要种植小西瓜，主栽品种为拿比特、早春红玉、小兰、金比特等品种。浙江高山西瓜主要集中在金华、丽水等丘陵山区，上市期集中在 8 月份，主栽品种为浙蜜 3 号，浙蜜 5 号。

浙江省甜瓜种植面积相对较小，产区较为集中，主要集中在嘉兴嘉善、平湖，宁波慈溪、宁海，台州三门、路桥，温州乐清等地。本地传统种植的薄皮甜瓜主导地位已被设施栽培脆肉型甜瓜所替代。其中脆肉型小哈密瓜成为设施甜瓜种植的主栽品种，主栽品种有黄皮 9818、甬甜 5 号、雪里红等。

1　实地调研情况

为深入了解浙江省西甜瓜的微观生产经营情况，浙江省西甜瓜试验站采取典型抽样和随机抽样相结合的办法，在“十二五”期间，每年对西甜瓜产区的瓜农进行详细的问卷调查。调查内容涉及西甜瓜播种方式、生产方式、品种、技术需求、成本、收益及经营风险等情况，以详细考察农户西甜瓜的生产经营状况。五年来，样本总量有 500 多户，除去连续跟踪调查的重复样本，被调查瓜农有 300 多农户，分布于杭州、绍兴、嘉兴、宁波、湖州、衢州、台州和金华 8 个地级市近 30 个县（区）或县级市的 40 多个乡镇或街道，基本涵盖浙江省主要的西甜瓜生产区域。

1.1　户主基本情况

在连续5年的调查样本中，绝大多数农户的户主为男性。户主年龄状况和受教育程度如表1和表2所示。可以看出，西甜瓜种植户户主一般为50岁左右的男性，约3/4左右受到过初中及以上教育（表1、表2）。通过更为详细的样本考察，发现规模越大的瓜农年来越小，受教育程度越高，表明规模农业生产的主力军是有文化的年轻农民。

表1　户主年龄基本情况　（单位：岁）

年份	均值	中值	众数	标准差	方差	极小值	极大值
2011	49.99	49	48	6.71	45.03	34	71
2012	50.45	50	49	9.02	81.32	26	79
2013	48.66	48	48	8.37	86.36	38	64
2014	51.94	51	48	6.41	41.03	38	64
2015	49.30	49	52	4.90	24.03	42	62

表2　户主学历情况占样本量百分比　（单位：%）

年份	小学及以下	初中	高中	大专及以上
2011	38.1	51.9	9.9	0
2012	32.5	53.0	12.0	2.4
2013	20.0	50.0	25.6	4.4
2014	23.9	52.2	22.4	1.5
2015	12.1	42.4	42.4	3.1

1.2　农户家庭基本情况

根据5年来的样本统计情况，农户家庭总人口最少的为2人，最多为9人，85%左右的种植户家庭总人口为3~5人。家庭务农总人口，最少的为1人，最多的为6人，其中85%的家庭务农人口在3~5人。根据农户家庭劳动力的分配状况，可以看出浙江西甜瓜种植户呈现出一定的农业专业化趋势。

在总耕地面积方面，样本农户差异较大。但从均值、众数和中位数来看，从2011年到2015年，浙江省瓜农的经营面积有显著增加，不仅表明西甜瓜是农户主要的农业生产经营项目，也表明土地向大户集中的趋势越来越强，尤其是2013年国家鼓励发展家庭农场以来，单个瓜农的经营规模连续两年有较大幅度提升。详细情况如表3所示。

表3　农户耕地面积及西甜瓜种植面积情况　（单位：亩）

项目	2011年		2012年		2013年		2014年		2015年	
	总面积	西甜瓜面积	总面积	西甜瓜面积	总面积	西甜瓜面积	总面积	西甜瓜面积	总面积	西甜瓜面积
均值	21.72	12.48	13.38	9.34	50.66	25.24	73	37	82.91	48.21

（续表）

项目	2011年		2012年		2013年		2014年		2015年	
	总面积	西甜瓜面积	总面积	西甜瓜面积	总面积	西甜瓜面积	总面积	西甜瓜面积	总面积	西甜瓜面积
中值	12	9	5	3	20	14	20	15	30	15
众数	10	10	2	2	12	12	10	12	30	10
极小值	1	0.5	1	0.5	7.5	1.6	7.5	1.6	10	7
极大值	500	150	100	88	566	100	820	600	820	600

在农户家庭总收入方面，由于瓜农的谨慎性，问卷统计数字可能与实际情况有一定差距，尤其是大规模经营的农户。因而考察极值意义不大，简单平均值的计算也没有意义，应当考察中位数和众数①。根据问卷反映的情况来看，大多数瓜农的年家庭总收入在20万元左右，如表4所示。

表4　农户家庭总收入情况　　（单位：万元）

项目	2015年	2014年	2013年	2012年	2011年
中位数	22	16	16	5	7.7
众数	15	30	20	20	10

2　产出情况分析

2.1　栽培情况

2.1.1　播种面积

根据表3的统计数据显示，2013年、2014年和2015年瓜农的西甜瓜种植面积比2011年和2012年普遍大幅增加，大户的规模增加尤其明显，表明土地在向大户集中，规模化、专业化经营的农业发展态势逐年增强。

2.1.2　播种方式

播种方式方面，与2011年和2012年相比，2013年以后瓜农的播种方式大大改变，采用直播方式大大减少，而采用非嫁接育苗方式的比例大幅增加，非嫁接育苗和嫁接育苗成为农户主要的播种方式，如表5所示。

---

①　由于样本中家庭年收入最高者数值太大，因此简单平均数失去意义，故采用样本中位数和众数来说明被调查农户的家庭总收入情况。在描述其他指标时，标注中位数和众数，也是基于这样的考虑。

表5 西甜瓜播种方式占样本总量百分比 （单位：%）

项目	2015年	2014年	2013年	2012年	2011年
直播	0	9	4	65	39
非嫁接育苗	70	50	60	18	30
嫁接育苗	30	26	30	17	31
其他	0	15	6	0	0

2.1.3 生产方式

生产方式方面，由于浙江地处亚热带，全年平均气温较高，因此农户很少采用日光温室栽培方式。表6显示，2013年开始，中大棚栽培成为瓜农首选的生产方式，采用直播方式的农户数量大幅降低。

表6 西甜瓜生产方式占样本总量百分比 （单位：%）

项目	2015年	2014年	2013年	2012年	2011年
陆地栽培	12	10	10	65	33
小拱棚栽培	3	4	2	10	23
中大棚栽培	85	74	88	23	44
日光温室栽培	0	0	0	2	0
其他	0	12	0	0	0

2.1.4 主要品种类型

在西甜瓜品种类型方面，早中熟品种是大多数农户的选择，种植中晚熟品种的农户越来越少。其中2013年和2014年有些农户同时种植两个品种。如表7所示。

表7 西甜瓜栽培品种占样本总量百分比 （单位：%）

项目	2015年	2014年	2013年	2012年	2011年
早中熟	88	79	71	60	62
中晚熟	12	14	19	32	31
小型西瓜	0	15	30	6	7
无籽西瓜	0	13	4	6	1

注：农户比例加起来超过100%，是因为有些农户种植两个品种。

2.1.5 明年是否种植

从2012年起，问卷中增设瓜农是否继续生产方面的问题，以考察农户西甜瓜生产经营决策的影响因素。在对“您明年是否栽种西甜瓜”问题的回答中，2012—2015年表示会继续种植的农户比例均超过80%，甚至在2015年达到100%。然而，在愿意继续生产的农户中，至少有一半以上的农户希望维持现有规模不变，有少数农户甚至希望降低生产规模。在有意愿扩大经营规模的农户中，扩大的规模从 1~20 亩不等。值得指出的是，受 2013 年“中央一号文件”中鼓励发展“家庭农场”的政策导向的影响，意愿增加规模的农户中，希望扩大的规模数量大幅度增加，从 12 年的 1~2 亩提高到 10 亩甚至 20 亩，表明政策预期对农户生产经营决策有重要影响。

2.1.6 生产补贴

从 2012 年起，问卷中也增设补贴政策对农民生产决策的影响方面的问题。问卷统计结果显示，当补贴提高 5%时，2012 年 80%的农户都表示不会扩大面积，而在 2013—2015 年，至少超过 50%的农户都愿意扩大生产；当补贴提高 10%时，愿意扩大生产的农户数量大幅增加，愿意扩大的面积更是显著增加。例如 2015 年，补贴为 5%时，农户愿意扩的规模为 1~5 亩，其中 80%为 1 亩，而当补贴增加为 10%时，愿意扩大的规模，最少为 5 亩，最大为 50 亩，其中大多数瓜农会扩大 20 亩。可见农户生产规模的变动对政策极为敏感。

2.2 收入情况

2.2.1 年总产量与平均产量

由于播种面积的巨大差异，西甜瓜总产量差距也相当大，因而平均产量更能反映西甜瓜的生产情况。从表 8 可以看出，由于受到栽培品种、栽培方式、病虫害以及台风、霜冻等天气原因的影响，西甜瓜的单产年际波动较大，同时由于农户个体经营方面的差异，亩产的个体差异较大。但总体来看大多数瓜农西甜瓜的亩产量稳定，约 5 000 kg。

表 8 西甜瓜单产 （单位：kg）

项目	2015 年	2014 年	2013 年	2012 年	2011 年
平均数	2 724	3 682	4 104	2 938	3 227
众数	5 000	5 000	4 550	5 000	5 000
最大值	6 000	7 100	8 100	21 333	14 189
最小值	200	155	285	150	300

2.2.2 每亩销售收入

正如前文所述，由于播种面积差异大，因而年销售总收入缺乏可比性，每亩的销售收入更具有说服力和经济意义。表 9 显示的数据来看，2015 年西瓜每亩的销售收入情况比往年都偏低，应该是受到 7 月中旬台风“灿鸿”的影响。

表 9 西甜瓜每亩销售收入 （单位：kg）

项目	2015 年	2014 年	2013 年	2012 年	2011 年
平均数	2 136	8 193	8 333	6 524	6 852
众数	1 000	10 000	7 500	4 000	4 956
最大值	10 000	15 760	50 000	20 500	30 200
最小值	333	522	2 000	800	800

3　投入情况分析

3.1　物质与服务费用

在物质与服务费用方面，样本农户支付每亩的直接费用，2011—2015 年分别为 1 806 元、1 560元、1 981元、2 222元和 2 042元，大多数农户 2015 年支付的费用是 1 955元，与 2014 年（1 756元）和 2013（1 595元）年相比有所增加。物质费用中，农膜占比最大，大约近 3 年都在 40%以上，这与农户采用中大棚生产方式直接相关。其次是农药、化肥、种子等，占比在不同年份之间有所不同。农家肥的支出比较稳定，一般占总支出的 6%左右。其他的项目，排管费、燃烧动力费、工具材料费、修理维护费等指出比例很小，基本没有畜力作业费用。租赁作业费和技术服务费用占比年际稍有波动。

间接费用方面，2011—2015 年样本农户每亩的支出分别为 244 元、110 元、320 元、456 元和 555 元，销售费用近三年逐年递增，可能是因为人工和运输成本提高的缘故。简介费用中比重最大的是固定资产折旧，每年至少 60%左右，其次是销售成本。由于农户基本都是自己管理，因此管理费和财务费非常少，绝大多数瓜农这两项支出均为零。虽然浙江省是国内率先进行农业保险经营制度改革的省份，但从“十二五”期间西甜瓜种植户参保的情况来看，参与比率非常低。

3.2　人工成本

人工成本方面，所有样本农户平均每亩农户自有劳动投入，2011—2015 年分别为 52 天、230 天、127 天、44 天和 83 天，雇工天数，2011—2015 年分别为 41 天、31 天、19 天、6 天和 25 天。从所有样本数据来看，平均每亩人工成本，2011—2015 年分别为 2 446元、4 233元、3 274元、5 693元和 9 512元左右，可以看出西甜瓜生产还是劳动密集型产品，耗工时较多，人工费用较高。

需要指出的是，在工价方面，本地雇工和外地雇工差别较大。例如在宁波市，本地雇工工价约 100 元左右，男性高于女性 10~20 元；而来自安徽、山东等外地雇工的工价明显低于本地，男性 60 元/工，女性为 50 元/工。

3.3　其他附加费用

其他费用方面，每亩种子平均用量为最大为 1. 2 kg，最少为 0. 03 kg，每亩化肥用量约 100~200 kg，每亩农膜平均用量差别很大，最小值是 2 kg，而最大值为 500 kg。据了解，农膜一般可以使用两年，因此如果农户更换农膜的话用量就会大大增加，而如果不换膜，只局部维修，用量就少。

3.4　土地成本

根据样本资料，2011—2014 年大多数农户土地流转的价格是 700 元/亩，2015 年有所上升，平均 860 元左右一亩。土地租金最高为每亩 1 400元，最少为 150 元/亩。大多数农户的自营地折旧要高于租金。土地流转的租金和自营地折旧情况 2014 年与 2013 年相同，说明浙江农村的农地流转市场已经稳定和成熟。

4 偏要素生产率的比较分析

4.1 不同播种方式

不同播种方式下，2011—2015 年分别按产量和收入计算的土地生产率、劳动生产率和资本生产率如表 10 所示。可以看出，总体上 2013 年浙江西甜瓜农户的土地生产率和劳动生产率最高，而 2015 年最低，这与 2015 年 7 月中旬的台风有直接关系。但从资本生产率来看，2015 年却是这五年中最高的。虽然受到台风影响，产量降低，但西瓜的价格上升，因而农户的资金投入产出却大大提高了。综合 5 年的情况来看，三种播种方式中，非嫁接与嫁接方式要优于直播方式。

表 10 不同播种方式下的生产率比较

年份	播种方式	土地生产率		劳动生产率		资本生产率（元）
		产量（kg/亩）	产值（元/亩）	产量（kg/工）	产值（元/工）	
2015	非嫁接	2 942	1 590	168	92	7.7
	嫁接	2 983	2 324	175	121	4.9
2014	1 直播	2 323	3 400	350	558	1.3
	2 非嫁接	8 733	3 734	511	942	0.7
	3 嫁接	4 046	8 837	571	1 686	1.8
	2、3	3 009	5 310	474	1 103	1.4
2013	1 直播	3 002	6 624	143	243	1.4
	2 非嫁接	4 043	9 873	320	770	1.9
	3 嫁接	4 531	9 518	201	462	1.4
	1、3	3 500	8 900	406	1032	1.0
	2、3	3 068	9 063	164	714	2.1
2012	直播	2 943	4 191	512	729	2.1
	非嫁接	2 575	2 435	740	700	1.7
	嫁接	2 328	6 442	195	538	3.9
2011	直播	3 227	6 575	713	1 862	1.8
	非嫁接	3 190	6 701	781	1 951	0.9
	嫁接	3 289	6 485	734	1 949	2.1

4.2 不同栽培方式

按照不同栽培方式，要素生产率的情况如表 11 所示。可以看出，总体上，中大棚栽培方式的土地生产率、劳动生产率水平基本上都是最高的，但资本生产率却有较大的年际波动。2015 年由于受到 7 月中旬台风“灿鸿”的影响，小拱棚和中大棚栽培方式的土地、劳动和资本生产率都低于往年，露地栽培反而收益最高。综合 5 年的情况，总体上中大棚栽培方式优于小拱棚栽培，小拱棚方式优于露地栽培方式。

表 11　不同栽培方式生产率比较

年份	栽培方式	土地生产率		劳动生产率		资本生产率（元）
		产量（kg/亩）	产值（元/亩）	产量（kg/工）	产值（元/工）	
2015	露地	1 780	2 188	82	96	3.1
	小拱棚	3 000	650	75	17	0.4
	中大棚	3 214	938	74	22	0.5
2014	露地	2 833	3 250	719	902	0.7
	小拱棚	2 492	8 083	1 398	833	2.3
	中大棚	4 058	8 783	461	973	0.8
2013	露地	3 257	4 582	354	460	1.5
	小拱棚	2 500	7 625	100	305	0.9
	中大棚	4 232	10 348	259	699	1.8
2012	露地	2 755	3 145	719	821	1.8
	小拱棚	2 706	6 798	160	403	4.8
	中大棚	3 526	9 906	272	765	10.7
2011	露地	3 227	6 403	713	1 862	1.1
	小拱棚	3 358	6 533	762	1 991	1.2
	中大棚	3 311	6 618	748	1 809	1.5

4.3　不同栽培品种

按照不同栽培品种，无籽西瓜的生产率最低，因而近两年农户没有种植无籽西瓜。从各项指标的总体情况开看，小型西瓜应当算是最为高效的生产项目，然而每个品种各有优缺点。详细情况如表 12 所示。

表 12　不同栽培品种生产率比较

年份	栽培品种	土地生产率		劳动生产率		资本生产率（元）
		产量（kg/亩）	产值（元/亩）	产量（kg/工）	产值（元/工）	
2015	早中熟	2 855	2 129	155	106	0.9
	中晚熟	2 562	1 951	148	103	3.0

（续表）

年份	栽培品种	土地生产率		劳动生产率		资本生产率（元）
		产量（kg/亩）	产值（元/亩）	产量（kg/工）	产值（元/工）	
2014	1 早中熟	3 946	8 857	522	901	0.8
	2 中晚熟	3 236	3 019	1 014	1 183	0.9
	3 小型西瓜	4 605	10 438	355	802	1.8
	1、2	1 979	2 704	111	712	0.9
	1、3	2 031	7 133	401	1 218	0.9
2013	1 早中熟	4 255	9 586	201	473	2.2
	2 中晚熟	3 150	4 391	394	549	0.9
	3 小型西瓜	4 671	11 585	571	1 448	1.5
	4 无籽西瓜	4 200	11 418	542	1 512	2.2
	1、3	2 519	8 484	183	685	0.7
2012	早中熟	2 755	3 145	719	821	1.8
	中晚熟	2 706	6 798	160	403	4.8
	小型西瓜	3 526	9 906	272	765	10.7
	无籽西瓜	600	800	150	200	0.8
2011	早中熟	3 233	6 402	715	1 714	0.9
	中晚熟	3 296	6 516	726	1 727	0.9
	小型西瓜	3 262	6 222	817	2 664	3.6

5 技术供需情况分析

5.1 技术需求状况

5.1.1 需求类型

根据2011—2015年的样本统计资料，农户对技术需求情况如表13所示。可以看出，基本上7种技术都是瓜农所需求的。然而，根据样本中农户选择的数量多少，各类技术需求排序有年际变动。其中“省工机械技术”“水肥及管理技术”和“贮运及加工技术”的需求程度逐年提升，而其他提高品质的良种技术、病虫害防控技术、节省成本的高效栽培技术及增加产量的良种技术依然是农户需求的技术。

5.1.2 需求程度

农户对于各类技术的需求急需程度，参见附录中的表1。可以看出，2011—2012年，大多数农户关注“贮运及加工技术”“省工机械技术”和“水肥及管理技术”，相对而言，“提高品质良种技术”“增加产量良种技术”“病虫害防控技术”和“节本高

表 13　农户对各类技术的需求情况　（单位：%）

项目	2011 年		2012 年		2013 年		2014 年		2015 年	
	是	否	是	否	是	否	是	否	是	否
增加产量良种技术	7	94	89	11	97	2	93	7	100	0
提高品质良种技术	8	92	90	10	99	0	100	0	100	0
病虫害防控技术	9	91	95	5	97	2	96	4	97	3
节本高效栽培技术	11	89	86	15	96	1	94	0	100	0
省工机械技术	42	58	52	48	87	12	81	7	97	3
水肥及管理技术	25	75	69	31	90	6	91	4	100	0
贮运及加工技术	43	57	57	43	86	14	77	10	94	6

注：表中有技术需求和无技术需求的百分比加总不等于 100，是因为一些农户没有选择。

效栽培技术”的需求程度大大低于前三种。但从 2013 年开始，“增加产量良种技术”的需求程度大幅提升，而“贮运及加工技术”的需求程度则大大降低。同时，“提高品质良种技术”也逐渐成为制约农户生产的主要因素之一。这表明，目前浙江西甜瓜生产经营主要制约因素为提高产量和质量的新品种及病虫害管理技术。因此，研发、推广高产优质的新品种以及有效的预防病虫害等管理技术，是提高西甜瓜生产经营效率、提高农民收入的重要切入点和突破口。

5.1.3　现有技术水平评价

根据调查资料，农民对现有技术的评价状况如附录中的表 2 所示。总体上，2011—2015 年，瓜农对各类技术的满意程度有所提升，不满意的状况大大改善，其中，“增加产量的良种技术”和“提高品质的良种技术”的满意程度大幅上升。

从表中可以发现，很有意思的是，农民认为现有技术的满足程度最高的是“增加产量的良种技术”和“提高品质的良种技术”，而这两种恰恰也是农民目前需求最迫切的技术。满足程度最低的技术是“贮运及加工技术”“省工机械技术”和“节本高效栽培技术”。而从前文分析来看，近三年这三种技术的需求程度较低。然而尽管需求程度低，但农民确认为是这三种是需要改进的技术。

上述看似矛盾的结论，让我们深思。对于西甜瓜生产技术，农民基本认可目前的产量、品种和栽培技术，但由于是劳动密集型产业，因此农民更渴望降低成本、节省用工以及提高产量的“水肥及管理技术”，并通过品种改良提高产品的产量和品质。

5.2　技术供给状况

根据调查资料，大多数农户都参加过技术培训，但这其中经常参加培训的比例不高。农户获得技术的途径情况，如表 14 所示。

可以看出，在生产技术获取方面，基本上农户还是以自己摸索、凭经验为主。但同时，也有 70%左右的农民是通过向其他农户和农技人员学习获得技术。对比、2011—2015 年瓜农获得技术的途径可以看出，“乡村干部传授”和“龙头企业”途径大大降

表 14　瓜农获得技术途径（农户选择比例）　（单位：%）

年份	摸索、凭经验	跟其他农户干	乡、村干部传授	合作组织指导	媒体宣传	农技人员传授	龙头企业
2015	100	78.79	0	21.21	6.06	27.27	0
2014	97.14	75.71	7.14	28.57	20.00	68.57	8.57
2013	95.56	67.78	5.56	24.44	13.33	61.11	7.78
2012	66.21	55.42	37.32	24.15	31.37	49.49	24.12
2011	96.14	73.48	20.99	11.05	30.21	34.81	2.76

低，“媒体宣传”的途径作用也在弱化，而其他途径的比重则有不同程度的提高。表明浙江瓜农学习技术的途径，除自己学习以及向他人学习和农技人员指导以外，合作社、媒体宣传也逐渐成为获取技术的途径。

需要指出的是，加入合作组织的农户，享受了合作社在技术方面提供相应的服务和指导，如嘉兴市的平湖。与以往分析相同的是，龙头企业和乡村干部在技术供给方面的作用仍然不大。这表明，从技术角度来看，浙江农民还是一家一户单独摸索，但合作组织已经开始在技术服务方面发挥作用。因而可以预见，随着合作组织发展的规范化和成熟度的增强，合作社将会起到越来越大的作用，详细情况见下文分析。

同时也必须看到，浙江的西甜瓜生产在很大程度上仍然是基于小农户家庭经营。因此，在规模化、组织化程度逐渐提高的同时，如何在兼顾小农户的基础上鼓励进行规模化、组织化生产，大概是目前政策制定中最大的难点。

5.3　农户技术培训状况

根据 2011—2015 年的样本数据资料来看，农闲时学习技术与干中学同等重要。

从表 15 可以看出，不论是农闲还是农忙，一半左右的农民在进行农业技术学习。这与前文农民从其他农户及农技人员学习技术相呼应。因此，浙江西甜瓜生产的技术供给和培训，以及组织化、产业化方面还有很大的提高空间。

表 15　农民学习技术情况（农户选择比例）　（单位：%）

项目	2011 年	2012 年	2013 年	2014 年	2015 年
农闲时学习	33.57	12.05	42.22	42.86	33.61
现场学习	21.45	22.91	51.11	52.86	27.56

6　农户参加专业合作组织情况

6.1　农户参与西甜瓜农民专业合作组织的情况

就调查情况来看，参加合作社农户的比重越来越高，2014 年和 2015 年均有超过 40%的瓜农加入了西甜瓜合作组织。其中，最早加入合作社的是 2001 年，最晚的是

2012年。其中，2007年之前加入合作社的有10户，2007年及之后加入的有21户。再一次验证2007年《中华人民共和国农民专业合作社法》的颁布对农民合作社的推动作用。根据调研结果来看，尽管仍然有超过一半的农户没有加入合作组织，但是当问到“您是否愿意加入西甜瓜农民专业合作组织”时，一半以上的农户都表示“愿意”。需要指出的是，加入西甜瓜农民专业合作组织的农户，其合作组织成员主要集中于本村或本乡镇范围，跨地区合作社数量很少。

农民希望西甜瓜合作组织提供的服务情况如表16所示。总体上，瓜农对合作社的期望都有不同程度的提高，表明浙江西甜瓜生产对合作组织的依赖性逐渐增强。其中，“技术服务”一直是农户希望合作组织提供的，而“金融服务”和“同一品牌”的需求大幅提升，表明随着国家鼓励家庭农场等政策的出台，给予农户较好的前景预期，因而农户的经营规模扩大，对资金的需求和品牌统一的需求大大上升。规模的扩大，使得商品化程度大大增加，农户的品牌经营意识大幅提升。

表16　农民希望合作组织提供的服务情况（选择比例）　（单位：%）

年份	技术服务	市场信息	农资供应	西甜瓜加工	贮藏运输	西甜瓜销售	统一品牌	金融服务
2015	87.88	87.88	84.85	72.73	72.73	75.76	72.73	72.73
2014	90.00	94.29	80.00	58.57	60.00	94.29	54.29	57.14
2013	77.78	75.56	70.00	54.44	54.44	78.89	57.78	56.67
2012	66.21	55.42	37.31	24.13	31.35	49.46	24.17	15.72
2011	81.32	68.51	70.17	54.14	40.33	87.39	54.69	30.39

6.2　专业合作组织对农户收入的影响

为考察加入合作组织对瓜农收入的影响情况，我们区别两种类型的农户，分别统计了年种植收入、商品粮、销售价格、每年投入的劳动量和资金情况，如附录中的表3所示。

可以看出，加入合作社的农户，商品率、价格和普遍高于未加入合作社的农户，但在其他各项指标上则不一定。这说明虽然加入合作社的农户一般经营规模要大于未加入合作社农户的经营规模，但也有些大户未加入合作社，但近两年，加入合作社农户的种植收入、每年投入的劳动时数和资金数额都远远大于未加入合作社农户，表明合作社社员的经营规模扩大。

总体上的分析表明，合作社在统一销售、品牌等市场服务方面发挥了一定的积极作用。这也与前文大多数未加入合作社农户希望加入合作社的分析相吻合。

7　西甜瓜生产经营风险及其管理情况

7.1　风险来源及影响

农户进行西甜瓜生产面临的主要风险是自然风险与病虫害，其中最主要的是自然风险，包括台风、雪灾、雹灾、洪涝等。其次是种苗质量问题和市场价格变动。超过80%的被调查农户认为由于天气气候导致的产量损失对其生产经营有很大影响。基本上每年浙江都会有连续阴雨天气或者台风等自然灾害，这对西甜瓜产量和品质都有一定影响。相对而言，政策因素和储存加工技术对瓜农的生产经营影响最小。

7.2 风险管理措施及效果

针对上述风险情况，当地农户采用的应对方法非常有限，主要是大棚加固、排涝、挡水等，但效果有限。在对农业风险管理措施的认知方面，农户认为最有效的措施是采用新品种和提高技术和管理水平。其次，签订合同和加入农业合作社也是农户采取的措施，但效果一般。需要指出的是，由于目前的西瓜保险期主要指瓜苗移栽成熟后，育苗前不在保险期内，因此农民基本上全部自己承担风险。投资排水等基础设施虽然为近半数农户采用，但农户认为效果不明显。

浙江省 2006 年小范围试点露地西瓜保险。但根据实地调查情况，大多数农户并没有购买农业保险，有些地方没有试点。但西甜瓜种植户基本上都希望购买农业保险来弱化经营风险。

例如，在平湖市，尽管西甜瓜已列入政策性农业保险范畴，但由于对灾害风险受理范围较窄（只有暴雨、台风、龙卷风等不多的灾害险），与瓜农的期望差距较大，农民投保积极性不高，故无论是露地西瓜（起保面积需在 20 亩以上，达标的很少）还是大棚西瓜投保率都很低。此外，西瓜保险只针对钢管大棚农户，而一些地区，例如在宁海，西甜瓜栽培主要以毛竹为主，因此尽管农户有意愿购买农业保险，却没有合适的产品。

总体上，在西甜瓜保险的试点过程中，保险条款先后改动较大，对农户损失最大的农膜和在田西瓜损失方面赔付过小，使农户投保积极性不高，另外对台风过后的定险级别，损失程度没有双方接受的标准，实际操作困难。还有区域性定损不平衡、保险公司程序复杂、缺少人手，和农户总的素质是影响农业保险发展的因素。

7.3 西甜瓜保险购买情况

根据调查资料，有少数农户曾购买过西甜瓜保险，但比例偏少。购买西甜瓜保险的主要原因是“亲友推荐”和“买保险才能享受政府的一些优惠政策”。这些农民喜欢的投保方式是“一家一户单独投保”，且认为政府应当对农民购买西甜瓜保险给予补贴。也有个别农户认为可以几户联合起来投保或通过合作社投保。绝大多数购买过保险的农民认为农业保险具有一定作用，且认为当产量损失达到平均水平的 20%时应当获得赔偿。

未购买西甜瓜保险的农户，主要原因依次是保险条款复杂难懂、理赔太麻烦、作用不大、手续太烦琐。极少数农户因“补贴太少”“保险费太高”而没有购买。另有 2 户没有听说过农业保险。

综合上述两类农户对于西甜瓜保险的认知，可以看出，政府适当提高补贴，会提高农民购买西甜瓜保险的购买意愿，同时也需要简化农业保险条款和理赔手续，才能增强农户的购买意愿，促进农业保险的纵深发展。

7.4 保险购买意愿情况

尽管很多农户并没有购买农业保险，但却有较强的购买意愿。大多数购买过农业保险的瓜农，每亩的支付意愿和受偿意愿分别为80元和3 000元，而未曾购买过农业保险的瓜农，大多数的支付意愿和受偿意愿分别是50元/亩和5 000元/亩。

总体上，“十二五”前期，大多数购买过西甜瓜保险的农户，支付意愿高于未曾购买过保险的农户，但是期望得到的赔偿金额却低于后者。但到近两年来，二者支付意愿和受偿意愿基本一致。表明农户对农业保险的认知趋于稳定和理性。

8　结论与政策启示

8.1　结论

根据5年的农户实地调查资料，对浙江省西甜瓜生产经营、技术供求、合作组织发展及风险及其管理状况的分析，可以得出以下结论。

第一，西甜瓜是浙江省重要的经济作物，也是一些农户最主要的农业生产项目和家庭收入来源。浙江省西甜瓜的生产经营规模化趋势增强，农户间的土地流转市场也逐渐成熟和稳定，直接引起农户劳动力配置的农业专业化程度提高。但务农人口的老龄化问题仍然较为突出。

第二，在播种方式方面，非嫁接育苗和嫁接育苗逐渐成为农户的主要选择；生产方式方面，浙江瓜农主要采取中大棚栽培方式和小拱棚方式；在产品类别方面，早熟品种和中晚熟品种是主要的类型。也有一些瓜农采取混合播种方式、生产方式和品种类型的做法，但总体上效果不是很理想，要素生产率不高。

第三，农户的生产经营决策受政策影响大。绝大多数瓜农会在下一年继续种植西甜瓜，其中，愿意维持现有规模的农户比例逐渐递减，而愿意增加规模的农户数量和比例逐渐增加，且愿意扩大规模的农户中，农户生产规模变动对补贴非常敏感。表明农户种植西甜瓜的生产决策受到农业政策影响的非常明显。因此提高生产补贴则会激励农户大幅度扩大生产规模。

第四，西甜瓜生产仍然是劳动密集型。在瓜农生产的各项费用支出中，人工成本依然是最主要的支出，其次是购买农膜、化肥、农药等农业生产资料支出。

第五，农民基本认可目前的产量、品种和栽培技术，但仍然对提高产量和品质的技术有较高的需求。同时由于是劳动密集型产业，因此农民也渴望降低成本、节省用工以及提高产量的“水肥及管理技术”。农民种植西甜瓜主要凭自己的经验和摸索，在农闲或者农忙时大多数农民都在学习技术。合作社、媒体宣传也逐渐成为获取技术的途径。

第六，偏要素生产率方面，从5年整体情况来看，三种播种方式中，非嫁接与嫁接方式要优于直播方式，中大棚栽培方式的土地生产率、劳动生产率水平基本上都是最高的，而按照不同栽培品种来看，无籽西瓜的生产率最低，因而近两年农户没有种植无籽西瓜。从各项指标的总体情况开看，小型西瓜应当算是最为高效的生产项目，然而每个品种各有优缺点。

第七，加入合作社的农户比例大大增加，但合作社成员的范围主要局限于本村或本乡镇范围，跨地区合作组织数量很少。加入合作组织的农户，商品率、价格等均高于未加入合作组织的农户。瓜农对合作社提供金融服务、同一品牌等销售及技术服务的需求大大增强。加入合作社也成为瓜农的风险管理措施之一。

第八，农户目前进行西甜瓜生产主要的风险来源是天气、气候等自然因素，其次种苗质量问题和市场价格波动。农户采取的风险管理措施主要是靠自身提高管理和技术水平、采用新品种。西甜瓜保险作为风险管理的手段效果有待提高，但农户购买意愿强烈，部分瓜农对保险补贴较为敏感。农户购买保险愿意支付的费率是每亩 50~80 元。农户期望得到的赔付在每亩 3 000~5 000元，远高于目前的保障水平。

8.2 政策启示

第一，浙江省农业规模化经营趋势增强，适当提高对西甜瓜生产经营补贴，不仅可以在很大程度上促进规模化、专业化生产，还可以促进合作社的发展与农业保险的开展。因此，在各项政策措施的设计方面，如何在兼顾小农户的基础上鼓励进行规模化、组织化生产，大概是目前政策制定中最大的难点。

第二，在鼓励和促进合作组织发展方面，一方面要积极稳妥地推进合作组织的功能深化和多样化，向成员提供技术、市场、金融等综合服务，并对非成员起到带动和示范作用；另一方面要鼓励来自不同乡镇、县区的农户的联合，推动跨地区合作社的发展。

第三，积极促进产学研一体化。政府鼓励科研院所和高校研发并推广高效优质的新品种，提升产品品质、提高产量，并通过各种形式对农民进行水肥和管理及病虫害防治技术指导。同时，职业化的年轻农民队伍已经显露头角，应当继续加大力度增强农民队伍的知识化、年轻化和职业化。

第四，继续深入推进西甜瓜保险发展，拓宽西甜瓜保险覆盖面，适当降低参保门槛，降低保险费率，延长保险期，稳定保险条款、简化理赔手续、提高理赔效率，并适当对农户购买西甜瓜保险提供补贴。

第五，继续深入推进农业和农村的全面改革，整合农村服务体系，将合作组织、农业保险、农技推广等纳入新农村建设规划和布局，形成农村良好的生态、文化环境，配合土地流转、农业补贴等各项政策，吸引部分青壮年劳力回乡务农，提升整体的生产力水平，增强西甜瓜产业的后续发展动力。

附录

附表 1　各类技术的需求排序（农户选择比例）　（单位：%）

年份	项目	第一位	第二位	第三位	第四位	第五位	第六位	第七位
2015	增产	48.48	12.12	18.18	18.18	0.00	0.00	0.00
	提质	36.36	36.36	12.12	0.00	12.12	0.00	0.00
	防虫	0.00	39.39	36.36	21.21	0.00	0.00	0.00
	节本	0.00	3.03	3.03	42.42	12.12	30.30	0.00
	省工	0.00	12.12	0.00	0.00	6.06	12.12	57.58
	水肥	12.12	0.00	18.18	9.09	6.06	39.39	6.06
	贮运	0.00	0.00	0.00	3.03	51.52	9.09	21.21

（续表）

年份	项目	第一位	第二位	第三位	第四位	第五位	第六位	第七位
2014	增产	27.14	10.00	15.71	20.00	2.86	2.86	0.00
	提质	30.00	22.86	18.57	2.86	12.86	1.43	0.00
	防虫	8.57	32.86	17.14	18.57	2.86	0.00	0.00
	节本	1.43	4.29	10.00	31.43	2.86	25.71	0.00
	省工	1.43	15.71	1.43	1.43	1.43	1.43	47.14
	水肥	14.29	1.43	20.00	1.43	7.14	38.33	0.00
	贮运	0.00	1.43	0.00	2.86	42.86	2.86	21.43
2013	增产	27.78	28.89	6.67	2.22	1.11	10.00	0.00
	提质	2.22	17.78	36.67	2.22	11.11	1.11	0.00
	防虫	18.89	18.89	10.00	10.00	1.11	17.78	0.00
	节本	13.33	2.22	18.89	33.33	1.11	1.11	2.22
	省工	2.22	7.78	3.33	2.22	1.11	6.67	11.11
	水肥	4.44	0.00	0.00	20.00	2.22	34.44	3.33
	贮运	0.00	0.00	0.00	0.00	47.78	0.00	16.67
2012	增产	4.80	9.60	12.00	12.00	15.70	28.90	16.90
	提质	4.80	1.20	7.20	14.50	33.70	20.50	18.10
	防虫	4.80	8.40	10.80	15.70	12.00	20.50	27.70
	节本	9.60	6.00	18.10	25.30	14.50	9.60	16.90
	省工	30.10	27.70	15.70	10.80	6.00	2.40	7.20
	水肥	16.90	22.90	22.90	9.60	9.60	10.80	7.20
	贮运	28.90	24.10	14.50	10.80	9.60	6.00	6.00
2011	增产	6.60	4.90	5.50	8.80	17.60	18.70	37.90
	提质	2.80	4.90	9.90	9.90	17.00	37.90	17.60
	防虫	7.70	8.80	8.20	30.80	13.20	12.60	18.70
	节本	7.80	7.10	10.40	19.80	31.30	8.80	14.80
	省工	32.60	14.30	23.60	14.80	6.00	7.10	1.60
	水肥	23.20	20.30	30.20	6.60	7.10	6.60	6.00
	贮运	30.90	37.40	12.60	8.20	4.40	4.40	2.10

附表2　现有技术的满足程度（农户选择比例）　　（单位：%）

年份	项目	满足	基本满足	有待提高	亟待提高
2015	增加产量良种技术	57.58	27.27	15.15	0.00
	提高品质良种技术	27.27	24.24	48.48	0.00
	病虫害防控技术	3.03	57.58	21.21	18.18
	节本高效栽培技术	21.21	27.27	51.52	0.00
	省工机械技术	21.21	15.15	60.61	0.00
	水肥及管理技术	18.18	18.18	63.64	0.00
	贮运及加工技术	6.06	15.15	72.73	0.00

（续表）

年份	项目	满足	基本满足	有待提高	亟待提高
2014	增加产量良种技术	51.43	28.57	20	0
	提高品质良种技术	31.43	34.29	32.86	1.43
	病虫害防控技术	4.29	55.71	24.29	14.29
	节本高效栽培技术	15.71	24.29	52.86	2.86
	省工机械技术	18.57	11.43	55.71	2.86
	水肥及管理技术	20	11.43	64.29	0
	贮运及加工技术	4.29	17.14	62.86	2.86
2013	增加产量良种技术	53.33	36.67	4.44	14.44
	提高品质良种技术	21.11	22.22	58.89	18.89
	病虫害防控技术	24.44	36.67	23.33	61.11
	节本高效栽培技术	1.11	4.44	13.33	3.33
	省工机械技术	53.33	36.67	4.44	14.44
	水肥及管理技术	21.11	22.22	58.89	18.89
	贮运及加工技术	24.44	36.67	23.33	61.11
2012	增加产量良种技术	13.25	53.01	51.81	51.81
	提高品质良种技术	4.82	53.01	51.81	51.81
	病虫害防控技术	7.23	40.96	39.76	39.76
	节本高效栽培技术	6.02	33.73	32.53	32.53
	省工机械技术	19.28	42.17	42.17	42.17
	水肥及管理技术	12.05	55.42	55.42	54.22
	贮运及加工技术	19.28	43.37	43.37	42.17
2011	增加产量良种技术	4.97	27.07	27.07	27.07
	提高品质良种技术	2.76	32.04	31.49	31.49
	病虫害防控技术	1.10	17.68	17.13	16.57
	节本高效栽培技术	1.10	30.94	30.39	29.83
	省工机械技术	7.18	13.26	12.71	12.15
	水肥及管理技术	2.76	14.36	14.36	14.36
	贮运及加工技术	4.42	11.60	11.60	11.05

附表 3　加入合作组织对农民收入的影响

项目		2011 年		2012 年		2013 年		2014 年		2015 年	
		加入	未加入	加入	未加入	加入	未加入	加入	未加入	加入	未加入
种植收入（元/年）	均值	539 605	77 309	7 375	7 114	144 815	48 472	140 664	78 856	206 000	140 722
	中位数	384 240	34 500	7 000	4 667	55 000	50 000	100 800	80 000	145 000	145 000
	众数	1 000 000	100 000	6 000	4 000	200 000	50 000	100 000	100 000	500 000	150 000
商品率（%）	均值	95. 5	93	85	83. 8	89	85	89	83	87	84
	中位数	96. 5	94	85	90	90	85	90	85	90	85
	众数	99	95	90	90	90	80	90	80	90	80
销售价格（元）	均值	2. 1	2	2. 2	2. 3	2. 6	1. 8	3. 0	2. 7	3. 5	3. 0
	中位数	2. 1	2	2. 1	2. 0	2. 7	2. 0	3. 0	2. 0	2. 2	2. 2
	众数	1. 2	1. 1	—	2. 0	2. 8	0. 9	3. 0	1. 8	2. 2	2. 2
年投工时（工）	均值	1 833	607	206	128	887	370	929	420	277	180
	中位数	1 650	500	125	100	800	400	950	400	183	153
	众数	195	500	—	100	1 600	90	1 600	90	160	—
年投资金（元）	均值	305 717	31477	30 000	45 540	110 250	41 836	106 150	43 583	117 000	70 556
	中位数	330 000	12 000	17 000	36 000	135 000	50 000	120 000	50 000	90 000	57 500
	众数	80 000	30 000	—	20 000	150 000	50 000	150 000	100 000	80 000	100 000

报告二　2015 年山东省西甜瓜产业技术体系调研报告

周衍平　吴敬学　毛世平

1　山东省西甜瓜产业基本情况

1.1　基于统计资料的山东省与全国西甜瓜种植总体情况

山东省是西甜瓜生产大省，是我国重要西甜瓜生产基地，西甜瓜生产面积、生产总量和单产水平在全国名列前茅。20 世纪 80 年代以来，山东省西瓜甜瓜种植面积迅速扩大，生产水平大幅度提高。2006 年山东省西瓜播种面积 212. 3 千 hm^2，占全国播种面积的 11. 89%；西瓜总产量 1 016. 1万 t，占全国西瓜总产量的 16. 23%。西瓜播种面积和产量仅次于河南，均居全国第 2 位。2006 年山东省甜瓜播种面积 39. 2 千 hm^2，占全国播种面积的 11. 11%，居全国第 4 位；甜瓜总产量 149. 5 万 t，占全国总产量的 15. 49%，居全国第 1 位。

由表 1 可知，2008 年全国西瓜播种面积 1 733. 3千 hm^2，总产量为 6 282. 2万 t。山东省西瓜播种面积为 201. 9 千 hm^2，占全国播种面积的 11. 65%；西瓜总产量为 996. 3 万 t，占全国总产量的 15. 86%。2009 年全国西瓜播种面积 1 764. 8千 hm^2，总产量为 6 478. 5万 t。山东省西瓜播种面积为 208. 9 千 hm^2，占全国播种面积的 11. 84%；西瓜总产量为 1 045. 3万 t，占全国总产量的 16. 13%。2010 年山东省西瓜生产稳定发展，播种面积为 213. 0 千 hm^2，占全国播种面积的 11. 75%；总产量为 1 085. 3万 t，占全国总产量的 15. 92%。2011 年山东省西瓜种植生产有所下降，播种面积为 203. 5 千 hm^2，占全国播种面积的 11. 29%；总产量为 1 079. 8万 t，占全国总产量的 15. 67%。2012 年山东省西瓜种植生产有所增加，播种面积为 205. 7 千 hm^2，占全国播种面积的 11. 42%；总产量为 1 105. 1万 t，占全国总产量的 15. 63%。2013 年山东省西瓜种植生产有所增加，播种面积为 207. 4 千 hm^2，占全国播种面积的 11. 34%；总产量为 1 109. 2万 t，占全国总产量的 15. 21%。2014 年山东省西瓜种植面积略有增加，播种面积为 209. 4 千 hm^2，同比增加 0. 96%；总产量有所提高，2014 年西瓜总产量为 1 138. 5万 t，比 2013 年增长 2. 64%。

2008 年全国甜瓜播种面积 361. 7 千 hm^2，总产量为 1 193. 4万 t。山东省甜瓜播种面积为 37. 2 千 hm^2，占全国播种面积的 10. 29%；甜瓜总产量为 145. 1 万 t，占全国总产量的 12. 16%。2009 年全国甜瓜播种面积 389. 9 千 hm^2，总产量为 1 215. 4万 t。山东省甜瓜播种面积为 43. 5 千 hm^2，占全国播种面积的 11. 15%；甜瓜总产量为 178. 1 万 t，占全国总产量的 14. 65%。2010 年山东省甜瓜产业发展稳定，播种面积为 44. 3 千 hm^2，占全国播种面积的 11. 26%；总产量为 182. 4 万 t，占全国总产量的 14. 87%。2011 年山东

表1　山东省与全国西甜瓜种植基本情况

单位：面积——千 hm^2，产量——万 t

项目	年份	面积与产量	全国	山东省	山东省占全国的比例（%）
西瓜	2008	播种面积	1 733.3	201.9	11.65
		总产量	6 282.2	996.3	15.86
	2009	播种面积	1 764.8	208.9	11.84
		总产量	6 478.5	1 045.3	16.13
	2010	播种面积	1 812.5	213.0	11.75
		总产量	6 818.1	1 085.3	15.92
	2011	播种面积	1 803.2	203.5	11.29
		总产量	6 889.4	1 079.8	15.67
	2012	播种面积	1 801.5	205.7	11.42
		总产量	7 071.3	1 105.1	15.63
	2013	播种面积	1 828.2	207.4	11.34
		总产量	7 294.4	1 109.2	15.21
	2014	播种面积		209.4	
		总产量		1 138.5	
甜瓜	2008	播种面积	361.7	37.2	10.29
		总产量	1 193.4	145.1	12.16
	2009	播种面积	389.9	43.5	11.15
		总产量	1 215.4	178.1	14.65
	2010	播种面积	393.3	44.3	11.26
		总产量	1 226.7	182.4	14.87
	2011	播种面积	397.4	46.9	11.80
		总产量	1 278.5	198.0	15.49
	2012	播种面积	410.4	49.5	12.06
		总产量	1 331.6	210.3	15.79
	2013	播种面积	423.1	48.9	11.56
		总产量	1 433.7	220.2	15.36
	2014	播种面积		49.1	
		总产量		224.5	

资料来源：历年《中国农业年鉴》《山东统计年鉴》

省甜瓜产业持续发展，播种面积扩大为46.9千 hm^2，占全国播种面积的11.80%；甜瓜总产量增加为198.0万t，占全国总产量的15.49%。2012年山东省与全国甜瓜产业进一步发展，播种面积与产量均创近年来新高。山东省 2012 年播种面积扩大为 49.5 千 hm^2，占全国播种面积的 12.06%；甜瓜总产量提高为 210.3 万 t，占全国总产量的 15.79%。2013 年山东省甜瓜生产略有减少，播种面积为 48.9 千 hm^2，占全国播种面积的 11.56%；甜瓜总产量提高为 220.2 万 t，占全国总产量的 15.36%。2014 年山东省甜瓜种植有所回升，播种面积为 49.1 千 hm^2，虽不及 2012 年，但同比上升 0.41%；甜瓜总产量提高为 224.5 万 t，创历史新高，同比增加 1.95%。

由表 1 知，山东省历年西甜瓜单产水平远高于同期全国平均水平。从已有的统计数据测算，2008 年全国西瓜、甜瓜平均单产水平分别为 2 416.28 kg/亩和 2 199.61kg/亩，同期山东省平均单产水平分别为 3 289.75 kg/亩和 2 600.36 kg/亩，分别高出全国平均水平 36.15% 和 18.22%；2009 年全国西瓜、甜瓜平均单产分别为 2 447.30 kg/亩、2 078.14 kg/亩，同期山东省平均水平分别为 3 335.89 kg/亩和 2 729.50 kg/亩，分别比全国平均水平高出 36.31% 和 31.34%；2010 年全国西瓜、甜瓜平均单产分别为 2 507.81 kg/亩和 2 079.33 kg/亩，同期山东省平均水平分别为 3 396.87 kg/亩、2 744.92 kg/亩，分别高出全国平均水平 35.45%和 32.01%；2011 年全国西瓜、甜瓜平均单产分别为 2 547.10 kg/亩和 2 144.77 kg/亩，同期山东省平均水平分别为 3 537.43 kg/亩、2 814.50 kg/亩，分别高出全国平均水平 38.88%和 31.23%；2012 年全国西瓜、甜瓜平均单产分别为 2 616.82 kg/亩和 2 163.09 kg/亩，同期山东省平均水平分别为 3 581.59 kg/亩、2 832.32 kg/亩，分别高出全国平均水平 36.87%和 30.94%；2013 年全国西瓜、甜瓜平均单产分别为 2 659.96 kg/亩和 2 259.04 kg/亩，同期山东省平均水平分别为 3 565.41 kg/亩、3 002.04 kg/亩，分别高出全国平均水平 34.04%和 32.89%。2014 年山东省西瓜平均单产为 3 624.64 kg/亩，比 2013 年增长 1.66%，甜瓜平均单产为 3 048.20 kg/亩，与 2013 年相比增产 1.54%。西甜瓜平均单产水连年创历史新高，表明随着西甜瓜产业发展，山东省瓜农具有较高的西甜瓜种植生产技术水平，西甜瓜产业已成为山东省的重要产业。

1.2　基于调查资料的山东省西甜瓜生产成本收益情况

由于缺乏全国性和山东省等地方区域性西甜瓜生产成本与收益的相关统计数据资料，本部分主要依据调查结果进行总体分析。根据山东省西甜瓜产业生产布局与产业组织情况，项目组主要对青州、昌乐、寿光、沂水、德州、兖州、莒县、莘县、临沂、青岛等具有代表性的西甜瓜种植户进行实地调查研究，同时利用寒暑假期组织研究生、博士生以及部分本科生进行全省范围内的西甜瓜种植户随机抽样调查研究。

2015 年调查结果显示，山东省西瓜、甜瓜单产水平分别为 3 829.84 kg/亩、3 164.41 kg/亩（详见表 2 与表 3），与依据 2015 年《山东统计年鉴》统计数据计算的 2014 年山东省西瓜、甜瓜平均单产水平 3 624.64 kg/亩和 3 048.20 kg/亩相比，西瓜与甜瓜单产稳步提高，分别增长 5.66% 和 3.81%。为了增强调查样本数据的代表性与可比性，避免与山东省西甜瓜整体生产实际情况的偏离性与差异性，本项目选择山东省内具有一定生产规模与品牌信誉度的西甜瓜生产基地内的种植户，利用多区位、大样本调查，整理形成 2015 年山东省西甜瓜抽样调查数据，据此分析山东省西甜瓜生产成本与收益情况。

1.2.1 西甜瓜单产有所提高

虽然2015年春天天气回暖相对较晚，早晚气温落差较大，加上夏季西瓜上市季节降水相对较多，对西瓜长势与收获带来不利影响，但从总体上看，随着山东省西甜瓜种植技术的推广普及与生产水平的提高，西甜瓜获得大面积丰收。根据山东省西甜瓜种植农户调查问卷结果，2015年西瓜平均亩产量为3 829.84 kg，与2014年的调查结果3 808.81 kg/亩相比，平均每亩增产21.03 kg，提高0.55%；2015年甜瓜平均亩产量为3 164.41 kg，与2014年的3 153.19 kg/亩相比，平均每亩增产11.22 kg，提高0.36%。

1.2.2 西甜瓜种植成本略有下降

2015年西甜瓜种植户虽然采用先进实用的种植生产技术与生产资料，种植生产成本有所增加，但是由于人工费用以及油价下降、化肥种子费用有所减少等因素的综合影响，导致2015年西甜瓜种植成本与2014年相比略有下降。2015年山东省平均每亩西瓜种植总成本为3 899.09元，与2014年的调查结果3 942.83元相比下降1.11%；2015年山东省平均每亩甜瓜种植总成本为4 557.38元，与2014年的4 622.20元相比下降1.40%。

1.2.3 西甜瓜价格明显下降

由于2015年山东省西甜瓜栽培面积比2014年有所增加，单产有所提高，带来西甜瓜的大丰收，导致西甜瓜市场行情整体供大于求。再加上“毒西瓜事件”，以及夏季温度不够高，对西瓜的需求相对较低引致购买力下降等因素的影响，进一步加剧了产能过剩，导致西甜瓜价格降低，形成“谷贱伤农”。据调查2015年山东省西瓜总体价格水平有所下降，由2014年的2.25元/kg下降到2015年的2.08元/kg（根据项目组调查结果计算的加权平均价格，下同）；2015年山东省甜瓜平均单产水平增加，供应充足，价格也有所下降，由2014年3.63元/kg下降到2015年3.47元/kg。通过调查可知，2015年不同品种、不同品牌、不同栽培模式、不同季节上市的西瓜与甜瓜之间的价格差距较大，无籽西瓜价格较高，如京欣、红玉等品种西瓜价格平均在3~5元/kg，无公害西瓜卖价更高，达10元/kg以上；四月中旬上市甜瓜价格在20元/kg左右，而五月中旬上市甜瓜价格6~8元/kg；青州弥河银瓜售价在20元/kg左右、潍坊“羊角蜜”巨型甜瓜售价在20元/kg左右；临沂沂南青皮一窝狼甜瓜售价在6元/kg以上。

1.2.4 西甜瓜种植收益大幅降低

虽然山东省多数种植农户选用新品种、采取实用先进育苗嫁接栽培种植管理技术与采摘技术，西甜瓜平均单产水平有所增长，但是由于西瓜甜瓜销售单价下降幅度较大，导致西甜瓜种植农户收入比2014年大幅降低。2015年平均每亩西瓜产值为7 960.11元，虽然比2012年增加4.55%，比2011年增加11.24%，但与2014年的8 583.26元相比降低623.15元，减少7.26%，比2013年降低6.46%；2015年平均每亩西瓜利润为4 061.02元，虽然比2011年增加4.00%，但与2012—2014年度相比均有所降低，与2014年的4 640.43元相比减少579.41元，降低12.49%，比2013年降低12.30%，比2012年减少2.21%。甜瓜产值利润水平也比2014大幅降低，2015年平均每亩甜瓜产值为10 971.20元，比2014年的11 434.81元减少463.62元，降幅4.05%，比2013年降

表 2　2011—2015 年山东省西瓜生产成本效益调查分析

（单位：kg，元，%）

项目	2011 年	2012 年	2013 年	2014 年	2015 年	2015 年比 2014 年增减		2014 年比 2013 年增减		2013 年比 2012 年增减		2012 年比 2011 年增减	
						数额	百分比	数额	百分比	数额	百分比	数额	百分比
1 平均亩产量	3 423.81	3 253.74	3 615.24	3 808.81	3 829.84	21.03	0.55%	193.57	5.35%	361.5	11.11%	−170.07	−4.97%
2 平均亩总成本	3 250.88	3 461.00	3 878.98	3 942.83	3 899.09	−43.74	−1.11%	63.85	1.65%	417.98	12.08%	210.12	6.46%
2.1 种子费与化肥费	402.65	410.80	425.16	418.55	418.33	−0.22	−0.05%	−6.61	−1.55%	14.36	3.50%	8.15	2.02%
2.2 人工成本	1 666.16	1 803.26	2 042.40	2 096.49	2 062.27	−34.22	−1.63%	54.09	2.65%	239.14	13.26%	137.1	8.23%
2.2.1 劳动日工价	41.30	48.50	48.98	49.92	49.32	−0.60	−1.20%	0.94	1.92%	0.48	0.99%	7.20	17.43%
2.2.2 雇工工价	100.30	105.80	108.18	109.08	106.62	−2.46	−2.26%	0.90	0.83%	2.38	2.25%	5.50	5.48%
3 平均亩产值	7 155.76	7 613.75	8 509.80	8 583.26	7 960.11	−623.15	−7.26%	73.46	0.86%	896.05	11.77%	457.99	6.40%
4 平均亩净利润	3 904.88	4 152.75	4 630.83	4 640.43	4 061.02	−579.41	−12.49%	9.60	0.21%	478.08	11.51%	247.87	6.35%
5 成本利润率（%）	120.12	119.99	119.38	117.69	104.15	−13.54		−1.69		−0.61		−0.13	

表 3　2011—2015 年山东省甜瓜生产成本效益调查分析

（单位：kg，元，%）

项目	2011 年	2012 年	2013 年	2014 年	2015 年	2015 年比 2014 年增减		2014 年比 2013 年增减		2013 年比 2012 年增减		2012 年比 2011 年增减	
						数额	百分比	数额	百分比	数额	百分比	数额	百分比
1 平均亩产量	2 757.43	2 864.75	3 014.68	3 153.19	3 164.41	11.22	0.36%	138.51	4.59%	149.93	5.23%	107.32	3.89%
2 平均亩总成本	3 919.84	4 340.86	4 562.44	4 622.20	4 557.38	−64.82	−1.40%	59.76	1.31%	221.58	5.10%	421.02	10.74%
2.1 种子费与化肥费	589.48	613.19	620.06	621.32	620.64	−0.68	−0.11%	1.26	0.20%	6.87	1.12%	23.71	4.02%
2.2 人工成本	1 782.39	2 112.39	2 330.12	2 366.06	2 307.03	−59.03	−2.49%	35.94	1.54%	217.73	10.31%	330	18.51%
2.2.1 劳动日工价	41.30	48.50	49.11	49.45	48.16	−1.29	−2.61%	0.34	0.69%	0.61	1.26%	7.20	17.43%
2.2.2 雇工工价	100.30	105.80	108.89	109.77	107.35	−2.42	−2.20%	0.88	0.81%	3.09	2.92%	5.50	5.48%
3 平均亩产值	9 974.08	10 169.86	11 283.32	11 434.81	10 971.20	−463.61	−4.05%	151.49	1.34%	1 113.46	10.95%	195.78	1.96%
4 平均亩净利润	6 054.24	5 829.00	6 720.89	6 812.61	6 413.82	−398.79	−5.85%	91.72	1.36%	891.89	15.30%	−225.24	−3.72%
5 成本利润率（%）	154.45	134.28	147.31	147.39	140.73	−6.66		0.08		13.03		−20.17	

低2.77%，比2012年增加7.88%，比2011年增加10.00%；2015年平均每亩甜瓜利润为6 413.82元，比2014年的6 812.61元减收398.79元，降低5.85%，比2013年降低4.57%，比2012年增加10.03%，比2011年增加5.94%。通过比较可以看出，2015年山东省西甜瓜生产收益水平都有所降低，西瓜总体收益水平略低于甜瓜。

1.3　山东省不同栽培模式的西瓜生产成本收益情况

山东省西瓜主要采取简约化露地栽培和优质化设施栽培相结合的方式进行生产管理，以春夏栽培为主、秋季栽培为辅。以下对大拱棚、小拱棚和露地种植西瓜模式的生产成本效益情况进行比较分析。

由表4~6可知，山东省西瓜不同种植模式的产量、产值、成本与经济效益差异较大。其中以大拱棚种植西瓜产量最高，平均亩产7 183.30 kg，比小拱棚西瓜平均每亩3 778.82 kg的产量高出3 404.48 kg，增加产量90.09%；大拱棚西瓜也是露地西瓜产量的2倍多，高出116.21%。由于大拱棚西瓜上市早，抢占市场先机，售价较高，且一年两茬，平均每亩产值高达21 296.95元，而同期小拱棚西瓜、露地西瓜产值分别为8 577.92元/亩、3 720.98元/亩，大拱棚西瓜平均每亩产值分别高出小拱棚、露地西瓜产值148.28%、472.35%；虽然西瓜大拱棚初始投资较大（据调查西瓜大拱棚初始投资数额通常为2万~10万元，使用年限可达10年左右），生产运营成本较高，大拱棚西瓜平均每亩总成本约为16 429.15元，而同期小拱棚、露地西瓜种植总成本分别为7 498.71元/亩、2 922.06元/亩，大拱棚西瓜平均每亩总成本高出小拱棚、露地西瓜成本119.09%、462.25%；2015年虽然由于自然因素以及外地客商较少、“毒西瓜事件”引发需求不足等不利市场因素导致西瓜价格大幅度下滑，与2014年相比净利润大幅下降，但是由于大拱棚种植西瓜生产效率相对较高，2015年整体经济效益仍然比小拱棚和露地西瓜高，平均每亩大拱棚西瓜净利润为4 867.80元，远高于小拱棚和露地西瓜的1 079.21元/亩和798.92元/亩，分别高出351.05%和509.30%（详见表4~6）。

2　山东省西甜瓜产业主要特征

基于我国进一步调结构、转方式、促升级和社会经济发展步入新常态，随着我国农村生产经营体制的深化改革和农业科学技术的快速发展，推动了山东省西甜瓜产业的快速发展与产业体系的健全完善，初步实现了西甜瓜产业空间配置的区域化、生产基地的规模化、品种结构的合理化、栽培方式的多样化、管理技术的现代化、生产经营的品牌化和销售体系的多元化等特征。

2.1　西甜瓜空间配置的区域化

随着山东省农业产业结构的优化调整与农业产业资源的合理配置，山东省西甜瓜产业发展具有明显的区域化特征，形成了充分发挥各地区域资源禀赋特点的西甜瓜生产种植区域与生产基地。如东明、昌乐、青州、沂水、泗水、高青、高唐、辛县、费县、寒

表 4　2011—2015 年山东省大拱棚种植西瓜生产成本效益调查分析

项目	2011 年	2012 年	2013 年	2014 年	2015 年	2015 比 2014 增减		2014 比 2013 增减		2013 比 2012 增减		2012 比 2011 增减	
						数额（kg）	百分比（%）	数额（kg）	百分比（%）	数额（kg）	百分比（%）	数额（kg）	百分比（%）
1　平均亩产量（kg）	6 282.60	6 418.80	6 557.50	7 034.50	7 183.30	148.80	2.12%	477.00	7.27%	138.70	2.16%	136.20	2.17%
2　平均亩总成本（元）	14 726.42	16 007.49	17 627.03	17 609.63	16 429.15	-1 180.48	-6.70%	-17.40	-0.10%	1 619.54	10.12%	1 281.07	8.70%
2.1　种子费与化肥费	1 646.31	1 734.23	1 879.82	1 872.64	1 709.00	-163.64	-8.74%	-7.18	-0.38%	145.59	8.40%	87.92	5.34%
2.2　人工成本（元）	4 332.55	4 921.99	5 440.35	5 644.00	5 297.00	-347.00	-6.15%	203.65	3.74%	518.36	10.53%	589.44	13.60%
2.2.1　劳动日工价	45.00	48.00	50.00	51.00	48.00	-3.00	-5.88%	1.00	2.00%	2.00	4.17%	3.00	6.67%
2.2.2　雇工工价	101.50	115.30	118.50	119.00	115.00	-4.00	-3.36%	0.50	0.42%	3.20	2.78%	13.80	13.60%
3　平均亩产值	21 439.42	22 623.19	25 117.15	25 343.06	21 296.95	-4 046.11	-15.97%	225.91	0.90%	2 493.96	11.02%	1 183.77	5.52%
4　平均亩净利润	6 713.00	6 615.70	7 490.12	7 733.43	4 867.80	-2 865.63	-37.06%	243.31	3.25%	874.42	13.22%	-97.30	-1.45%
5　成本利润率（%）	45.58	41.33	42.49	43.92	29.63	-14.29		1.43		1.16		-4.25	

表 5　2011—2015 年山东省小拱棚种植西瓜生产成本效益调查分析

项目	2011 年	2012 年	2013 年	2014 年	2015 年	2015 比 2014 增减		2014 比 2013 增减		2013 比 2012 增减		2012 比 2011 增减	
						数额（kg）	百分比（%）	数额（kg）	百分比（%）	数额（kg）	百分比（%）	数额（kg）	百分比（%）
1　平均亩产量（kg）	3 256.73	3 389.27	3 481.50	3 690.67	3 778.82	88.15	2.39%	209.17	6.01%	92.23	2.72%	132.54	4.07%
2　平均亩总成本（元）	6 538.32	7 345.09	7 971.99	8 079.99	7 498.71	-581.28	-7.19%	108.00	1.35%	626.90	8.53%	806.77	12.34%
2.1　种子费与化肥费	544.09	584.56	697.10	674.90	567.80	-107.10	-15.87%	-22.2	-3.18%	112.54	19.25%	40.47	7.44%
2.2　人工成本（元）	1 881.22	2 206.85	2 410.12	2 519.50	2 311.60	-207.90	-8.25%	109.38	4.54%	203.27	9.21%	325.63	17.31%

续表

项目	2011年	2012年	2013年	2014年	2015年	2015比2014增减		2014比2013增减		2013比2012增减		2012比2011增减	
						数额（kg）	百分比（%）	数额（kg）	百分比（%）	数额（kg）	百分比（%）	数额（kg）	百分比（%）
2.2.1　劳动日工价	40.80	47.90	48.80	50.00	45.80	-4.20	-8.40%	1.20	2.46%	0.90	1.88%	7.10	17.40%
2.2.2　雇工工价	100.30	105.50	112.50	115.00	112.00	-3.00	-2.61%	2.50	2.22%	7.00	6.64%	5.20	5.18%
3　平均亩产值	8 174.39	9 184.92	9 957.09	9 854.09	8 577.92	-1 276.17	-12.95%	-103.00	-1.03%	772.17	8.41%	1 010.53	12.36%
4　平均亩净利润	1 636.07	1 839.83	1 985.10	1 774.10	1 079.21	-694.89	-39.17%	-211.00	-10.63%	145.27	7.90%	203.76	12.45%
5　成本利润率（%）	25.02	25.05	24.90	21.96	14.39	-7.57		-2.94		-0.15		0.03	

表6　2011—2015年山东省露地种植西瓜生产成本效益调查分析

项目	2011年	2012年	2013年	2014年	2015年	2015比2014增减		2014比2013增减		2013比2012增减		2012比2011增减	
						数额（kg）	百分比（%）	数额（kg）	百分比（%）	数额（kg）	百分比（%）	数额（kg）	百分比（%）
1　平均亩产量（kg）	2 961.20	2 997.50	3 085.80	3 250.70	3 322.30	71.60	2.20%	164.90	5.34%	88.30	2.95%	36.30	1.23%
2　平均亩总成本（元）	2 926.72	3 021.06	3 218.02	3 001.74	2 922.06	-79.68	-2.65%	-216.28	-6.72%	196.96	6.52%	94.34	3.22%
2.1　种子费与化肥费	237.92	241.47	254.89	252.86	247.60	-5.26	-2.08%	-2.03	-0.80%	13.42	5.56%	3.55	1.49%
2.2　人工成本（元）	1 676.11	1 717.78	1 860.32	1 948.00	1 891.45	-56.55	-2.90%	87.68	4.71%	142.54	8.30%	41.67	2.49%
2.2.1　劳动日工价	46.80	47.20	48.80	50.00	48.50	-1.50	-3.00%	1.20	2.46%	1.60	3.39%	0.40	0.85%
2.2.2　雇工工价	103.90	105.50	112.50	115.00	112.00	-3.00	-2.61%	2.50	2.22%	7.00	6.64%	1.60	1.54%
3　平均亩产值	4 234.52	4 346.38	4 566.98	3 998.36	3 720.98	-277.38	-6.94%	-568.62	-12.45%	220.60	5.08%	111.86	2.64%
4　平均亩净利润	1 307.80	1 325.32	1 348.96	996.62	798.92	-197.70	-19.84%	-352.34	-26.12%	23.64	1.78%	17.52	1.34%
5　成本利润率（%）	44.68	43.87	41.92	33.20	27.34	-5.86		-8.72		-1.95		-0.81	

亭、章丘、禹城、莒县、平度、安丘、济阳、惠民等西瓜生产种植区域和寿光厚皮甜瓜、济宁任城区薄皮甜瓜、菏泽牡丹区薄皮甜瓜、青州银瓜、莘县厚皮瓜等甜瓜生产种植区域。

2.2 西甜瓜生产基地的规模化

山东省西甜瓜产业不仅形成了布局合理、优势互补、特色鲜明的专业化种植区域，而且初步实现了各生产区域内生产基地的专业化与规模化。如青州市、东明县、昌乐县、泗水县、高青县、济阳县、费县等主要西瓜生产区域，年播种面积均在 0.67 万 hm^2 以上。甜瓜种植面积相对较小，但主要生产区域较为集中。如青州市、菏泽牡丹区、济宁任城区、寿光市、莘县、莱西市等区域，种植面积均在0.2万 hm^2 以上。西甜瓜主要生产区域通过规模化、专业化生产，逐步呈现区域集中化、生产基地化、种植规模化与产业集群化，实现西甜瓜产业聚集效应与规模效益。如东明县东明集镇西瓜生产基地、昌乐西瓜种植基地以及泗水县绿果种植专业合作社的万亩优质西瓜基地等。

2.3 西甜瓜品种结构的合理化

山东省种植西甜瓜优良新品种类型多、更新快，品种结构趋于多元化、合理化。近年来山东省先后成立了多家西甜瓜专业科研机构和专业销售公司，如山东省农业科学院蔬菜研究所、山东省潍坊综合试验站、山东省果树研究所西甜瓜研究室、山东寿光蔬菜集团、山东莘县鲁新西甜瓜研究所、青岛金妈妈农业科技有限公司等。山东省拥有山东农业大学、青岛农业大学两所农业高等院校，通过产学研一体化运作，增强了山东省农业科研能力与育种技术水平，加快了优良西甜瓜新品种研发及新技术的推广应用速度。随着国际贸易的不断增强与消费市场的不断拓展，除山东省内育成品种外，还有部分国内外引进的品种，从而扩大了新品种的采用空间范围，促进了西甜瓜品种的更新换代。西瓜种植品种根据栽培方式的不同分为设施栽培品种和露地栽培品种。西瓜设施栽培品种主要有京欣系列（主要是京欣 1 号与 2 号）、开杂系列、鲁青 1 号 B、台湾新一号、鲁青 7 号、早春红玉、小兰、特小凤、黑美人、墨玉、抗丰 3 号、黑霸、庆农 5 号、盈克系列等 50 多个品种；露地栽培品种有西农 8 号、卡其 5 号、中华地宝、安业 6 号、安业 8 号、欣春丰三、西农 8 号、齐红宝、黑抗 7 号、欣喜、京丰 88 等 30 多个品种；厚皮甜瓜品种有伊丽莎白、迎春、甜 6 号、丰甜 1 号、金蜜、金玉、状元、翠蜜、鲁厚甜 1 号、大富豪、玉金香、西薄洛托等 50 多个品种；薄皮甜瓜品种有青州银瓜（主要是火银瓜和半月白）、景甜 208、景甜 5 号、盛开花、白沙蜜、冰糖子、齐甜 1 号、2 号、羊角蜜巨型甜瓜等 40 多个品种。

2.4 西甜瓜栽培方式的多样化

传统西甜瓜栽培主要采取露地栽培方式。随着新品种、新技术的推广应用，山东省西瓜甜瓜采取露地和设施（小拱棚、大拱棚、日光温室）栽培相结合，以春夏栽培为主、秋季栽培为辅。随着大面积示范推广西甜瓜优良品种和垄作覆膜沟灌、双膜多膜覆盖、测土配肥、泡沫板垫瓜、套袋等先进栽培管理技术，初步形成小拱棚栽培、大棚早熟栽培、露地栽培等多种栽培模式与生产类型。近年来设施栽培前景看好，设施种植面积不断增加，西甜瓜栽培方式趋向多样化。山东省大棚西瓜生产主要分布在青州市谭坊镇的拱圆大棚西瓜区、寒亭区朱里镇的中拱棚西甜瓜示范园、昌乐与寿光规模化高标准西甜瓜大棚等区域。通过采用早春多层覆盖、设施栽培、抢早栽培、嫁接栽培、间作套种、工厂化苗技术、大棚设施避雨栽培、病虫害防治等一系列高效栽培及配套新技术，采用提早上市或延迟上市等手段抢战市场先机或弥补市场空缺，利用多茬栽培方式调节延伸西甜瓜上市供应周期，有计划地控制西甜瓜上市时间，改善西甜瓜产品产量与品质，提高西甜瓜种植生产经济效益。如通过大棚设施栽培与多膜覆盖可以实现西甜瓜春季提前上市；通过夏季避雨栽培、秋季延后栽培等延长西甜瓜上市时间，延迟满足市场需求，提高西甜瓜经济效益。厚皮甜瓜主要采取设施栽培，主要有早春茬、秋冬茬、夏秋茬栽培模式。薄皮甜瓜 50%采取露地栽培，50%采用设施（小拱棚和大拱棚为主）栽培。随着设施西甜瓜种植技术的推广普及与销售市场的扩展，设施栽培面积不断扩大。

2.5　西甜瓜管理技术的现代化

随着山东省西甜瓜产业发展，西甜瓜种植技术不断推广应用，栽培技术水平不断提高。山东省西甜瓜种植户主要从西甜瓜健康种子生产、西甜瓜品种选用、种子处理、西甜瓜嫁接、嫁接育苗产业化、嫁接苗生产与栽培、病虫害防控、施肥灌溉、西甜瓜采摘等方面提高技术水平。从总体上看，在西甜瓜栽培技术水平中早熟栽培技术进步较快。西瓜已从沿用多年的露地栽培、双膜覆盖栽培发展到 3 膜、4 膜 1 苫到 7 膜覆盖特早熟栽培技术。如在昌乐、青州等地出现了采用 7 膜覆盖的大拱棚西瓜栽培模式，保温提温效果明显。露地栽培西瓜甜瓜约 80%采取育苗移栽，部分地区采取催芽后直播。西瓜露地栽培多采取直播方式，播种后盖地膜或搭小拱棚。设施栽培多采取育苗方式。近年来西甜瓜工厂化、集约化育方式苗愈来愈受到种植农户的欢迎，呈现持续增长态势。瓜农直接从育苗工厂购买成品苗，降低育苗风险，提高劳动生产率。随着设施栽培技术的成熟完善，薄皮甜瓜和厚皮甜瓜在许多地区也采取了嫁接育苗方式。如青州银瓜多采取与白玉瓜嫁接的栽培方式，增强了防病效果，提高了产量。西瓜设施栽培采取 3 蔓整枝方式，1 条主蔓 2 条侧蔓，利用主蔓坐瓜。厚皮甜瓜采取吊蔓栽培，单蔓整枝，单株留瓜 1~2 个。潍坊市寒亭区种植伊丽莎白甜瓜采取吊瓜不吊蔓的方式。薄皮甜瓜多为爬地栽培，单株留健壮侧蔓 3~4 条，留孙蔓坐瓜，每株留瓜 4~5 个。西甜瓜普遍采用多次留瓜技术，大幅度提高产量。为了提高日光温室冬春茬栽培厚皮甜瓜产量，可以根据不同栽培品种采用双层留瓜技术和多次留瓜技术等。据调查，现在西瓜主要可以分为葫芦嫁接和南瓜嫁接两种。南瓜嫁接比葫芦嫁接的西瓜产量能够增加 1/3 左右，但两者的外观并没有太大的区别，尤其是普通消费者很难通过观察外表加以区分。两者之间的差别主要在于：南瓜嫁接的西瓜切开后瓜瓤有白筋，而葫芦嫁接的西瓜则没有。此外葫芦嫁接的西瓜吃起来较甜，瓜瓤比较松软，口感较好，而南瓜嫁接的西瓜则不同，吃起来感觉较硬。与西甜瓜栽培技术相比，采摘运输保鲜技术较为落后。西甜瓜收获主要通过人工采摘，而机械化采收往往导致西甜瓜损伤严重，加大贮藏运输过程中的西甜瓜腐烂率，高的可达25%以上。相对落后的运输方式、包装和贮藏保鲜技术，造成西甜瓜果实损失较大，直接影响西甜瓜上市的品质和价值。

2.6　山东省西甜瓜生产运营的品牌化

西甜瓜品牌的创建培育已成为推动山东省西甜瓜产业发展壮大的强大动力。目前山东省已建立起大批西甜瓜无公害生产基地，初步形成一套完整的优质安全生产与环境标准以及栽培种植生产技术规程，不断推行标准化、专业化、规范化、科学化、品牌化、清洁化生产种植，对农业生产资料、生产过程等实施全方位、全过程标准化管理和质量监控，以基地建设加速西甜瓜产业化，重点发展无公害、高质量、绿色、有机产品，科学管理，开拓市场，实施西甜瓜品牌战略，依靠质量与信誉培植当地特有的西甜瓜品牌，扩大市场份额。如昌乐西瓜连续多次被评为中国国际农业博览会名牌产品，2008年昌乐西瓜被农业部确定为“全国地理标志农产品”；莘县是“中国香瓜之乡”，香瓜的主要品种有金蜜、翠蜜、蜜世界、美玉、白洛托等十几个品种。昌乐城南街道建立“懒汉甜瓜”专业合作社，注册培育了“池子”西甜瓜农产品知名品牌，并已建成万亩以上通过认证的“池子甜瓜”无公害标准化生产基地；山东省东明县是全国重要的西瓜生产基地，1995年被国务院首批命名为“中国西瓜之乡”，1998年东明西瓜获国家A级绿色食品认定，1999年荣获昆明世界园艺博览会金奖，2000年申请注册了“东明红”西瓜商标，形成了东明县西瓜协会“永争”牌绿色食品西瓜和地理标志产品“东明西瓜”、东明县西瓜研究所“建兴”精品甜瓜、华航农产品专业合作社“卢家寨”富硒西瓜和金科西瓜合作社“无籽登科”西瓜等一批品牌西甜瓜；莱西市马连庄甜瓜香脆可口，已通过农业部地理标志产品认证。通过西甜瓜品牌运营，有力地推动了山东省各地西甜瓜产业的持续发展，实现品牌兴农、品牌致富。

2.7　山东省西甜瓜销售体系的多元化

随着市场经济的发展与营销渠道的拓展，西甜瓜种植农户不仅利用会展、节日、地域、体验等传统手段加大西甜瓜的销售，部分农民、生产企业、合作经济组织等还大胆尝试利用互联网进行西甜瓜产品的网络营销，发挥网页设计、产品美工、网络高像素图片展示、模拟动漫、西甜瓜生产全程（自育苗、嫁接、栽培管理采摘等环节）视频、融资支付结算等营销策略与推广运营的功能，突破地域与时空限制，加大西甜瓜产品网络营销，采用品牌、关系、文化、“一对一”“一对多”等营销模式，形成西甜瓜网上营销和订单营销，发挥电商企业和农产品的综合优势，通过西甜瓜与互联网的深入融合，加快构筑“基地+平台+消费者”的现代农业产销体系，实现销售方式的多元化、网络化、动态化、即时化、高效化，确保瓜农增产增收。

3　山东省西甜瓜产业在山东农业经济中的地位与区域结构情况

3.1　山东省西甜瓜产业在山东农业经济中的地位（表7）

由表7知，2014年山东省瓜类播种面积为423.01万亩，占山东省农作物总播种面

表7 2014年全省主要农产品生产情况

指标名称	播种面积		总产量		单产	
	绝对数（万亩）	比上年增减（%）	绝对数（万t）	比上年增减（%）	绝对数（kg/亩）	比上年增减（%）
农作物总播种面积	16 556.88					
一、粮食作物合计	11 160.05	1.99	4 596.60	1.51	411.88	-0.47
（一）夏收粮食	5 612.10	1.83	2 264.50	2.03	403.50	0.20
小麦	5 610.34	1.82	2 263.84	2.03	403.51	0.20
（二）秋收粮食	5 547.95	2.16	2 332.10	1.01	420.35	-1.13
1. 谷物	4 910.41	2.04	2 097.31	0.92	427.12	-1.10
（1）稻谷	183.60	-0.60	101.02	-2.52	550.22	-1.93
（2）玉米	4 689.71	2.15	1 988.34	1.08	423.98	-1.05
（3）谷子	28.20	1.08	5.97	6.18	211.61	5.05
（4）高粱	7.10	1.42	1.57	5.35	221.08	3.87
（5）其他	1.80	33.33	0.41	72.05	229.40	29.04
2. 豆类合计	252.18	2.62	41.40	3.33	164.17	0.69
大豆	224.20	2.47	36.72	2.56	163.77	0.09
3. 薯类（按折粮计算）	385.36	3.40	193.39	1.44	501.84	-1.89
二、油料作物合计	1 159.77	-2.74	335.89	-3.92	289.60	-1.23
花生果	1 132.95	-3.21	331.30	-4.16	292.40	-0.99
三、棉花	889.35	-11.88	66.50	7.09	74.80	21.56
四、生麻	0.07	140.00	0.01	115.56	135.73	-8.74
五、甜菜	0.00	-66.67	0.01	-23.88	2 443.20	39.13
六、烟叶	41.89	-34.06	7.09	-36.75	169.33	-4.08
烤烟	41.87	-32.88	7.08	-36.37	169.20	-5.19
七、中草药材	48.15	1.72				
八、蔬菜及食用菌	2 793.62	1.61	9 973.70	3.27	3 570.20	1.63
九、瓜果类	423.01	1.03	1 468.57	2.89	3 471.73	1.84
十、其他农作物	40.98	-2.94				

积2.55%，比2013年增长1.03%；2014年瓜类平均亩产为3 471.73 kg，比2013年提高1.84%；2014年瓜类总产为1 468.57万t，比2013年增加2.89%。相比之下，西甜瓜属于小品种作物，缺乏系统完善的统计数据。但山东西瓜甜瓜生产经营对农村种植业结构调整和增加农民收入发挥了重要作用。

3.2 山东省西甜瓜产业区域结构情况

由表 8 知，2014 年山东省 17 市中菏泽市种植面积最大，为 89.74 万亩，占全省播种面积的 21.21%，产量占全省总产的 18.28%；潍坊市播种面积居山东第二位，为 60.75 万亩，占全省播种面积的 14.36%，产量占全省的 14.50%；聊城市种植面积居山东第三位，为 38.85 万亩，占全省播种面积的 9.18%；济宁市种植面积居山东第四位，为 32.12 万亩，占全省播种面积的 7.59%。菏泽、潍坊与聊城三市种植面积合计占全省的 53.42%，产量占全省的 52.84%。

表 8 2014 年山东省各市瓜类生产情况

地区	播种面积		总产量	
	绝对数（万亩）	比上年增减（%）	绝对数（t）	比上年增减（%）
全省总计	423.01	1.03	14 685 661	2.89
济南市	19.29	-1.95	777 917	-1.22
青岛市	13.24	-6.53	435 014	-6.73
淄博市	5.39	-7.13	182 886	-5.81
枣庄市	6.14	-0.22	205 012	-0.07
东营市	6.49	7.66	184 522	41.82
烟台市	10.40	-1.87	333 856	0.65
潍坊市	60.75	3.84	2 129 390	5.03
济宁市	32.12	-4.92	997 891	-7.59
泰安市	4.73	1.58	152 622	-1.60
威海市	4.88	-1.33	142 092	-1.79
日照市	4.64	13.95	165 687	13.53
莱芜市	0.19	-40.67	5 464	-42.16
临沂市	24.08	-0.71	854 365	-0.40
德州市	8.78	-4.41	330 519	2.79
聊城市	38.85	2.70	1 376 034	4.46
滨州市	24.75	3.95	756 828	31.02
菏泽市	89.74	0.44	2 684 915	2.10

3.3 山东省西甜瓜价格的季节性波动加大

虽然山东省西甜瓜种植生产面积特别是设施栽培面积不断扩大，市场供给量大幅度增加，但基于西甜瓜生产种植的季节性与市场竞争的激烈化，西甜瓜产品价格依然呈现明显的季节性波动（详见表 9 与图 1）。无论从环比还是同比视角分析，2015 年西甜瓜价格随着季节变化的涨跌幅度均超过往年。根据农业部信息中心的数据，国内西甜瓜市场的价格变化总体上呈围绕一定趋势增长的正弦波状，具有一定的趋势性和明显的季节性。价格波动的趋势性源于宏观经济因素导致的物价波动以及农资、化肥、原油等生产资料价格的变化。季节性源于生产与消费的季节性变动。从价格的时间分布特性看，西甜瓜价格高点基本分布于 1—4 月，而价格低点基本都分布在 7—8 月，具有明显的时间波动性。

表 9　2013—2015 年山东省西瓜批发价格月度行情

月份	批发价格（元/kg）	同比涨跌（%）	环比涨跌（%）
2015 年 08 月	1. 43	9. 16	16. 26
2015 年 07 月	1. 23	−11. 15	−16. 33
2015 年 06 月	1. 47	−33. 48	−53. 04
2015 年 05 月	3. 13	−6. 01	−24. 03
2015 年 04 月	4. 12	−18. 25	−12. 53
2015 年 03 月	4. 71	−16. 04	0. 11
2015 年 02 月	4. 71	−28. 28	66. 25
2015 年 01 月	2. 83	−63. 05	−2. 41
2014 年 12 月	2. 9	−37. 77	17. 89
2014 年 11 月	2. 46	−0. 81	64. 00
2014 年 10 月	1. 50	−30. 23	35. 14
2014 年 09 月	1. 11	−40. 00	−15. 27
2014 年 08 月	1. 31	−12. 67	−5. 37
2014 年 07 月	1. 38	−9. 52	−37. 36
2014 年 06 月	2. 21	−15. 33	−33. 63
2014 年 05 月	3. 33	0. 30	−33. 93
2014 年 04 月	5. 04	15. 07	−10. 16
2014 年 03 月	5. 61	12. 20	−14. 48
2014 年 02 月	6. 56	52. 38	−14. 36
2014 年 01 月	7. 66	107. 73	64. 38
2013 年 12 月	4. 66	74. 86	87. 90
2013 年 11 月	2. 48	−4. 98	15. 35
2013 年 10 月	2. 15	−0. 77	16. 22
2013 年 09 月	1. 85	−3. 90	23. 33
2013 年 08 月	1. 50	−14. 69	−1. 96
2013 年 07 月	1. 53	−12. 57	−41. 38
2013 年 06 月	2. 61	32. 82	−21. 39
2013 年 05 月	3. 32	−15. 31	−24. 20
2013 年 04 月	4. 38	−12. 40	−12. 40

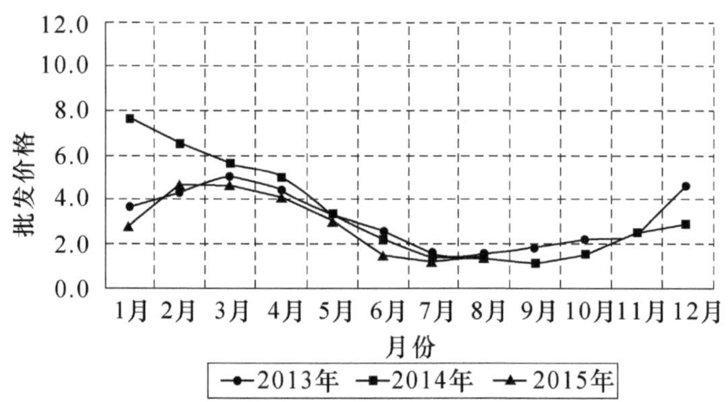

图1　山东省西瓜批发价格月度走势

资料来源：山东农业商务网，http：//www. sdnys. gov. cn/col/col6741/index. html

为此，要健全完善西甜瓜行业发展政策与行业预警管理体制机制。虽然山东省西甜瓜种植趋向规模化、专业化，但生产方式仍以小规模农户经营为主体。通过调查得知，西甜瓜种植户户均规模在7～12亩左右，抗御自然灾害、价格波动风险的能力较低，必须完善西甜瓜产业保险政策与制度，增加西甜瓜风险投保品种，引导种植户加入保险，增强农户抵御风险的能力；针对西甜瓜产业发展中的热点难点问题，加强西甜瓜产业预警与应急管理，随时展开危机公关处理。特别是在互联网背景下网民数量快速增加，新兴用户群快速闪台，网络媒体下从门户网站、论坛、博客到搜索引擎、视频、微博、微信等多种形式极速传播信息，如何应对不利舆情如“毒西瓜事件”“膨大剂事件”等的影响，面对质疑与攻击应采取合作而对抗态度与行为，通过多种路径与媒体，快速消除或减低危机事件后的影响，重塑品牌，确保西甜瓜产业持续稳定发展。

另外，要完善西甜瓜产业组织，健全完善西甜瓜合作社、协会等产业合作经济组织建设，将分散、小规模种植户紧密组合起来，组成利益共同体，强化社员、会员农民在统一供应优质种子、种苗、农资、农药、农机和农业技术等方面的服务、指导与培训，增强西甜瓜种植户抵御风险的能力。

加强西甜瓜种子市场管理，规范品种引进及种子经营行为，开展种子市场检查整治行动，严厉打击假冒伪劣种子，严把种子质量关，坚决维护种子市场经营和农业生产用种安全，杜绝假种劣种坑农害农现象，保证西甜瓜生产安全，维护生产者、经营者、消费者的合法权益。

报告三　2015年河南省西甜瓜产业发展调查报告

张　扬　张　琳　吴敬学

河南省地处中原地区，优越的区位优势，使河南省在历史上就是我国西甜瓜生产的主产区。河南西瓜以其脆、甜、香等特有风味享誉全国，是河南省具有特色的名优产品之一。西瓜种植主要分布在开封、商丘、郑州、许昌、周口、驻马店、漯河、南阳、新乡、安阳等地区。河南省大棚西瓜生产主要分布在中牟、内黄、襄县、嵩县、太康等地，主要品种有京欣系列，黑皮大果无籽西瓜等类型。甜瓜生产主要分布在扶沟、滑县、内黄、商丘的睢阳区、睢县、息县、西华、郸城、新蔡等地，栽培的品种有伊丽莎白、瑞雪2号、中甜1号、玉金香、雪蜜、白沙蜜等。受国家西甜瓜产业体系的委托，对河南省2015年的西甜瓜种植经营情况进行了市场调查。

2015年，经过对河南省132户西甜瓜种植农户进行调研分析可知，2015年西甜瓜的亩均收入的开始上升，达到了3 194元，比2014年提高了1 508元。出现这种结果与农户西甜瓜播种方式、生产方式等直接相关，68. 9%的西甜瓜种植农户选择了嫁接育苗，64. 39%的西甜瓜种植农户选择了中大棚栽培生产方式，66. 67%的农户选用了早中熟的西甜瓜品种。由此可知，错开西甜瓜上市高峰阶段，在西甜瓜比较稀缺的市场环境下，农户能够以较高的市场价格销售，进而能够获得比较满意的收益。西甜瓜种植收益大幅度提高，直接带动了农户种植西甜瓜的积极性，81. 8%的种植农户明年继续种植西甜瓜。同时，如果政府加大对西甜瓜种植的补贴，会进一步刺激农户种植西甜瓜的积极性。农户都非常迫切需要西甜瓜种植生产技术，但是，无论是农闲还在农忙时，学习全套农业生产技术的农户都比较少，这也直接造成了西甜瓜的种植的科技水平较低。

1　西甜瓜产业调研情况

1. 1　样本的区域分布

2015年，我们继续组织河南财经政法大学和河南理工大学万方科技学院等院校的学生，利用暑假对西甜瓜种植、生产、产业技术应用等各方面情况进行调研，并有选择性的对重点西甜瓜种植农户进行了重点访谈。问卷调查主要区域范围主要集中西甜瓜种植比较集中的中牟县、开封市、扶沟县、太康县、安阳内黄县和商丘虞城县等六个县市，我们选派有市场调查经验的学生参与了市场调查，再选派一部分学生参与了重点西甜瓜种植农户进行了实地的访谈。本次调研共计发放130份调查问卷，回收112份问卷，问卷的有效率为86. 51%，再加上河南省西甜瓜实验站的固定观察点的20个样本数据，总共回收有效样本132份。从样本的具体分布区域来看，周口市共回收27份，所占比重为20. 45%，主要分布在扶沟县的吕潭乡、包屯镇、大李庄乡和大新乡四个乡镇，太康县的常营乡和马头镇。开封市回收100份调查问卷，所占比重为75.76%，主要集中在中牟县和祥符区，分别有85份和15份。其余是商丘市和安阳市分别有3份和2份。样本主要分布在西甜瓜主产地，特别是开封市中牟县是河南省非常著名的西甜瓜之乡，样本数所占比重达到了75.76%。样本分布较为科学，具有一定的代表性（表1）。

表1　样本分布区域及其所占比重　（单位：个;%）

市	县	镇	样本数	比重	累计比重
开封市	中牟县	姚家镇	80	60.61	60.61
		韩寺镇	3	2.27	62.88
		刁家乡	2	1.52	64.40
	祥符区	范村乡	6	4.55	68.94
		朱仙镇	4	3.03	71.97
		西姜寨乡	5	3.79	75.76
周口市	扶沟县	吕潭乡	5	3.79	79.55
		大新乡	1	0.76	80.31
		大李庄	2	1.52	81.82
	太康县	包屯镇	14	10.61	92.43
		常营乡	3	2.27	94.70
		马头镇	2	1.52	96.22
商丘市	虞城县	店集乡	3	2.27	98.49
安阳市	内黄县	石盘屯	2	1.52	100.00

数据来源：2015年河南西甜瓜产业生产情况专项调研

调查品种以西瓜为主。在调查回收的问卷中，种植西瓜品种有127份，所占比重分别为82.26%和13.71%，其中西瓜、甜瓜都种植者5份，比重为4.03%（图1）。

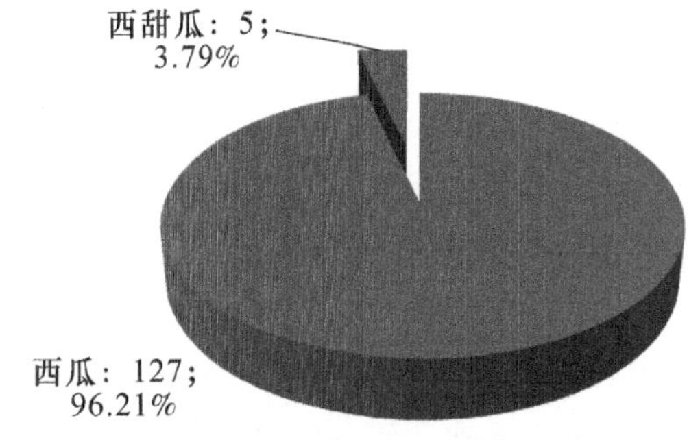

图1　西瓜和甜瓜样本分布情况

1.2　样本农户的基本情况

首先，被调查者多为男性。在被调查的132样本西甜瓜种植农民中，其中男性人数为125人，女性仅为7人，其占总人数的比重分别为94.70%和5.30%。

其次，被调查者受教育程度较低，绝大多数为高中学历水平。在回收的132份问卷中，小学及以下学历者为16人，占总样本的比重为12.12%；接受初中学历水平的为96人，占总比重达到了72.73%。高中学历水平的为20人，其所占比重分别为15.15%，大专及以上学历水平的为 0 人。也就是说有一半以上的农户为初中以上学历（表 2）。

表 2　样本农户基本信息

项目		样本数（个）	比重
性别	男性	125	94.70%
	女性	7	5.30%
学历	小学及以下	16	12.12%
	初中	96	72.73%
	高中	20	15.15%
	大专及以上	0	0.00%
年龄段	35 岁以下	1	0.76%
	35 岁至 50 岁	105	79.55%
	50 岁以上	26	19.70%

最后，被调查者都多集中在 36 岁以上。为了便于西甜瓜种植户主的年龄阶段有一个详细了解，依据调查问卷情况，我们把被调查者的年龄划分为三个层次，分别为 35 岁以下、36 岁及 50 岁之间和 51 岁以上。从被调查者的年龄分布上看，绝大部分集中的第二和第三年龄层次（见表 2）。人数最多的集中在 36~50 岁，总人数达到了 105 人，其中比重达到了 79.55%。50 岁以上农户有 26 户，比重为 19.70%，仅有一户年龄在 35 岁以下。这也说明年龄小的农户，西甜瓜种植意愿在降低。

通过以上的统计分析表明，在河南省农村社会中，更多是以男性立家为主，从事农业生产的农户更多以初中教育水平为主，有少数高中毕业的农户从事西甜瓜种植生产。相反通过高考进入高等教育并毕业以后的农民子弟，返乡耕田的少者甚少，更多都是高考落榜者或者其他原因没有能够继续接受教育的农民。与往年调查结果相比，大专及以上学历层次人员明显减少，这与我们的样本选择有关，但是我平不可否认，大部分高学历层次的人开始专业从事农业生产特别是西甜瓜生产与种植，也说明了西甜瓜作为一个重要的农业产业之一，已经开始受高学历层次人员的关注，并有进一步形成高科技种植、集约化种植的发展趋势。

1.3　样本农户务农人口及西甜瓜种植情况

首先，大部分农户的西甜瓜种植面积占总家庭耕地面积比重为 50%~80%。为了更好地反映河南省农户西甜瓜种植农户的种植面积在家庭总耕地面积所占的比例。我们把样本农户西甜瓜种植面积的比重分为低于 50%、50%至 80%和 80%以上。从调查结果来看，西甜瓜种植面积比重占 50%以下的样本农户达到了 73 户，比重为 58.40%。其次为处于第二个层次的 50%~80%，共有 30 户，比重为 24.19%。最少的为种植面积比重在 80%以上，有 21 户，比重仅为 16.94%。从这一比例可以看出，西甜瓜种植面积所占比重较小，更多农户是以种植其他作物为主。

其次，在家庭总人口中务农人数所占比重较低。依据样本农户从事农业种植与生产的人数占家庭总人口的比重，我们把样本农户分为三组，分别为比重小于 50%之间、50%至 80%之间和大于 80%。从统计结果看，在 50%之上至 80%之下这一组样本农户最多，其比重也是最高的，分别为 84 户和 84. 85%，处在第二位就是比重 50%以下一组，样本农户为 28 户，其比重为 21. 21%。最小为务农大于 80%这个阶段，总计为 20 户，比例为 15. 15%（表 3）。

表 3　西甜瓜种植面积所占比重及务农人口所占比重

项目		样本数（个）	比重	累计比重
从事务农人口所占比重	50%以下	94	71. 21%	71. 21%
	50%以上至 80%以下	29	21. 97%	93. 18%
	80%以上	9	6. 82%	100%
西甜瓜种植面积所占比重	50%以下	28	21. 21%	21. 21%
	50%以上至 80%以下	84	63. 64%	84. 85
	80%以上	20	15. 15%	100%

2　西甜瓜种植生产情况

2.1　西甜瓜种植生产方式

首先，西甜瓜的播种方式以嫁接育苗为主直播为辅。依据西甜瓜的生产方式，我们把西甜瓜的播种方式分为直播、非嫁接育苗和嫁接育苗三种方式。从对样本农户的调查结果来看，主要以嫁接育苗方式为主，共有 91 户选择了这种播种方式，比重为 68. 90%。其次为直播，共有 27 户，比重为 20. 50%；非嫁接育苗共有 6 户，比重为 4. 5%；嫁接育苗和非嫁接育苗两种方式都采用共有 8 户，所占比重都为 6. 10%（图 2）。与去年所调查农户的播种方式主要是以非嫁接育苗为相比，今年的调查结果更多的呈现出以嫁接育苗为主，这主要于调查对象的选择有直接关系。

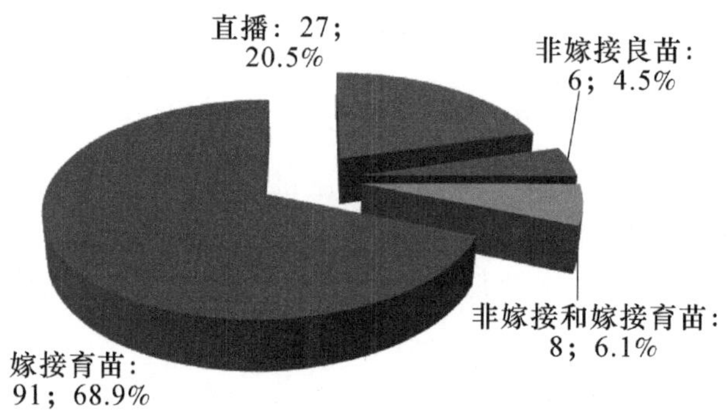

图 2　西甜瓜播种方式

其次，西甜瓜的生产方式以中大棚栽培为主。依据西甜瓜的生产情况，可以把生产方式分为露地栽培、小拱棚栽培、中大棚栽培和日光温室栽培等四种生产方式。从调查结果来看，使用露地栽培的有 32 户，占到样本农户的 24.24%，中大棚栽培，为 85 户，所占比重为 64.39%。小拱棚栽培也只有 7 户，比重仅为 5.30%，没有农户选择日光温室栽培生产方式。其中还有 8 户运用了露地和小拱棚共用的生产方式。选择哪种生产方式，与它的生产特点和收益状况有直接关系。日光温室栽培投入成本大，西甜瓜产量也相对有限，也就造成了西甜瓜的收益较小，因而没有农户选择这种生产方式（见表 4）。

表 4　西甜瓜的生产方式

生产方式	样本数（个）	比重	累计比重
露地栽培	32	24.24%	24.24%
露地栽培和小拱棚栽培	8	6.06%	30.30%
小拱棚栽培	7	5.30%	35.60%
中大棚栽培	85	64.39%	100.00%

最后，从品种选择上以无籽西瓜和早中熟为主。从西甜瓜的品种选择上，我们设置了早中熟、中晚熟、小型西甜瓜和无籽西瓜等四种。从调查结果分析，农户种植品种类型中选择无籽西瓜的有 28 户，早中熟的有 88 户，中晚熟的有 9 户，选择这三个品种类型也是最多，比重分别为 21.21%、66.67% 和 6.82%，三种类型合计 94.70%。选择小型西瓜品种的相结较少，只有 7 户，比重为 5.30%。个别农户选择多种品种综合种植的方式。因此，农户种植品种主要选择了无籽西瓜和早中熟为主（图 3）。

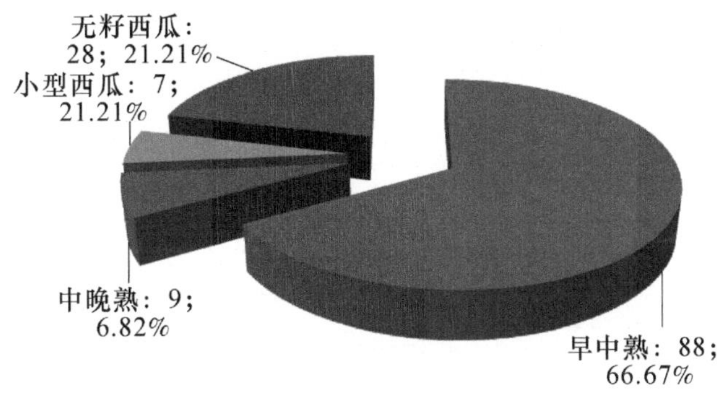

图 3　西甜瓜的主要种植品种

2.2　西甜瓜种植面积与亩均收入

首先，农户西甜瓜的种植以小规模为主。根据调查农户的反馈的西甜瓜种植面积总体情况看，依据农户种植面积的大小，我们把西甜瓜的种植面积分为三组，分别 5 亩以下、5 亩至 10 亩和 10 亩以上。从调查结果看，种植面积在 5 亩以下的有 96 户，其比重为 72.73%。依次是 5 亩至 10 亩的农户和 10 亩以上种植规模有 23 户和 13 户，所占比重分别为 17.42%和 9.85%。从农户西甜瓜种植面积的调查结果看，河南省西甜瓜产业的种植还是以小农户为主，种植规模较小。

再次，大部分西甜瓜种植户亩均收入较高。从调查结果看，亩均收入在 2 500元以上的有 90 户，比重为 68.18%，亩均收入在 1 500元以下的有 23 户，比重为 17.42%，在 1 500~ 2 500元的共有 19 户，比重为 14.39%（表 5）。从三组对比结果看，超三层以上种植户亩均收入超过 2 500元。

表 5　样本农户西甜瓜种植面积及亩均收入情况

项目		样本数（个）	比重	累计比重
种植面积	5 亩以下	96	72.73%	72.73%
	5~10 亩	23	17.42%	90.15%
	10 亩以上	13	9.85%	100.00%
亩均收入	1 500 元以下	23	17.42%	17.42%
	1 500~2 500 元	19	14.39%	31.81%
	2 500 元以上	90	68.18%	100%

第三，西甜瓜种植越小，亩均收入也就越高（表 6）。对于河南省西甜瓜种植农户而言，种植面积越小、亩均收入相对也就越高，特别是西甜瓜种植面积比较小的农户而言，这一特征表现也更加明显。我们从西甜瓜种植面积和西甜瓜亩收入比重两个维度考察，种植面积越小，亩均收入相对越大；种植面积越大，亩均收入比重越小。在西甜瓜种植面积小于 5 亩这组中，亩均收入大于 2 500元有 83 户，比重为 92.2%。在种植面积在 10 亩以上这一组中，亩均收入小于 1 500元中有 7 户，比重为 30.40%，亩均大于 2 500元的只有 2 户，比重为 2.20%。

表 6　种植面积与亩均收入交叉分组情况　　（单位：个;%）

组别		亩均收入					
		小于 1 500 元		1 500 元至 2 500 元		大于 2 500 元	
		累计数	比重	累计数	比重	累计数	比重
种植面积	小于 5 亩	4	17.4%	9	47.4%	83	92.2%
	5~10 亩	12	52.2%	6	31.6%	5	5.6%
	10 亩以上	7	30.4%	4	21.1%	2	2.2%

注：比重是每一个类别为基数，每一亩均收入占类别的比率。

第四，嫁接育苗播种方式的亩均收入高。河南省西甜瓜种植农户采用的播种方式不同，亩均收入也不相同。从 2015 年河南省西甜瓜产业的调查结果统计来看，播种方式采用嫁接育苗并且亩均收入在 2 500元以上的有 85 户，占到亩均收入 2 500元以上的 94.40%；采用直播方式种植的农户，亩均收入大部分都在 1 500元以下，有 17 户比重为 73.90%（表 7）。因此，从统计结果看，播种方式直接影响着亩均收入水平，最终影响农户的家庭总收入。

表 7　播种方式与亩均收入交叉分组情况　　（单位：个）

组别		亩均收入					
		小于 1 500 元		1 500 元至 2 500 元		大于 2 500 元	
		累计数	比重	累计数	比重	累计数	比重
播种方式	直播	17	73.9%	6	31.6%	4	4.4%
	非嫁接育苗	2	8.7%	3	15.8%	1	1.1%
	非嫁接育苗和嫁接育苗	0	0.0%	8	42.1%	0	0.0%
	嫁接育苗	4	17.4%	2	10.5%	85	94.4%

注：比重是每一个类别为基数，每一亩均收入占类别的比率。

第五，中大棚栽培亩均收入高，露地栽培亩均收入低。河南省西甜瓜种植农户而生产方式不同，亩均收入也表现出不同情况。从调查数据分析看，采用中大棚栽培生产方式亩均收入在 2 500元以上的农户有 84 户，比重为 93.3%；采用露地栽培生产方式亩均收入在 1 500元以下的西甜瓜生产方式的农户有 21 户，比重为 91.30%（表 8）。整体上反映出了采用中大棚栽培生产方式亩均收入高，简单的露地栽培生产方式亩均收入较低。

表 8　生产方式与亩均收入交叉分组情况　　（单位：个）

组别		亩均收入					
		小于 1 500 元		1 500 元至 2 500 元		大于 2 500 元	
		累计数	比重	累计数	比重	累计数	比重
生产方式	露地栽培	21	91.3%	6	31.6%	5	5.6%
	露地栽培和小拱棚栽培	0	0.0%	8	42.1%	0	0.0%
	小拱棚栽培	2	8.7%	4	21.1%	1	1.1%
	中大棚栽培	0	0.0%	1	5.3%	84	93.3%

注：比重是每一个类别为基数，每一亩均收入占类别的比率。

3　西甜瓜生产的成本收益分析

结合《全国农产品成本收益资料汇编》中的成本统计核算方法，西甜瓜种植生产总成本可分为生产成本和土地成本两大类，生产成本具体包括物质成本和人工成本。其中物质成本又包括物质与服务费用，具体到详细地明细科目分别为种子费、化肥费、农家肥费、农药费、农膜费、租赁作业费、机械作业费、排灌费、畜力费、燃烧动力费、技术服务费、工具材料费、修理维护费等其他直接费用。同时还包括固定资产折旧费、保险费、管理费、财务费和销售费等间接费用。人工成本具体又包括家庭用工折价、雇工费用等人工成本。土地作为西甜瓜生产的基础，往往也作为一种生产要素投入到生产中，其成本一般包括自有土地折租和流转地租金等。西甜瓜产业的成本收益指标可由西甜瓜的产值、西甜瓜产品生产成本和西甜瓜产品收益三类指标构成，基本的逻辑关系可表述为“西甜瓜收益=西甜瓜产值-西甜瓜成本”。

3.1 西甜瓜的亩产量及亩均收入情况

2015 年，河南省西甜瓜种植农户因种植面积、管理水平、高新技术的应用和自然条件等多种因素影响下，西甜瓜的产量及销售收入差异较大。在 132 个有效样本中，亩产量最小为 1 000 kg，比 2014 年提高了近 200 kg，最高产量为 8 667 kg，比 2013 年提高近 667 kg，二者相差较大（表 9）。在所有样本中，西甜瓜的平均产量为 4 819. 69 kg。与 2014 年的 2 813 kg 相比，提高了 2 000多 kg。从销售的收入这一指标来看，样本农户中收入最少的为 700 元，收入最高的为 9 000元，之间的相差也比较明显。样本农户的平均收入为 5 108. 36元，与 2014 年的 2 575. 36元相比增加了 1 倍多。这与 2015 年西甜瓜市场价格较去年略有上涨，有很大的关系，同时也与 2015 年调查样本抽样选择有非常大的关系。

表 9 河南省西甜瓜产量及销售收入情况 （单位：kg；元）

项目	样本数	极小值	极大值	均值	标准差
亩产量（kg）	132	1 000. 00	8 667. 00	4 819. 69	2 213. 80
亩收入（元）	132	700. 00	9 000. 00	5 108. 36	2 806. 36

3.2 西甜瓜种植生产的投入成本分析

首先，从总体样本情况分析，在有效地 132 的样本农户中，农药费、农膜费、化肥费、种子费和燃烧动力费等是西甜瓜种植农户的主要投入成本（表 10）。其中，化肥费和种子费投入最多。农户在西甜瓜的种植生产过程，购买种子的费用和购买化肥费是每个农户必然投入的一种成本。从投入的各项成本费用比较来看，种子费为平均每亩投入为 266. 23 元，农家费平均每亩投入为 263. 62 元，化肥投入费用平均每亩投入为 803. 49 元，比 2013 年的 215 元近 600 元，在所有的亩均投入成本是最高的；其次为种子费，平均每亩为 266. 23 元，与此相近的投入项目为农家费，亩均投入为 263 元。就家化肥使用量来看，每亩投入量最少为 100 元，最高的 1 733元，之间差异较大。相对于每亩种子费而言，投入最少的为每 40 元，最多的为每亩 266. 23 元，因而之间的差异也比较大。

表 10 西甜瓜种植农户每亩投入各项成本的基本情况 （单位：个；元）

项目	NA	极小值	极大值	均值	标准差
种子费	132	40. 00	667. 00	266. 23	131. 72
化肥费	132	100. 00	1733. 00	803. 49	492. 02

（续表）

项目	NA	极小值	极大值	均值	标准差
农药费	132	10.00	750.00	180.83	112.20
农膜费	132	15.00	483.00	226.79	143.98
燃烧动力费	113	15.00	556.00	172.90	77.17
农家肥	37	20.00	850.00	263.62	217.79

注：1. 因此土地成本和土地租赁成本不在记入西甜瓜种植的生产成本。2. 依据国家农业补贴政策，对西甜瓜种植生产的补贴额度很少或者没有，农户的西甜瓜种植收入主要来源于西甜瓜生产与销售，不包括政策补贴等。3. 在调查过程中，只有个别农户支付的少量的技术服务费，占总标本量的比重非常小，这一部分投入成本也没有计入生产成本中。4. 农户在西甜瓜种植生产过程中，都是依靠自有的劳力生产，投入的生产劳作的时间、费用都难以估算，也不计入西甜瓜种植成本。5. 依据调查数据，仅有这6项投入，因此核算成本只显示这几项。

其次，西甜瓜种植生产的农药费和燃烧动力费投入较少。从调查样本的统计结果看，从农药费投入的使用上，投入最少的为每亩10元，最多的为每亩750元，标准差为112.19元。燃烧动力费支出最少的为15元，最多为每亩投入556元。从这两种成本的投入的农户数量不等，这与农户自己生产还是租赁经营有直接的关系。

3.3　西甜瓜生产的成本收益分析

因为西甜瓜种植农户种植规模差异，也会对西甜瓜收益造成较大影响。因此，从总量很难以估算出西甜瓜种植生产的成本收益情况。为方便统计分析其成本收益，拟采用每亩平均收益与每亩平均投入成本进行分析。依据2005年以来，沿用至今的农产品成本收益核算指标体系进行计算。

每亩收益=每亩销售收入-每亩投入成本

每亩收益=每亩销售收入-(每亩种子费+每亩化肥费+每亩农家肥费+每亩农药费+每亩农膜费+每亩燃烧动力费)

每亩收益=5 108.36-(266.23+803.49+180.83+226.79+172.90+263.62)

每亩收益=3 196.5（元）

总体上看，西甜瓜种植农户平均每亩收益为3 194.5元。

与2014年的1 686.5相比，每亩收益提高了1 508元；2013年的1 702.48元相比，西甜瓜的种植农户平均每亩收益提高了1 492.02元。

在成本核算中还没有包含人工成本、固定设备折旧等成本，再加上土地的使用成本，实际上河南省2015年西甜瓜的种植农户并没有获得太多收益。2015年，西甜瓜每亩平均收益比前几年有了大幅度提高，这与样本选择有直接的关系。因为今年绝大部分样本农户采用生产方式为中大棚生产方式，品种多采用早熟品种，产品上市早，价格高，因而收益也比较高。

4 西甜瓜生产新技术认识情况分析

4.1 西甜瓜种植农户各技术需求情况

首先，西甜瓜种植农户对各种技术需求意愿都比较强（表11）。在我们所设定的增加产量良种技术、提高品质良种技术、病虫害防控技术、节本高效栽培技术、省工机械技术及水肥及管理技术，贮运及加工技术中，农户需求都是比较高的。

其次，提高品质良种技术和病虫害防控技术需求最高（表11）。在调查的132份有效问卷中，全部用户认为都非常需要这种技术，比重达到了100%。

第三，贮运和加工技术、省工机械技术技术需求相对较低（表11）。在这7项与西甜瓜种植生产关系较为密切的技术中，只有这两项分别有113户和118户选择了需求，也是最少的，但是比重在80%以上，为85.60%和89.40%。

表11 西甜瓜种植农户各种技术需求情况 （单位：个）

各种技术需求	是否需求	样本数	比重
增加产量良种技术	否	5	3.8%
	是	127	96.2%
提高品质良种技术	否	0	0
	是	132	100%
病虫害防控技术	否	0	0
	是	132	100%
节本高效栽培技术	否	3	2.3%
	是	129	97.7%
省工机械技术	否	14	10.6%
	是	118	89.4%
水肥及管理技术	否	1	.8%
	是	131	99.2%
贮运和加工技术	否	19	14.4%
	是	113	85.6%

4.2 参加技术培训情况

首先，绝大部分农户没有参加过任何技术培训。西甜瓜种植生产技术在西甜瓜的整个生产周期中占有重要的地位（图4）。但是从调查结果来看，有117个样本农户没有参加任何西甜瓜种植生产的技术培训，比重也达到了88.64%。只有1户经常参加各种西甜瓜种植生产技术的培训，比重也只有0.76%。有16户也只是偶尔参加技术相关的技术培训，这说明河南省西甜瓜种植生产农户对其先进的种植生产技术应用较少。

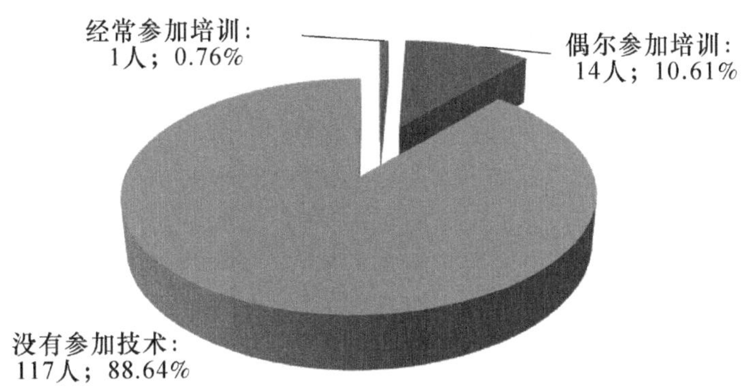

图4 参加相关技术培训情况

其次，有部分农户全凭经验种植。有上面问题可知，有很少农户参加任何形式的技术培训。这也就造成了大部分农户在西甜瓜种植过程中基本上没有先进生产应用。从调查结果看，全部自己摸索、凭经经验的就有 76 户，比重为 57.58%。

第三，大部分样本农户是自己摸索和跟着其他农户种植生产（表 12）。从调查结果分析看，有 33 户，其比重 25.00%的西甜瓜种植农户没有接受过正规的农业技术推广人员传授技术。与完全依靠自己摸索加总，这两项的比重达到了 82.58%。也就是说超过 80%的西甜瓜种植农户没有参加过正规技术指导。这与前个问题的调查结果基本上相一致。

表 12 样本农户技术获取的途径 （单位：个）

来源途径	样本数	比重	累计比重
自己摸索、凭经验	76	57.58%	57.58%
自己摸索凭经验、跟其他干	33	25.00%	82.58%
自己摸索凭经验、跟其他干、乡村干部传授	1	0.76%	83.34%
自己摸索凭经验、跟其他干、媒体宣传	2	1.52%	84.85%
自己探索、专业合社指导、龙头企业	1	0.76%	85.61%
自己探索、政府部门农技术人员	18	13.64%	99.25%
自己探索、政府部门农技术人员、其他	1	0.76%	100.00%

第四，无论是农闲，还是农忙，大部分西甜瓜种植生产农户基本没有参加过全套的种植生产技术（表 13）。具体来讲，在农闲时，只有 13 户学习过全套的技术内容，比重也只有为 9.85%；有 119 户农户没有学过全套的生产技术，其比重达到 90.15%。在农忙时，西甜瓜种植生产农户参与学习农业生产技术只有 12 户比重为 9.09%的农户学过农业生产技术。

表 13　样本农户在农闲和农忙时学习技术的情况　（单位：个）

项目	是否学习	样本	比重
在农闲时学习过全套的技术内容	学过	13	9.85%
	没有	119	90.15%
在农忙时现场学习过农业技术	学过	12	9.09%
	没有	120	90.91%

5　西甜瓜种植趋势预测

在经过 2012 年和 2013 年连续两年价格走低、瓜农收入不断减少的影响，瓜农继续种植西甜瓜的意愿也不断走低。2014 年，西甜瓜的市场价格开始回升，市场需求旺盛，瓜农的收入去上年略有上升，瓜农种植西甜瓜的意愿开始上升。2015 年，西甜瓜种植农户继续种植的意愿进一步提高。

从河南省平均每亩的收益来看，2012 年比去减少了近 1 000元，2013 年又再次减少了 500 多元。这在很大程度上挫伤了农户种植生产西甜瓜的积极性。2012 年，有 138 户农户不愿意再继续种植生产西甜瓜，其比重达到 24.08%。也就是意味着明年将有五分之一强的农户不愿意继续种植西甜瓜。这样的结果必然会造成西甜瓜种植面积减少，这某些程度影响西甜瓜的产量的持续提高。到 2013 年，在调查的 125 户中，有 118 户明确表示，不再继续从事西甜瓜的种植，只有很小一部分农户愿意继续种植西甜瓜（图 5，图 6）。

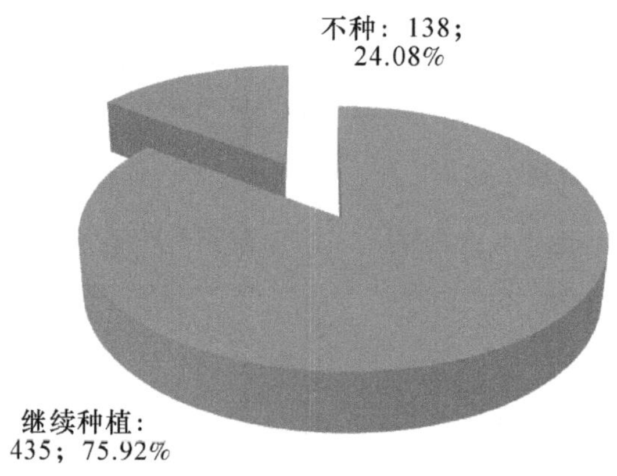

图 5　2012 年西甜瓜种植农户继续种植意愿情况

2014 年，继续种植西甜瓜的农户为 67 户，比重为 55.03%，不愿在继续种植的农户只有 57 户，比重为 45.97%（图 7）。愿意继续种植农户所占比重远远高于 2013 年的 5.6%的比重（图 8）。

2015 年继续种植西甜瓜的农户达到 108 户，占总样本比重为 81.8%。不愿意种植西甜瓜的农户为 24 户，比重仅为 18.2%。愿意继续种植农户所占比重远远高于 2014 年

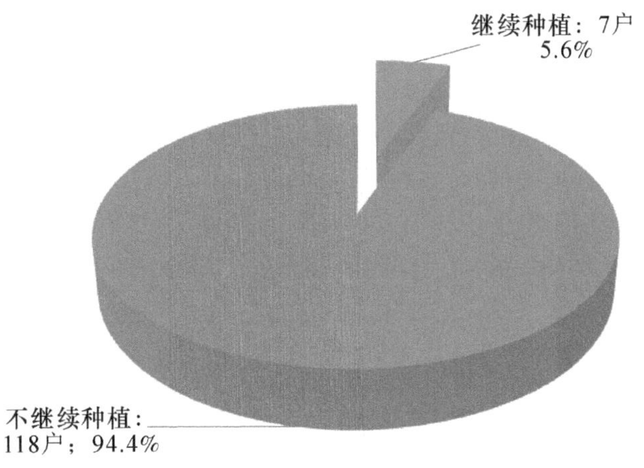

图 6　2013 年西甜瓜种植农户继续种植意愿情况

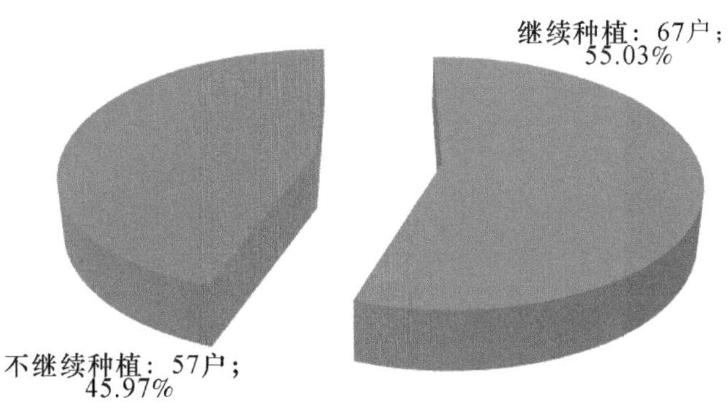

图 7　2014 年西甜瓜种植农户继续种植意愿情况

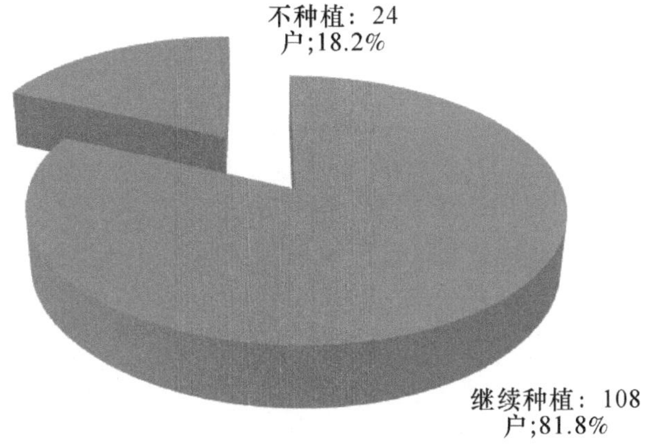

图 8　2015 年西甜瓜种植农户继续种植意愿情况

的 55.03%，与此相比，提高了 26 个百分点。

在愿意继续扩大种植面积的农户中，有 108 户已经明确表示明年增加亩数。有 4 户愿意再增加西甜瓜的种植面积。

从国家对农业生产的各种补贴来看，基本上还没有涉及对西甜瓜种植补贴，从这两年调查中也其中验证了这点。与其他农业品种相比，西甜瓜受到各种自然灾害等各种因素影响的更多，因此，所面临的自然风险更大。根据其他农业品种国家补贴效果看，都在一定情况上激发了相关种植农户的生产各级性。与此相推论，国家对西甜瓜种植生产进行补贴，必将刺激西甜瓜生产种植农户的积极性，也会西甜瓜种植生产面积扩大起到较强的促进作用。从调查结果看，如果国家对西甜瓜种植生产补贴，有 5 户农户还会继续扩大西甜瓜的面积，其中有 4 户以上扩大的面积在 10 亩以上。

报告四　2015年新疆西甜瓜产业技术体系调研报告

刘国勇　吴敬学　毛世平

1　新疆西甜瓜生产情况

新疆地处亚欧大陆的中心，是典型的大陆性气候，昼夜温差较大，日照时间充足，干燥少雨，但高山冰雪融水非常丰富，有利于灌溉农业，其特有的区位优势和光热条件促成了“瓜果之乡”的美誉，得天独厚的自然条件为西甜瓜生产提供了广阔的发展空间，其产品外观艳丽，香甜爽口，已经远销国内外，在市场上具有较高的知名度。2015年农业部办公厅制定了《全国西瓜甜瓜产业发展规划（2015—2020年）》，对新疆西甜瓜生产确定了新的发展目标，在保证产量的前提下，对西甜瓜质量有了更高的要求。西甜瓜产业作为新疆的特色农产品，长期以来，一直受到全疆各地的重视，种植规模不断扩大，西甜瓜种植总面积由2005年的7.06万hm^2增加到2014年的14.43万hm^2，占全疆农作物总播种面积的2.41%。特别是东疆的哈密、吐鲁番地区和南疆的喀什地区，种植面积占总播种面积的比重较大，已经成为农民增收的主导产业。

1.1　新疆西甜瓜种植面积及产业布局情况

据统计，2014年新疆西甜瓜种植总面积14.43万hm^2，比2013年增加0.79万hm^2，其中，甜瓜种植面积6.67万hm^2，占果用瓜种植总面积的46.19%，比2013年减少0.91%，西瓜种植面积7.77万hm^2，占果用瓜种植总面积的53.81%，比2013年增加0.91%。

新疆西甜瓜种植面积较大的地区主要是喀什地区、阿克苏地区、吐鲁番地区、昌吉州和哈密地区等，其占农作物总播种面积的比重较大的地区是吐鲁番和哈密两个地区，其中吐鲁番地区占到了21.43%。由于自然气候条件以及地理位置的差异，各地州西瓜和甜瓜的种植规模和比重也存在较大的差异，东疆和南疆地区的面积和比重相对较大，北疆地区的面积和比重相对较小。2014年新疆及各地州西甜瓜种植情况见表1。

表1　2014年新疆西甜瓜种植面积情况统计　　（单位：千hm^2,%）

项目	农作物总播面积	果用瓜	占总播种面积比重	甜瓜	占果用瓜比重	西瓜	占果用瓜比重
总计	5 994.47	144.38	2.41	66.69	46.19	77.69	53.81
乌鲁木齐市	49.61	0.26	0.52	0.02	7.69	0.24	92.31
克拉玛依市	16.86	0.28	1.66	0.03	10.71	0.25	89.29
吐鲁番地区	68.33	14.64	21.43	11.03	75.34	3.61	24.66

（续表）

项目	农作物总播面积	果用瓜	占总播种面积比重	甜瓜	占果用瓜比重	西瓜	占果用瓜比重
哈密地区	76.00	5.70	7.50	4.97	87.19	0.73	12.81
昌吉州	559.45	6.85	1.22	0.80	11.68	6.05	88.32
伊犁州直	506.73	2.17	0.43	0.03	1.38	2.14	98.62
塔城地区	591.60	0.45	0.08	0.07	15.56	0.38	84.44
阿勒泰地区	224.38	2.74	1.22	2.09	76.28	0.65	23.72
博州	188.69	0.12	0.06	0.02	16.67	0.10	83.33
巴州	458.00	4.84	1.06	3.89	80.37	0.95	19.63
阿克苏地区	817.60	15.22	1.86	5.16	33.90	10.06	66.10
克州	69.35.00	0.91	1.31	0.39	42.86	0.52	57.14
喀什地区	1 197.57	62.95	5.26	24.30	38.60	38.65	61.40
和田地区	254.89	5.00	1.96	2.17	43.40	2.83	56.60
生产建设兵团	1 327.85	22.24	1.67	11.71	52.65	10.53	47.35

数据来源：2015 年新疆统计年鉴

为了反映新疆西甜瓜产业发展的水平，我们运用区位商指标对新疆不同地区西甜瓜产业的发展水平进行评价。区位商是反映一种产业的发展水平的指标，而不是反映产业的规模水平。其计算公式为：某地区的西瓜（甜瓜）产业区位商=（某地区西瓜（甜瓜）种植面积/某地区的总人口）/（新疆西瓜（甜瓜）种植面积/新疆总人口）。西瓜甜瓜产业区位商大于 1 的地区说明其产业的发展水平较高，对于该区域农业经济的发展和农民增收起着重要的作用；而区位商小于 1 的区域，则说明西甜瓜产业在该地区的发展水平较低，对于该区域农业经济发展和农民增收的作用较小。

通过对全疆西甜瓜产业区位商的分析可以看出，西瓜种植的优势区域主要是在吐鲁番地区、昌吉州、喀什地区和阿克苏地区；甜瓜种植的优势区域主要是在吐鲁番地区、哈密地区、阿勒泰地区、喀什地区；而吐鲁番地区和喀什地区既是西瓜种植的优势区域，又是甜瓜种植的优势区域，具有发展西甜瓜产业的比较优势。根据农业部办公厅关于印发《全国西瓜甜瓜产业发展规划（2015—2020 年）》的通知，将新疆 11 个县市作为西瓜优势产区，16 个县市作为甜瓜优势产区。具体见表 2、表 3。

表 2　2014 年新疆西甜瓜产业布局统计　（单位：亩/人,%）

项目	人均西瓜种植面积	西瓜产业分布区位商	人均甜瓜种植面积	甜瓜产业分布区位商
乌鲁木齐市	0.0013	0.0269	0.0001	0.0026
克拉玛依市	0.0127	0.2525	0.0015	0.0353
吐鲁番地区	0.0829	1.6516	0.2533	5.8777

（续表）

项目	人均西瓜种植面积	西瓜产业分布区位商	人均甜瓜种植面积	甜瓜产业分布区位商
哈密地区	0.0178	0.3536	0.1208	2.8039
昌吉州	0.0642	1.2797	0.0085	0.1971
伊犁州直	0.0107	0.2125	0.0001	0.0035
塔城地区	0.0054	0.1080	0.0010	0.0232
阿勒泰地区	0.0144	0.2874	0.0464	1.0763
博州	0.0030	0.0605	0.0006	0.0141
巴州	0.0102	0.2029	0.0417	0.9679
阿克苏地区	0.0596	1.1879	0.0306	0.7097
克州	0.0131	0.2605	0.0098	0.2276
喀什地区	0.1292	2.5731	0.0812	1.8843
和田地区	0.0188	0.3745	0.0144	0.3344

注：1 亩≈667m^2，1hm^2=15 亩。全书同。

数据来源：2015 年新疆统计年鉴。

表 3　西瓜甜瓜产业优势区域分析

项目	个数	市（县）
西瓜优势区域	11	洛浦县 吐鲁番市 库车县 阿瓦提县 疏附县 疏勒县 莎车县 巴楚县 麦盖提县 伽师县 岳普湖县
甜瓜优势区域	16	哈密市 伊吾县 洛浦县 若羌县 吐鲁番市 鄯善县 沙雅县 伽师县 莎车县 疏附县 疏勒县 岳普湖县 英吉沙县 麦盖提县 巴楚县 新疆兵团第六师

数据来源：农业部办公厅关于印发全国西瓜甜瓜产业发展规划（2015—2020 年）

1.2　新疆西甜瓜总产量情况

随着新疆西甜瓜种植规模的扩大和种植结构的变化，其总产量也发生相应的变化。据统计，到 2014 年新疆西甜瓜总产量达到 608.26 万 t，比 2013 年增加 64.02 万 t；其中甜瓜总产量达 234.95 万 t，占西甜瓜总产量的 38.63%，比 2103 年减少 4.51 万 t；西瓜总产量达 373.32 万 t，占西甜瓜总产量的 61.37%，比 2013 年增加 68.53 万 t。由于各地州的种植规模不同，产量也同样存在差异。新疆及各地州西甜瓜产量情况见表 4。

表 4　2014 年新疆西甜瓜产量情况统计　　（单位：t,%）

项目	果用瓜总产量	甜瓜产量	比重	西瓜产量	比重
总计	6 082 639	2 349 481	38.63	3 733 158	61.37
乌鲁木齐市	5 316	2 936	55.23	2 380	44.77

（续表）

项目	果用瓜总产量	甜瓜产量	比重	西瓜产量	比重
克拉玛依市	17 803	4 656	26. 15	13 147	73. 85
吐鲁番地区	387 553	273 054	70. 46	114 499	29. 54
哈密地区	200 337	162 370	81. 05	37 967	18. 95
昌吉州	454 802	36 405	8. 00	418 397	92. 00
伊犁州直	95 091	1 250	1. 31	93 841	98. 69
塔城地区	19 736	2 710	13. 73	17 026	86. 27
阿勒泰地区	94 863	66 368	69. 96	28 495	30. 04
博州	5 031	765	15. 21	4 266	84. 79
巴州	115 176	69 409	60. 26	45 767	39. 74
阿克苏地区	414 388	125 108	30. 19	289 280	69. 81
克州	29 177	14 503	49. 71	14 674	50. 29
喀什地区	2 796 111	1 055 236	37. 74	1 740 875	62. 26
和田地区	169 501	62 616	36. 94	106 885	63. 06
生产建设兵团	1 277 754	472 095	36. 95	805 659	63. 05

数据来源：2015 年新疆统计年鉴

1. 3　新疆西甜瓜单产情况

从新疆西甜瓜种植水平情况来看，据统计，2014 年新疆西甜瓜平均单产 42 129. 37 kg/hm^2，比 2013 年平均增加 2 243. 4 kg/hm^2，其中甜瓜单产 35 229. 89 kg/hm^2，比 2013 年减少 980. 56 kg/hm^2，西瓜单产 48 051. 98 kg/hm^2，比 2013 年增加 4 709. 5 kg/hm^2。各地州之间西甜瓜单产存在较大的差距，其中，甜瓜单产最高的是昌吉州 45 506. 25 kg/hm^2，最低的是巴州为 17 842. 93 kg/hm^2；西瓜单产最高的是生产建设兵团为 76 510. 83 kg/hm^2，最低的是克州为 28 219. 23 kg/hm^2。各地州西甜瓜单产情况见表 5。

表 5　2014 年新疆西甜瓜单产情况统计　（单位：kg/hm^2）

项目	果用瓜	甜瓜	西瓜
总计	42 129. 37	35 229. 88	48 051. 98
乌鲁木齐市	20 446. 15		
克拉玛依市	63 582. 14		
吐鲁番地区	26 472. 20	24 755. 58	31 717. 17
哈密地区	35 146. 84	32 670. 02	52 009. 59
昌吉州	66 394. 45	45 506. 25	69 156. 53

（续表）

项目	果用瓜	甜瓜	西瓜
伊犁州直	43 820.74	41 666.67	43 850.93
塔城地区	43 857.78	38 714.29	44 805.26
阿勒泰地区	34 621.53	31 755.02	43 838.46
博州	41 925.00	38 250.00	42 660.00
巴州	23 796.69	17 842.93	48 175.79
阿克苏地区	27 226.54	24 245.74	28 755.47
克州	32 062.64	37 187.18	28 219.23
喀什地区	44 417.97	43 425.35	45 042.04
和田地区	33 900.20	28 855.30	37 768.55
生产建设兵团	57 452.97	40 315.54	76 510.83

数据来源：2015 年新疆统计年鉴

1.4 新疆西甜瓜市场价格波动情况

据乌鲁木齐市果蔬批发市场监测数据显示，2015 年西瓜批发价格与 2014 年相比，7 月、8 月、9 月的价格高于同期价格，其他月份的价格普遍低于同期价格。而甜瓜批发价格整体上相对于 2014 年有所下降。通过对比分析可以看出，相对于西瓜而言，甜瓜的价格波动较大，从 3 月的最高价 12 元/kg 跌落到 8 月份的最低价 3.00 元/kg；而西瓜的价格相对而言就比较稳定一些，尤其是在西瓜的成熟季节都在 1.2 元/kg 左右。新疆西甜瓜批发价格情况详见表 6，价格对比分析见图 1、图 2。

表 6 2014—2015 年新疆西甜瓜批发价格调查统计 （单位：元/kg）

月份	2014 年		2015 年	
	西瓜	甜瓜	西瓜	甜瓜
1 月	8.00		4.50	
2 月	5.50		5.00	
3 月	5.50		5.50	12.00
4 月	4.50	12.00	4.00	11.00
5 月	4.0	14.00	2.20	8.00
6 月	1.80	4.50	1.20	4.00
7 月	0.90	3.50	1.30	3.00
8 月	0.60	3.00	1.20	3.00
9 月	0.80	4.80	1.50	3.50
10 月	3.50	5.00	2.00	

（续表）

月份	2014年		2015年	
	西瓜	甜瓜	西瓜	甜瓜
11月	4.50	6.00	4.00	
12月	4.00			

数据来源：中国西甜瓜网

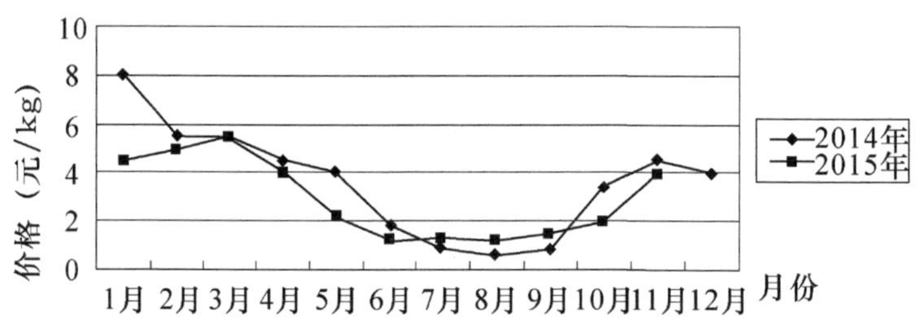

图1　2014年与2015年西瓜价格对比分析

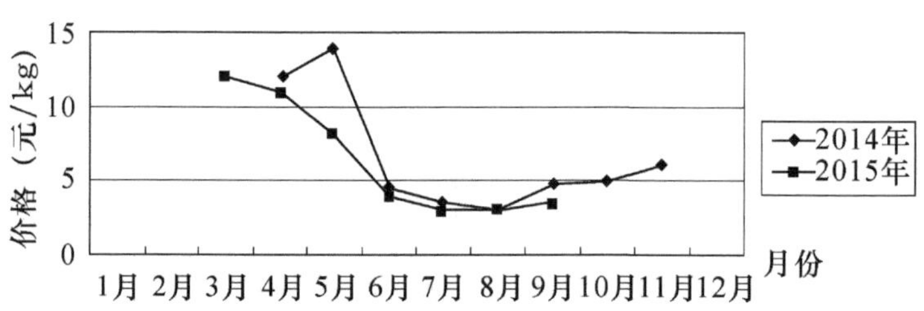

图2　2014年与2015年甜瓜价格对比分析

1.5　吐鲁番市自然社会经济基本情况

吐鲁番市位于天山东部山间盆地，G30连霍高速公路、312国道、314国道穿境而过，兰新铁路、南疆铁路在吐鲁番交汇，是中国内地连接新疆、中亚地区及南北疆的交通枢纽，地理位置优越。吐鲁番盆地属典型的内陆性气候，干燥少雨，具有日照长、气温高、温差大、降水少、风力强的特点。盆地光热资源丰富，全年日照时数3 200 h，年平均气温14℃，夏季地表历史最高温度83.3℃，年积温5 300℃以上，年均降水量16.6 mm、蒸发量3 000 mm，无霜期达280～300天。优越的光热资源和独特的气候，使这里盛产葡萄、哈密瓜、反季节蔬菜等经济作物，有金凤凰、新红心脆、9818、西州蜜等几十种优质哈密瓜，“火焰山”精品哈密瓜获得新疆名牌产品称号，被誉为“葡萄和瓜果之乡”。

吐鲁番市土地总面积约7万平方公里，辖高昌区、鄯善县、托克逊县，有33个乡（镇、街道、场）。2014年年末全市总人口65.3万人，其中：市镇人口27.5万人，占总人口的42.2%，乡村人口37.8万人，占总人口的57.8%。在总人口中，少数民族51.5万人，占总人口的78.8%，其中：维吾尔族人口47.4万人，占72.6%；汉族人口

13.8 万人，占 21.2%；农业人口 47.1 万人，非农业人口 18.2 万人。

2014 年全市耕地面积 72.27 万亩，其中：高昌区 26.05 万亩，鄯善县 20.56 万亩，托克逊县 25.66 万亩。2014 年全市农作物播种（含复播和套种）面积 102.5 万亩。其中：粮食种植面积 7.6 万亩，总产量 2.8 万 t；棉花种植面积 41.2 万亩，总产量 3.7 万 t；蔬菜种植面积 9.8 万亩，总产量 25 万 t；林果种植面积 69.9 万亩，总产量 83.7 万 t。其中葡萄种植面积 48.5 万亩，总产量 81 万 t。2014 年全市瓜类种植面积 21.96 万亩，总产量 38.76 万 t。其中：高昌区种植 7.62 万亩，总产量 14.09 万 t，鄯善县种植 11.91 万亩，总产量 20.09 万 t，托克逊县种植 2.43 万亩，总产量 4.57 万 t。全市甜瓜种植面积 16.55 万亩，总产量 27.31 万 t。其中：高昌区种植 4.05 万亩，总产量 6.89 万 t，鄯善县种植 10.41 万亩，总产量 16.64 万 t，托克逊县种植 2.1 万亩，总产量 3.78 万 t。

吐鲁番市作为全疆最大的早熟哈密瓜生产基地，哈密瓜产业按照“精种、精管、精加工、精营销”的发展思路，积极打造现代特色农业发展“精品版”。在哈密瓜产业发展上总结出了一套好的经验，其具体做法：一是加强标准化生产基地建设。通过强化行政推动，着力打造一批精品哈密瓜基地，积极推行良种良法，加强病虫害综合防治，严格按绿色、有机标准化栽培技术规程进行生产。二是狠抓哈密瓜上市质量。层层签订目标责任书，组织专人定期不定期开展哈密瓜质量销售专项捡查，设立出疆哈密瓜检查站，通过采取三证制度（质量合格证、准采证、检疫证），安排专人免费为瓜农提供检测服务，出具检验合格证，并检查是否正确使用地理标识等，确保了精品哈密瓜的生产、收购、运输以及销售全过程得到跟踪与管理，严格把控出疆哈密瓜质量关。三是充分发挥产业化经营主体作用。哈密瓜龙头企业实施“企业+基地+农户”的生产模式，推动了产业订单模式发展，企业采取提供优质良种、加强技术指导和统一收购等措施，避免了瓜商随意压价等现象出现，保障了农民的利益。四是不断拓展经营销售模式。在做好传统哈密瓜渠道销售的同时，积极推动“互联网+”、微店、航空运输、农超对接等销售模式的发展，使哈密瓜出疆销售变得更加方便快捷。五是不断提升哈密瓜均衡上市能力。吐鲁番哈密瓜随着设施农业的发展和在克服了秋季哈密瓜早期病虫害多发等制约因素后，反季节和秋季露地哈密瓜种植已成为哈密瓜产业发展的重要组成部分。在种植结构不断优化，种植水平不断提升的基础上，均衡上市能力得到了较大提高。

2　调查农户分布及基本特征情况

2.1　调查农户分布及甜瓜种植情况

本次问卷调研选择甜瓜种植规模较大而且比较集中的吐鲁番市，从西甜瓜产业在吐鲁番市的区域分布和实际研究的需要，调研区域选定在高昌区和鄯善县，均是甜瓜产业分布的优势区域。由于各乡镇、村在人口、民族、甜瓜种植规模和种植比例的不同，我们在吐鲁番市鄯善县选取甜瓜种植相对比较集中的三个乡镇作为调查对象，主要以汉族种植户为主；在高昌区选取甜瓜种植比较集中的一个乡镇作为调查对象，主要以少数民族为主。问卷采用随机入户调研方式，调查问卷均由调研人员亲自询问农户填写完成，本次问卷调查共计发放问卷 169 份，剔除信息不完整、无效问卷 7 份，最终有效问卷

162 份，问卷有效率 95.86%。此次问卷调研采用新疆甜瓜种植典型区调查、乡镇分层抽样和农户随机抽样相结合，因此样本总体上对于吐鲁番市甜瓜种植农户具有较好的代表性。本次调查主要针对种植甜瓜的农户，调查问卷农户分布情况见表 7。

表 7　各村社问卷统计　　（单位：户，%）

项目	鄯善县			高昌区		
	吐峪沟乡	鲁克沁镇	达浪坎乡	恰特卡勒乡		
	洋海村	沙坎村	乔亚村和拜什塔木村	喀拉霍加村	其盖布拉克村	阿吉能坎儿孜村
户数	15	49	12	32	43	11
百分比	9.26	30.25	7.41	19.75	26.54	6.79

2.2　调查农户户主基本特征情况

在被调查农户中，户主为汉族的农户有 78 户，占总调查户数的 48.15%，户主为少数民族的农户有 84 户，占总调查户数的 51.85%。户主性别为男性的有 157 户，占总调查户数的 96.91%，户主为女性的有 5 户，占总调查户数的 3.09%。被调查农户户主平均年龄为 43.23 岁，年龄分布主要集中在 50 岁以下，占到被调查农户的 74.69%。与 2014 年相比，本年调查农户中户主年龄低于 35 岁的户数所占比例增幅较大，增长 12.33%，户主年龄在 36~40 岁和 51~55 岁的户数所占比例微增，分别增长 1.88%和 0.74%。其他年龄段的户数都在下降，户主年龄在 41~45 岁的户数下降 3.86%，户主年龄在 46~50 岁的户数显著下降 7.74%，户主年龄在 55~60 岁的户数下降 0.5%，户主年龄在 60 岁以上的户数下降 2.85%。农户民族分布情况见表 8，年龄分布情况见表 9。

表 8　农户民族情况分布　　（单位：户，%）

项目	鄯善县			今高昌区			
	吐峪沟乡	鲁克沁镇	达浪坎乡	恰特卡勒乡			
	洋海村	沙坎村	乔亚村和拜什塔木村	喀拉霍加村		其盖布拉克村	阿吉能坎儿孜村
汉族户数	15	49	12	2	0	0	0
民族户数	0	0	0	0	30	43	11

从调查农户不同民族的年龄分布情况看，2015 年调查农户不同民族的户主年龄，汉族户主平均年龄为 44.65 岁，户主年龄分布主要集中在 50 岁以下，占到调查农户的 67.95%；少数民族户主平均年龄为 41.90 岁，户主年龄分布主要集中在 50 岁以下，占到调查农户的 80.95%。年龄低于 35 岁的汉族所占比例比少数民族所占比例低 19.04%，

表 9 户主年龄分布 （单位：岁，户,%）

户主年龄	2014 年			2015 年		
	户数	所占比例	累计比例	户数	所占比例	累计比例
低于 35 岁	28	14. 21	14. 21	43	26. 54	26. 54
36~40 岁	34	17. 26	31. 47	31	19. 14	45. 68
41~45 岁	38	19. 29	50. 76	25	15. 43	61. 11
46~50 岁	42	21. 32	72. 08	22	13. 58	74. 69
51~55 岁	18	9. 14	81. 22	16	9. 88	84. 57
56~60 岁	18	9. 14	90. 36	14	8. 64	93. 21
60 岁以上	19	9. 64	100	11	6. 79	100. 00

户主年龄在 36~40 岁的汉族所占比例比少数民族所占比例高 12. 54%，户主年龄在 41~45 岁、46~50 岁年龄段的汉族户主所占比例比少数民族户主分别低 2. 57%、3. 94%，户主年龄在 51~55 岁、56~60 岁年龄段的汉族户主所占比例比少数民族户主分别高 10. 62%、3. 12%。户主年龄高于 60 岁的汉族户主和少数民族户主所占比例基本持平。总体来看，汉族户主以中老年为主，少数民族户主以青壮年为主。具体分布情况见表 10。

表 10 户主年龄分布表-民汉比较 （单位：岁，户,%）

户主年龄	汉族			少数民族		
	户数	所占比例	累计比例	户数	所占比例	累计比例
低于 35 岁	13	16. 67	16. 67	30	35. 71	35. 71
36~40 岁	20	25. 64	42. 31	11	13. 10	48. 81
41~45 岁	11	14. 10	56. 41	14	16. 67	65. 48
46~50 岁	9	11. 54	67. 95	13	15. 48	80. 95
51~55 岁	12	15. 38	83. 33	4	4. 76	85. 71
56~60 岁	8	10. 26	93. 59	6	7. 14	92. 86
60 岁以上	5	6. 41	100. 00	6	7. 14	100. 00
合计	78	100. 00	—	84	100. 00	—

从被调查农户的文化程度分布情况来看，2015 年文化程度在小学及以下的户主有 76 户，占被调查农户的 46. 91%，初中有 63 户，占被调查农户的 38. 89%，高中有 17 户，占被调查农户的 10. 49%，大专及以上有 6 户，占被调查农户的 3. 7%。与 2014 年相比，本年户主文化程度在小学及以下的户数比例显著降低，降幅达 18. 65%；文化程度为初中的显著增加，增加比例达 10. 41%；文化程度为高中和大专及以上的也有增

长，增加比例分别为5.85%和2.38%。总体来看甜瓜种植农户的受教育程度主要以中小学程度为主，较去年文化程度有提高的趋势，但是从总体来看农户的文化程度普遍偏低。具体见表11。

表11　户主文化程度分布情况　（单位：户，%）

文化程度	2014年			2015年		
	户数	所占比例	累计比例	户数	所占比例	累计比例
小学及以下	99	65.56	65.56	76	46.91	46.91
初中	43	28.48	94.04	63	38.89	85.80
高中	7	4.64	98.68	17	10.49	96.30
大专及以上	2	1.32	100.00	6	3.70	100.00
总计	151	100	—	162	100	—

从不同民族文化程度的分布情况来看，2015年文化程度在小学及以下的汉族农户有19户，少数民族有57户，汉族农户所占比例比少数民族农户所占比例少43.50%；初中文化程度的农户汉族为40户，少数民族为23户，汉族所占比例比少数民族高23.90%，高中文化程度的农户汉族为15户，少数民族为2户，汉族所占比例比少数民族高16.85%，大专及以上文化程度的农户汉族为4户，少数民族为2户，汉族所占比例比少数民族高2.75%。高中以上文化程度的农户汉族所占比例为24.36%，少数民族所占比例为4.76%，汉族比少数民族高19.60%。总体来看，汉族农户比少数民族农户文化程度普遍偏高。具体情况见表12。

表12　户主文化程度分布情况表-民汉比较　（单位：户，%）

文化程度	汉族			民族		
	户数	所占比例	累计比例	户数	所占比例	累计比例
小学及以下	19	24.36	24.36	57	67.86	67.86
初中	40	51.28	75.64	23	27.38	95.24
高中	15	19.23	94.87	2	2.38	97.62
大专及以上	4	5.13	100.00	2	2.38	100.00
总计	78	100.00	—	84	100.00	—

2.3　调查农户家庭基本情况

被调查农户家庭平均总人口为4.96人，平均务农人口为2.79人。162户调查农户家庭总耕地面积为11 708亩，户均耕地面积72.27亩，其中户均种植西瓜的面积为3.19亩，户均种植甜瓜的面积为59.31亩。被调查农户2015年家庭平均总收入为

270 790. 12 元，其中甜瓜收入为 170 044. 56 元，占家庭总收入的 62. 80%；而 2014 年调查农户的平均家庭总收入为 38 959. 87 元，其中种植甜瓜的收入为 15 085. 70 元，占家庭收入的 38. 72%。相比之下，2015 年调查农户较 2014 年的农户在种植规模、家庭总收入和甜瓜种植面积和收入等方面都有较大幅度的提高。由于调查农户种植规模不同，其甜瓜种植收入的差距也较大，其中种植甜瓜收入最高的农户为 207 万元，种植甜瓜收入最低的农户仅为 0. 14 万元。具体情况见表 13。

表 13 甜瓜收入在农户家庭收入的比重 （单位：元）

项目	2014 年		2015 年	
	甜瓜收入	家庭总收入	甜瓜收入	家庭总收入
调研户数	197	197	162	162
平均值	15 085. 70	38 959. 87	170 044. 56	270 790. 12
最大值	99 000. 00	99 000. 00	2 070 000. 00	4 000 000. 00
最小值	3 600. 00	8 000. 00	1 440. 00	2 000. 00

在被调查农户中，2015 年汉族农户家庭平均总收入为 534 807. 69 元，其中甜瓜平均收入为 339 967. 10 元，占家庭总收入的 63. 57%；少数民族农户家庭平均总收入为 25 630. 95 元，其中甜瓜平均收入为 12 259. 35 元，占家庭总收入的 47. 83%。汉族农户种植甜瓜的收入比少数民族农户高 327 707. 75 元，其占家庭总收入的比重比少数民族农户高 15. 74%。这主要是由于汉族农户甜瓜的种植规模普遍比少数民族农户大，导致其甜瓜种植收入较高。具体情况见表 14。

表 14 甜瓜收入农户家庭收入的比重表-民汉比较 （单位：元）

项目	汉族		少数民族	
	甜瓜收入	家庭总收入	甜瓜收入	家庭总收入
调研户数	78	78	84	84
平均值	339 967. 10	534 807. 69	12 259. 35	25 630. 95
最大值	2 070 000. 00	4 000 000. 00	140 000. 00	360 000. 00
最小值	10 000. 00	50 000. 00	1 440. 00	2 000. 00

3 调查农户甜瓜生产情况

3.1 甜瓜播种方式、生产方式以及品种选择

从调查农户甜瓜的播种方式情况来看，2015 年农户采用直播种植方式的有 97 户，占被调查农户的 59. 88%；采用非嫁接育苗的有 42 户，占被调查农户的 25. 93%；采用嫁接育苗的有 18 户，占被调查农户的 11. 10%；采用直播和非嫁接育苗的有 1 户，占

0.62%；采用直播和嫁接育苗的有4户，占2.47%。2014年农户采用直播种植方式的有142户，占72.08%；采用非嫁接育苗的有5户，占2.54%；采用嫁接育苗的有50户，占25.38%。

从调查农户甜瓜栽培方式来看，2015年农户采用露地栽培的有83户，占被调查农户的51.23%；采用小拱棚栽培的农户有43户，占被调查农户的26.55%；采用大棚栽培的农户有36户，占被调查农户的22.22%。2014年农户采用露地栽培有73户，占37.06%；小拱棚栽培的农户有71户，占36.04%；采用大棚栽培的农户有53户，占26.90%。

从种植甜瓜的品种来看，在2015年农户在甜瓜品种选择上主要考虑成熟期，种植早中熟品种的农户有127户，占到种植农户的78.40%；种植中晚熟的农户有28户，占到种植农户的17.28%；采用两种品种搭配种植的农户有7户，占4.32%。农户在甜瓜品种选择上主要考虑早中熟，而很少考虑甜瓜的其他品种类型。在2014年农户在甜瓜品种选择上也是主要考虑成熟期，很少考虑甜瓜的其他品种类型，种植早中熟品种的农户占到种植农户的94.92%，种植中晚熟品种的农户占到4.57%。这主要是由于吐鲁番地区独特的气候条件适宜于早中熟品种的种植，而且甜瓜可以较其他地区提前上市。具体情况见表15。

表15　甜瓜播种方式、生产方式以及品种　　（单位：户,%）

类别	项目	2014年		2015年	
		户数	比例	户数	比例
播种方式	直播	142	72.08	97	59.88
	非嫁接育苗	5	2.54	42	25.93
	嫁接育苗	50	25.38	18	11.10
	直播+非嫁接育苗	0	0.00	1	0.62
	直播+嫁接育苗	0	0.00	4	2.47
生产方式	露天	73	37.06	83	51.23
	小拱棚	71	36.04	43	26.55
	大拱棚	53	26.90	36	22.22
甜瓜品种	早中熟	187	94.92	127	78.40
	中晚熟	9	4.57	28	17.28
	早中熟+中晚熟搭配种植	1	0.51	7	4.32

从调查的不同民族农户甜瓜的播种方式情况来看，2015年汉族农户采用直播种植方式的有23户，占汉族农户的29.49%；采用非嫁接育苗的有37户，占汉族农户的47.43%；采用嫁接育苗的有13户，占汉族农户的16.67%；采用直播和非嫁接育苗的有1户，占汉族农户的1.28%；采用直播和嫁接育苗的有4户，占汉族农户的5.13%。少数民族农户采用直播种植方式的有74户，占少数民族农户的88.10%；采用非嫁接育

苗的有 5 户，占少数民族农户的 5. 95%；采用嫁接育苗的有 5 户，占少数民族农户的 5. 95%。

从调查的不同民族农户甜瓜栽培方式来看，2015 年汉族农户采用露地栽培的有 22 户，占汉族农户的 28. 20%；采用小拱棚栽培的农户有 29 户，占汉族农户的 37. 18%；采用大棚栽培的农户有 27 户，占汉族农户的 34. 62%。少数民族农户采用露地栽培有 61 户，占少数民族农户的 72. 62%；采用小拱棚栽培的农户有 14 户，占少数民族农户的 16. 67%；采用大棚栽培的农户有 9 户，占少数民族农户的 10. 71%。

从调查的不同民族农户种植甜瓜的品种选择情况来看，在 2015 年汉族农户在甜瓜品种选择上种植早中熟品种的农户有 49 户，占到汉族农户的 62. 82%；种植中晚熟品种的农户有 23 户，占汉族农户的 29. 49%；搭配种植的农户有 6 户，占汉族农户的 7. 69%；少数民族农户种植早中熟品种的农户有 78 户，占到少数民族农户的 92. 86%；种植中晚熟品种的农户有 5 户，占少数民族农户的 5. 95%；搭配种植的农户有 1 户，占少数民族农户的 1. 19%。农户在甜瓜品种选择上主要考虑早中熟品种，而很少考虑甜瓜的其他品种类型。具体情况见表 16。

表 16 不同民族甜瓜播种方式、生产方式以及品种选择 （单位：户,%）

类别	项目	汉族		民族	
		户数	比例	户数	比例
播种方式	直播	23	29. 49	74	88. 10
	非嫁接育苗	37	47. 43	5	5. 95
	嫁接育苗	13	16. 67	5	5. 95
	直播+非嫁接育苗	1	1. 28	0	0. 00
	直播+嫁接育苗	4	5. 13	0	0. 00
生产方式	露天	22	28. 20	61	72. 62
	小拱棚	29	37. 18	14	16. 67
	大拱棚	27	34. 62	9	10. 71
甜瓜品种	早中熟	49	62. 82	78	92. 86
	中晚熟	23	29. 49	5	5. 95
	早中熟+中晚熟搭配种植	6	7. 69	1	1. 19

3. 2 甜瓜种植意愿情况分析

在被调查的 162 户农户中，有 145 户表示明年继续种植甜瓜，占被调查农户的 89. 51%，比 2014 年下降了 1. 35%；只有 17 户表示不再继续种植甜瓜，占调查农户的 10. 49%，主要是由于 2015 年种植甜瓜的经济效益不高，出现亏损，部分农户选择放弃甜瓜种植（表 17）。

表 17　农户 2016 年播种面积的总体意向分布　（单位：户，%）

项目	2014 年		2015 年	
	户数	比例	户数	比例
调查总户数	197	100.00	162	100.00
明年继续种植户数	179	90.86	145	89.51
明年停止种植户数	18	9.14	17	10.49

在 145 户选择明年继续种植甜瓜的农户中，有 24 户表示将扩大种植面积，占选择继续种植甜瓜农户的 16.55%，比 2014 年减少 8.03%，平均每户扩大面积为 3.49 亩；有 12 户表示缩小种植面积，占继续种植甜瓜农户的 8.28%，比 2014 年平均减少 14.07%，平均每户缩小面积为 39.83 亩；有 109 户则表示播种面积保持不变，占继续种植甜瓜农户的 75.17%，比 2014 年增加 22.10%。从总体来看，2016 年农户甜瓜的种植意向更倾向于保持面积不变，比例高达 75.17%。具体情况见表 18。

表 18　2016 年农户甜瓜种植意向情况分布　（单位：户，亩，%）

项目	2014 年		2015 年	
	户数/面积	比例	户数/面积	比例
明年继续种植户数	179	100.00	145	100.00
明年面积扩张户数	44	24.58	24	16.55
明年农户平均扩张面积	10.64	—	3.49	—
明年面积减少户数	40	22.30	12	8.28
明年农户平均减少面积	2.68	—	39.83	—
明年面积不变户数	95	53.07	109	75.17

从不同民族的甜瓜种植意向来看，有 145 户表示明年继续种植甜瓜，其中汉族有 69 户，占所调查汉族农户的 88.46%，少数民族有 76 户，占所调查少数民族农户的 90.48%，继续种植甜瓜的汉族农户比少数民族农户少 2.02%；只有 17 户表示明年不再继续种植甜瓜，其中汉族有 9 户，占所调查汉族农户的 11.54%，少数民族有 8 户，占所调查少数民族农户的 9.52%。从总体来看，少数民族农户继续种植甜瓜的意向比汉族稍高。具体见表 19。

表 19　不同民族农户 2016 年甜瓜种植意向分布　（单位：户，%）

项目	汉族		民族	
	户数	比例	户数	比例
调查总户数	78	100.00	84	100.00
明年继续种植户数	69	88.46	76	90.48
明年停止种植户数	9	11.54	8	9.52

在145户选择明年继续种植甜瓜的农户中，有24户表示将扩大种植面积，其中汉族有2户，占所调查继续种植的汉族农户的2.90%，平均扩大1亩，少数民族有22户，占所调查继续种植的少数民族农户的26.19%，平均扩大3.72亩；扩大种植面积的汉农户比少数民族农户少26.05%，面积平均少2.72亩。有12户表示将减少种植面积，其中汉族有7户，占所调查继续种植的汉族农户的10.14%，平均减少62.86亩，少数民族有5户，占所调查继续种植的少数民族农户的6.58%，平均减少7.60亩；减少种植面积的汉族农户比少数民族农户多3.56%，平均减少55.26亩。有109户表示种植面积保持不变，其中汉族有60户，占所调查继续种植的汉族农户的86.96%，少数民族有49户，占所调查继续种植的少数民族农户的64.47%；保持种植面积不变的汉族农户比少数民族农户多22.49%。具体见表20。

表20 不同民族农户种植规模选择意向 （单位：户，亩,%）

项目	汉族		民族	
	户数/面积	比例	户数/面积	比例
明年继续种植户数	69	100.00	76	100.00
明年面积扩张户数	2	2.90	22	28.95
明年农户平均扩张面积	1	—	3.72	—
明年面积减少户数	7	10.14	5	6.58
明年农户平均减少面积	62.86	—	7.60	—
明年面积不变户数	60	86.96	49	64.47

在被调查的农户中，所有农户表示当地政府目前没有对甜瓜生产进行补贴。当问到如果政府对甜瓜种植进行补贴且提高补贴标准是否会扩大甜瓜种植面积时，在补贴标准提高5%的前提下，选择扩大种植面积的户数有21户，扩大的最大面积为260亩，最小面积为1亩，选择不变的户数有10户，无法决定的有131户。在补贴标准提高10%的前提下，选择扩大面积的户数有1户，且未告知扩大的亩数。

4 调查农户甜瓜种植投入产出分析

4.1 调查农户甜瓜种植面积及产出情况

4.1.1 调查农户甜瓜种植面积情况

2015年户均甜瓜种植面积为59.31亩，与2014年调查农户平均种植面积6.56亩相比增加了52.75亩，增幅达804.59%。其主要原因是2014年调查的均为少数民族农户，甜瓜种植规模普遍较小，而2015年增加了对汉族农户的调查，其大部分为大规模种植农户。2015年种植面积最大的户为500亩，种植面积最小的户为1.5亩。其中种植面积在1~50亩的农户有109户，占被调查农户的67.28%，种植面积在51~100亩的农户有21户，占被调查农户的12.96%，种植面积在100亩以上的有32户，占被调查农户的 19.75%。具体情况见表 21。

表 21　农户甜瓜种植面积分布　　（单位：户,%）

播种面积	户数	比重	累计比重
1~50 亩	109	67.28	67.28
51~100 亩	21	12.96	80.25
100 亩以上	32	19.75	100.00

4.1.2　调查农户甜瓜产出情况

从甜瓜产出情况可以看出，2015 年被调查农户平均每户甜瓜产量为 105.11 t，与 2014 年相比增加了 94.69 t，增幅达 908.61%；平均每户甜瓜销售收入为 17.00 万元，与 2014 年相比增加了 15.50 万元，增幅达 10 倍。由于农户间种植规模的差异较大，每个农户甜瓜总产量和收入的差异也较大，具体见表 22。

表 22　甜瓜种植产出分析

项目	播种面积（亩）		总产量（t）		甜瓜收入（万元）	
	2014 年	2015 年	2014 年	2015 年	2014 年	2015 年
调研户数	197	162	197	162	197	162
和值	1 291.60	9 607.90	2 053.00	17 027.82	297.20	2 754.71
平均值	6.56	59.31	10.42	105.11	1.51	17.00
最大值	43.00	500.00	64.50	900.00	9.90	207.00
最小值	1.70	1.50	3.00	1.00	0.80	0.14

从甜瓜单位面积产出情况来看，被调查农户平均每亩甜瓜产量为 1 772.27 kg/亩，与 2014 年相比增加了 182.75 kg/亩，增幅为 11.50%；甜瓜平均销售价格为 1.62 元/亩，与 2014 年相比增加了 0.17 元/kg，增幅为 11.57%；甜瓜亩均产值为 2867.13 元/亩，与 2014 年每亩产值相比增加了 566.20 元/亩，增幅 24.61%。甜瓜单位面积产量、销售价格和亩产值的最大值和最小值之间相差较大，主要原因在于不同农户在种植规模、生产方式以及物质投入和人工投入等方面的差异造成的。具体见表 23。

表 23　甜瓜每亩产出分析

项目	亩产量（kg/亩）		价格（元/kg）		亩产值（元/亩）	
	2014 年	2015 年	2014 年	2015 年	2014 年	2015 年
调研户数	197	162	197	162	197	162
平均值	1 589.52	1 772.27	1.45	1.62	2 300.93	2 867.13
最大值	2 200.00	3 500.00	2.30	3.60	3 580.00	6 000.00
最小值	900.00	300.00	1.00	0.50	1 000.00	300.00

4.1.3　调查农户甜瓜不同种植规模产出情况分析

从甜瓜不同种植规模的产出情况来看，种植规模在 1～50 亩时，亩均产量为 1 628.37 kg/亩，价格为 1.58 元/kg，亩均产值为 2 567.42 元/亩；种植规模在 51～100 亩时，亩均产量为 1 882.95 kg/亩，价格为 1.51 元/kg，亩均产值为 2 837.89 元/亩；种植规模在 100 亩以上，亩均产量为 1 770.64 kg/亩，价格为 1.66 元/kg，亩均产值为 2 931.46 元/亩。可以看出，在小规模种植时，亩产值和销售价格均不是最高；在中等规模时，亩产量达到最大值，但是价格却最低；在大规模种植甜瓜时，亩产值处于居中地位，但是价格却是最高，其结果是亩产值达到最大值。具体见表 24。

表 24　甜瓜不同种植规模产出分析

产出		亩产量（kg/亩）	价格（元/kg）	亩产值（元/亩）
1～50 亩	调研户数	109	109	109
	平均值	1 628.37	1.58	2 567.42
	最大值	3 500.00	3.60	6 000.00
	最小值	300.00	0.50	450.00
51～100 亩	调研户数	21	21	21
	平均值	1 882.95	1.51	2 837.89
	最大值	2 500.00	3.00	6 000.00
	最小值	600.00	0.50	300.00
100 亩以上	调研户数	32	32	32
	平均值	1 770.64	1.66	2 931.46
	最大值	2 500.00	3.00	6 000.00
	最小值	1 000.00	0.70	1 000.00

4.2　调查农户甜瓜投入情况

甜瓜的生产总投入主要包括物质投入、人工投入以及土地费用三大类。物质投入按照实际投入的物质价值计算；人工投入主要为家庭用工折价和雇工费用；土地费用主要为流转地租金（为了“科学合理利用和保护土地资源，彻底制止乱开发土地的违法行为”①，吐鲁番市从 2012 年开始对开荒地进行清理，每亩每年需要缴纳 50 元的土地租金②。由于调研地区部分农户的耕地为开荒地，需要每年向土管局缴纳土地租金，虽然其不是流转租金，但是在核算甜瓜种植农户生产成本时计入土地成本中）。

① 吐政办〔2012〕62 号：关于印发吐鲁番市土地开发（开荒）清理整顿工作方案的通知，2012-06-28。

② 关于对《吐鲁番市土地开发（开荒）清理整顿工作方案》的通知，2012-07-18。

4.2.1　甜瓜总投入情况

从调查农户甜瓜每亩生产投入结构情况来看，2015 年甜瓜种植平均每亩总成本为 3 616.34 元/亩。其中，平均物质及服务成本为 1 754.77 元/亩，占总成本的 48.52%；在物质及服务成本中直接成本 1 752.77 元/亩，占物质和服务成本的 99.89%，间接成本为 1.99 元/亩，占物质服务成本的 0.11%。平均人工成本为 1 284.37 元/亩，占总成本的 35.52%；其中家庭用工折价 139.12 元/亩，占人工成本的 10.83%，雇工费用 1 145.25 元/亩，占人工成本的 89.17%。平均流转地租金为 577.21 元/亩，占总成本的 15.96%。甜瓜总投入及构成情况见表 25。

表 25　甜瓜每亩生产投入及结构

投入产出		单位	2014 年	2015 年
物质服务成本	直接成本	元/亩	1 825.60	1 752.77
	比重	百分比	98.43	99.89
	间接成本	元/亩	29.17	1.99
	比重	百分比	1.57	0.11
	物质服务成本合计	元/亩	1 854.76	1 754.77
	占总成本比重	百分比	68.20	48.52
人工成本	家庭用工折价	元/亩	263.08	139.12
	比重	百分比	34.01	10.83
	雇工费用	元/亩	510.38	1 145.25
	比重	百分比	65.99	89.17
	人工成本合计	元/亩	773.46	1 284.37
	占总成本比重	百分比	28.44	35.52
土地成本	流转地租金	元/亩	91.45	577.21
	比重	百分比	1.00	1.00
	自营地折租	元/亩	0.00	0.00
	比重	百分比	0.00	0.00
	土地成本合计	元/亩	91.45	577.21
	占总成本比重	百分比	3.36	15.96
总成本		元/亩	2 719.67	3 616.34

从 2014 年与 2015 年成本对比分析来看，2014 年的总成本为 2 719.67 元/亩，2015 年与 2014 年相比增加了 895.79 元/亩，只要原因在于土地成本和人工成本均高于 2014 年的成本。2015 年物质及服务成本小幅减少，减少了 100.40 元/亩，物质及服务成本占总成本的比重降低了 19.67%。2015 年人工成本为 1 284.37 元/亩，较 2014 年增加了 510.43/亩；人工成本占总成本的比重为 35.52%，增幅为 7.07%；其中家庭用工折价

较 2014 年有所降低，但雇工费用 2015 年为 1 145. 25 元/亩，远高于 2014 年的 510. 38 元/亩。土地费用较 2014 年增加了 485. 76 元/亩，其占总成本的比重增加了 12. 60%。具体见表 25。

4. 2. 2　甜瓜物质及服务投入情况

从甜瓜平均每亩的直接物质投入情况看，2015 年平均每亩直接物质投入 1 752. 77 元/亩，其中种子费 231. 86 元/亩，占直接物质投入的 13. 23%，化肥费用为 421. 48 元/亩，占直接物质投入的 24. 05%，农家肥费用 231. 54 元，占直接物质投入的 13. 21%，农药费 112. 09 元，占直接物质投入的 6. 39%，农膜费 170. 88 元，占直接物质投入的 9. 75%，机械作业费 78. 83 元，占直接物质投入的 4. 50%，灌溉费用 423. 53 元，占直接物质投入的 24. 16%，其他技术服务、工具材料和维修护理等费用合计为 82. 68 元，占直接物质投入的 4. 71%。甜瓜每亩物质及服务费与构成见表 26。

表 26　甜瓜每亩物质服务成本投入与结构　　（单位：元/亩,%）

项目	2014 年		2015 年	
	金额	比重	金额	比重
种子费	411. 17	22. 52	231. 86	13. 23
化肥费	289. 27	15. 85	421. 48	24. 05
农家肥费	470. 99	25. 80	231. 54	13. 21
农药费	128. 72	7. 05	112. 09	6. 39
农膜费	118. 46	6. 49	170. 88	9. 75
机械作业费	86. 50	4. 74	78. 83	4. 50
灌溉费	230. 76	12. 64	423. 53	24. 16
其他费用	89. 73	4. 92	82. 58	4. 71
直接成本合计	1 825. 60	100. 00	1 752. 77	100. 00

从 2014 年与 2015 年的直接物质投入结构比较可以看出，2015 年直接物质投入为 1752. 77 元/亩，与 2014 年相比每亩投入降低了 72. 83 元，降幅 3. 44%，其主要原因为种子费、农家肥费的大幅降低，分别降低了 179. 31 元/亩、239. 45 元/亩，而化肥费用、灌溉费用均有所增加，其中灌溉费用的占比增加最大，增幅达 83. 54%①，主要是因为吐鲁番地区对使用地下水灌溉征收水资源费所致。

从甜瓜每亩的主要物质投入量的情况看，每亩种子平均用量为 0. 078 kg/亩，较 2014 年减少了 0. 004 kg；各种化肥使用量平均每亩为 106. 57 kg/亩，与 2014 年相比增加了 14. 17 kg；农膜每亩平均使用量为 11. 90 kg，与 2014 年相比增加了 4. 46 kg，其主

① 灌溉费用的增加主要原因是吐鲁番市为控制地下水过度开采，对地下水水资源费征收水资源补偿费。吐地行办〔2007〕10 号：关于印发吐鲁番地区地下水水资源费征收管理办法的通知，2007-01-30。关于进一步加强农业水资源补偿费征收管理工作的通知，2013-07-24。

要原因为2015年有26.55%的农户生产方式为小拱棚栽培，有22.22%的农户为中大棚栽培，导致其农膜用量高于2014年。具体见表27。

表27 甜瓜每亩具体物质投入结构 （单位：kg/亩）

物质投入	种子用量		化肥用量		农膜用量	
年份	2014	2015	2014	2015	2014	2015
平均值	0.082	0.078	92.4	106.57	7.44	11.90
最大值	0.15	0.3	150	210	12	50
最小值	0.05	0.03	50	25	3.5	2

2015年种植甜瓜的间接费用平均为1.99元/亩，主要是财务费用和保险费用，平均分别为1.26元/亩、0.73元/亩；农户在固定资产折旧、销售、管理费等费用方面未发生该项支出。

4.2.3 甜瓜劳动用工投入情况

从甜瓜劳动投入情况表可以看出，2015年甜瓜每亩平均用工天数为10.57天/亩，相对于2014年的11.01天/亩，降低了0.44天，降幅为4.00%；其中家庭用工天数平均每亩为2.61天，相对于2014年的5.54天减少了2.93天，降幅52.89%；而雇工天数为7.96天/亩，相对于2014年的5.47天/亩，增加了2.49天，增幅45.52%，其主要原因是2015年大规模种植农户大部分雇佣劳动力种植甜瓜，导致雇工天数和雇工成本大幅增加。2015年种植甜瓜的雇工工价平均为144.01元/天，较2014年增加了50.70元/天，增幅达54.34%；2015年家庭用工统一工价为53.20元/天，2014年为47.50元/天。具体见表28。

表28 甜瓜每亩劳动用工投入情况 （单位：天，元/天）

项目	家庭用工天数		雇工天数	
	2014年	2015年	2014年	2015年
平均值	5.54	2.61	5.47	7.96
最大值	10.00	25.00	17.00	15.00
最小值	1.33	0.61	6.00	2.50
项目	总用工天数		雇工工价	
	2014年	2015年	2014年	2015年
平均值	11.01	10.57	93.31	144.01
最大值	26.00	25.00	100.00	200.00
最小值	3.00	2.50	80.00	60.00

4.2.4 甜瓜种植土地费用情况

2015年调查农户种植甜瓜每亩土地的流转租金为577.21元/亩，占总成本的比例为15.96%，较2014年大幅增加，其主要原因是2015年租用土地种植甜瓜的农户比例上升，有58户租用耕地种植甜瓜，占被调查农户的35.80%，而且农户间的土地流转租金普遍较高，最高的流转租金为2 000.00元/亩/年。

4.3　调查农户甜瓜投入产出分析

4.3.1　甜瓜投入产出总体情况分析

从调查农户的总体情况可以看出，2015年种植甜瓜的平均成本为3 616.34元/亩，相对于2014年平均成本2 456.59元/亩，增加了1 159.75元/亩，增幅47.21%；甜瓜亩均产值为2 856.14元/亩，与2014年每亩产值相比增加了566.21元/亩，增幅24.61%。2015年种植甜瓜每亩利润为-749.20元，低于2014年的-155.66元/亩；而2015年的投入产出比为0.79，低于2014年的0.94，说明2104年和2015年甜瓜种植均出现亏损，并且亏损进一步扩大。具体情况见表29。2015年调查农户平均利润为负的主要原因一方面在于吐鲁番地区甜瓜种植农户多选择种植上市较早的早中熟品种，在六七月份就能够提前上市，但是2105年同期甜瓜市场价格普遍低于2014年；另一方面是种植规模较大的农户物质投入过高，而经济效益增加不显著，导致整体农户获利为负。通过对调查农户资料的进一步统计发现，有85户农户处于亏损状态，占被调查农户的52.49%，而且主要以种植大户为主。每亩投入与产出随规模扩大变化见图3。

表29　甜瓜投入产出分析

项目	成本（元/亩）		产值（元/亩）	
	2014年	2015年	2014年	2015年
调研户数	197	162	197	162
平均值	2 456.59	3 616.34	2 300.93	2 867.14
最大值	4 765.00	6 372.80	3 580.00	6 000.00
最小值	1 200.00	675.00	1 000.00	300.00
项目	利润（元/亩）		投入产出比	
	2014年	2015年	2014年	2015年
调研户数	197	162	197	162
平均值	-155.66	-749.20	0.94	0.79
最大值	1 840.00	4 589.00	2.18	6.01
最小值	-2 515.00	-4 446.40	0.47	0.08

4.3.2　不同规模农户投入产出分析

从不同种植规模农户投入产出情况来看，种植甜瓜的农户成本和产值随着规模的扩大出现规律性增长趋势，而投入产出比随着规模扩大呈现递减趋势（表30）。

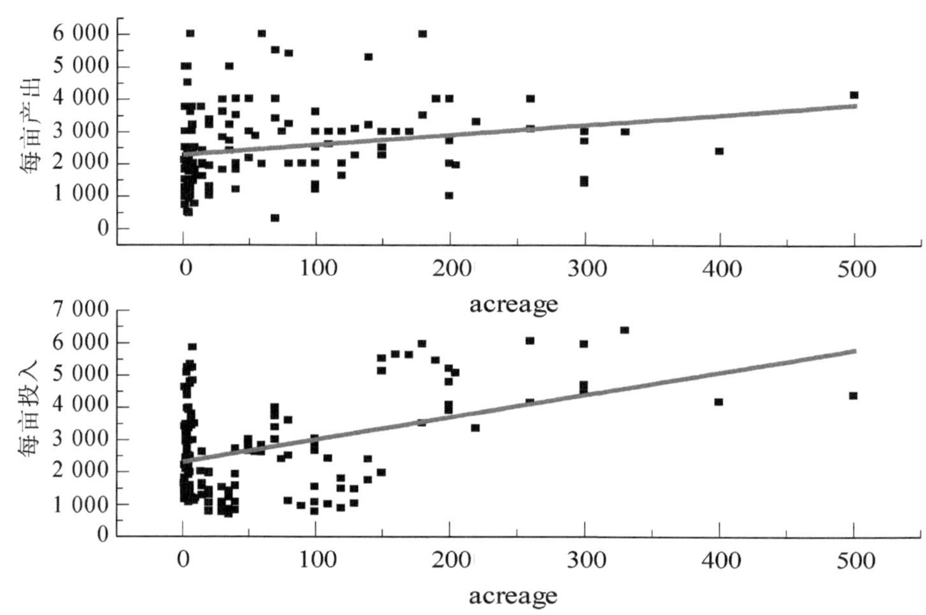

图 3　每亩投入与产出随规模扩大变化

表 30　不同规模甜瓜投入产出分析

投入产出		成本（元/亩）	产值（元/亩）	投入产出比
1~50 亩	调研户数	109	109	109
	平均值	2 032.09	2 567.42	1.26
	最大值	5 842.00	3 500.00	6.01
	最小值	675.00	300.00	0.11
51~100 亩	调研户数	21	21	21
	平均值	2 358.05	2 837.89	1.20
	最大值	3 975.00	2 500.00	4.97
	最小值	759.20	600.00	0.08
100 亩以上	调研户数	32	32	32
	平均值	4 244.53	2 931.46	0.69
	最大值	6 372.80	2 500.00	3.05
	最小值	865.68	1 000.00	0.25

甜瓜种植面积在 1~50 亩时，其亩均成本为 2 032.09 元/亩，亩均产值为 2 567.42 元/亩，而投入产出比达到最大值，达到 1.26；种植规模在 51~100 亩时，亩均种植成本、产值均比 1~50 亩时增加，分别为 2 358.05 元/亩和 2 837.89 元/亩，同时投入产出比在降低，为 1.20；种植规模在 100 亩以上时，每亩成本为 4 244.53 元/亩，亩产值为

2 931. 46元/亩，均达到最大值，投入产出比为 0. 69，出现亏损。具体见表 30、图 4。

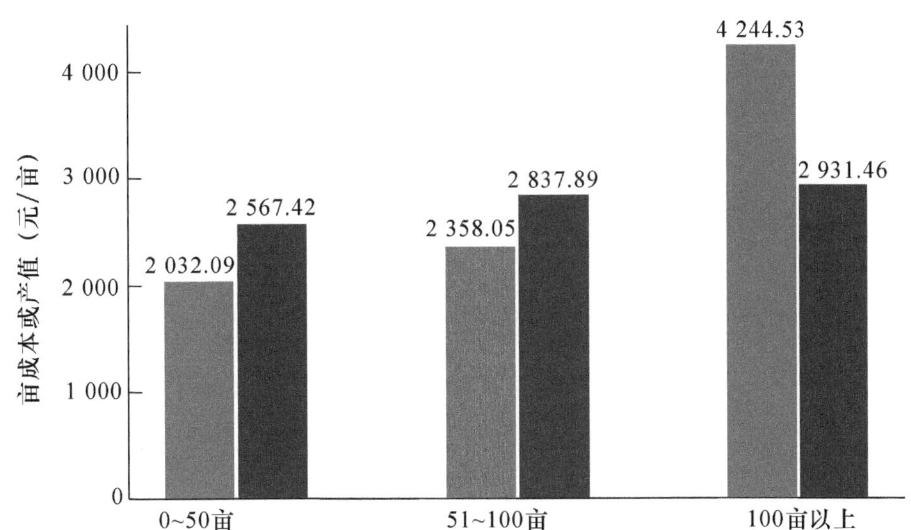

图 4　甜瓜不同种植规模投入产出对比

4. 3. 3　不同生产方式甜瓜投入产出分析

从甜瓜不同生产方式的种植情况来看，选择露地栽培的农户有 83 户，户均种植面积为 41. 72 亩，平均单产为 1 748. 88 kg/亩，销售价格为 1. 71 元/kg，种植成本为 3 978. 79 元/亩，亩产值 2 998. 50 元/亩，投入产出比为 0. 75；选择小拱棚栽培的农户有 43 户，户均种植面积为 58. 52 亩，平均单产为 1 770. 86 kg/亩，销售价格为 1. 45 元/kg，种植成本为 3 466. 29 元/亩，亩产值为 2 559. 03 元/亩，投入产出比为 0. 74；选择中大棚栽培的农户有 36 户，户均种植面积为 100. 79 亩，单产为 1 795. 67 kg/亩，销售价格为 1. 65 元/kg，种植成本为 3 374. 51 元/亩，亩产值为 2 955. 47 元/亩，投入产出比为 0. 88。具体情况见表 31、表 32。

表 31　不同生产方式甜瓜种植情况

投入产出		播种面积（亩）	单产（kg/亩）	单价（元/kg）
露地栽培	调研户数	83	83	83
	平均值	41. 72	1 748. 88	1. 71
	最大值	500. 00	3 500. 00	3. 00
	最小值	1. 50	300. 00	0. 50
小拱棚栽培	调研户数	43	43	43
	平均值	58. 52	1 770. 86	1. 45
	最大值	300. 00	2 566. 00	3. 00
	最小值	2. 00	600. 00	0. 50

（续表）

投入产出		播种面积（亩）	单产（kg/亩）	单价（元/kg）
中大棚栽培	调研户数	36	36	36
	平均值	100.79	1 795.67	1.65
	最大值	400.00	3 500.00	3.60
	最小值	3.00	300.00	0.60

表 32　不同生产方式甜瓜投入产出分析

投入产出		成本（元/亩）	产值（元/亩）	投入产出比
露地栽培	调研户数	83	83	83
	平均值	3 978.79	2 998.50	0.75
	最大值	6 372.80	6 000.00	6.01
	最小值	759.20	450.00	0.11
小拱棚栽培	调研户数	43	43	43
	平均值	3 466.29	2 559.03	0.74
	最大值	6 047.40	4 500.00	5.36
	最小值	675.00	300.00	0.08
中大棚栽培	调研户数	36	36	36
	平均值	3 374.51	2 955.47	0.88
	最大值	5 951.00	6 000.00	4.97
	最小值	802.40	450.00	0.18

从甜瓜不同栽培方式的比较可以看出，甜瓜采用中大棚栽培时的产量最高，为 1 795.67 kg/亩，而采用露地栽培时产量最低，为 1 748.88 kg/亩，但是差距不大。甜瓜销售价格在露地栽培时最高，为 1.71 元/kg，在采用中小棚栽培时的价格最低为 1.45 元/kg。采用露地栽培时亩成本最高，其亩产值也最大，但投入产出比为 0.75；采用小拱棚栽培时投入较露地栽培降低，但是产出也达到最低，投入产出比最小，仅为 0.74；采用中大棚栽培时投入最小，产出居中，投入产出比最高，为 0.88。由此可以看出，中大棚栽培方式的投入最低，亩产值处于居中，投入产出比最大，亏损程度最小，在现有种植技术水平条件下是比较适合的栽培方式（表 31、表 32、图 5）。

4.3.4　不同民族甜瓜种植投入产出分析

从不同民族农户的甜瓜种植情况来看，汉族农户有 78 户，户均种植面积为 117.00 亩，平均单产 1 802.27 kg/亩，平均销售价格为 1.61 元/kg；少数民族的农户有 84 户，户均播种面积为 5.74 亩，平均单产为 1 205.12 kg/亩，平均销售价格为 1.77 元/kg。可以看出，汉族农户的甜瓜种植规模远高于少数民族农户，其亩产量也高于少数民族农户近 600 kg/亩，但是销售价格低于少数民族农户。具体见表 33。

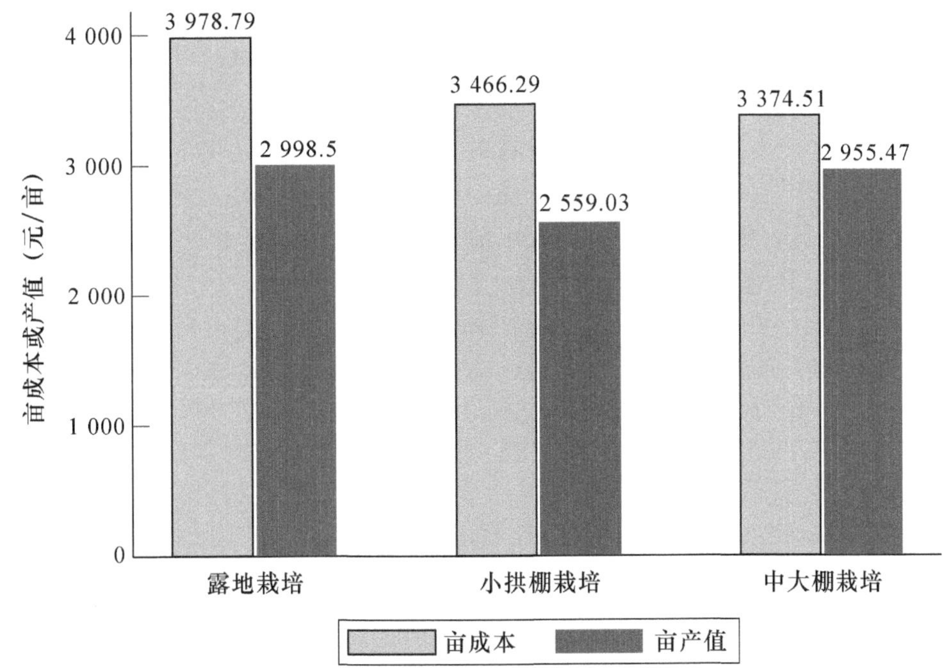

图 5　甜瓜不同种生产方式投入产出对比

表 33　不同民族甜瓜投入产出分析

投入产出		播种面积（亩）	单产（kg/亩）	单价（元/kg）
汉族	调研户数	78	78	78
	平均值	117.00	1 802.27	1.61
	最大值	500.00	3 500.00	3.00
	最小值	2.00	600.00	0.50
少数民族	调研户数	84	84	84
	平均值	5.74	1 205.02	1.77
	最大值	40.00	3 500.00	3.60
	最小值	1.50	300.00	0.50

从不同民族甜瓜种植农户投入产出比较可以看出，汉族农户甜瓜种植的成本为3 673.99 元/亩，亩产值 1 905.70 元/亩，投入产出比为 0.79。少数民族农户甜瓜的种植成本为 2 521.69 元/亩，亩产值为 2 136.93 元/亩，投入产出比为 0.85。可以看出，不论是汉族农户还是少数民族农户，整体上均处于亏损状态，汉族农户亏损的主要原因是物质投入以及雇工成本较高，而销售价格较低；少数民族农户亏损的主要原因是其甜瓜产量较低，仅为汉族农户平均产量的三分之二；但是汉族农户甜瓜的投入、产出均高于少数民族农户，但是其投入产出比却低于少数民族农户。具体见表 34、图 6。

表 34 不同民族甜瓜种植情况

投入产出		成本（元/亩）	产值（元/亩）	投入产出比
汉族	调研户数	78	78	78
	平均值	3 673.99	2 905.70	0.79
	最大值	6 372.80	6 000.00	6.01
	最小值	675.00	300.00	0.08
少数民族	调研户数	84	84	84
	平均值	2 524.69	2 136.93	0.85
	最大值	5 842.00	6 000.00	4.25
	最小值	1043.25	450.00	0.11

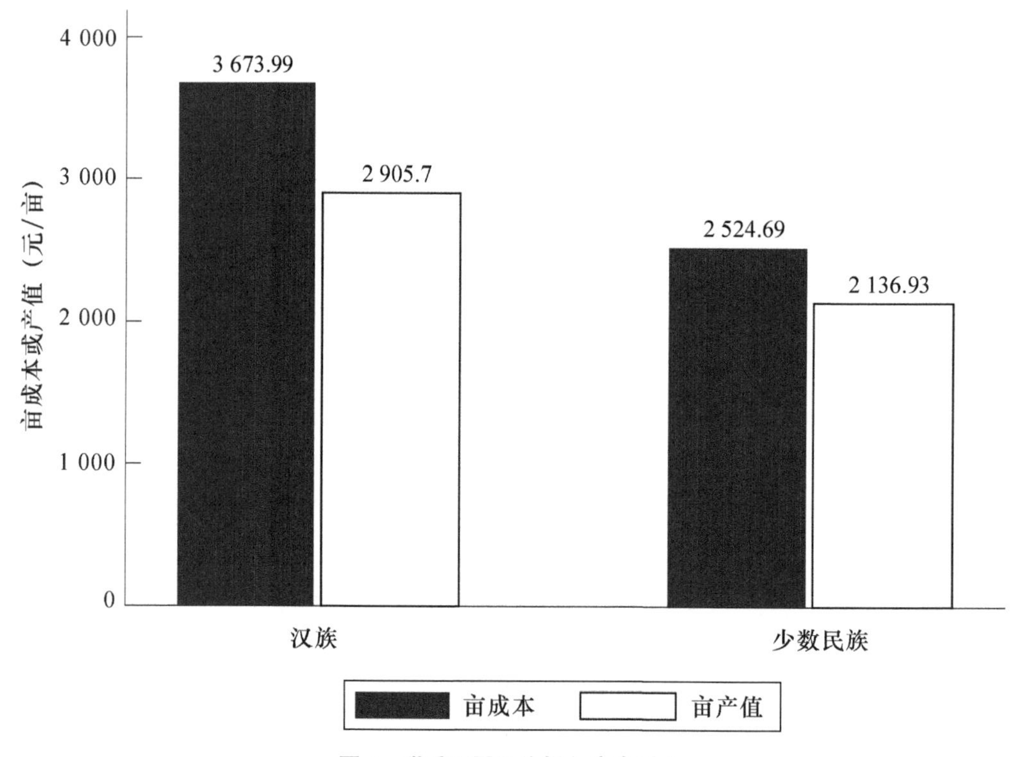

图 6 甜瓜不同民族投入产出对比

5 农户技术需求与供给情况分析

5.1 农户参加技术培训情况与技术获取途径分析

在被调查的 162 户农户中，有 14 户经常参加有关甜瓜的技术培训，仅占被调查户的 8.64%，有 72 户偶尔参加有关甜瓜的技术培训，占 44.44%，有 76 户没有参加有关技术培训，占 46.91%（表 35）。与 2014 年相比，经常参加的人数有所下降，同时参加过的人数也在下降。

表 35 农户参加相关技术培训或进修情况 (单位：人,%)

参加频率	参加人数	百分比
经常参加	14	8.64
偶尔参加	72	44.44
没有参加	76	46.91

在问及“您是否在农闲时学习过全套的技术内容?”时，有 70 户表示学习过，占调查总户数的 43.21%，有 92 户表示没有学习过，占调查总户数的 56.79%。而在问及“您是否在农忙时现场学习过农业技术?”时，有 53 个农户表示现场学习过，占调查总户数的 32.72%，有 109 个农户表示没有学习过，占调查总农户的 67.28%。与 2014 年相比，在农闲时学习过全套的技术内容的农户有所增加，在农忙时学习过全套的技术内容的农户有所减少。

5.2 农户技术获取途径分析

为了分析农户对各类型技术获取途径的来源情况，将农户技术获取途径分为自己摸索、凭经验，跟着其他农户干，乡村干部传授，农民专业合作组织 7 个方面进行分析。

5.2.1 农户对获取各类型技术的途径排序情况分析

从农户获得甜瓜种植相关技术途径按照重要性排序情况来看，选择最多的是“自己摸索、凭经验”，选择的农户有 159 户，占调查总户数的 98.15%，将其排在第一位的农户有 145 人，排在第二位的有 13 人，排在第三位的有 1 人，其占该选项的比重依次为 91.19%，8.18%，0.63%。选择“跟着其他农户干”的农户有 120 户，占调查总户数的 74.07%，将其排在第一位的有 9 人，排在第二位的有 94 人，排在第三位的有 12 人，排在第四位的有 5 人，其占该选项的比重依次为 7.50%，78.33%，10.00%，4.17%。选择“乡村干部传授”的农户有 22 户，占调查总户数的 13.58%，将其排在第一位的有 2 人，排在第二位的有 10 人，排在第三位的有 5 人，排在第四位的有 5 人，其占该选项的比重依次为 9.10%，45.45%，22.72%，22.72%。选择“农民专业合作组织指导培训”的农户有 20 户，占调查总户数的 12.35%，将其排在第一位的有 2 人，排在第二位的有 6 人，排在第三位的有 11 人，排在第四位的有 1 人，其占该选项的比重依次为 10.00%，30.00%，55.00%，5.00%。选择“媒体宣传”的农户有 8 户，占调查总户数的 4.94%，将其排在第二位的有 2 人，排在第三位的有 5 人，排在第四位的有 1 人，其占该选项的比重依次为 25.00%，62.50%，12.50%。选择“政府各级农技推广站的农技人员传授”的农户有 45 户，占调查总户数的 27.78%，将其排在第一位的有 2 人，排在第二位的有 17 人，排在第三位的有 23 人，排在第四位的有 2 人，排在第五位的有 1 人，其占该选项的比重依次为 4.44%，37.78%，51.11%，4.44%，2.22%。选择“合作的农业龙头企业”的农户有 5 户，占调查总户数的 3.09%，将其排在第一位的有 2 人，排在第二位的有 1 人，排在第三位的有 1 人，排在第四位的有 1 人，其占该选项的比重依次为 40.00%，20.00%，20.00%，20.00%。具体情况见表 36。

表 36　农户获得相关技术途径来源排序情况　（单位：人,%）

途径排序		一	二	三	四	五	合计
自己摸索或凭经验	人数	145	13	1			159
	百分比	91.19	8.18	0.63			98.15
跟着其他农户干	人数	9	94	12	5		120
	百分比	7.50	78.33	10.00	4.17		74.07
乡、村干部传授	人数	2	10	5	5		22
	百分比	9.10	45.45	22.72	22.72		13.58
农民专业合作组织培训指导	人数	2	6	11	1		20
	百分比	10.00	30.00	55.00	5.00		12.35
媒体宣传	人数		2	5	1		8
	百分比		25.00	62.50	12.50		4.94
政府各级农技推广站的传授	人数	2	17	23	2	1	45
	百分比	4.44	37.78	51.11	4.44	2.22	27.78
合作的农业龙头企业	人数	2	1	1	1		5
	百分比	40.00	20.00	20.00	20.00		3.09

5.2.2　农户对各类型技术途径来源的赋值法分析

为了了解农户对每一种技术获取途径的重要性，采用赋值法对各种技术获取途径进行综合计算分析。从农户对各类型技术途径来源的赋值得分来看，农户在自己摸索或凭经验的得分为4.81分，排在首位；且在其自身技术获取排序中也为首位，得分为4.48分。其次为跟着其他农户干，得分为2.88分；且在其自身技术获取排序中为第二位，得分为2.32分；排在第三位的是政府各级农技推广站的传授，得分为0.94分；排在第四位的是乡村干部的传授，得分为0.46分；排在第五位的农民专业合作组织培训指导，得分为0.43分。排在第六位的是媒体宣传，得分为0.15。排在第七位的是合作的农业龙头企业，得分为0.12分。具体情况见表37。

表 37　农户获得相关技术途径来源赋值得分排序　（单位：人,%）

途径排序	一	二	三	四	五	合计
自己摸索或凭经验	4.48	0.32	0.02			4.81
跟着其他农户干	0.28	2.32	0.22	0.06		2.88
乡、村干部传授	0.06	0.25	0.09	0.06		0.46
农民专业合作组织培训指导	0.06	0.15	0.20	0.01		0.43
媒体宣传		0.05	0.09	0.01		0.15
政府各级农技推广站的传授	0.06	0.42	0.43	0.02	0.01	0.94
合作的农业龙头企业	0.06	0.02	0.02	0.01		0.12

注：农户有7种技术获取途径，将其排在第一位的赋值7分，第二位的赋值6分，以此类推，用赋值的分数乘以百分比，再按照各类技术获取途径加总，计算综合得分。

5.3 农户是否加入合作社对各类技术的需求及满足情况分析

为了考察合作社对甜瓜种植农户技术需求和满足情况，我们将调查农户分为加入合作社和未加入合作社两种情况分别进行分析。在调查农户中，加入甜瓜农民专业合作组织的农户有37户，占总调查农户的22.84%，未加入甜瓜农民专业合作社农户有125户，占总调查农户的77.16%。

5.3.1 加入农民专业合作组织的农户对各类型技术的需求及满足情况分析

从农户调查的数据统计情况来看，在参加合作社的37个农户中，对增加产量良种技术有需求的农户有33户，占被调查户数的89.19%；对提高品质良种技术有需求的农户有32户，占被调查户数的86.49%；对病虫害防控技术有需求的农户有34户，占被调查户数的91.89%；对节本高效栽培技术有需求的农户有26户，占被调查户数的70.27%；对省工机械技术有需求的农户有25户，占被调查户数的67.57%；对水肥及管理技术有需求的农户有22户，占被调查户数的59.46%；对贮运和加工技术有需求的农户有18户，占被调查户数的48.65%。由此可以看出，加入农民专业合作社的农户对病虫害防控技术、增加产量良种技术和提高品质良种技术的需求程度较高，其比重均超过86%。

与2014年相比，农户对增加产量良种技术的需求程度有所降低，而对提高品质良种技术病虫害防控技术、节本高效栽培技术、省工机械技术、水肥及管理技术、贮运和加工技术的需求程度都大幅度增长，这说明农户已经开始意识到要运用现代科学技术增加产量（图7）。

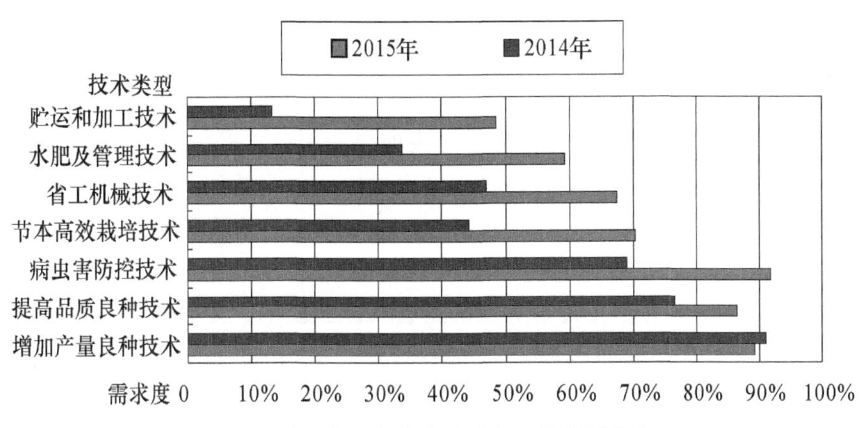

图7 参加合作社的农户对各项技术需求度

从被调查农户对各类技术需求程度排序情况来看，农户对提高品质良种技术是所有被调查中需求程度最高的技术，说明农户对此项技术的急需性最高。农户对其重要程度排序的人数依次为14人、12人、8人、2人、1人，其所占该选项的比重依次为37.84%、32.43%、21.62%、5.41%、2.70%，农户对病虫害防控技术的需求比较迫切，农户对其重要性排序的人数依次为5人、10人、9人、7人、3人、2人、1人，其所占该选项的比重依次为13.51%、27.03%、24.32%、18.92%、8.11%、5.41%、

2. 70%。农户对增加产量良种技术的需求重要性排序的人数依次为 12 人、11 人、12 人、1 人、1 人，其所占该选项的比重依次为 32. 43%、29. 73%、32. 43%、2. 70%、2. 70%。其他各类技术的需求排序情况见表 38。

表 38　加入合作组织的农户技术需求情况排序　（单位：人,%）

类型排序		一	二	三	四	五	六	七	合计
增加产量良种技术	人数	12	11	12	1		1		37
	百分比	32. 43	29. 73	32. 43	2. 70		2. 70		100
提高品质良种技术	人数	14	12	8	2	1			37
	百分比	37. 84	32. 43	21. 62	5. 41	2. 70			100
病虫害防控技术	人数	5	10	9	7	3	2	1	37
	百分比	13. 51	27. 03	24. 32	18. 92	8. 11	5. 41	2. 70	100
节本高效栽培技术	人数	6	2	5	17	3	3	1	37
	百分比	16. 22	5. 41	13. 51	45. 95	8. 11	8. 11	2. 70	100
省工机械技术	人数		1	2	6	17	9	2	37
	百分比		2. 70	5. 41	16. 22	45. 95	24. 32	5. 41	100
水肥及管理技术	人数			1	4	4	21	6	36
	百分比			2. 70	10. 81	10. 81	56. 76	16. 22	97. 30
贮运和加工技术	人数		1			9		26	36
	百分比		2. 70			24. 32		70. 27	97. 30

从加入专业合作组织给农户提供技术需求的赋值得分来看，提高品质良种技术的得分为 5. 97 分，排在首位；且在其自身技术获取排序中也为首位，得分为 2. 65 分。其次为增加产量良种技术，得分为 5. 84 分；且在其自身技术获取排序中为首位，得分为 2. 27 分；排在第三位的是病虫害防控技术，得分为 4. 92 分；排在第四位的是节本高效栽培技术，得分为 4. 41 分；排在第五位的是省工机械技术，得分为 3. 00 分。排在第六位的是水肥管理技术，得分为 2. 19。排在第七位的是贮运加工技术，得分为 1. 59 分。具体情况见表 39。

表 39　加入专业合作组织提供的技术需求赋值得分比较

类型排序	一	二	三	四	五	六	七	合计
增加产量技术	2. 27	1. 78	1. 62	0. 11		0. 05		5. 84
提高品质技术	2. 65	1. 95	1. 08	0. 22	0. 08			5. 97
虫害防控技术	0. 95	1. 62	1. 22	0. 76	0. 24	0. 11	0. 03	4. 92
节本高效技术	1. 14	0. 32	0. 68	1. 84	0. 24	0. 16	0. 03	4. 41
省工机械技术		0. 16	0. 27	0. 65	1. 38	0. 49	0. 05	3. 00

（续表）

类型排序	一	二	三	四	五	六	七	合计
水肥管理技术			0.14	0.43	0.32	1.14	0.16	2.19
储运加工技术		0.16			0.73		0.70	1.59

注：计算方法同上

从加入农民专业合作社的37户农户对各类技术的满足程度情况来看，对现有的增加产量良种技术认为基本满足的有9户，占24.32%，认为有待提高的有25户，占67.57%，认为亟待提高的有3户，占8.11%；对现有提高品质良种技术认为基本满足的农户有11户，占29.73%；对现有病虫害防控技术认为基本满足的有7户，占18.92%；对现有节本高效栽培技术认为满足的1户，占2.70%；对现有省工机械技术认为基本满足的有19户，占51.35%，对现有水肥及管理技术认为满足的1户，占2.70%，对现有贮运和加工技术认为满足的1户，占2.70%。其他具体情况见表40。

表40 加入合作组织的农户对现有技术评价情况 （单位：人,%）

类型评价		满足	基本满足	有待提高	亟待提高	合计
增加产量良种技术	人数		9	25	3	37
	百分比		24.32	67.57	8.11	100
提高品质良种技术	人数		11	24	2	37
	百分比		29.73	64.87	5.41	100
病虫害防控技术	人数		7	26	4	37
	百分比		18.92	70.27	10.81	100
节本高效栽培技术	人数	1	14	19	3	37
	百分比	2.70	37.84	51.35	8.11	100
省工机械技术	人数		19	16	2	37
	百分比		51.35	43.24	5.41	100
水肥及管理技术	人数	1	17	19		37
	百分比	2.70	45.95	51.35		100
贮运和加工技术	人数	1	23	13		37
	百分比	2.70	62.16	35.14		100

5.3.2 未加入农民专业合作组织的农户对各类型技术的需求及满足情况分析

在未参加农民专业合作社的125个农户中，对增加产量良种技术有需求的农户有113户，占被调查户数的90.40%；对提高品质良种技术有需求的农户有103户，占被调查户数的82.40%；对病虫害防控技术有需求的农户有113户，占被调查户数的90.40%；对节本高效栽培技术有需求的农户有70户，占被调查户数的56.00%；对省工机械技术有需求的农户有61户，占被调查户数的48.80%；对水肥及管理技术有需求的农户有 70 户，占被调查户数的 56.00%；对贮运和加工技术有需求的农户有 47 户，占被调查户数的 37.60%。由此可以看出，未加入农民专业合作社的农户整体对各项技术的需求度高于参加合作社的农户，说明农户已经认识到各项技术的重要性，但由于各项因素的限制，目前还依赖于传统农业生产方式。同时，对于各种技术的急需性却具有基本一致的认识。例如，需求度最高的是增加产量技术和病虫害防控技术，分别占到 90.40%和 90.40%。

与 2014 年相比，未参加农民专业合作社的农户对各项需求都出现下降，对提高产量良种技术、提高品质良种技术和病虫害防控技术的需求降幅较少，降幅在 10%左右，其中对节本高效栽培技术、省工机械技术、水肥管理技术和贮运加工技术等技术的需求大幅较低，降幅在 40%以上（图 8）。

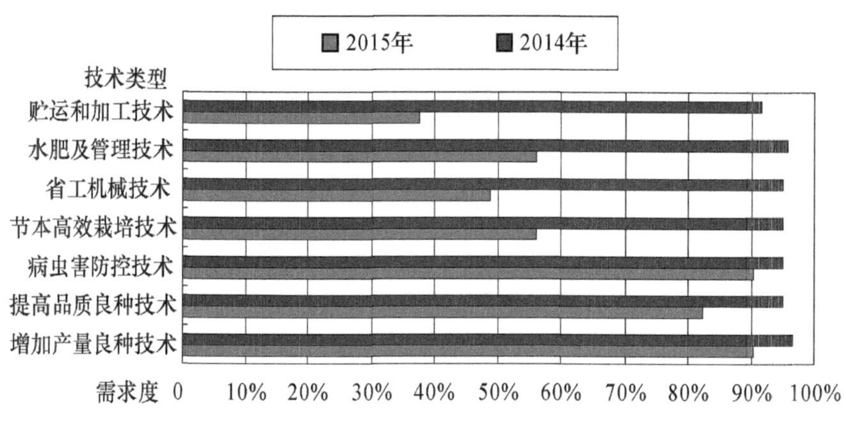

图 8　未参加合作社的农户对各项技术需求度

从被调查农户对各类技术需求程度排序情况来看，认为增加产量良种技术重要的农户其急需性排序的人数依次为 38 人、36 人、27 人、13 人、6 人、3 人、2 人，其所占该选项的比重依次为 30.40%、28.80%、21.60%、10.40%、4.80%、2.40%、1.60%。认为提高品质良种技术重要的农户其重要程度排序的人数依次为 44 人、34 人、21 人、11 人、6 人、9 人，所占该选项的比重依次为 35.20%、27.20%、16.80%、8.80%、4.80%、7.20%。认为病虫害防控技术重要的农户其重要程度排序的人数依次为 29 人、32 人、38 人、12 人、7 人、4 人、3 人，所占该选项的比重依次为 23.20%、25.60%、30.40%、9.60%、5.60%、3.20%、2.40%。对于节本高效栽培技术，省工机械技术、水肥及管理技术、贮运和加工技术等农户虽然有需求，但其排序相对靠后，特别是贮运和加工技术的排序都排在了第七位。各类技术的重要程度排序具体见表 41。

表 41　未参加专合组织的农户技术需求排序情况　（单位：人,%）

类型排序		一	二	三	四	五	六	七	合计
增加产量良种技术	人数	38	36	27	13	6	3	2	125
	百分比	30.40	28.80	21.60	10.40	4.80	2.40	1.60	100

（续表）

类型排序		一	二	三	四	五	六	七	合计
提高品质良种技术	人数	44	34	21	11	6	9		125
	百分比	35.20	27.20	16.80	8.80	4.80	7.20		100
病虫害防控技术	人数	29	32	38	12	7	4	3	125
	百分比	23.20	25.60	30.40	9.60	5.60	3.20	2.40	100
节本高效栽培技术	人数	5	12	18	41	32	15	2	125
	百分比	4.00	9.60	14.40	32.80	25.6	12.00	1.60	100
省工机械技术	人数	8	4	11	27	41	27	7	125
	百分比	6.40	3.20	8.80	21.60	32.80	21.60	5.60	100
水肥及管理技术	人数	1	7	10	19	28	57	3	125
	百分比	0.80	5.60	8.00	15.20	22.40	45.60	2.40	100
贮运和加工技术	人数				2	5	10	108	125
	百分比				1.60	4.00	8.00	84.60	100

从未加入专业合作组织的农户对技术需求的赋值得分来看，提高品质良种技术的得分为5.58分，排在首位；且在其自身技术获取排序中也为首位，得分为2.13分。其次为增加产量良种技术，得分为5.56分；且在其自身技术获取排序中为首位，得分为2.13分；排在第三位的是病虫害防控技术，得分为5.32分；排在第四位的是节本高效栽培技术，得分为3.91分；排在第五位的是省工机械技术，得分为3.42分。排在第六位的是水肥管理技术，得分为3.01分，排在第七位的是贮运加工技术，得分为1.19分。具体情况见表42。

表42　未参加专合组织的农户技术需求排序赋值得分比较

类型排序	一	二	三	四	五	六	七	合计
增加产量良种技术	2.13	1.73	1.08	0.42	0.14	0.05	0.02	5.56
提高品质技良种术	2.46	1.63	0.84	0.35	0.14	0.14		5.58
虫害防控技术	1.62	1.54	1.52	0.38	0.17	0.06	0.02	5.32
节本高效技术	0.28	0.58	0.72	1.31	0.77	0.24	0.02	3.91
省工机械技术	0.45	0.19	0.44	0.86	0.98	0.43	0.06	3.42
水肥管理技术	0.06	0.34	0.40	0.61	0.67	0.91	0.02	3.01
储运加工技术				0.06	0.12	0.16	0.85	1.19

注：计算方法同上。

从未加入农民专业合作社的被调查农户对各类技术的满足程度情况来看，大部分农户对现有的各项技术表示需要有待提高。对现有的增加产量良种技术认为基本满足的有24户，占19.20%，认为有待提高的有62户，占49.60%，认为亟待提高的农户有39

户，占 31.20%，对现有提高品质良种技术认为有待提高的农户有 70 户，占 56.00%；对现有病虫害防控技术认为有待提高的有 71 户，占 56.80%；对现有节本高效栽培技术认为有待提高的 65 户，占 52.00%；对现有省工机械技术认为有待提高的有 59 户，占 47.20%，对现有水肥及管理技术认为有待提高的 62 户，占 49.60%，对现有贮运和加工技术认为有待提高的 48 户，占 38.40%。具体情况见表 43。

表 43　未加入合作组织的农户对现有技术水平的评价　　（单位：人,%）

类型评价		满足	基本满足	有待提高	亟待提高	合计
增加产量良种技术	人数		24	62	39	125
	百分比		19.20	49.60	31.20	100
提高品质良种技术	人数	2	26	70	27	125
	百分比	1.60	20.80	56.00	21.60	100
病虫害防控技术	人数		26	71	28	125
	百分比		20.80	56.80	22.40	100
节本高效栽培技术	人数	2	47	65	11	125
	百分比	1.60	37.60	52.00	8.80	100
省工机械技术	人数	2	60	59	4	125
	百分比	1.60	48.00	47.20	3.20	100
水肥及管理技术	人数	1	56	62	6	125
	百分比	0.80	44.80	49.60	4.80	100
贮运和加工技术	人数	2	74	48	1	125
	百分比	1.60	59.20	38.40	0.80	100

综合对比来看，如图 9 所示，加入合作组织和未加入合作组织的农户对各类技术的需求来看，不论是加入还是未加入合作组织的农户都对增加产量良种技术、提高品质良种技术和病虫害防控技术有迫切需求。与加入合作组织相比，未加入合作组织的农户对各项技术需求度远大于加入合作组织的农户，这说明在技术服务方面发挥了重要作用，合作组织提供给农户的各类技术有很大帮助的，但还需要进一步提高农户技术水平。

5.4　不同民族农户对各类技术的需求及满足情况分析

为了考察汉族农户和少数民族农户对各类技术需求和满足程度情况的差异，我们将调查农户分汉族和少数民族分别进行分析。在调查农户中，汉族农户有 78 户，占总调查农户的 48.15%，少数民族农户有 84 户，占总调查农户的 51.85%。

5.4.1　汉族和少数民族农户对各类型技术的需求度情况分析

从汉族和少数民族农户调查的数据统计情况来看，对增加产量良种技术有需求的汉族农户有 66 人，占被调查汉族人数的 84.62%，少数民族农户有 80 人，占被调查少数民族户数的 95.24%；对提高品质良种技术有需求的汉族农户有 63 户，占被调查汉族户

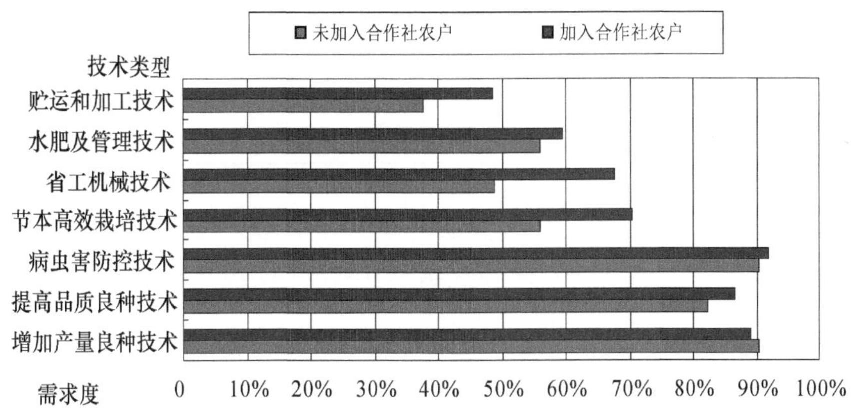

图 9　参加与未参加合作社的农户对各项技术需求度

数的 80.77%，少数民族农户有 72 人，占被调查少数民族户数的 85.71%；对病虫害防控技术有需求的汉族农户有 71 人，占被调查汉族户数的 91.03%，少数民族农户有 76 人，占被调查少数民族户数的 90.48%。对节本高效栽培技术、省工机械技术、水肥管理技术和贮运加工技术有需求的汉族农户分别有 51 人、43 人、54 人、33 人。分别占被调查汉族农户的比例为 65.38%、55.13%、69.23%、42.31%。对节本高效栽培技术、省工机械技术、水肥管理技术和贮运加工技术有需求的少数民族农户分别有 45 人、43 人、38 人、32 人，分别占被调查少数民族户数比例为 53.57%、51.19%、45.24%、38.10%。由此可以看出，汉族农户对虫害防控技术需求较高，比重高达 91.03%，少数民族农户则对增加产量良种技术和提高品质良种技术的需求程度较高，其比重均超过 85.00%。具体情况见图 10。

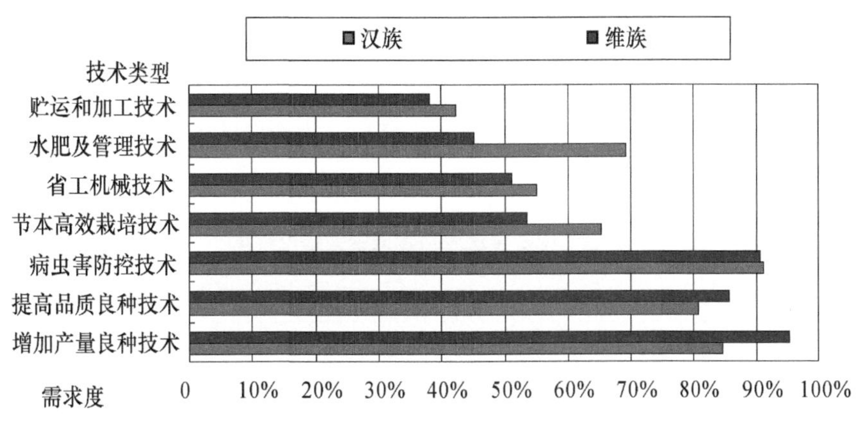

图 10　汉族与维族农户对各项技术需求度

5.4.2　汉族和少数民族农户对各类型技术的需求情况排序分析

从被调查的汉族和少数民族农户对各类技术需求的排序情况来看，汉族农户对病虫害防控技术的需求是所有被调查农户技术需求中最高的，说明农户对此项技术的急需性较强烈，也是技术难度大，农户最不容易掌握的技术，汉族农户对其重要性排序的人数依次为 17 人、15 人、18 人、15 人、7 人、6 人，其所占该选项的比重依次为 21.79%、

19.23%、23.08%、19.23%、8.97%、7.69%。汉族农户对其他各类技术的需求排序情况见表44。

表44 汉族农户技术需求排序情况 （单位：人,%）

类型排序		一	二	三	四	五	六	七	合计
增加产量良种技术	人数	24	19	20	8	6	1		78
	百分比	30.77	24.36	25.64	10.26	7.69	1.28		100.00
提高品质良种技术	人数	20	20	19	8	4	7		78
	百分比	25.64	25.64	24.36	10.26	5.13	8.97		100.00
病虫害防控技术	人数	17	15	18	15	7	6		78
	百分比	21.79	19.23	23.08	19.23	8.97	7.69		100.00
节本高效栽培技术	人数	6	11	12	23	14	11	1	78
	百分比	7.69	14.10	15.38	29.49	17.95	14.10	1.28	100.00
省工机械技术	人数	5	5	6	17	28	12	5	78
	百分比	6.41	6.41	7.69	21.79	35.9	15.38	6.41	100.00
水肥及管理技术	人数	3	8	3	5	15	37	7	78
	百分比	3.85	10.26	3.85	6.41	19.23	47.44	8.97	100.00
贮运和加工技术	人数	2			2	4	4	66	78
	百分比	2.56			2.56	5.13	5.13	84.62	100.00

少数民族农户则对增加产量良种技术的需求更为迫切，少数民族农户对其重要程度排序的人数依次为26人、39人、14人、3人、2人，其所占该选项的比重依次为30.95%、46.43%、16.67%、3.57%、2.38%。因为少数民族农户种植甜瓜的单产相对汉族农户较低，急需依靠增加产量来提高经济效益。少数民族农户对其他各类技术的需求排序情况见表45。

表45 少数民族农户技术需求情况排序 （单位：人,%）

类型排序		一	二	三	四	五	六	七	合计
增加产量良种技术	人数	26	39	14	3	2			84
	百分比	30.95	46.43	16.67	3.57	2.38			100.00
提高品质良种技术	人数	27	26	23	6	1		1	84
	百分比	32.14	30.95	27.38	7.14	1.19		1.19	100.00
病虫害防控技术	人数	22	14	29	8	6	5		84
	百分比	26.19	16.67	34.52	9.52	7.14	5.95		100.00
节本高效栽培技术	人数	8	2	7	35	19	12	1	84
	百分比	9.52	2.38	8.33	41.67	22.62	14.29	1.19	100.00

（续表）

类型排序		一	二	三	四	五	六	七	合计
省工机械技术	人数		2	4	18	30	20	10	84
	百分比		2.38	4.76	21.43	35.71	23.81	11.9	100.00
水肥及管理技术	人数	1	1	3	14	21	40	3	83
	百分比	1.19	1.19	3.57	16.67	25.00	47.62	3.57	98.81
贮运和加工技术	人数			4	1	5	6	67	83
	百分比			4.76	1.19	5.95	7.14	79.76	98.81

5.4.3 汉族和少数民族农户对各类型技术供给的满意度分析

从被调查的汉族和少数民族农户对各类技术供给的满意度情况来看，汉族和少数民族农户对现有的各项技术均表示需要有待提高。汉族和少数民族农户对增加产量良种技术、病虫害防控技术都未达到满足。汉族农户对现有的增加产量良种技术认为基本满足的有 17 户，占汉族农户的 21.79%，认为有待提高的有 36 户，占汉族农户的 46.15%，认为亟待提高的农户有 25 户，占汉族农户的 32.05%；少数民族农户对现有提高品质良种技术认为认为基本满足的有 16 户，占少数民族农户的 19.05%，认为有待提高的有 51 户，占少数民族农户的 60.71%，认为亟待提高的有 17 户，占少数民族农户的 20.24%。农户对其他各类技术供给的满意度情况见表 46、表 47。

表 46 汉族农户对现有技术水平的评价 （单位：人,%）

类型评价		满足	基本满足	有待提高	亟待提高	合计
增加产量良种技术	人数		17	36	25	78
	百分比		21.79	46.15	32.05	100.00
提高品质良种技术	人数	1	19	42	16	78
	百分比	1.28	24.36	53.85	20.51	100.00
病虫害防控技术	人数		14	40	24	78
	百分比		17.95	51.28	30.77	100.00
节本高效栽培技术	人数	2	29	39	8	78
	百分比	2.56	37.18	50	10.26	100.00
省工机械技术	人数	1	34	37	6	78
	百分比	1.28	43.59	47.44	7.69	100.00
水肥及管理技术	人数	2	34	37	5	78
	百分比	2.56	43.59	47.44	6.41	100.00
贮运和加工技术	人数	2	48	28		78
	百分比	2.56	61.54	35.9		100.00

表 47　少数民族农户对现有技术水平的评价　　（单位：人,%）

类型评价		满足	基本满足	有待提高	亟待提高	合计
增加产量良种技术	人数		16	51	17	84
	百分比		19.05	60.71	20.24	100.00
提高品质良种技术	人数	1	18	52	13	84
	百分比	1.19	21.43	61.9	15.48	100.00
病虫害防控技术	人数		19	57	8	84
	百分比		22.62	67.86	9.52	100.00
节本高效栽培技术	人数	1	32	45	6	84
	百分比	1.19	38.1	53.57	7.14	100.00
省工机械技术	人数	1	45	38		84
	百分比	1.19	53.57	45.24		100.00
水肥及管理技术	人数		39	44	1	84
	百分比		46.43	52.38	1.19	100.00
贮运和加工技术	人数	1	49	33	1	84
	百分比	1.19	58.33	39.29	1.19	100.00

5.4.4　汉族农户和少数民族农户技术需求的赋值比较分析

从汉族农户和少数民族农户技术需求的赋值得分来看，汉族农户在增加产量良种技术的得分为 5.56 分，排在首位；其次为提高品质良种技术，得分为 5.29 分；排在第三位的病虫害防控技术，得分为 5.03 分；排在第四位的节本高效栽培技术，得分为 4.17 分；排在第五位的省工机械技术，得分为 3.54 分。水肥及管理技术和贮运及加工技术的赋值得分分别为：2.95 分、1.38 分。少数民族农户在增加产量良种技术的得分为 6.00 分，排在首位；其次为提高品质良种技术，得分为 5.81 分；排在第三位的病虫害防控技术，得分为 5.27 分；排在第四位的节本高效栽培技术，得分为 3.87 分；排在第五位的省工机械技术，得分为 2.90 分；水肥及管理技术和贮运及加工技术的赋值得分分别为：2.74 分、1.40 分。

可以看出，少数民族农户比汉族农户在增加产量良种技术和病虫害防治技术的需求上更迫切。汉族农户比少数民族农户在水肥及管理技术的需求上更强烈，汉族农户的水肥及管理技术赋值得分为 2.95 分，而少数民族农户的水肥及管理技术赋值得分为 2.74 分。农户对各类技术需求的赋值得分情况见表 48、表 49。

表 48　汉族农户技术需求赋值得分比较

类型排序	一	二	三	四	五	六	七	合计
增加产量技术	2.15	1.46	1.28	0.41	0.23	0.03		5.56
提高品质技术	1.79	1.54	1.22	0.41	0.15	0.18		5.29

（续表）

类型排序	一	二	三	四	五	六	七	合计
虫害防控技术	1. 53	1. 15	1. 15	0. 77	0. 27	0. 15		5. 03
节本高效技术	0. 54	0. 85	0. 77	1. 18	0. 54	0. 28	0. 01	4. 17
省工机械技术	0. 45	0. 38	0. 38	0. 87	1. 08	0. 31	0. 06	3. 54
水肥管理技术	0. 27	0. 62	0. 19	0. 26	0. 58	0. 95	0. 09	2. 95
储运加工技术	0. 18			0. 10	0. 15	0. 10	0. 85	1. 38

注：计算方法同上。

表 49　少数民族农户技术需求赋值得分比较

类型排序	一	二	三	四	五	六	七	合计
增加产量技术	2. 17	2. 79	0. 83	0. 14	0. 07			6. 00
提高品质技术	2. 25	1. 86	1. 37	0. 29	0. 04		0. 01	5. 81
虫害防控技术	1. 83	1. 00	1. 73	0. 38	0. 21	0. 12		5. 27
节本高效技术	0. 67	0. 14	0. 42	1. 67	0. 68	0. 29	0. 01	3. 87
省工机械技术		0. 14	0. 24	0. 86	1. 07	0. 48	0. 12	2. 90
水肥管理技术	0. 08	0. 07	0. 18	0. 67	0. 75	0. 95	0. 04	2. 74
储运加工技术			0. 24	0. 05	0. 18	0. 14	0. 80	1. 40

注：计算方法同上。

6　农户参加农民专业合作社情况

6.1　农户参加农民专业合作组织情况

在被调查的 162 户农户中有 37 户加入了农民专业合作社，占被调查户的 22. 84%，有 125 户没有加入农民专业合作社，占被调查户的 77. 16%。在没有加入合作社的农户中，有 139 户表示愿意加入合作社，占 85. 80%。

从加入甜瓜农民专业合作社的农户对所在合作社的满意程度来看，有 13 人认为很满意，占加入合作社农户的 35. 14%，有 10 人表示满意，占加入合作社农户的 27. 03%，有 9 人表示一般，占加入合作社农户的 24. 32%，有 5 人表示不满意，占加入合作社农户的 13. 51 %（图 11）。从调查数据中可以看出，大多数农户对所在甜瓜农民专业合作组织表示满意。

从农民加入甜瓜专业合作社的时间来看，存在一定差异，加入甜瓜专业合作社人数较多的年份主要为 2007—2010 年，其他年份加入合作社的人数相对较少。这主要是因为当地成立的甜瓜专业合作社较少，农户对合作社的认识不足。农户加入合作社的具体情况见表 50。

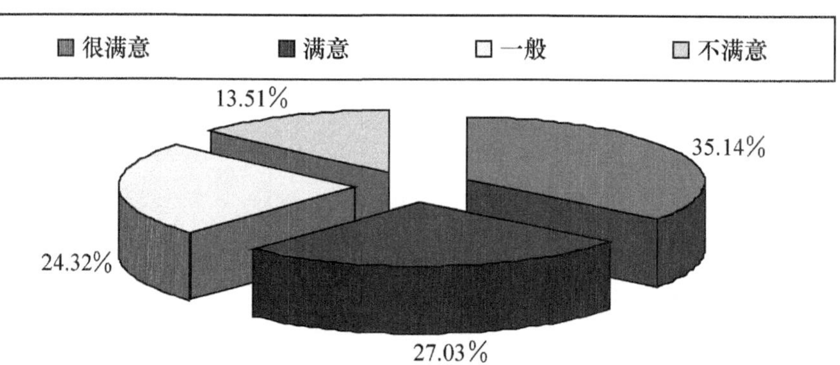

图 11　农户对甜瓜专业合作组织满意度评价

表 50　农户加入甜瓜农民专业合作社的时间分布情况　（单位：人,%）

年份	人数	比重	年份	人数	比重
2005	2	5.41	2010	7	18.92
2006	2	5.41	2011	1	2.70
2007	6	16.22	2012	2	5.41
2008	9	24.32	2013	2	5.41
2009	5	13.51	2015	1	2.70

6.2　农户希望专业合作社提供的服务及排序情况

在被调查的 162 个农户中，希望合作社提供技术服务的有 90 户，占被调查户的 55.55%；希望合作社提供市场信息服务的有 66 户，占被调查户数的 40.74%；希望合作社提供农资供应服务的有 69 户，占被调查户数的 42.59%；希望合作社提供甜瓜加工服务的有 8 户，占被调查户数的 4.94%；希望合作社提供甜瓜储藏运输服务的有 9 户，占被调查户数的 5.55%；希望合作社提供甜瓜销售服务的有 115 户，占被调查户数的 70.99%；希望合作社提供统一品牌的有 15 户，占被调查户数的 9.26%；希望合作社提供金融服务的有 45 户，占被调查户数的 27.78%（表 51）。说明农户在甜瓜销售、技术服务、农资供应、市场信息等方面需要得到合作社的帮助，而在其他方面希望合作社提供的服务需求不强烈。

表 51　农户希望农民专业合作社提供的服务排序情况　（单位：人,%）

服务排序		一	二	三	四	五	六	合计
技术服务	人数	32	17	31	9	1		90
	百分比	35.56	18.89	34.44	10.00	1.11		55.56
市场信息	人数	23	23	11	9			66
	百分比	34.85	34.85	16.67	13.64			40.74

（续表）

服务排序		一	二	三	四	五	六	合计
农资供应	人数	21	31	14	1	2		69
	百分比	30.43	44.93	20.29	1.45	2.90		42.59
甜瓜加工	人数		2	3	1	1	1	8
	百分比		25.00	37.50	12.50	12.50	12.50	4.94
贮藏运输	人数	1		2	5	1		9
	百分比	11.11		22.22	55.56	11.11		5.55
甜瓜销售	人数	55	39	16	5			115
	百分比	47.83	33.91	13.91	4.35			70.99
统一品牌	人数	2	7	4	1		1	15
	百分比	13.33	46.67	26.67	6.67		6.67	9.26
金融服务	人数	8	11	14	9	3		45
	百分比	17.78	24.44	31.11	20.00	6.67		27.78

从被调查农户希望合作社提供各项服务的重要性排序情况来看，希望合作社提供甜瓜销售服务的农户重要性排序人数依次为55人、39人、16人、5人，其所占该选项的比重依次为47.83%、33.91%、13.91%、4.35%；希望合作社提供技术服务的农户重要性排序人数依次为32人、17人、31人、9人、1人，其所占该选项的比重依次为35.56%、18.89%、34.44%、10.00%、1.11%；希望合作社提供农资供应服务的农户重要性排序人数依次为21人、31人、14人、1人、2人，其所占该选项的比重依次为30.43%、44.93%、20.29%、1.45%、2.90%；希望合作社提供市场信息服务的农户重要性排序人数依次为23人、23人、11人、9人，其所占该选项的比重依次为34.85%、34.85%、16.67%、13.64%；农户希望合作社提供其他各类服务的重要性排序情况见表51。

从农户希望甜瓜专业合作社提供服务的赋值得分来看，甜瓜销售的得分为3.73分，排在首位；其次为技术服务，得分为2.66分；排在第三位的是农资供应，得分为2.13分；排在第四位的是市场信息，得分为2.00分；排在第五位的是金融服务，得分为1.11分。统一品牌、储存运输和甜瓜加工分别位居第六位、第七位和第八位，得分分别为：0.42分、0.19分和0.17分。由赋值得分可以看出，农户对专业合作组织提供甜瓜销售、技术服务、农资供应和市场信息的服务的期望值较高。具体情况见表52。

表52　专业合作社提供服务的赋值得分比较

服务排序	一	二	三	四	五	六	合计
技术服务	1.19	0.52	0.77	0.17	0.01		2.66

（续表）

服务排序	一	二	三	四	五	六	合计
市场信息	0.85	0.71	0.27	0.17			2.00
农资供应	0.78	0.96	0.35	0.02	0.02		2.13
甜瓜加工		0.06	0.07	0.02	0.01	0.01	0.17
储藏运输	0.04		0.05	0.09	0.01		0.19
甜瓜销售	2.04	1.20	0.40	0.09			3.73
统一品牌	0.07	0.22	0.10	0.02		0.01	0.42
金融服务	0.30	0.34	0.26	0.17	0.04		1.11

注：计算方法同上。

6.3 甜瓜专业合作组织对农户的影响分析

通过对加入甜瓜农民专业合作社的农户与未加入甜瓜专业合作社的农户对比分析可以看出，加入合作社农户的平均甜瓜种植面积为 43.97 亩，未加入合作社的农户甜瓜平均种植面积为 63.84 亩；在种植收入方面，加入合作社的农户低于未加入合作社的农户。在商品率方面，加入甜瓜农民专业合作社的农户商品率平均为 87.26%，未加入合作社的农户商品率平均为 87.61%，差异不大。

在销售价格方面，加入合作社的农户甜瓜平均销售价格为 1.90 元/kg，而未加入合作社的农户甜瓜平均销售价格为 1.57 元/kg，是未加入合作社农户销售价格的 1.21 倍。在农户每年投向甜瓜的劳动用工量方面，加入合作社的农户年平均为 111.98 个工日，未参加合作社的农户年平均为 167.85 个工日。在农户每年投向甜瓜种植的资金方面，加入合作社的农户平均资金投入为 126 748.50 元，未加入合作社的农户平均资金投入为 182 860.19 元。由此可以看出，甜瓜农民专业合作社对农户平均每亩甜瓜生产在收入、销售价格、节约劳动用工和资金报酬等方面产生了积极的影响。农户从甜瓜农民专业合作组织获得的平均收入是 1 000 元/年。具体情况见表 53。

表 53　甜瓜专业合作社对农户的影响分析

项目	单位	加入合作社的农户	未加入合作社的农户
种植规模	亩	43.97	63.84
种植收入	元/年	126 748.50	182 860.19
商品率	%	87.26	87.61
销售价格	元/kg	1.90	1.57
家庭投入劳动	工日/年	111.98	167.85
投入资金	元/年	100 308.78	125 570.72

注：商品率均按照家庭甜瓜总产量加权计算的平均商品率，销售价格也按照家庭总产量为权重加权计算。

报告五　2016年北京西甜瓜生产调研报告

王　琛　张　琳　吴敬学

北京西甜瓜产业作为北京现代都市型农业的重要组成部分，具有设施化程度高、园区建设水平高、产品附加值高、经营效益高、市场认可度高等特点，为北京市农民增收致富提供了更多选择和重要的实现途径，也丰富了北京市民的餐桌，为实现鲜活果蔬类1/3自给自足的目标做出了贡献。

2016年北京市西甜瓜产业发展平稳，生产面积稳定，产量有所提高，设施化水平进一步提升。生产主要集中在大兴、顺义两区，延庆、平谷、昌平、房山、密云等区县有少量种植。种植西瓜品种中果型西瓜和小果型西瓜，包括“京欣系列”“华欣系列”“超越梦想”“L600”“京颖”“京秀”等品种。甜瓜包括薄皮甜瓜和厚皮甜瓜两类，厚皮品种主要有“一特白”“久红瑞”“伊丽莎白”“天蜜”等；薄皮品种主要有“京蜜11号”“绿宝”“京玉”系列、“竹叶青”等。

为了进一步提升北京西甜瓜产业的生产效率，一年来在优良品种研发推广、节水节肥高效生产技术转化等方面国家以及北京市各级科研团队都进行了大量的科研及推广工作，收效较好，为北京市西甜瓜产业的持续发展提供了重要支持。同时，北京市农业相关部门，继续针对西甜瓜设施农业建设等方面提供补贴政策，调动了农户的生产积极性，并在一定程度上保障西甜瓜产业的发展。

1　北京西甜瓜产业发展现状

1.1　生产情况

1.1.1 生产结构

（1）种植方式

北京市西甜瓜生产主要以设施栽培为主露地栽培为辅，其中设施包括日光温室、大拱棚、中小拱棚等。设施栽培的主要优点是受自然环境影响相对较小从而可以控制上市时间，缺点是成本较高。露地栽培则成本低廉，但是其缺点就是受环境影响大、风险高，集中上市导致销售价格较低。西甜瓜设施栽培以大拱棚为主，2016年播种面积占西甜瓜总播种面积的63%，主要包括春季提早栽培和秋季延后栽培两个茬口。2016年中小拱棚和露地种植面积合计1.7万亩，其种植面积占西甜瓜总播种面积的25%。温室种植面积较少，仅占全市总种植面积的12%。

（2）品种结构

北京市西瓜品种结构主要包括中果型西瓜（5 kg左右）和小果型西瓜（2.5 kg以下）两类，分别占生产总量的85%和15%。中果型西瓜主要栽培品种主要包括“京欣系列”“华欣系列”等。小果型西瓜栽培在北京远超于全国平均水平，品种上主要包括："超越梦想""L600""京颖""京秀"等。北京市甜瓜品种结构主要包括薄皮甜瓜和厚皮甜瓜两类，其中厚皮甜瓜占总供应量的91%。厚皮品种主要有："一特白""久红瑞""伊丽莎白""天蜜"等；薄皮品种主要有："京蜜11号""绿宝""京玉"系列、"竹叶青"等。

（3）地区结构

北京市西甜瓜种植区域以大兴区和顺义区为主，主要分布在大兴区的庞各庄、魏善庄、榆垡及顺义区的李桥、李遂、杨镇、北务等8个乡镇，形成了京南、京北两条重要的西甜瓜产业带，占总生产面积的85%。此外，通州、房山、平谷和延庆等区也有小面积生产种植，密云、昌平、顺义、大兴等区的农业观光采摘园区也有部分种植。根据北京市农业局统计，大兴区西瓜播种面积占全市西瓜播种面积的50%左右，西瓜产量占全市西瓜总产量的60% 左右。北京各区具有不同的种植特色，其中，大兴西瓜种植品种多样，上市时间以5—6月和9—10月为主；顺义以小型西瓜和甜瓜为主；昌平区则种植以"麒麟"为主的中型瓜居多；延庆区可以实现长季节栽培。

（4）组织结构

据统计，2016年，北京市西甜瓜生产的从业人员有2.7万人，生产经营单位以小规模农户为主，占总生产面积70%左右，合作社约占20%，园区、公司及大户生产占10%。户均种植西甜瓜面积为4.95亩，其中种植面积4.95亩及以下农户占63%，4.95~10.05亩的农户占31%，10.05~50.1亩及50.1亩以上的农户分别占4%和2%。大兴和顺义经营西甜瓜的合作社109家，生产面积2.4万亩，园区23家，面积1.2万亩。

1.1.2 生产水平

2016年北京市西瓜生产面积为6.5万亩，产量约19.89万t，亩产量达到3 060.94 kg/亩。其中大兴、顺义、延庆的西瓜生产面积分别为32 025.4亩、22 710亩和248.6亩。大兴的中型果产量为112 088.9 t，亩产量为3 500 kg/亩，小型果产量为88 069.85 t，亩产为3 000 kg/亩。顺义区的西瓜总产达到89 522.8 t，亩产量3 942.85 kg/亩。延庆地区的西瓜亩产量3 884.4 kg/亩，总产量为965.56 t。三个地区的亩产量均远高于全国平均水平（2 380.9 kg/亩），处于全国前列。北京市甜瓜播种面积为0.3万亩，总产量0.7万t，每亩产量2 482.3 kg。2016年北京市大兴、顺义、延庆西甜瓜播种面积为456.8亩、1 910亩和31.2亩。大兴统计数据分为薄皮甜瓜和厚皮甜瓜两个口径，薄皮甜瓜总产量、单产分别为913.6 t和2 000 kg/亩；厚皮甜瓜总产量、单产水平均高于薄皮品种，达到1 598.8 t和3 500 kg/亩。顺义甜瓜总产为4 419.74 t，为三个区最高，单产水平为2 314.25 kg/亩。延庆甜瓜种植面积较小，所以总产量仅为113.88 t，但亩产水平最高，为3 650 kg/亩。详见表1。

1.1.3 技术结构

目前在北京西瓜的生产环节中，节水方面所应用的技术有微喷、滴灌（膜上、膜下区分）、微喷带等节水技术。通过这些节水灌溉技术，可以大大节省种植成本，达到提质增效的作用。根据2016年北京市大兴区综合试验站节水情况汇总显示，大兴综合试验站建立了以留民庄村田间学校工作站为基点，示范面积260余亩的微喷灌溉示范田。

表1　2016年北京市大兴、顺义、延庆西甜瓜播种面积、单产、总产量

类型	地区	总面积（亩）	亩产量（kg/亩）	总产量（t）
西瓜	大兴	32 025.4	3 500（中）3 000（小）	112 088.9（中）88 069.85（小）
	顺义	22 710	3 942.85	89 522.8
	延庆	248.6	3 884.4	965.56
甜瓜	大兴	456.8	2 000（薄）3 500（厚）	913.6（薄）1 598.8（厚）
	顺义	1 910	2 314.25	4 419.74
	延庆	31.2	3 650	113.88

通过微喷灌溉技术的推广，解决了滴灌浇水慢和易堵管的问题。同时，示范点改进了管道铺设方法，使微喷灌溉不易施肥和灌溉不均的问题得以解决。目前，示范点使用微喷灌溉技术的春茬西瓜大部分已成熟，全生育期可节约灌水40%左右，获得了良好的示范效果。根据2015年上半年北京市顺义区综合试验站节水情况汇总显示，以杨镇松各庄村为主示范微喷灌溉面积100余亩。并对微喷用水量进行试验，以薄皮甜瓜作物为主，春季大棚生产共灌溉5次，总灌溉时间7.5 h，用水145 t，产量3 500 kg/亩。

北京市西瓜产业中，已推广应用的节肥技术主要以膜下微喷水肥一体化技术为主。目前采用的节药技术分为直接技术和间接技术：直接技术有种子处理相关节药技术，间接技术包括蜜蜂授粉、天窗放顶风、“二层幕”提温等相关节药技术。通过这些节约技术降低了病虫害发病率，减少了化学农药的使用。

1.2　流通情况

1.2.1　流通渠道

总体来看，北京市旺季批发商西瓜来源主要以当地农户和外地供应商为主，分别占56.9%和35.6%，其余来源于当地瓜贩子。各大批发市场西瓜来源占比情况如下表2所示。

表2　批发市场西瓜来源占比情况

市场	西瓜来源占比		
	当地农户	当地商贩	外地供货商
岳各庄	10.0%	30.0%	60.0%
新发地	31.4%	0.0%	68.6%
水屯	96.0%	0.0%	4.0%
石门	96.7%	0.0%	3.3%
锦绣大地	54.3%	14.4%	31.3%
大洋路	56.7%	8.3%	35.0%
八里桥	52.9%	0.0%	47.1%
合计	56.9%	7.5%	35.6%

批发商销售对象多以超市、零售商和商贩为主，也有少量的饭店和机关事业单位与批发市场合作，占比情况如下图 1 所示。

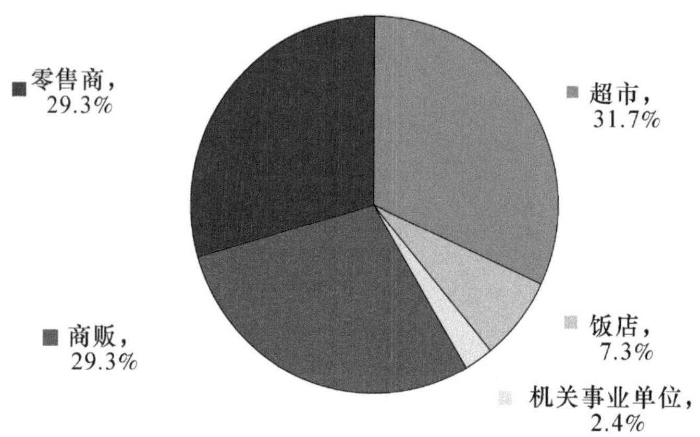

图 1　批发商销售对象情况

1.2.2　流通方式

批发商采购西瓜主要以自营物流为主，比例占到 7 成以上，采用第三方物流服务的约占 2 成，其余则为销售方提供相关物流服务。北京各类大中型超市生鲜水果中，六成以上的西瓜来自于批发商，约有 3 成为合作社供货，另外约有 5%的零星供货直接来自于种植户。

1.3　新型农业经营主体发展情况

1.3.1　合作社发展情况

根据对大兴、顺义两区的 11 家合作社的调研统计，其中 6 家合作社选择果、蔬共同经营，根据一般的种植习惯，春、夏季种植瓜果类，秋、冬季种植蔬菜。其余 5 家合作社则主营西甜瓜，但是由于西瓜受种植周期与成熟季节的限制，专营西甜瓜的合作社只有 2 家。

2016 年两区西甜瓜合作社总种植面积为 10 750 亩，与上年基本持平。其中生产基地面积为 5 400 亩，占 50.23%。11 家合作社主要以种植小型西瓜为主，种植品种比较多为 L600，超级梦想，京颖、京欣，分别占总合作社数的 27.6%，24.1%，13.1% 和 10.3%。

1.3.2　企业发展情况

为了解西甜瓜企业发展情况，对大兴区“老宋瓜王”“乐平御瓜”和顺义区“地源遂航”三家公司进行了实地调研。三家瓜企以西甜瓜收购储运加工企业和采摘农庄为主要运营模式，其西甜瓜来源除了本地的生产基地，还会从农户和外埠生产基地进行采购。“老宋瓜王”和“乐平御瓜”的生产基地种植面积分别为 2 000 亩和 3 000 亩，“地源遂航”由于成立时间较短，种植面积仅为 13.9 亩。

三家瓜企销售西甜瓜的渠道主要集中在便利店和食品企业，其中“老宋瓜王” 60%的西甜瓜和“地源遂航”30%的西甜瓜都是销往便利店，“乐平御瓜”40%的西甜瓜销往食品企业。其他的销售渠道包括批发市场、超市、大型单位等。通过采摘和电商这些新兴渠道的比例不高，平均在12%和7%，其中采摘渠道具有价格高、收益好的优势，而电商渠道则具有销售成本低、市场全面以及品牌化等优势，是下一步瓜企应当大力拓展的销售渠道。详见表3。

表3 企业销售西瓜的渠道及比例

企业	批发市场	超市	便利店	电商	采摘	食品企业	大型单位
地源遂航	0	20%	30%	0	10%	20%	20%
老宋瓜王	0	10%	60%	10%	15%	5%	0
乐平御瓜	30%	10%	0	10%	10%	40%	0
平均	10%	13%	30%	7%	12%	22%	6%

三家瓜企和收购商的合作方式主要是通过年度订单和实时交易，其中“乐平御瓜”和“老宋瓜王”通过年度订单达成的销售合同高达80%和60%。值得注意的是“老宋瓜王”有40%的合同时为期一年以上的长期合同，这对企业收益和销售稳定发展奠定了良好基础。“地源遂航”由于年资较短，在业内还未能形成品牌效应，所以主要通过实时交易完成销售。详见表4。

表4 企业与收购商的合作方式及比例

企业	实时交易	年度订单	一年以上合同	其他
地源遂航	100%	0	0	0
老宋瓜王	0	60%	40%	0
乐平御瓜	10%	80%	0	10%
平均	37%	47%	13%	3%

此外，三家瓜企销售的西甜瓜主要是本地销售，品种包括麒麟、L600、超越梦想等，“老宋瓜王”和“乐平御瓜”的销售还涉及外阜地区，包括华北、西南和东北等地区，品种包括超越梦想、京颖等。每年没有销售掉的西瓜主要卖给低端市场或是作为禽畜的饲料。

经过调研发现，三家瓜企经营过程中的损耗率平均为5%，“地源遂航”的损耗率较高，达到10%。西甜瓜损耗主要是在装卸环节，贮存环节由于技术提高损耗控制较好。

1.3.3 种植大户发展情况

针对大兴区和顺义区6户西甜瓜种植大户进行了实地调研，种植面积集中分布在10~20亩。6户种植大户西甜瓜种植主要为大拱棚，其中有2户还采用温室种植。经调查，6户修建大拱棚的成本费用六成是由当地政府补贴，平均每亩补贴为1900元/亩。目前，6户西甜瓜种植大户全部是自己育苗栽培，并且由于育苗技术水平较高，育苗中自用的比例只占到一半，其余外销。

6户种植大户销售西瓜的途径比较多样，其中瓜贩子地头收购占比最多，约占一半。其次主要是果园采摘，约占三成。另外还通过自营零售、售往批发市场、采用电商销售等三种主要渠道销售，占比均为9%。以上占比见图2。

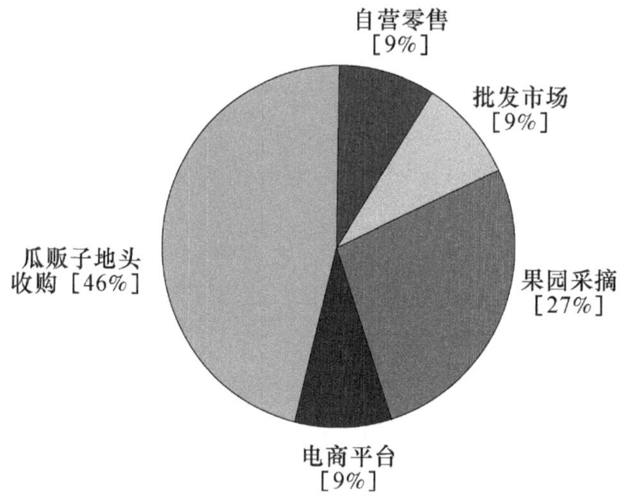

图2　种植大户销售西甜瓜销售途径

1.4　社会化服务情况

北京市作为全国农业的科研中心，从事西瓜育种、栽培研究和推广的单位有20余家，资源优势非常明显，因此北京市发展西瓜产业就必须充分利用这些科研资源优势，大力利用新技术、新装备，研发出优质品种，提高产品科技优势，稳定西瓜的产量并提高质量。在食用品质、安全性、品牌等方面形成北京西瓜产业的优势，同时满足广大消费者的多种需要，提高消费者对北京市西瓜的忠诚度。

在北京市相关政策扶持下，顺义区建设种植业社会化服务体系5家，其中农机服务队2家，植保服务队3家，其中植保服务队经费等由上级部门支持。农机、植保服务队结合自身服务性质开展相关工作，其中农机服务队以本地区农民为主开展耕地、打垄等作业服务，植保服务队则开展以本村以及其他园区为主的植保服务。

延庆区社会化服务体系建设也在逐步完善阶段。目前延庆有专业化的植保防治队，可提供病虫害生物防治技术及负责田间实施，但在育苗、整枝、收瓜、销售等环节还没有形成专业的社会化服务体队伍，社会化服务体系建设有待进一步完善提高。

1.5　产业支持政策及其效果评价

1.5.1　现行产业支持政策

为保护和促进北京西甜瓜生产，提高西甜瓜生产者的积极性，政府在加强农业基础设施等方面投入外，推进了包括良种补贴在内的补贴政策，并进一步加大化肥、农药、薄膜等生产投入品的政策性补贴。同时，建设西瓜节水灌溉工程，包括采用滴灌、渗灌等节水设施，不仅可以节约大量水资源，而且可以降低生产成本。目前，主要的西甜瓜生产区县获得的支撑政策如下。

2016 年顺义区利用市级财政转移支付资金开展专业村建设 2 个，开展集约化育苗场能力提升建设项目 4 个，开展基质轻简化栽培技术示范项目 1 个，涉及支持资金约 700 万元。虽然 2017 年相关项目执行处于待批复阶段，但是根据相关部门财政预算情况，其资金利用额度将与 2016 年比基本持平。

2016 年顺义区获得北京基本菜田补贴资金支持，改政策以支持生产主体为主，针对温室、大棚、露地三种栽培方式，支持比例拟提高到 700 元/亩、500 元/亩、300 元/亩，支持额度较 2015 年分别增加 100 元。

2016 年延庆区获得北京市政府的菜田补贴政策，补贴额度为：露地栽培为 300 元/亩，冷棚栽培为 500 元/亩，温室栽培为 1 000 元/亩，政策款直接划拨到农户卡上，用于购置种子、肥料、农膜等，帮助农户降低种瓜成本。

2016 年延庆区农委对于西甜瓜地爬式长季节栽培模式给予 50 万元项目经费，用于该种植模式技术的研究与示范。

1.5.2　产业支持政策效果评价

自 2015 年度实施的北京基本菜田补贴政策，获得京郊广大农民欢迎。北京市政府以稳生产、保供应为出发点，实施基本菜田补贴政策，极大促进了北京蔬菜产业发展稳定以及保护了从业农民利益。

利用北京市市级农业转移支付资金开展现代农业发展，打造出一批高标准的西甜瓜园区，新品种、新技术以及“互联网+”成为园区新技术支柱，开拓了消费市场，增加了收入来源，同时降低了西甜瓜的流通费用，提升了园区竞争力、影响力以及品牌形象。

2　西甜瓜农户生产调研

为直接掌握北京市西甜瓜农户生产经营情况，了解农户实际的技术需求以及参加合作社的影响因素，此次北京西甜瓜农户生产调研涉及大兴、顺义、昌平、延庆以及通州五个区县。样本分布为大兴区 23 户、顺义区 2 户、昌平区 2 户、通州区 15 户以及延庆 5 户，共计 47 户。

2.1　样本描述性分析

2.1.1　农户基本情况

（1）户主基本情况

数据分析显示，本次调查农户户主男性居多，年龄分布从 30 岁到 65 岁，平均为 45 岁，说明整体而言户主年龄主要为青壮年，这些因素都有利于北京西甜瓜种植业的发展（表 5）。从学历层次上来看，最低为初中毕业，最高为“大专及以上”，平均数为 2.6，说明西甜瓜农户总体的受教育程度较高，这也与西甜瓜特色种植业相对于传统种植业而言要求更高的种植技术和农田管理技术有关（表 5）。

表 5　西甜瓜种植户户主基本情况

变量	最小值	最大值	平均数	标准差	变量说明
性别	1	2	1. 11	0. 31	1= “男性”；2= “女性”
年龄	30	65	45. 32	8. 35	—
学历	2	4	2. 60	0. 54	1= “小学及以下”；2= “初中”；3= “高中”；4= “大专及以上”

数据来源：根据调研数据整理。

（2）农业生产基本情况

从北京西甜瓜农户农业生产基本水平来看，西甜瓜种植户中专业生产西甜瓜的占55. 3%，混合种植的为44. 7%。农户耕地面积平均为8. 36亩，西甜瓜栽种面积平均为6. 02亩（表6）。47西甜瓜种植的年农业收入平均数为71 053. 19元，远高于北京市农村居民人均可支配收入22 310元的水平，说明西甜瓜种植户整体收入水平较高，又因为其中西甜瓜销售收入占比平均水平超过六成，表明了西甜瓜产业的发展对北京农民增收有积极影响。

表 6　西甜瓜种植户农业生产基本情况

变量	最小值	最大值	平均数	标准差
耕地面积（亩）	0. 80	40. 00	8. 36	7. 87
西甜瓜面积（亩）	0. 80	39. 00	6. 02	5. 62
农业总收入（元）	10 000	240 000	71 053. 19	49 098. 640
西甜瓜栽培收入占比（%）	15. 00	100. 00	61. 05	30. 34

数据来源：根据调研数据整理。

2. 1. 2　栽培及产出情况

从栽培情况来看，北京西甜瓜农户采取多种播种方式，但其中以嫁接育苗方式为主，占到95. 7%，采取非嫁接育苗方式的占4. 26%。生产方式包括露地栽培、小拱棚栽培、中大棚栽培以及日光温室栽培四种，其中采取中大棚栽培的农户最多，占比为76. 6%，这也说明北京西甜瓜农户规模经营水平相对较高，设施农业发展水平也较好。品种方面农户更倾向于早中熟类，占比接近66%，其次是小型西瓜类，占比达到25. 5%，中晚熟品种只占8. 5%（表7）。

表 7　西甜瓜栽培基本情况

变量	类型	频次	百分比
播种方式	非嫁接育苗	2	4. 26
	嫁接育苗	45	95. 74
生产方式	露地栽培	4	8. 51
	小拱棚栽培	5	10. 64
	中大棚栽培	36	76. 60
	日光温室栽培	2	4. 26

（续表）

变量	类型	频次	百分比
品种	早中熟	31	65.96
	中晚熟	4	8.51
	小型西瓜	12	25.53

数据来源：根据调研数据整理。

从西甜瓜栽培产出与收入角度看，2016 年农户总产最高为 12 万 kg，平均为 1.9 万余 kg；亩产达到 2 767.3 kg/亩，较往年平稳提升。西甜瓜销售收入户均为 4.07 万元，每亩产量收入达到了 7 900 余元，收入水平较好，超过了全国平均 6 000 余元的水平。

表 8　西甜瓜栽培产出与收入情况

变量	最小值	最大值	平均数	标准差
总产量（斤）	1 200.00	120 000.00	19 392.55	21 674.83
亩产（kg/亩）	375.00	8 000.00	2 767.33	1 831.12
西甜瓜销售收入（元）	4 000.00	140 000.00	40 744.68	29 732.48
西甜瓜栽培平均亩收入（元/亩）	1 500.00	35 000.00	7 933.24	5 838.82

数据来源：根据调研数据整理。

2.2　生产性投入分析

2.2.1　物质服务费及用工成本

物质服务费是西甜瓜农户生产经营过程中产生的主要成本之一，从调查数据分析结果来看（表 9），农户物质服务费平均为 4517 元，与平均栽培规模 6.02 亩水平核算每亩平均物质服务费用为 750 元/亩，约占栽培亩收入水平的 10%。

西甜瓜生产用工成本包括家庭用工成本与雇工成本两个部分。由于样本农户西甜瓜栽培面积、栽培水平与品种的差异较大，造成农户家庭用工的数据差异也相对较大，所以按照亩平均用工投入来分析（表 9）。根据调研数据，农户每亩耕地家庭用工投入平均为 26.75 天，雇工天数平均每亩为 1.90 天，即平均每亩用工投入为 28.65 天，用工投入天数较多。经调查，北京西甜瓜栽培雇工平均费用为 100 元/人·天。那么可以进行如下假设计算：如果按户均统计来看，平均家庭用工天数为 143.76 天，雇工天数为 11.66 天；假设家庭用工折算工资与雇工工资相同，那么仅用工费用每户平均费用为 15542 元，占到西甜瓜户均销售收入 38%左右，说明用工成本是目前北京农户西甜瓜种植中最主要的成本投入，降低人工投入是降低生产成本的主要途径。

2.2.2　土地成本

根据样本资料统计发现，2016 年大多数农户土地流转的价格是 600 元/亩，土地租金最高为每亩 800 元，最少为 300 元/亩。大多数农户的自营地折旧要高于租金。土地

表 9　西甜瓜生产物质服务费用及用工成本情况

变量	最小值	最大值	平均数	标准差
物质服务费用（元）	450.00	19 250.00	4 517.34	4 688.06
家庭用工天数（天）	3.00	2 500.00	143.76	364.83
亩家庭用工（天/亩）	2.50	312.50	26.75	47.38
雇工总费用（元）	300.00	3 500.00	1 239.60	1 102.25
雇工天数（天）	3.00	35.00	11.66	10.82
亩雇工天数（天/亩）	0.30	5.12	1.90	1.53

数据来源：根据调研数据整理。

流转的租金和自营地折旧情况 2015 年相同，说明北京农村的农地流转市场已经逐步稳定和成熟。

2.3　技术需求分析

2.3.1　技术需求状况

根据西甜瓜生产技术发展现状，从增加产量良种技术、提高品质良种技术、病虫害防控技术等 7 个技术方面对 47 个西甜瓜农户的展开技术需求调研。根据农户选择目前最为需要的生产技术就这 7 个技术进行排序。选择每个排序前三位的生产技术类型，计算频数，如图 3 所示，可知目前农户最为需要的技术为增加产量良种技术和提高品质良种技术，可统称为良种技术。其次是节本高效栽培技术和病虫害防控技术。贮运和加工技术、生工机械技术和税费及管理技术三类技术虽然重要性排序较低，但选择比例均超过 23%，其急需性仍然不可忽视。

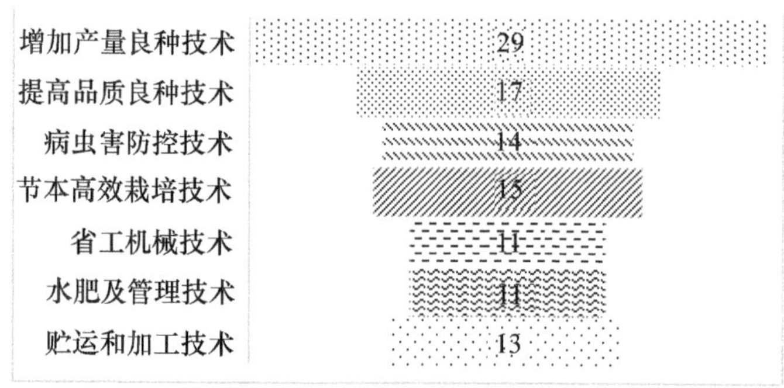

图 3　农户技术需求重要性排序

注：数字表示选择频数

2.3.2　技术供给状况

针对 7 类生产技术目前供给现状，由农户进行满意度评价，分为“满足”“基本满足”“有待提高”和“亟待提高”四个等级，表示满足程度的递减。根据农户选择情况逐项进行分析：①增加产量良种技术整体评价水平不高，选择有待提高的农户占比高达 57%，结合技术需求情况，农户对该类技术需求量大但目前提供水平不足，不能满足农户的实际生产需要；②提高品质良种技术相对满意度较高，选择“满足”和“基本满足”的农户占比为55%，但同时有18个农户表示该技术提供不足，这说明对于这类技术的推广覆盖不均衡，部分农户没有得到相关技术信息，应加大技术推广普及力度；③对于病虫害防控技术的认可度相对较高，有62%的农户表示“满足”或“基本满足”，类满意度较高的还有水肥及管理技术，“基本满足”以上选项比例达到51%，说明这两项技术目前已经比较成熟，推广程度较高；④评价水平较低技术有节本高效栽培技术、生工机械技术以及贮运和加工技术，不满足率均在40%以上，如果仅计算选择该项的农户，不满足率高达61%以上。说明这三项技术目前供给水平较低，农户缺乏相关技术学习和信息获取渠道，尤其是贮运和加工技术，选择“亟待提高”的农户比例达到30%，在7类技术中不满足程度最高，是当前技术推广水平最低的技术类型，也是下一步西甜瓜产业发展中需要加快提升水平以降低损耗的重要技术。

表10　西甜瓜生产农户对生产技术供给评价情况

生产技术种类	满足	基本满足	有待提高	亟待提高
增加产量良种技术	8	6	27	0
提高品质良种技术	3	23	16	2
病虫害防控技术	2	27	11	4
节本高效栽培技术	1	11	25	1
省工机械技术	1	11	19	0
水肥及管理技术	2	22	13	1
贮运和加工技术	3	5	10	14

数据来源：根据调研数据整理。其中数据为评价选择频数，各频数相加不等于47表明该项有农户没有选择。

2.3.3 农户培训状况

通过调查发现，有55.3%的农户经常参加农业科技类培训，而23.4%的户是偶尔参加，另有21.3%的农户未参加过相关培训。这说明了北京西甜瓜农户参加农业科技培训的比率较低，有近半数农户未参加培训或培训不足，这将影响农户生产技术水平的提高，也将影响北京西甜瓜产业技术的转化与落实，是未来一段时间急需农业相关职能部门、科技推广部门、村级政府机构与加大投入力度和组织力度的重要方面。

2.4 农户参加专业合作组织情况

2.4.1 农户对合作社服务的主要需求

目前西甜瓜合作社主要为社员提供生产、销售等方面的服务。对农户开展需要合作社提供各类服务的重要性进行调查，结果分析发现技术服务、统一品牌销售、市场销售渠道、市场销售信息和农资供应是最为主要的五大需求，其中技术服务和统一品牌销售的需求度最高（见图4）。结合上述需求进一步分析，目前合作社提供的技术服务主要的农药施用方法、农机服务等，而系统的西甜瓜栽培方面的服务则较为缺乏。而在统一品牌方面，目前调查的合作社均未能在这方面提供社员相关服务，基本都是以栽培的具体品种在进行销售，还没有形成品牌，这也是未来合作社发展过程中应当着力推进的重要方面，相应的管理职能部门也应当在这方面给予一定的政策支持，对于大型合作社鼓励形成“一社一品”。

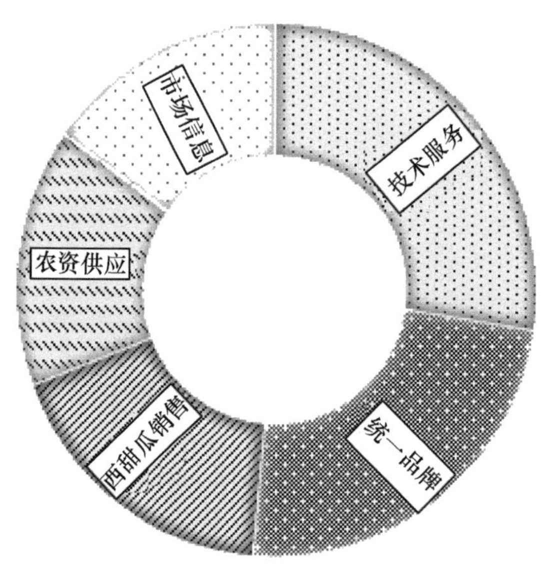

图 4　西甜瓜合作社提供的主要服务需求

2.4.2　农户参加专业合作社意愿影响因素

调查数据显示，受调查农户中仅为 46.8%的农户参加的专业合作社，而另有 25 户未参加相关专业合作组织。为进一步掌握导致农户在参加合作组织方面选择差异的影响因素，采用二元 Logistic 模型进行回归分析。其基本模型如下所示。

$$\ln\frac{P}{1-P}=\beta_0+\sum_{i=1}^{n}\beta_i Z_i+\mu \tag{1}$$

于是有：

$$p=\frac{\exp(\beta_0+\sum_{i=1}^{n}\beta_i Z_i+\mu)}{1+\exp\ (\beta_0+\sum_{i=1}^{n}\beta_i Z_i+\mu)} \tag{2}$$

$$p=\frac{1}{1+\exp[-(\beta_0+\sum_{i=1}^{n}\beta_i Z_i+\mu)]} \tag{3}$$

其中，β_0 为模型的常数项；n 为自变量的个数，β_i 为因子系数；Z_i 为影响因子；μ 为随机误差项。

采用 SPSS24.0 软件对数据进行拟合分析，采用向前步进回归，在进行模型回归分析之前为排除单位对拟合参数的影响，全部采用标准化数据分析，得到如下表结果。

一是影响北京西甜瓜农户参加合作社的影响因素包括年龄、学历、西甜瓜总产量、西甜瓜年销售收入水平、西甜瓜物质服务费用水平等五个因素。通过模型你和，这五个因素均通过了显著性检验，模型拟合优度为 51.1%。

二是年龄变量参数为正数，表示年龄较大的农户倾向于参加合作社，主要是通过合作社能获得所需要的生产销售信息。而较为年轻的农户则更倾向于自己找寻销售渠道，所以选择参加合作社的比例相对较低。

三是学历越高则越不倾向于参加合作社，而学历较低的农户则参加比例较大。这说明学历较高的农户对生产技术、销售市场等方面的认识更为深刻，能够凭借自己的生产技术经验和自己摸索销售渠道来进行生产经营。

四是总产量和年销售收入这一组变量系数均为正数，这一组可以归纳为生产经营规模，那么从模型结果来看，生产经营规模越大的农户参加合作社比例也越大，这主要由于目前合作社的组织形式主要是由大规模农户牵头组织、小规模参与。

五是物质服务费用系数为负，其原因要结合合作社的作用综合分析，由于合作社可以在种子、化肥等生产资料采购、农技农机等生产服务供给等方面为参社农户提供服务，所以参社的农户往往能够以更低的成本获得相应的物质服务，因此该项参数为负值。

西甜瓜农户参加合作社影响因素模型结果见表 11。

表 11　西甜瓜农户参加合作社影响因素模型结果

变量名	系数	显著性
年龄	1.306	0.025**
学历	−1.161	0.013**
总产量	7.551	0.007***
年销售收入	10.719	0.006***
物质服务费用	−16.065	0.006***
常数	−0.201	0.617

注：“**”表示通过置信区间为 95%显著性检验，“***”表示通过了置信区间为 99%显著性检验。

综上，北京西甜瓜农户参加合作组织的比例不足一半，其中主要以大规模为主。合作社在一定程度上可以为农户降低生产成本并提供生产性服务，但是年青高学历农户更倾向于自己寻找销售渠道，这表明目前合作社在参社机制、提供服务的多样性等方面还存在一定发展滞后性，对未参社的年青高学历的农户的吸引力不强。

3　结论与政策建议

3.1　研究结论

通过统计数据与调研数据分析，对 2016 年北京市西甜瓜产业在生产、流通、新型农业经营主体发展、社会化服务、产业政策、生产投入、技术需求及参加专业合作组织等情况可以得到以下结论。

第一，北京西甜瓜种植带集中在大兴、顺义地区，以设施栽培为主，主要生产中小果型西甜瓜品种。2016 年北京西甜瓜生产面积基本稳定、总产量有所增长，节水节肥生产技术进一步提升，西甜瓜产业稳步发展。

第二，2016年北京地区销售西甜瓜约六成来自本地生产，其余调节市场份额来自外省供货。销售渠道集中在超市、零售商贩等，而物流主要采用自营物流，第三方物流模式还有待进一步发展。

第三，2016年北京西甜瓜农业合作组织进一步发展，参社比例逐年提升，以多种蔬果经营为主流模式，专业经营西甜瓜的比例较低。西甜瓜生产企业规模继续扩大，经营模式多样，效益水平提高，社会影响力提升。种植大户生产设施化水平较高，政策补贴能够覆盖六成设施建设成本，实现了育苗自主化生产，但销售仍主要依靠瓜贩子收购，销售自主性较低，价格谈判能力不足。

第四，基于北京市农业科研技术实力雄厚，北京西甜瓜在技术研发、推广等方面形成了优势，使得消费者对本地产品认可度高。在相关政策扶持下北京西甜瓜农业产业社会化服务发展较为迅速，在农机、植保等方面已经形成了专业化服务队伍，但在育苗、整枝、收瓜、销售等环节还没有形成专业的社会化服务则较为缺乏。

第五，现行农业支撑政策和西甜瓜种植补贴政策对北京市西甜瓜产业的发展提供了较大帮助，政策实施效果好、农民认可度高。北京市西甜瓜产业下一步的政策重点主要集中在高科技种植园区建设和物流体系建设方面。

第六，由于人工成本居高不下，导致北京西甜瓜种植成本较高，节省人力投入的生产技术是控制生产性投入水平的最主要的途径。北京市农村土地流转市场发育较为成熟，土地租赁成本基本稳定。

第七，技术服务、统一品牌销售、市场销售渠道、市场销售信息和农资供应是目前西甜瓜种植户对参加合作组织的最主要的需求意向，鼓励西甜瓜大型合作社形成“一社一品”。影响北京西甜瓜农户参加合作社的影响因素包括年龄、学历、西甜瓜总产量、西甜瓜年销售收入水平、西甜瓜物质服务费用水平等五个因素，而年青高学历的农户参社比例较低，说明西甜瓜合作社在参社机制、多样化服务方面还有待进一步提高。

3.2 政策建议

第一，北京市西甜瓜规模化经营水平提升较快，应进一步提高西甜瓜生产经营补贴，促进规模化、专业化生产。同时，以北京市加大西甜瓜生产园区建设为契机，进一步加快专业化合作社、生鲜农产品物流产业的发展，并不断提升服务水平。

第二，鼓励和促进西甜瓜专业合作组织发展方面，积极推进合作组织的覆盖面和服务多样化，向参社农户提供包括生产经营技术、市场销售信息和一定程度的小额金融等综合服务。努力打造“一社一品”，提升专业合作组织的产业影响力和社会影响力。

第三，积极促进产学研一体化经营，充分利用北京农业科研院所和高校研发的高效优质的新品种，不断提升西甜瓜产品品质、提高产量以迎合不断提升的消费者需求水平。并鼓励科研人员、技术人员深入基层，开展各种形式的培训指导，增强农民进行水肥管理及病虫害防治技术。另外，针对北京西甜瓜人工成本较高的问题，应进一步加强节省人工投入的技术研发。

第四，结合北京市消费者不断升级的消费偏好，提升西甜瓜产品品质，升级换代优选西甜瓜品种，打造北京市西甜瓜品牌，利用京津冀协同发展战略契机，积极利用“互联网+”技术和现代鲜货农产品物流技术，开拓北京本地西瓜销售市场和延长销售半径。

第五，在新型乡镇建设的发展战略指引下，根据北京市城市定位规划要求，继续深入推进北京市农业和农村的现代化建设，通过打造现代化西甜瓜产业，科学合理施用化肥农药，提高水肥利用效率，增强西甜瓜产业的持续发展潜力。

报告六　2017年山东省西甜瓜产业技术体系调研报告

周衍平　吴敬学　毛世平

1　山东省西甜瓜产业基本情况

1.1　基于统计资料的山东省与全国西甜瓜种植总体情况

山东省是西甜瓜生产大省，是我国重要的西甜瓜生产基地，西甜瓜生产面积、生产总量和单产水平在全国名列前茅。20世纪80年代以来，山东省西瓜甜瓜种植面积迅速扩大，生产水平大幅度提高。2006年山东省西瓜播种面积212.3千hm^2，占全国播种面积的11.89%；西瓜总产量1 016.1万t，占全国西瓜总产量的16.23%。西瓜播种面积和产量仅次于河南，均居全国第2位。2006年山东省甜瓜播种面积39.2千hm^2，占全国播种面积的11.11%，居全国第4位；甜瓜总产量149.5万t，占全国总产量的15.49%，居全国第1位。

由表1知，2008年全国西瓜播种面积1 733.3千hm^2，总产量为6 282.2万t。山东省西瓜播种面积为201.9千hm^2，占全国播种面积的11.65%；西瓜总产量为996.3万t，占全国总产量的15.86%。2009年全国西瓜播种面积1 764.8千hm^2，总产量为6 478.5万t。山东省西瓜播种面积为208.9千hm^2，占全国播种面积的11.84%；西瓜总产量为1 045.3万t，占全国总产量的16.13%。2010年山东省西瓜生产稳定发展，播种面积创历史新高，达213.0千hm^2，占全国播种面积的11.75%；总产量为1 085.3万t，占全国总产量的15.92%。2011年山东省西瓜种植生产有所下降，播种面积为203.5千hm^2，占全国播种面积的11.29%；总产量为1 079.8万t，占全国总产量的15.67%。2012年山东省西瓜种植生产有所增加，播种面积为205.7千hm^2，占全国播种面积的11.42%；总产量为1 105.1万t，占全国总产量的15.63%。2013年山东省西瓜种植生产不断增加，播种面积为207.4千hm^2，占全国播种面积的11.34%；总产量为1 109.2万t，占全国总产量的15.21%。2014年山东省西瓜种植生产持续增加，播种面积为209.4千hm^2，占全国播种面积的11.30%；总产量为1 138.5万t，占全国总产量的15.21%。2015年山东省西瓜种植生产持续增加，播种面积为210.9千hm^2，播种面积再次突破210千hm^2，占全国播种面积的11.33%；总产量为1 173.1万t，占全国总产量的15.21%。2016年山东省西瓜种植面积略有增加，达到211.9千hm^2，同比增加0.47%；总产量创历史新高，2016年山东省西瓜总产量为1 179.3万t，比2015年增长0.53%。从近十年总体情况看，山东省西瓜种植面积占全国的11%以上，产量占全国总产的15%以上，发展相对比较稳定。

由表2知，2008年全国甜瓜播种面积361.7千hm^2，总产量为1 193.4万t。山东省甜瓜播种面积为 37.2 千 hm²，占全国播种面积的 10.29%；甜瓜总产量为 145.1 万 t，占全国总产量的 12.16%。2009 年全国甜瓜播种面积 389.9 千 hm²，总产量为 1 215.4 万 t。山东省甜瓜播种面积为 43.5 千 hm²，占全国播种面积的 11.15%；甜瓜总产量为 178.1 万 t，占全国总产量的 14.65%。2010 年山东省甜瓜产业发展稳定，播种面积为 44.3 千 hm²，占全国播种面积的 11.26%；总产量为 182.4 万 t，占全国总产量的 14.87%。2011 年山东省甜瓜产业持续发展，播种面积扩大为 46.9 千 hm²，占全国播种面积的 11.80%；甜瓜总产量增加为 198.0 万 t，占全国总产量的 15.49%。2012 年山东省与全国甜瓜产业进一步发展，播种面积与产量均创近年来新高。山东省 2012 年播种面积扩大为 49.5 千 hm²，占全国播种面积的 12.06%；甜瓜总产量提高为 210.3 万 t，占全国总产量的 15.79%。2013 年山东省甜瓜生产略有减少，播种面积为 48.9 千 hm²，占全国播种面积的 11.56%；甜瓜总产量提高为 220.2 万 t，占全国总产量的 15.36%。2014 年山东省甜瓜种植生产基本稳定，播种面积为 49.1 千 hm²，占全国播种面积的 11.19%；总产量为 224.5 万 t，占全国总产量的 15.21%。2015 年山东省甜瓜种植生产略有增加，播种面积为 49.7 千 hm²，但占全国播种面积的比重有所下降，占比 10.78%，为近 8 年来的新低；总产量为 228.6 万 t，占全国总产量的 14.97%。2016 年山东省甜瓜种植面积有所减少，播种面积为 49.0 千 hm²，同比减少 1.41 %；甜瓜总产量不降反升，达到 229.7 万 t，创历史新高，同比增加 0.48%。从近十年总体情况看，山东省甜瓜种植面积约占全国的 11%，产量占全国的 15%左右，发展相对比较平稳。

表 1　山东省与全国西瓜种植生产基本情况　（单位：千 hm²，万 t）

年份	山东省西瓜		全国西瓜		山东省占全国西瓜比例(%)	
	播种面积	产量	播种面积	产量	播种面积	产量
2008 年	201.9	996.3	1 733.3	6 282.2	11.65	15.86
2009 年	208.9	1 045.3	1 764.8	6 478.5	11.84	16.13
2010 年	213.0	1 085.3	1 812.5	6 818.1	11.75	15.92
2011 年	203.5	1 079.8	1 803.2	6 889.4	11.29	15.67
2012 年	205.7	1 105.1	1 801.5	7 071.3	11.42	15.63
2013 年	207.4	1 109.2	1 828.2	7 294.4	11.34	15.21
2014 年	209.4	1 138.5	1 852.3	7 484.3	11.30	15.21
2015 年	210.9	1 173.1	1 860.7	7 714.0	11.33	15.21
2016 年	211.9	1 179.3				

资料来源：历年《中国农业年鉴》《山东统计年鉴》

由图 1 知，山东省历年西甜瓜单产水平远高于同期全国平均水平。从已有的统计数据测算，2008 年全国西瓜、甜瓜平均单产水平分别为 2 416.28 kg/亩和 2 199.61 kg/亩，同期山东省平均单产水平分别为 3 289.75 kg/亩和 2 600.36 kg/亩，分别比全国平均水平高出 36.15%和 18.22%；2009 年全国西瓜、甜瓜平均单产分别为 2 447.30 kg/亩、

表2 山东省与全国甜瓜种植基本情况 （单位：千 hm^2，万 t）

年份	山东省西瓜		全国西瓜		山东省占全国西瓜比例(%)	
	播种面积	产量	播种面积	产量	播种面积	产量
2008年	37.2	145.1	361.7	1 193.4	10.29	12.16
2009年	43.5	178.1	389.9	1 215.4	11.15	14.65
2010年	44.3	182.4	393.3	1 226.7	11.26	14.87
2011年	46.9	198.0	397.4	1 278.5	11.80	15.49
2012年	49.5	210.3	410.4	1 331.6	12.06	15.79
2013年	48.9	220.2	423.1	1 433.7	11.56	15.36
2014年	49.1	224.5	438.9	1 475.8	11.19	15.21
2015年	49.7	228.6	460.9	1 527.0	10.78	14.97
2016年	49.0	229.7				

资料来源：历年《中国农业年鉴》《山东统计年鉴》

2 078.14 kg/亩，同期山东省平均水平分别为 3 335.89 kg/亩和 2 729.50 kg/亩，分别比全国平均水平高 36.31%和 31.34%；2010 年全国西瓜、甜瓜平均单产分别为 2 507.81 kg/亩和 2 079.33 kg/亩，同期山东省平均水平分别为 3 396.87 kg/亩、2 744.92 kg/亩，分别高出全国平均水平 35.45%和 32.01%；2011 年全国西瓜、甜瓜平均单产分别为 2 547.10 kg/亩和 2 144.77 kg/亩，同期山东省平均水平分别为 3 537.43 kg/亩、2 814.50 kg/亩，分别比全国平均水平高出 38.88%和 31.23%；2012 年全国西瓜、甜瓜平均单产分别为 2 616.82 kg/亩和 2 163.09 kg/亩，同期山东省平均水平分别为 3 581.59 kg/亩、2 832.32 kg/亩，分别高出全国平均水平 36.87%和 30.94%；2013 年全国西瓜、甜瓜平均单产分别为 2 659.96 kg/亩和 2 259.04 kg/亩，同期山东省平均水平分别为 3 565.41 kg/亩、3 002.04 kg/亩，分别比全国平均水平高出 34.04%和 32.89%。2014 年全国西瓜、甜瓜平均单产分别为 2 693.70 kg/亩和 2 241.66 kg/亩，同期山东省平均水平分别为 3 565.41 kg/亩、3 002.04 kg/亩，较全国平均水平分别高出 34.56%和 35.98%。2015 年全国西瓜、甜瓜平均单产分别为 2 763.83 kg/亩和 2 208.72 kg/亩，同期山东省平均水平分别为 3 708.23 kg/亩、3 066.40 kg/亩，分别比全国平均水平高出 34.17%和 38.83%。2016 年山东省西瓜平均单产为 3 710.24 kg/亩，比 2015 年增长 0.05%；2016 年山东省甜瓜平均单产为 3 125.17 kg/亩，与 2015 年相比增产 1.92%。山东省西甜瓜平均单产水平连年创历史新高，表明随着西甜瓜产业发展，山东省瓜农具有较高的西甜瓜种植生产技术与栽培管理水平，西甜瓜种植生产已成为山东省的重要产业。

1.2 基于调查资料的山东省西甜瓜生产成本收益情况

由于缺乏全国性和山东省等地方区域性西甜瓜生产成本与收益的相关统计数据资料，本部分主要依据抽样调查结果进行总体分析。根据山东省西甜瓜产业生产布局与产

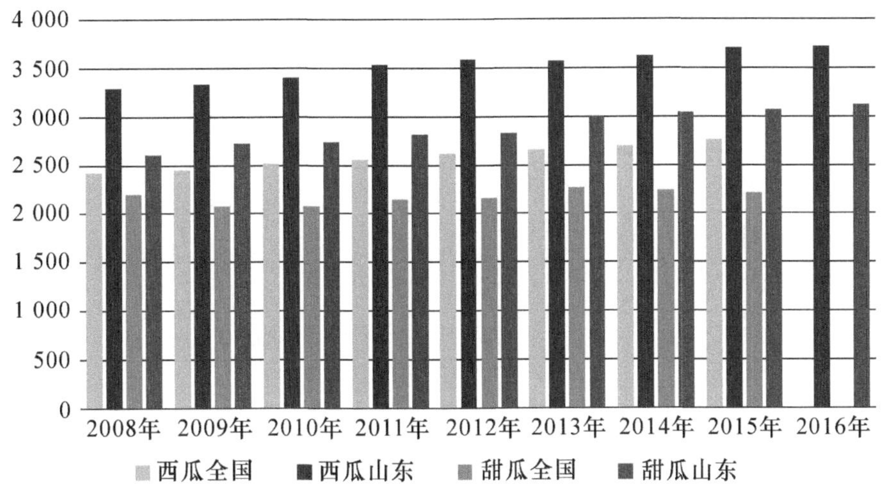

图1　山东省与全国西甜瓜单产水平对比情况

资料来源：根据历年《中国农业年鉴》《山东统计年鉴》。

业组织情况，项目组主要对潍坊青州、昌乐、寿光、临沂、沂水、德州、兖州、莒县、莘县、东明、聊城、冠县、济宁、青岛等具有代表性的西甜瓜种植基地内的种植户抽样进行实地调查研究，同时利用寒暑假期组织硕士博士研究生以及部分本科生对山东省全省范围内的西甜瓜种植户随机进行抽样调查与深度访谈。

调查结果显示，2016 年山东省西瓜、甜瓜单产水平分别为 3 834.32 kg/亩、3 135.58 kg/亩（详见表 3 与表 4），与依据 2016 年《山东统计年鉴》统计数据计算的 2016 年山东省西瓜、甜瓜平均单产水平 3 710.24 kg/亩和 3 125.17 kg/亩相比基本接近，分别高出 3.34%和 0.33%（这主要是由于为便于调查，调查地点与调查样本主要选取于西甜瓜生产相对集中、专业化水平相对较高的生产种植区域，其生产水平相对于一般种植户而言相对较高所致）。为了增强调查样本数据的代表性与可比性，避免与山东省西甜瓜整体生产实际情况产生偏离性与差异性，本项目尽可能选择山东省内具有一定生产规模与品牌信誉度的西甜瓜生产基地内的种植户，利用多区位、大样本调查，整理形成 2017 年山东省西甜瓜抽样调查数据，据此分析山东省 2017 年西甜瓜生产成本与收益情况。

1.2.1　西瓜种植面积有所减少，甜瓜种植面积有所增加

受 2015—2016 年西瓜市场行情低迷、西瓜价格较低的影响，2017 年农户种植西瓜的热情减低，西瓜种植面积缩小，西瓜总产量有所降低。但随着城乡居民生活水平的提高，对优质甜瓜需求旺盛，加之 2016 年之前甜瓜价格较高（如 2016 年青州弥河银瓜、潍坊“羊角蜜”巨型甜瓜售价均在 20 元/kg 左右，临沂沂南青皮一窝狼甜瓜售价在 8 元/kg 以上），不少瓜农由西瓜改种甜瓜，致使甜瓜种植面积扩大，甜瓜总体产量增加。

1.2.2　西甜瓜单产都有所提高

近几年来，为了克服西瓜连作种植障碍，西瓜嫁接试验取得了良好的效果，从而实现高产优质高效，促进了亩产量的增加。甜瓜的生长需要高温和充足的阳光，2017 年山东省加强了甜瓜生产技术的推广应用，重视病虫害的的防治，促进了甜瓜的生长，增

表 3　2011—2017 年山东省西瓜生产成本效益调查分析

（单位：kg，元，%）

项目	2011 年	2012 年	2013 年	2014 年	2015 年	2016 年	2017 年	2017 比 2016 增减		2016 比 2015 增减		2015 比 2014 增减		2014 比 2013 增减	
								数额	百分比	数额	百分比	数额	百分比	数额	百分比
1. 平均亩产量	3 423.81	3 253.74	3 615.24	3 808.81	3 829.84	3 834.32	3 839.59	5.27	0.14%	4.48	0.12%	21.03	0.55%	193.57	5.35%
2. 平均亩总成本	3 250.88	3 461.00	3 878.98	3 942.83	3 899.09	3 930.10	3 933.86	3.76	0.10%	31.01	0.80%	-43.74	-1.11%	63.85	1.65%
2.1 种子费与化肥费	402.65	410.80	425.16	418.55	418.33	419.80	423.23	3.43	0.82%	1.47	0.35%	-0.22	-0.05%	-6.61	-1.55%
2.2 人工成本	1 666.16	1 803.26	2 042.40	2 096.49	2 062.27	2 093.22	2 086.74	-6.49	-0.31%	30.95	1.50%	-34.22	-1.63%	54.09	2.65%
2.2.1 劳动日工价	41.30	48.50	48.98	49.92	49.32	50.10	50.08	-0.02	-0.04%	0.78	1.58%	-0.60	-1.20%	0.94	1.92%
2.2.2 雇工工价	100.30	105.80	108.18	109.08	106.62	108.38	107.06	-1.32	-1.22%	1.76	1.65%	-2.46	-2.26%	0.90	0.83%
3. 平均亩产值	7 155.76	7 613.75	8 509.80	8 583.26	7 960.11	8 132.15	8 427.65	295.51	3.63%	172.03	2.16%	-623.15	-7.26%	73.46	0.86%
4. 平均亩净利润	3 904.88	4 152.75	4 630.83	4 640.43	4 061.02	4 202.04	4 493.79	291.75	6.94%	141.02	3.47%	-579.41	-12.49%	9.60	0.21%
5. 成本利润率（%）	120.12	119.99	119.38	117.69	104.15	106.92	114.23%	7.31		2.77		-13.54		-1.69	

表 4　2011—2017 年山东省甜瓜生产成本效益调查分析

（单位：kg，元，%）

项目	2011 年	2012 年	2013 年	2014 年	2015 年	2016 年	2017 年	2017 比 2016 增减		2016 比 2015 增减		2015 比 2014 增减		2014 比 2013 增减	
								数额	百分比	数额	百分比	数额	百分比	数额	百分比
1. 平均亩产量	2 757.43	2 864.75	3 014.68	3 153.19	3 164.41	3 135.58	3 146.88	11.31	0.36%	-28.84	-0.91%	11.22	0.36%	138.51	4.59%
2. 平均亩总成本	3 919.84	4 340.86	4 562.44	4 622.20	4 557.38	4 576.18	4 585.46	9.29	0.20%	18.80	0.41%	-64.82	-1.40%	59.76	1.31%
2.1 种子费与化肥费	589.48	613.19	620.06	621.32	620.64	623.14	627.87	4.74	0.76%	2.50	0.40%	-0.68	-0.11%	1.26	0.20%
2.2 人工成本	1 782.39	2 112.39	2 330.12	2 366.06	2 307.03	2 324.57	2 322.02	-2.54	-0.11%	17.54	0.76%	-59.03	-2.49%	35.94	1.54%
2.2.1 劳动日工价	41.30	48.50	49.11	49.45	48.16	48.63	48.63	-0.01	-0.02%	0.47	0.98%	-1.29	-2.61%	0.34	0.69%
2.2.2 雇工工价	100.30	105.80	108.89	109.77	107.35	108.40	107.38	-1.03	-0.95%	1.05	0.97%	-2.42	-2.20%	0.88	0.81%
3. 平均亩产值	9 974.08	10 169.86	11 283.32	11 434.81	10 971.20	9 632.18	10 160.31	528.14	5.48%	-1339.02	-12.20%	-463.61	-4.05%	151.49	1.34%
4. 平均亩净利润	6 054.24	5 829.00	6 720.89	6 812.61	6 413.82	5 056.00	5 574.85	518.85	10.26%	-1357.82	-21.17%	-398.79	-5.85%	91.72	1.36%
5. 成本利润率（%）	154.45	134.28	147.31	147.39	140.73	110.49	121.58	11.09		-30.25		-6.66		0.08	

加了产量。根据山东省西甜瓜种植农户调查问卷结果，2017 年西瓜平均亩产量为 3 839.59 kg，与 2016 年 3 834.32 kg/亩的调查结果相比，平均每亩增产 5.27 kg，提高 0.14%；2017 年甜瓜平均亩产量为 3 146.88 kg，与 2016 年 3 135.58 kg/亩的调查结果相比，平均每亩增产 11.31 kg，提高 0.36%。

1.2.3　西甜瓜种植成本有所上升

2017 年西甜瓜种植户采用先进实用的种植生产技术与生产资料，种植生产成本有所增加，并且由于环保要求严格，化肥、农药等农资价格持续上涨。但由于部分工厂关闭，释放剩余劳动力增多，雇工成本有所下降。综合调查结果，2017 年西甜瓜种植成本与 2016 年相比略有增加。2017 年山东省平均每亩西瓜种植总成本为 3 933.8 元，与 2016 年的调查结果 3 930.10 元相比，增加 0.10%；2017 年山东省平均每亩甜瓜种植总成本为 4 585.46 元，与 2016 年的调查结果 4 576.18 元相比，上升 0.20%。

1.2.4　西甜瓜价格有所回升

受 2015、2016 年西瓜上市后期价格持续走低的影响，瓜农种植面积减少。但 2017 年瓜农种瓜时间普遍提前，加上北方气温高、南方多雨等不利自然条件，影响了西瓜生长，形成了供不应求的局面，山东省西瓜价格总体有所上涨。1—5 月设施西瓜初上市，西瓜价格较高；6-7 月随着西瓜大量上市，价格有所下降。但由于 2017 年夏天后续气温持续走高，导致西瓜价格高于往年。据对青州市谭坊镇、昌乐市尧沟镇的调研得知，2017 年西瓜育苗阶段出现暖冬现象，西瓜育苗期缩短，由 50 多天缩减到 40 多天左右。但西瓜定植阶段遇上倒春寒，气温较低，难以定植，导致 2017 年西瓜初上市价格偏高。同时，谭坊镇、尧沟镇西瓜皮毛好看、壤口红、口感好、个头大，深受客户喜爱，一度出现久违的“抢瓜”现象。西瓜主要销往黑龙江，吉林，辽宁，内蒙古，山西，陕西，甘肃，河南，河北等地，西瓜已经成为当地支柱产业。

随着人们生活水平的提高，对甜瓜需求增加。2017 年甜瓜种植面积扩大，供给量总体呈现增加趋势，价格也比 2016 年有所提高。据调查 2017 年山东省西瓜总体价格水平，由 2016 年的 2.12 元/kg 上升到 2017 年的 2.19 元/kg（根据项目组调查结果计算的加权平均价格，下同）；2017 年山东省甜瓜平均价格也有所回升，由 2016 年 3.07 元/kg 上升到 2017 年 3.23 元/kg。通过调查可知，2017 年不同品种、不同品牌、不同栽培模式、不同季节上市的西瓜与甜瓜之间的价格差距较大。无籽西瓜价格较高，如京欣、红玉等品种西瓜价格平均在 3~5 元/kg 左右，无公害西瓜卖价更高，可达 10 元/kg 以上；四月中旬上市甜瓜价格在 20 元/kg 左右，而五月中旬上市甜瓜价格 6~10 元/kg；青州弥河银瓜售价在 20 元/kg 左右，潍坊“羊角蜜”巨型甜瓜售价在 20 元/kg 左右；临沂沂南青皮一窝狼甜瓜售价在 8~10 元/kg 以上。

1.2.5　西甜瓜种植收益略有增加

随着山东省西甜瓜种植技术的推广应用，种植管理水平不断提高。多数种植农户选用新品种，采取先进实用的育苗嫁接栽培种植管理技术与采摘技术，西甜瓜单产水平持续增长。虽然种植成本也有所增长，综合来看西甜瓜种植农户每亩收益均比 2016 年略有提升。2017 年平均每亩西瓜产值为 8 427.65 元，比 2016 年增加 3.63%，比 2015 年增加 5.87%，但与 2014 年的 8 583.26 元相比降低 155.61 元，减少 1.81%；2017 年平均每亩西瓜利润为 4 493. 79 元，比 2016 年增加 6. 94%，比 2015 年增加 10. 66%，但与 2014 年度相比有所降低，与 2014 年的 4 640. 43 元相比减少 146. 64 元，降低 3. 16%。2017 年平均每亩甜瓜产值为 10 160. 31 元，比 2016 年的 9 632. 18 元增加 528. 14 元，增幅 5. 48%，但比 2015 和 2014 年分别降低 7. 39%与 11. 15%；2017 年平均每亩甜瓜利润为 5 574. 85 元，比 2016 年的 5 056. 00 元增收 518. 85 元，增幅 10. 26%，但比 2015 与 2014 年分别降低 13. 08%与 18. 17%。通过比较可以看出，2017 年山东省西甜瓜生产收益水平都有所增加，但西瓜总体收益水平仍然低于甜瓜。

1.3 山东省不同栽培模式的西瓜生产成本收益情况

山东省西瓜主要采取简约化露地栽培和优质化设施栽培相结合的方式进行生产栽培管理，以春夏栽培为主、秋季栽培为辅。以下对大拱棚、小拱棚和露地种植西瓜模式的生产成本效益情况进行比较分析。

由表 5~表 7 可知，山东省不同种植模式西瓜的产量、产值、成本与经济效益差异较大。其中以大拱棚种植西瓜产量最高，平均亩产 7 200. 80 kg，比小拱棚西瓜平均每亩 3 788. 58 kg 的产量高出 3 412. 22 kg，增加产量 90. 21%；大拱棚西瓜也是露地西瓜产量的 2 倍多，高出 116. 07%。由于大拱棚西瓜上市早，抢占市场先机，售价较高，且一年两茬，平均每亩产值高达 22 421. 00元，而同期小拱棚西瓜、露地西瓜产值分别为 9 016. 82 元/亩、3 899. 14 元/亩，大拱棚西瓜平均每亩产值分别高出小拱棚、露地西瓜产值 152. 03%、475. 02%。虽然西瓜大拱棚初始投资较大（据调查西瓜大拱棚初始投资数额通常为 2 万~10 万元，使用年限可达 10 年左右），生产运营成本较高，大拱棚西瓜平均每亩总成本约为 16 681. 75 元，而同期小拱棚、露地西瓜种植总成本分别为 7 634. 41 元/亩、2 964. 93 元/亩，大拱棚西瓜平均每亩总成本高出小拱棚、露地西瓜成本 118. 54%、462. 64%；2017 年整体经济效益仍然比小拱棚和露地西瓜高，平均每亩大拱棚西瓜净利润为 5739. 25 元，远高于小拱棚和露地西瓜的 1 382. 41 元/亩和 934. 21 元/亩，分别高出 354. 38%和 514. 34%（详见表 5~表 7）。

2 山东省西甜瓜产业特征

基于我国进一步调结构、转方式、促升级和社会经济发展步入新常态，随着我国农村生产经营体制的深化改革和农业科学技术的快速发展以及我国社会基本矛盾的转化，以美丽乡村建设为契机，造就和建设“西甜瓜特色小镇”，推动了山东省西甜瓜产业的快速发展与产业体系的健全完善，初步实现了西甜瓜产业布局的合理化与空间配置的区域化、生产基地的规模化、品种结构的合理化、栽培方式的多样化、管理技术的现代化、生产经营的品牌化和销售体系的多元化等特征。

2.1 以美丽乡村建设为契机，造就和建设“西甜瓜特色小镇”

党的“十八大”以来，习近平总书记就建设社会主义新农村、建设美丽乡村提出了很多新理念、新论断、新举措，为建设美丽乡村奠定了扎实的理论基础。农村是我国传统文明、传统文化的发源地，是我国社会主义现代化建设的重要内容。随着山东省农

表 5　2011—2017 年山东省大拱棚种植西瓜生产成本效益调查分析

项目	2011 年	2012 年	2013 年	2014 年	2015 年	2016 年	2017 年	2017 比 2016 增减		2016 比 2015 增减		2015 比 2014 增减		2014 比 2013 增减	
								数额（kg）	百分比（%）	数额（kg）	百分比（%）	数额（kg）	百分比（%）	数额（kg）	百分比（%）
1. 平均亩产量（kg）	6 282.60	6 418.80	6 557.50	7 034.50	7 183.30	7 194.70	7 200.80	6.10	0.08%	11.40	0.16%	148.80	2.12%	477.00	7.27%
2. 平均亩总成本（元）	14 726.42	16 007.49	17 627.03	17 609.63	16 429.15	16 675.75	16 681.75	6.00	0.04%	246.60	1.50%	-1180.48	-6.70%	-17.40	-0.10%
2.1 种子费与化肥费	1 646.31	1 734.23	1 879.82	1 872.64	1 709.00	1 772.00	1 785.00	13.00	0.73%	63.00	3.69%	-163.64	-8.74%	-7.18	-0.38%
2.2 人工成本（元）	4 332.55	4 921.99	5 440.35	5 644.00	5 297.00	5 372.00	5 350.00	-22.00	-0.41%	75.00	1.42%	-347.00	-6.15%	203.65	3.74%
2.2.1 劳动日工价	45.00	48.00	50.00	51.00	48.00	48.50	48.50	0.00	0.00%	0.50	1.04%	-3.00	-5.88%	1.00	2.00%
2.2.2 雇工工价	101.50	115.30	118.50	119.00	115.00	118.00	116.00	-2.00	-1.69%	3.00	2.61%	-4.00	-3.36%	0.50	0.42%
3. 平均亩产值	21 439.42	22 623.19	25 117.15	25 343.06	21 296.95	22 150.37	22 421.00	270.64	1.22%	853.42	4.01%	-4046.11	-15.97%	225.91	0.90%
4. 平均亩净利润	6 713.00	6 615.70	7 490.12	7 733.43	4 867.80	5 474.62	5 739.25	264.64	4.83%	606.82	12.47%	-2865.63	-37.06%	243.31	3.25%
5. 成本利润率（%）	45.58	41.33	42.49	43.92	29.63	32.83	34.40	1.57		3.20		-14.29		1.42	

表 6　2011—2017 年山东省小拱棚种植西瓜生产成本效益调查分析

项目	2011 年	2012 年	2013 年	2014 年	2015 年	2016 年	2017 年	2017 比 2016 增减		2016 比 2015 增减		2015 比 2014 增减		2014 比 2013 增减	
								数额（kg）	百分比（%）	数额（kg）	百分比（%）	数额（kg）	百分比（%）	数额（kg）	百分比（%）
1. 平均亩产量（kg）	3 256.73	3 389.27	3 481.50	3 690.67	3 778.82	3 785.62	3 788.58	2.96	0.08%	6.80	0.18%	88.15	2.39%	209.17	6.01%
2. 平均亩总成本（元）	6 538.32	7 345.09	7 971.99	8 079.99	7 498.71	7 633.11	7 634.41	1.30	0.02%	134.40	1.79%	-581.28	-7.19%	108.00	1.35%
2.1 种子费与化肥费	544.09	584.56	697.10	674.90	567.80	621.00	628.00	7.00	1.13%	53.20	9.37%	-107.10	-15.87%	-22.2	-3.18%
2.2 人工成本（元）	1 881.22	2 206.85	2 410.12	2 519.50	2 311.60	2 334.50	2 324.30	-10.20	-0.44%	22.90	0.99%	-207.90	-8.25%	109.38	4.54%
2.2.1 劳动日工价	40.80	47.90	48.80	50.00	45.80	46.00	46.00	0.00	0.00%	0.20	0.44%	-4.20	-8.40%	1.20	2.46%

（续表）

项目	2011 年	2012 年	2013 年	2014 年	2015 年	2016 年	2017 年	2017 比 2016 增减		2016 比 2015 增减		2015 比 2014 增减		2014 比 2013 增减	
								数额（kg）	百分比（%）	数额（kg）	百分比（%）	数额（kg）	百分比（%）	数额（kg）	百分比（%）
2.2.2 雇工工价	100.30	105.50	112.50	115.00	112.00	115.00	113.00	−2.00	−1.74%	3.00	2.68%	−3.00	−2.61%	2.50	2.22%
3. 平均亩产值	8 174.39	9 184.92	9 957.09	9 854.09	8 577.92	8 896.21	9 016.82	120.61	1.36%	318.29	3.71%	−1276.17	−12.95%	−103.00	−1.03%
4. 平均亩净利润	1 636.07	1 839.83	1 985.10	1 774.10	1 079.21	1 263.10	1 382.41	119.31	9.45%	183.89	17.04%	−694.89	−39.17%	−211.00	−10.63%
5. 成本利润率（%）	25.02	25.05	24.90	21.96	14.39	16.55	18.11	1.56		2.16		−7.57		−2.94	

表 7　2011—2017 年山东省露地种植西瓜生产成本效益调查分析

项目	2011 年	2012 年	2013 年	2014 年	2015 年	2016 年	2017 年	2017 比 2016 增减		2015 比 2014 增减		2014 比 2013 增减		2013 比 2012 增减	
								数额（kg）	百分比（%）	数额（kg）	百分比（%）	数额（kg）	百分比（%）	数额（kg）	百分比（%）
1. 平均亩产量（kg）	2 961.20	2 997.50	3 085.80	3 250.70	3 322.30	3 331.50	3 332.60	1.10	0.03%	9.20	0.28%	71.60	2.20%	164.90	5.34%
2. 平均亩总成本（元）	2 926.72	3 021.06	3 218.02	3 001.74	2 922.06	2 961.43	2 964.93	3.50	0.12%	39.37	1.35%	−79.68	−2.65%	−216.28	−6.72%
2.1 种子费与化肥费	237.92	241.47	254.89	252.86	247.60	250.60	253.60	3.00	1.20%	3.00	1.21%	−5.26	−2.08%	−2.03	−0.80%
2.2 人工成本（元）	1 676.11	1 717.78	1 860.32	1 948.00	1 891.45	1 918.70	1 908.80	−9.90	−0.52%	27.25	1.44%	−56.55	−2.90%	87.68	4.71%
2.2.1 劳动日工价	46.80	47.20	48.80	50.00	48.50	49.00	49.00	0.00	0.00%	0.50	1.03%	−1.50	−3.00%	1.20	2.46%
2.2.2 雇工工价	103.90	105.50	112.50	115.00	112.00	115.00	113.00	−2.00	−1.74%	3.00	2.68%	−3.00	−2.61%	2.50	2.22%
3. 平均亩产值	4 234.52	4 346.38	4 566.98	3 998.36	3 720.98	3 831.23	3 899.14	67.92	1.77%	110.25	2.96%	−277.38	−6.94%	−568.62	−12.45%
4. 平均亩净利润	1 307.80	1 325.32	1 348.96	996.62	798.92	869.80	934.21	64.42	7.41%	70.88	8.87%	−197.70	−19.84%	−352.34	−26.12%
5. 成本利润率（%）	44.68	43.87	41.92	33.20	27.34	29.37	31.51	2.14		2.03		−5.86		−8.72	

业产业结构的优化调整与农业产业资源的合理配置，山东省西甜瓜产业空间配置发展具有明显的区域化特征，形成了充分发挥各地区域资源禀赋特点的西甜瓜生产种植区域、生产基地和西甜瓜特色小镇。西甜瓜的区域化如东明、昌乐、青州、沂水、泗水、高青、高唐、辛县、费县、寒亭、章丘、禹城、莒县、平度、安丘、济阳、惠民等西瓜生产种植区域和寿光厚皮甜瓜、济宁任城区薄皮甜瓜、菏泽牡丹区薄皮甜瓜、青州银瓜、莘县厚皮瓜等甜瓜生产种植区域。如菏泽市牡丹区从 2000 年开始种植早春小甜瓜，并试图做大做强小甜瓜产业。2017 年该区万福、吕陵、吴店、马岭岗等乡镇办事处已发展甜瓜种植面积 10 万多亩，总产量突破 2.5 亿 kg，产品以皮薄、质脆、味甜等特点远销北京、上海、广州等地，年产值 10 亿元，带动种植户人均增收过万元，早春小甜瓜已成为助农增收的新引擎和建设新农村的大产业，实现了经济效益和社会效益的同步提升。这些西甜瓜特色小镇的发展，其中许多西甜瓜产品均已通过农业部地理标志产品认证，实现了原产地的保护，符合新农村建设要注意生态环境保护、注重乡土味道的原则，体现了农村特点，保留了乡村风貌，坚持并传承了乡土文化，符合发展有历史记忆、地域特色、民族特点的美丽城镇的新形势要求。

2.2　农村土地“三权分置”改革，促进西甜瓜生产基地的规模化

古今中外的历史实践表明，与农民非常密切相关的就是土地问题。1978 年后全国农村推行的家庭承包制即“第一轮土地改革”，解决了农村居民及全国城镇居民的温饱问题；十八届三中全会《中共中央关于全面深化改革若干重大问题的决定》确立的“深化农村土地制度改革”，引导农村土地承包经营权有序流转，推动农业适度规模经营，成为“第二轮土地改革”；在新的历史时期，以坚持农村土地集体所有为前提，形成所有权、承包权、经营权三权分置，促进经营权有序流转，将大大推动土地规模化、集约化经营，对发展农村各种新型经营组织、提高劳动生产效率、解放农村劳动力、提高农民财产性收入等方面产生深远的影响，有利于农业现代化建设，保障国家粮食安全。山东省西甜瓜产业不仅形成了布局合理、优势互补、特色鲜明的专业化种植区域，而且初步实现了各生产区域内生产基地的专业化与规模化。如青州市、东明县、昌乐县、泗水县、高青县、济阳县、费县等主要西瓜生产区域，年种植面积均在 0.67 万 hm^2 以上。甜瓜种植面积相对较小，但主要生产区域较为集中。如青州市、菏泽牡丹区、济宁任城区、寿光市、莘县、莱西市、聊城市辛县等区域，种植面积均在 0.2 万 hm^2 以上。西甜瓜主要生产区域通过规模化、专业化生产，逐步呈现区域集中化、生产基地化、种植规模化与产业集群化，实现西甜瓜产业聚集效应与规模效益。如东明县东明集镇西瓜生产基地、昌乐西瓜种植基地以及泗水县绿果种植专业合作社的万亩优质西瓜基地等。

2.3　西甜瓜品种结构日益合理化

山东省种植西甜瓜优良新品种类型较多，更新加快，品种结构趋于多元化、合理化。近年来山东省先后成立了多家西甜瓜专业科研机构和专业销售公司，如山东省农业科学院蔬菜研究所、山东省潍坊综合试验站、山东省果树研究所西甜瓜研究室、山东寿

光蔬菜产业控股集团、山东莘县鲁新西甜瓜研究所、青岛金妈妈农业科技有限公司等。山东省拥有山东农业大学、青岛农业大学两所农业高等院校，通过产学研一体化运作，增强了山东省农业科研能力与育种技术水平，加快了优良西甜瓜新品种研发及新技术的推广应用速度。随着国际贸易的不断增强与消费市场的深入拓展，除山东省内育成品种外，还有部分国内外引进的良种，从而扩大了新品种的采用空间与范围，促进了西甜瓜品种的更新换代。西瓜种植品种根据栽培方式的不同分为设施栽培品种和露地栽培品种。西瓜设施栽培品种主要有京欣系列（主要是京欣1号与2号）、开杂系列、鲁青1号B、台湾新一号、鲁青7号、早春红玉、小兰、特小凤、黑美人、墨玉、抗丰3号、黑霸、庆农5号、盈克系列等50多个品种；露地栽培品种有西农8号、卡其5号、中华地宝、安业6号、安业8号、欣春丰三、西农8号、齐红宝、黑抗7号、欣喜、京丰88等30多个品种；厚皮甜瓜品种有伊丽莎白、迎春、甜6号、丰甜1号、金蜜、金玉、状元、翠蜜、鲁厚甜1号、大富豪、玉金香、西薄洛托等50多个品种；薄皮甜瓜品种有青州银瓜（主要是火银瓜和半月白）、景甜208、景甜5号、盛开花、白沙蜜、冰糖子、齐甜1号、2号、羊角蜜巨型甜瓜等40多个品种。

2.4 西甜瓜栽培方式逐步多样化

传统西甜瓜种植生产主要采取露地栽培方式。随着新品种、新技术的推广应用，山东省西瓜甜瓜采取露地和设施（小拱棚、大拱棚、日光温室）栽培相结合，以春夏栽培为主、秋季栽培为辅。随着大面积示范推广西甜瓜优良品种和垄作覆膜沟灌、双膜多膜覆盖、测土配肥、泡沫板垫瓜、套袋等先进栽培管理技术，初步形成小拱棚栽培、大棚早熟栽培、露地栽培等多种栽培模式与生产类型。近年来设施栽培前景看好，设施种植面积不断增加，西甜瓜栽培方式趋向多样化。山东省大棚西瓜生产主要分布在青州市谭坊镇的拱圆大棚西瓜区、寒亭区朱里镇的中拱棚西甜瓜示范园、昌乐与寿光规模化高标准西甜瓜大棚等区域。通过采用早春多层覆盖、设施栽培、抢早栽培、嫁接栽培、间作套种、工厂化苗技术、大棚设施避雨栽培、病虫害防治等一系列高效栽培及配套新技术，采用提早上市或延迟上市等手段抢战市场先机或弥补市场空缺，利用多茬栽培方式调节延伸西甜瓜上市供应周期，有计划地控制西甜瓜上市时间，改善西甜瓜产品产量与品质，提高西甜瓜种植生产经济效益。如通过大棚设施栽培与多膜覆盖可以实现西甜瓜春季提前上市；通过夏季避雨栽培、秋季延后栽培等延长西甜瓜上市时间，延迟满足市场需求，提高西甜瓜经济效益。厚皮甜瓜主要采取设施栽培，主要有早春茬、秋冬茬、夏秋茬栽培模式。薄皮甜瓜50%采取露地栽培，50%采用设施（小拱棚和大拱棚为主）栽培。随着设施西甜瓜种植技术的推广普及与销售市场的扩展，设施栽培面积不断扩大。

2.5 建立高标准现代农业示范园，促进西甜瓜管理技术的现代化

“三品一标”是政府主导的安全优质农产品公共品牌，是无公害农产品、绿色食品、有机农产品和农产品地理标志的统称。“三品一标”是我国农业发展进人新阶段的战略选择，也是传统农业向现代农业转变的重要标志。山东省大力推动现代农业园区建

设，促进西甜瓜与蔬菜的科技引进与研发，从种苗繁育、高科技种植、基地标准化管理、采收储运、批发经营等环节实现整个西甜瓜全产业链的有机衔接与市场化运作，以品牌塑造为核心，建立集研发实验、生产示范、观摩交易、推广应用于一体的高标准规划建设的高端现代农业示范园，大力推动西甜瓜新品种的先试先繁与现代农业科学技术的普及应用，带动山东省农户西甜瓜种植栽培技术水平不的断提高，通过发展“三品一标”，提升西甜瓜产量与质量安全水平。

山东省西甜瓜种植户主要从西甜瓜健康种子生产、西甜瓜品种选用、种子处理、西甜瓜嫁接、嫁接育苗产业化、嫁接苗生产与栽培、病虫害防控、施肥灌溉、西甜瓜采摘等方面提高技术水平。从总体上看，在西甜瓜栽培技术水平中早熟栽培技术进步较快。西瓜已从沿用多年的露地栽培、双膜覆盖栽培发展到 3 膜、4 膜 1 苫到 7 膜覆盖特早熟栽培技术。如在昌乐、青州等地出现了采用 7 膜覆盖的大拱棚西瓜栽培模式，保温提温效果明显。露地栽培西瓜甜瓜约 80%采取育苗移栽，部分地区采取催芽后直播。西瓜露地栽培多采取直播方式，播种后盖地膜或搭小拱棚。设施栽培多采取专业育苗方式，西甜瓜专业化育苗栽培种植分工趋向明显。近年来西甜瓜工厂化、集约化育方式苗越来越受到种植农户的欢迎，呈现持续增长态势。瓜农直接从育苗工厂购买成品苗，降低了育苗风险，提高了劳动生产率。随着设施栽培技术的成熟完善，薄皮甜瓜和厚皮甜瓜在许多地区也采取了嫁接育苗方式。如青州银瓜多采取与白玉瓜嫁接的栽培方式，增强了防病效果，提高了产量。西瓜设施栽培采取 3 蔓整枝方式，1 条主蔓 2 条侧蔓，利用主蔓坐瓜。厚皮甜瓜采取吊蔓栽培，单蔓整枝，单株留瓜 1～2 个。潍坊市寒亭区种植伊丽莎白甜瓜采取吊瓜不吊蔓的方式。薄皮甜瓜多为爬地栽培，单株留健壮侧蔓 3～4 条，留孙蔓坐瓜，每株留瓜 4～5 个。西甜瓜普遍采用多次留瓜技术，大幅度提高产量。为了提高日光温室冬春茬栽培厚皮甜瓜产量，可以根据不同栽培品种采用双层留瓜技术和多次留瓜技术等。据调查，现在西瓜主要可以分为葫芦嫁接和南瓜嫁接两种。南瓜嫁接比葫芦嫁接的西瓜产量能够增加 1/3 左右，但两者的外观并没有太大的区别，尤其是普通消费者很难通过观察外表加以区分。两者之间的差别主要在于：南瓜嫁接的西瓜切开后瓜瓤有白筋，而葫芦嫁接的西瓜则没有。此外葫芦嫁接的西瓜吃起来较甜，瓜瓤比较松软，口感较好，而南瓜嫁接的西瓜则不同，吃起来感觉较硬。与西甜瓜栽培技术相比，采摘运输保鲜技术较为落后。西甜瓜收获主要通过人工采摘，而机械化采收往往导致西甜瓜损伤严重，加大贮藏运输过程中的西甜瓜腐烂率，高的可达 25%以上。相对落后的运输技术方式、包装和贮藏保鲜技术，造成西甜瓜果实损失较大，直接影响西甜瓜上市的品质和价值。

2.6　山东省西甜瓜生产运营趋向品牌化

品牌农业建设成功的关键。通过建立完善西甜瓜标准化生产、规模化经营，积极推动农产品品牌建设，拓展农产品销路，增加农民收入，让农民感受到品牌建设带来的效益与实惠。西甜瓜品牌的创建培育与有效运营已成为推动山东省西甜瓜产业发展壮大的强大动力。目前山东省已建立起大批西甜瓜无公害生产基地，初步形成一套完整的优质安全生产与环境标准以及栽培种植生产技术规程，不断推行西甜瓜标准化、专业化、规范化、科学化、品牌化、清洁化生产种植，对农业生产资料、生产过程等实施全方位、全过程标准化管理和质量监控，以基地建设加速西甜瓜产业化，重点发展无公害、高质量、绿色、有机产品，通过科学管理，积极开拓市场，实施西甜瓜品牌战略，依靠质量与信誉培植当地特有的西甜瓜品牌，扩大市场份额。如昌乐西瓜连续多次被评为中国国际农业博览会名牌产品，2008 年昌乐西瓜被农业部确定为“全国地理标志农产品”；莘县是“中国香瓜之乡”，香瓜的主要品种有金蜜、翠蜜、蜜世界、美玉、白洛托等十几个品种；昌乐市城南街道建立“懒汉甜瓜”专业合作社，注册培育了“池子”西甜瓜农产品知名品牌，并已建成万亩以上通过认证的“池子甜瓜”无公害标准化生产基地；东明县是全国重要的西瓜生产基地，1995 年被国务院首批命名为“中国西瓜之乡”，1998 年东明西瓜获国家 A 级绿色食品认定，1999 年荣获昆明世界园艺博览会金奖，2000 年申请注册了“东明红”西瓜商标，形成了东明县西瓜协会“永争”牌绿色食品西瓜和地理标志产品“东明西瓜”、东明县西瓜研究所“建兴”精品甜瓜、华航农产品专业合作社“卢家寨”富硒西瓜和金科西瓜合作社“无籽登科”西瓜等一批品牌西甜瓜；莱西市马连庄甜瓜香脆可口，已通过农业部地理标志产品认证。马连庄甜瓜按照“三品一标”要求不断发展壮大，努力打造“高端、高质、高效、生态”甜瓜生产基地，种植面积 6 万多亩，年总产量 20 多万 t，产品远销北京、大连、上海、广州等许多大中城市，形成生产、包装、冷藏、销售、服务等数十万人的产业链，对促进经济社会和谐发展作出重大的贡献；平度市祝沟小甜瓜为农产品地理标志产品。通过大力发展无公害甜瓜基地建设，种植面积 2.4 万多亩，年产甜瓜 7.2 万多 t，逐步实现“祝沟小甜瓜”生产的产业化、标准化、品牌化，助理“三农”发展；自 2004 年 5 月 4 日首届山东（喻屯）甜瓜节开幕以来，济宁市喻屯镇成为具有较大影响力的甜瓜生产基地。全镇现有甜瓜大棚 2 万多个，年产 1.6 亿 kg，带动周边县市区形成 4 万亩的种植规模，有黄皮、白皮、网纹三大系列三十多个品种，产品销往全国各地；章丘市黄河乡西瓜获得无公害农产品认证和地理标志农产品，“华欣”“金蜜童”“双色冰淇淋”等品种多次获得济南市优质西瓜金奖、西瓜瓜王等称号。通过西甜瓜品牌运营，有力地推动了山东省各地西甜瓜产业的持续发展，实现品牌兴农、品牌增值与品牌致富。

2.7 山东省西甜瓜销售体系的多元化

随着市场经济的深化发展与营销渠道的不断拓展，西甜瓜种植农户不仅利用会展、节日、地域、旅游、体验、采摘等传统手段加大西甜瓜的销售，部分农民、生产企业、合作经济组织等还大胆尝试利用互联网、APP 等进行西甜瓜产品的网络营销，发挥网页设计、产品美工、网络高像素图片展示、模拟动漫、西甜瓜生产全程（自育苗、嫁接、栽培管理采摘等环节）视频、融资支付结算等营销策略与推广运营的功能，突破地域与时空限制，加大西甜瓜产品网络营销，采用品牌、关系、文化、“一对一”“一对多”等营销模式，形成西甜瓜网上营销和订单营销，发挥电商企业和农产品的综合优势。通过西甜瓜与互联网的深入融合，加快构筑“基地+平台+消费者”的现代农业产销体系，实现销售方式的多元化、网络化、动态化、即时化、高效化与便利化，确保瓜农增产增收，也有利于实现以西甜瓜为媒助力精准扶贫。莘县燕店镇现有香瓜大棚 3

万余个，年产香瓜 360 万 t，总收入近 10 亿元，是香瓜产业扶贫典型镇。燕店镇依托香瓜产业优势，采用“长短结合”产业扶贫模式，带动贫困户实现精准脱贫。“长”体现在贫困农户通过土地托管、入股、租赁等方式流转给新型农业经营主体发展绿色香瓜园，贫困户获得土地流转金的同时还可享受分红；“短”表现在有劳动能力的贫困户可以到香瓜园打短工，以日结或月结方式获得劳务费。借助香瓜产业“长短结合”扶贫模式，莘县全县流转贫困户土地 8 000 余亩，吸纳贫困户 5 000 余户，人均年增收 2 000 多元。

3　山东省西甜瓜产业在山东农业经济中的地位与区域结构情况

3.1　山东省西甜瓜产业在山东农业经济中的地位

由表 8 知，2016 年山东省瓜类播种面积为 286.72 千 hm^2，占山东省农作物总播种面积 2.61%，比 2015 年减少 0.01%；2016 年瓜类平均亩产为 3 550.27 kg，比 2015 年提高 0.76%；2016 年瓜类总产量为 1 526.89 万 t，比 2015 年增加 0.74%。相比之下，西甜瓜属于小品种作物，缺乏系统完善的统计数据。但山东西瓜甜瓜生产经营对促进农产品供给侧改革、推动农村种植业结构调整和增加农民收入发挥了重要作用。

表 8　2016 年全省主要农产品生产情况

指标名称	播种面积（千 hm^2）		总产量（万 t）		单产（kg/亩）	
	绝对数	比上年增减（%）	绝对数	比上年增减（%）	绝对数	比上年增减（%）
农作物总播种面积	10 973.16	—	—	—	—	—
一、粮食作物合计	7 511.45	0.26	4 700.71	-0.25	417.20	-0.51
（一）夏收粮食	3 832.14	0.81	2 345.40	-0.08	408.02	-0.88
小麦	3 830.27	0.80	2 344.59	-0.09	408.08	-0.88
（二）秋收粮食	3 679.31	-0.31	2 355.31	-0.43	426.77	-0.12
1. 谷物	3 335.38	0.70	2 160.25	0.33	431.78	-0.37
（1）稻谷	105.76	-9.05	88.08	-7.38	555.22	1.83
（2）玉米	3 206.93	1.04	2 064.95	0.69	429.27	-0.36
（3）谷子	17.95	6.40	5.71	6.93	212.07	0.50
（4）高粱	4.17	-3.77	1.31	-12.67	209.43	-9.25
（5）其他	0.57	-34.85	0.20	-33.33	232.56	2.33
2. 豆类合计	142.53	-6.01	37.91	-1.28	177.32	5.03
大豆	132.68	-3.26	35.72	2.56	179.48	6.01
3. 薯类（按折粮计算）	201.40	-11.28	157.15	-9.61	520.19	1.88

（续表）

指标名称	播种面积（千 hm^2）		总产量（万 t）		单产（kg/亩）	
	绝对数	比上年增减（%）	绝对数	比上年增减（%）	绝对数	比上年增减（%）
二、油料作物合计	757.06	-0.16	326.78	0.83	287.73	0.98
花生果	739.74	-0.09	321.56	0.67	289.80	0.76
三、棉花	465.20	-9.76	54.80	2.05	78.57	13.10
四、生麻	0.15	253.49	0.04	438.46	183.87	50.14
五、甜菜	0.01		0.02		965.53	
六、烟叶	24.70	1.41	6.61	5.25	178.33	3.80
烤烟	24.70	1.41	6.61	5.25	178.33	3.80
七、中草药材	30.62	-7.49				
八、蔬菜及食用菌	1 869.27	-1.02	10 327.05	0.53	3 683.13	1.57
九、瓜果类	286.72	-0.01	1 526.89	0.74	3 550.27	0.76
十、其他农作物	27.98	0.30				

3.2 山东省西甜瓜产业区域结构情况

由表 9 知，2016 年山东省 17 市西瓜种植中菏泽市种植面积居第一位，为 50.7 千 hm^2，占全省西瓜播种总面积的 23.92%，产量为 236.8 万 t，占全省总产量的 20.08%；潍坊市播种面积居山东第二位，为 27.3 千 hm^2，占全省播种面积的 12.90%；聊城市种植面积居山东第三位，为 17.7 千 hm^2，占全省播种面积的 8.37%；滨州市种植面积居山东第四位，为 18.9 千 hm^2，占全省播种面积的 8.93%。菏泽、潍坊、聊城与滨州四市种植面积合计占全省的 54.13%，产量达到 578.1 万 t，占全省的 49.03%。

表 9　2016 年山东省各市西瓜生产情况

地区	播种面积		总产量	
	绝对数（千 hm^2）	比上年增减（%）	绝对数（万 t）	比上年增减（%）
全省总计	211.9	0.47	1179.3	0.53
济南市	8.9	-5.05	55.8	-7.90
青岛市	4.7	5.97	29.8	5.93
淄博市	2.3	-4.07	12.1	-5.31
枣庄市	3.0	-0.83	16.3	-0.76
东营市	4.7	30.00	15.9	7.00
烟台市	3.6	-0.63	20.6	-2.58
潍坊市	27.3	-2.42	154.2	-0.05

（续表）

地区	播种面积		总产量	
	绝对数（千 hm^2）	比上年增减（%）	绝对数（万 t）	比上年增减（%）
济宁市	13.4	1.06	72.9	0.16
泰安市	2.1	-1.09	10.5	0.26
威海市	1.7	-0.30	8.3	-1.44
日照市	1.4	-10.54	7.9	-16.22
莱芜市	0.1	-16.47	0.3	-44.19
临沂市	9.9	-3.99	59.2	-2.05
德州市	6.0	-1.16	34.5	-2.26
聊城市	17.7	-2.74	97.3	-2.48
滨州市	18.9	10.57	89.8	9.56
菏泽市	50.7	0.17	236.8	0.94

由表 10 知，2016 年山东省 17 市甜瓜种植中菏泽市种植面积居第一位，为 9.1 千 hm^2，占全省甜瓜播种总面积的 18.64%，产量为 34.4 万 t，占全省总产的 15%；聊城市播种面积居山东第二位，为 8.2 千 hm^2，占全省播种面积的 16.66%，总产量却占全省的 18.30%；潍坊市种植面积居山东第三位，为 6.6 千 hm^2，占全省播种面积的 13.36%；济宁市种植面积居山东第四位，为 6.5 千 hm^2，占全省播种面积的 13.20%。菏泽、聊城、潍坊与济宁四市种植面积合计占全省的 61.86%，产量达到 131.7 万 t，占全省的 57.36%。

表 10　2016 年山东省各市甜瓜生产情况

地区	播种面积		总产量	
	绝对数（千 hm^2）	比上年增减（%）	绝对数（万 t）	比上年增减（%）
全省总计	49.0	-1.36	229.7	0.45
济南市	2.0	-12.36	9.8	-12.75
青岛市	2.7	-2.57	13.1	13.97
淄博市	0.2	-16.59	0.6	-5.18
枣庄市	0.4	-0.69	2.0	-0.40
东营市	0.3	-38.14	1.5	-31.55
烟台市	1.0	-2.96	3.6	-0.53
潍坊市	6.6	2.78	33.9	1.67
济宁市	6.5	-1.63	21.3	-2.03
泰安市	0.4	6.25	1.6	5.03

（续表）

地区	播种面积		总产量	
	绝对数（千 hm²）	比上年增减（%）	绝对数（万 t）	比上年增减（%）
威海市	0.4	−1.67	1.3	−0.02
日照市	0.2	−18.10	0.8	−12.88
莱芜市	0.0	−21.74	0.1	−29.68
临沂市	2.0	−11.06	10.5	−10.50
德州市	0.6	18.16	2.8	17.73
聊城市	8.2	2.48	42.0	1.93
滨州市	0.3	−3.82	1.1	−6.55
菏泽市	9.1	0.13	34.4	−0.59

3.3 山东省西甜瓜价格的季节性波动加大，其他低价位水果构成一定程度的替代效应

虽然山东省西甜瓜种植生产面积特别是设施栽培面积不断扩大，市场供给量大幅度增加，但基于西甜瓜生产种植的季节性与市场竞争的日益激烈，西甜瓜产品价格依然呈现明显的季节性波动（详见表 11 与图 2）。无论从环比还是同比视角分析，2015 年西甜瓜价格随着季节变化的涨跌幅度均超过往年。根据农业部信息中心的数据，国内西甜瓜市场的价格变化总体上呈围绕一定趋势增长的正弦波状，具有一定的趋势性和明显的季节性。价格波动的趋势性源于宏观经济因素导致的物价波动以及农资、化肥、原油等生产资料价格的变化。季节性源于生产与消费的季节性变动。从价格的时间分布特性看，西甜瓜价格高点基本分布于 1—4 月，而价格低点基本都分布在 7—8 月，具有明显的时间波动性。2016 年自 7 月以来，山东省葡萄、苹果、梨等水果价格普遍低于 2015 年，消费需求增加明显，对西甜瓜消费构成一定程度的替代性（见表 12~表 14；图 3~图 5），这是 2016 年所表现出的价格特点之一。

3.4 健全完善西甜瓜行业发展政策与行业预警管理体制机制

加强西甜瓜产业预警与应急管理，随时展开危机公关处理。特别是在互联网背景下网民数量快速增加，新兴用户群快速闪台，网络媒体下从门户网站、论坛、博客到搜索引擎、视频、微博、微信等多种形式极速传播信息，如何应对不利舆情如“毒西瓜事件”“膨大剂事件”等的影响，面对舆论质疑与攻击应采取合作而对抗态度与行为，通过多种路径与媒体公关，快速消除或减低危机事件的影响，重塑品牌形象，确保山东省西甜瓜产业持续稳定发展。对山东省西甜瓜生产、供求、价格及外部产业环境等信息进行采集分析，建立西甜瓜产业大数据平台，利用数据挖掘技术与科学预测方法，及时发布提供准确、全面的产销预警信息，合理引导专业合作社和农户错季播种，促进西甜瓜生产稳定发展，实现西甜瓜产品市场平稳运行，保障西甜瓜周年均衡供应，建立健全西甜瓜生产、市场信息监测预警体系。鼓励农民开通农信通手机业务，时时掌握气象、生

产和销售等信息。

3.5　完善西甜瓜产业保险政策与协会等组织制度

虽然山东省西甜瓜种植趋向规模化、专业化，但生产方式仍以小规模农户经营为主体。通过调查得知，西甜瓜种植户户均规模在 7~12 亩，抗御自然灾害、价格波动风险的能力较低，必须完善西甜瓜产业保险政策与相关制度，增加西甜瓜风险投保品种，引导种植户加入保险，增强农户抵御风险的能力；同时，针对山东省西甜瓜产业发展中新的热点难点问题，完善西甜瓜产业组织，健全完善西甜瓜合作社、协会等产业合作经济组织，将分散、小规模种植户紧密组合起来，组成利益共同体，强化社员、会员农民在统一供应优质种子、种苗、农资、农药、农机和农业技术等方面的服务、指导与培训，增强西甜瓜种植户联合控制风险、集体创新的能力。

3.6　加强西甜瓜种子市场管理，规范品种引进及种子经营行为

据实地调查，目前西甜瓜种子市场较为混乱，鱼目混杂，无证经营现象屡见不鲜。瓜农一旦遇到假种子，将导致西甜瓜减产甚至颗粒无收。现行体制下不少农村西甜瓜种子经营者为流动商贩，无固定经营场所，一旦出现问题很难索赔。由于种子市场混乱，严重制约了瓜农采用新品种新技术的积极性。例如，青州市谭坊镇 2016 年种植西瓜农户呼吁政府要加强种子市场管理，最好实行种子环节的统一供种管理，严把种子质量关。因此，加强西甜瓜种子市场管理，规范品种引进及种子经营行为，开展种子市场检查整治行动，严厉打击假冒伪劣种子，严把种子质量关，坚决维护种子市场经营和农业生产用种安全，杜绝假种劣种坑农害农现象，保证西甜瓜生产安全，维护生产者、经营者、消费者的合法权益。

表 11　2013—2017 年山东省西瓜批发价格月度行情

月份	批发价格（元/kg）	同比涨跌（%）	环比涨跌（%）
2017 年 10 月	2.06	-18.43	25.60
2017 年 09 月	2.07	18.97	10.11
2017 年 08 月	1.88	33.33	-6.00
2017 年 07 月	2.00	10.50	-37.89
2017 年 06 月	3.22	72.19	-19.30
2017 年 05 月	3.99	27.07	-7.21
2017 年 04 月	4.30	-13.13	-9.85
2017 年 03 月	4.77	8.16	-19.56
2017 年 02 月	5.93	44.28	12.74
2017 年 01 月	5.26	42.16	21.76
2016 年 12 月	4.32	16.13	44.48
2016 年 11 月	2.99	9.52	-6.20

（续表）

月份	批发价格（元/kg）	同比涨跌（%）	环比涨跌（%）
2016 年 10 月	3. 19	46. 22	83. 19
2016 年 09 月	1. 74	20. 83	23. 40
2016 年 08 月	1. 41	−1. 40	−22. 10
2016 年 07 月	1. 81	47. 15	−3. 21
2016 年 06 月	1. 87	27. 21	−40. 45
2016 年 05 月	3. 14	0. 32	−36. 57
2016 年 04 月	4. 95	20. 15	12. 24
2016 年 03 月	4. 41	−6. 37	7. 30
2016 年 02 月	4. 11	−12. 65	11. 08
2016 年 01 月	3. 70	30. 74	−0. 54
2015 年 08 月	1. 43	9. 16	16. 26
2015 年 07 月	1. 23	−11. 15	−16. 33
2015 年 06 月	1. 47	−33. 48	−53. 04
2015 年 05 月	3. 13	−6. 01	−24. 03
2015 年 04 月	4. 12	−18. 25	−12. 53
2015 年 03 月	4. 71	−16. 04	0. 11
2015 年 02 月	4. 71	−28. 28	66. 25
2015 年 01 月	2. 83	−63. 05	−2. 41
2014 年 12 月	2. 90	−37. 77	17. 89
2014 年 11 月	2. 46	−0. 81	64. 00
2014 年 10 月	1. 50	−30. 23	35. 14
2014 年 09 月	1. 11	−40. 00	−15. 27
2014 年 08 月	1. 31	−12. 67	−5. 37
2014 年 07 月	1. 38	−9. 52	−37. 36
2014 年 06 月	2. 21	−15. 33	−33. 63
2014 年 05 月	3. 33	0. 30	−33. 93
2014 年 04 月	5. 04	15. 07	−10. 16
2014 年 03 月	5. 61	12. 20	−14. 48
2014 年 02 月	6. 56	52. 38	−14. 36
2014 年 01 月	7. 66	107. 73	64. 38
2013 年 12 月	4. 66	74. 86	87. 90
2013 年 11 月	2. 48	−4. 98	15. 35

（续表）

月份	批发价格（元/kg)	同比涨跌（%）	环比涨跌（%）
2013 年 10 月	2. 15	−0. 77	16. 22
2013 年 09 月	1. 85	−3. 90	23. 33
2013 年 08 月	1. 50	−14. 69	−1. 96
2013 年 07 月	1. 53	−12. 57	−41. 38
2013 年 06 月	2. 61	32. 82	−21. 39
2013 年 05 月	3. 32	−15. 31	−24. 20
2013 年 04 月	4. 38	−12. 40	−12. 40

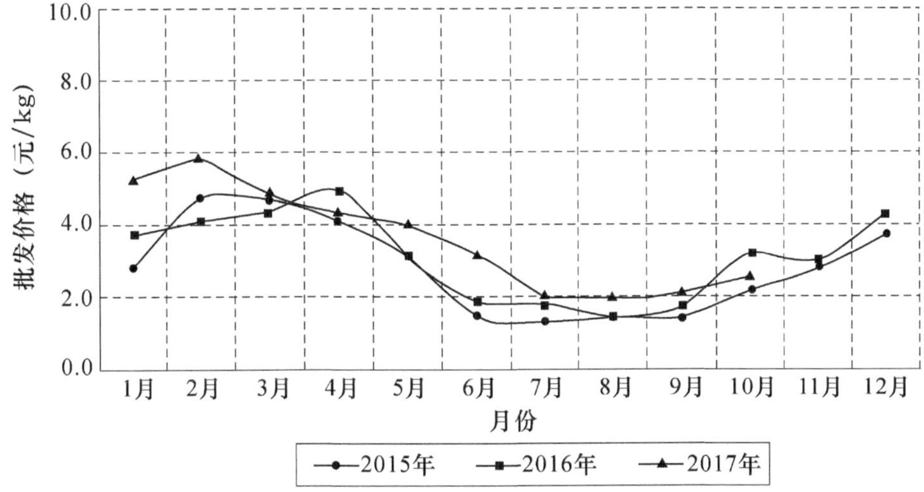

图 2　山东省西瓜批发价格月度走势图

资料来源：山东农业商务网

表 12　2016—2017 年山东省苹果价格走势月度行情

月份	批发价格（元/kg)	同比涨跌（%）	环比涨跌（%）
2017 年 10 月	5. 23	10. 58	−3. 78
2017 年 09 月	5. 43	4. 83	3. 53
2017 年 08 月	5. 25	9. 04	−2. 87
2017 年 07 月	5. 4	9. 76	−0. 37
2017 年 06 月	5. 42	14. 83	−6. 23
2017 年 05 月	5. 78	28. 16	−0. 52
2017 年 04 月	5. 81	52. 89	5. 25
2017 年 03 月	5. 52	40. 82	−1. 6
2017 年 02 月	5. 61	24. 67	−4. 75
2017 年 01 月	5. 89	26. 12	16. 17

（续表）

月份	批发价格（元/kg）	同比涨跌（%）	环比涨跌（%）
2016 年 12 月	5. 07	11. 92	14. 97
2016 年 11 月	4. 41	-1. 56	-6. 67
2016 年 10 月	4. 73	4. 54	-8. 78
2016 年 09 月	5. 18	25. 42	7. 69
2016 年 08 月	4. 81	6. 65	-2. 24
2016 年 07 月	4. 92	0. 61	4. 24
2016 年 06 月	4. 72	-14. 65	4. 66
2016 年 05 月	4. 51	-36. 75	18. 68
2016 年 04 月	3. 80	-46. 78	-3. 06
2016 年 03 月	3. 92	-50. 69	-12. 89
2016 年 02 月	4. 50	-43. 51	-3. 64
2016 年 01 月	4. 67	-41. 70	3. 09

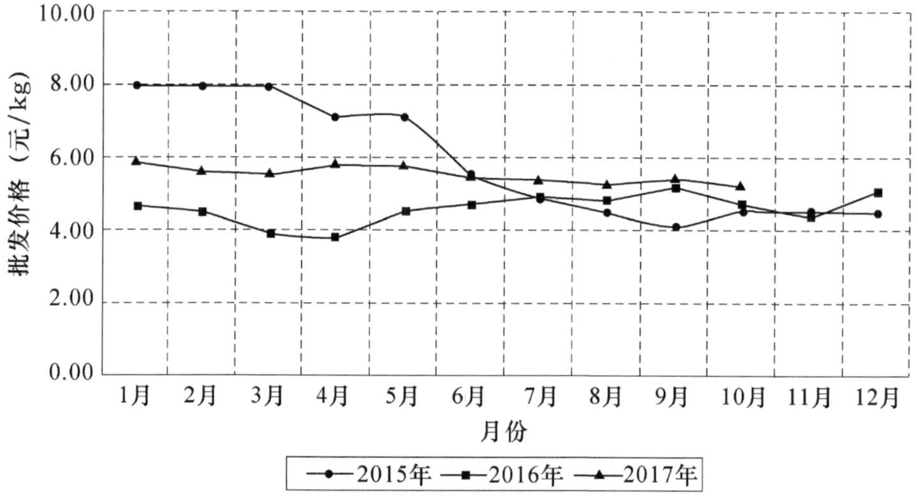

图 3　山东省苹果价格走势月度走势

注：样本为富士苹果。

表 13　2016—2017 年山东省葡萄价格走势月度行情

月份	批发价格（元/kg）	同比涨跌（%）	环比涨跌（%）
2017 年 10 月	4. 82	-10. 98	-18. 75
2017 年 09 月	5. 93	-16. 83	-19. 71
2017 年 08 月	7. 39	-7. 09	-14. 41
2017 年 07 月	8. 63	-15. 64	-42. 89
2017 年 06 月	15. 11	18. 7	-4. 85

（续表）

月份	批发价格（元/kg）	同比涨跌（%）	环比涨跌（%）
2017 年 05 月	15. 88	32. 33	107. 31
2017 年 04 月	7. 66	5. 8	5. 51
2017 年 03 月	7. 26	32. 48	-5. 47
2017 年 02 月	7. 68	27. 36	-0. 9
2017 年 01 月	7. 75	32. 93	3. 33
2016 年 12 月	7. 5	27. 77	17
2016 年 11 月	6. 41	7. 73	18. 43
2016 年 10 月	5. 41	15. 65	-24. 09
2016 年 09 月	7. 13	41. 75	-10. 31
2016 年 08 月	7. 95	17. 60	-22. 29
2016 年 07 月	10. 23	12. 17	-19. 64
2016 年 06 月	12. 73	-1. 85	6. 08
2016 年 05 月	12. 00	-34. 14	65. 75
2016 年 04 月	7. 24	-53. 38	32. 12
2016 年 03 月	5. 48	-54. 33	-9. 12
2016 年 02 月	6. 03	-44. 05	3. 43
2016 年 01 月	5. 83	-40. 33	-0. 68

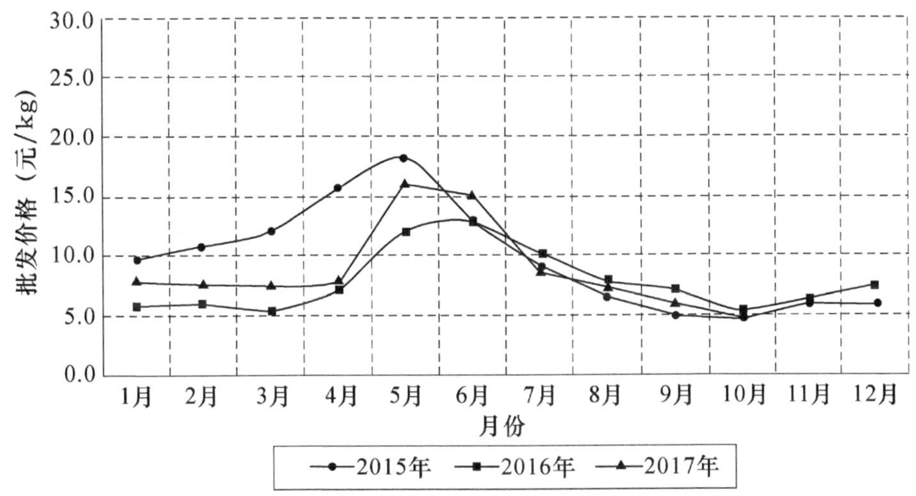

图 4　山东省葡萄价格走势月度走势图

注：样本为巨峰葡萄。

表 14　2016—2017 年山东省梨价格走势月度行情

月份	批发价格（元/kg）	同比涨跌（%）	环比涨跌（%）
2017 年 10 月	3. 14	15. 3	-2. 48

（续表）

月份	批发价格（元/kg）	同比涨跌（%）	环比涨跌（%）
2017年09月	3.22	-0.62	-5.29
2017年08月	3.4	-3.13	持平
2017年07月	3.4	0.29	10.39
2017年06月	3.08	-3.14	-20.62
2017年05月	3.88	27.21	5.72
2017年04月	3.67	29.68	4.86
2017年03月	3.5	19.05	2.34
2017年02月	3.42	-0.87	-2.84
2017年01月	3.52	6.34	12.82
2016年12月	3.12	-9.04	10.25
2016年11月	2.83	-20.95	3.92
2016年10月	2.72	-14.90	-15.95
2016年09月	3.24	16.55	-7.69
2016年08月	3.51	-23.70	3.54
2016年07月	3.39	-0.29	6.60
2016年06月	3.18	-8.36	4.26
2016年05月	3.05	-24.69	7.77
2016年04月	2.83	-23.10	-3.74
2016年03月	2.94	-22.63	-14.78
2016年02月	3.45	-7.75	4.23
2016年01月	3.31	-5.43	-3.50

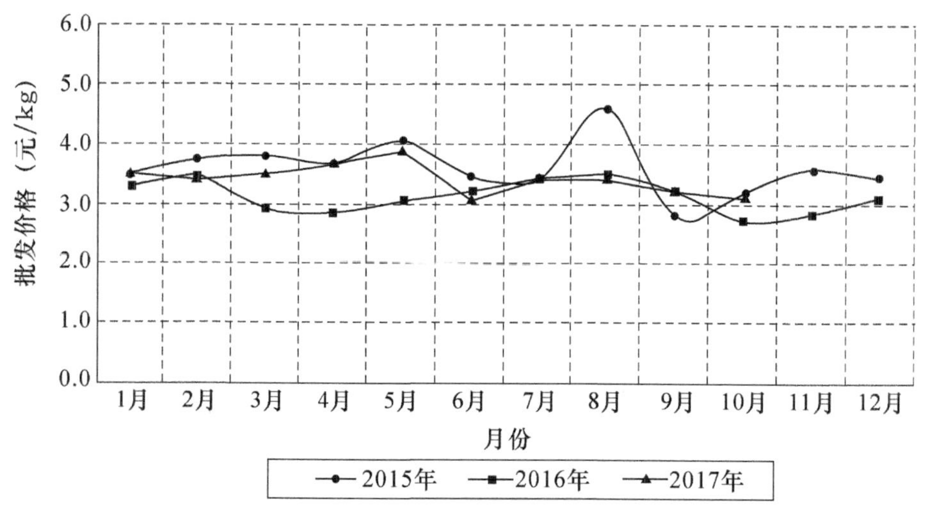

图5　山东省梨价格走势月度走势图

注：样本为鸭梨

报告七　2017年新疆西甜瓜产业技术体系调研报告

刘国勇　吴敬学　张　琳

1　新疆西甜瓜生产情况

西瓜和甜瓜是世界农业中重要的水果作物，中国是世界西瓜、甜瓜最大的生产国，具有悠久的栽培历史。新疆位于我国西北边陲，地处亚洲内陆，四周高山环绕，距离海洋遥远，是典型的大陆性气候，为世界著名的干旱区之一。新疆属温带荒漠区，气候特点是夏季酷热，日温差大，日照丰富，日照时数为2 600~3 300 h/a，降水量少，空气干燥，新疆独特的生态环境形成了新疆西甜瓜品质优美、含糖量高的特点。西瓜甜瓜具有栽培周期较短、栽培管理较简单、劳动强度较轻、市场消费需求量较大等优点，是满足居民夏季消费需求的主要时令水果，其产业重要性日益提高。西瓜甜瓜是带动新疆农民快速增收和脱贫致富的高效园艺作物，成为广大农民快速增收致富的有效途径。

1.1　新疆西甜瓜产业发展分析

近10年来，新疆西甜瓜产业呈现出稳步增长的发展态势，西甜瓜种植面积由2006年的7.40万hm^2增加到2015年的16.30万hm^2，其占全国西甜瓜总面积的比重也由2006年的3.45%增长到2015年的7%。

新疆西瓜播种面积呈现波动性上升，其占全国西瓜播种面积的比重同样也波动性上升。2006年新疆西瓜播种面积3.28万hm^2，占全国播种面积175.26万hm^2的1.87%；除了2009年播种面积的大幅上升，为5.68万hm^2，较2008年增加了1.44万hm^2；2015年新疆西瓜播种面积为8.12万hm^2，占全国播种面积186.07万hm^2的4.36%，较2006年增加了2.44个百分点。

2006年新疆甜瓜播种面积为4.13万hm^2，占全国甜瓜播种面积34.64万hm^2的11.92%，从2005年到2009年，新疆甜瓜播种面积逐年上升，到2009年达到历史最大种植规模，播种面积为8.67万hm^2，占全国甜瓜播种面积的22.25%；从2009—2015年新疆甜瓜播种面积基本处于先下降后上升趋势，到2015年，新疆甜瓜播种面积为8.18万hm^2，占全国甜瓜播种面积46.09万hm^2的17.75%。具体各年数据见表1。

表1　新疆西瓜甜瓜播种面积及占比　　（单位：千hm^2,%）

年份	全国西瓜面积	新疆西瓜面积	新疆西瓜面积占比	全国甜瓜面积	新疆甜瓜面积	新疆甜瓜面积占比
2006	1 752.61	32.75	1.87	346.42	41.27	11.91
2007	1 734.68	40.59	2.34	356.98	62.81	17.59

（续表）

年份	全国西瓜面积	新疆西瓜面积	新疆西瓜面积占比	全国甜瓜面积	新疆甜瓜面积	新疆甜瓜面积占比
2008	1 733. 28	42. 38	2. 45	361. 66	68. 22	18. 86
2009	1 763. 85	56. 77	3. 22	389. 74	86. 70	22. 25
2010	1 812. 52	53. 34	2. 94	393. 26	69. 44	17. 66
2011	1 803. 17	61. 07	3. 39	397. 43	57. 78	14. 54
2012	1 801. 53	66. 96	3. 72	410. 37	63. 12	15. 38
2013	1 828. 20	70. 32	3. 85	423. 10	66. 13	15. 63
2014	1 852. 30	77. 69	4. 19	438. 90	66. 69	15. 19
2015	1 860. 7	81. 18	4. 36	460. 9	81. 79	17. 75

数据来源：中国统计局网站和历年新疆统计年鉴。

随着新疆西甜瓜种植规模的不断扩大，总产量也逐年增加，新疆西甜瓜总产量由2012 年的 485. 36 万 t 增加到 2015 年的 673. 58 万 t，其占全国西甜瓜总产量的比重也由2012 年的 5. 78%增长到 2015 年的 7. 29%。

2012—2015 年新疆西瓜产量稳步上升，2012 年新疆西瓜产量为 272. 01 万 t，占全国西瓜总产量 7071. 27 万 t 的 3. 85%；2015 年新疆西瓜产量为 384. 7 万 t，占全国西瓜总产量 7 714. 0 万 t 的 4. 99%，产出较 2012 年增加了 112. 69 万 t，比重较 2012 年增加 1. 14 个百分点。新疆甜瓜产量呈现先上升后下降的变化趋势，2012—2013 年新疆甜瓜产量由 213. 35 万 t 增加到 239. 46 万 t，占全国总产量的比重由 16. 02%增加到 16. 70%；2014 年新疆甜瓜产量为 234. 85 万 t，占全国总产量的比重为 15. 91%，产量较上年下降了 4. 61 万 t，比重下降了 0. 79 个百分点。2015 年又出现甜瓜产量上升，达到了历年最多产量，产量较上年上升了 54. 03 万 t，比重上升了 3. 01 个百分点。具体见表 2。

表 2　新疆西瓜甜瓜产量及占比　（单位：万 t,%）

年份	全国西瓜产量	新疆西瓜产量	新疆西瓜产量占比	全国甜瓜产量	新疆甜瓜产量	新疆甜瓜产量占比
2012	7 071. 27	272. 01	3. 85	1 331. 58	213. 35	16. 02
2013	7 294. 38	304. 78	4. 18	1 433. 68	239. 46	16. 70
2014	7 484. 30	373. 32	4. 99	1 475. 79	234. 85	15. 91
2015	7 714. 0	384. 7	4. 99	1 527. 1	288. 88	18. 92

数据来源：中国统计局网站和历年新疆统计年鉴。

2012 年—2015 年新疆西瓜单位面积产量逐年上升，且与全国单位面积产量差距扩大。2012 年新疆西瓜单位面积产量为 40 622. 45 kg/hm^2，全国单位产量为 39 251. 47 kg/hm^2，新疆高出全国 1 370. 98 kg/hm^2；2015 年新疆西瓜单位面积产量为

47 388.52 kg/hm^2，全国为 41 457.52 kg/hm^2，新疆高出全国 5 931 kg/hm^2。2012—2013 年，全国甜瓜单位面积产量呈现同步变化趋势，2013 年新疆甜瓜单位面积产量为 36 210.45 kg/hm^2，全国为 33 889.00 kg/hm^2，新疆高出全国 2 321.45 kg/hm^2；2015 年全国甜瓜单位面积产量下降，新疆甜瓜单位面积产量上升，新疆与全国的差距减少到 2 186.72 kg/hm^2。具体见表 3、图 1。

表 3　新疆西瓜甜瓜单位面积产量　　（单位：kg/hm^2）

年份	全国西瓜单位面积产量	新疆西瓜单位面积产量	全国甜瓜单位面积产量	新疆甜瓜单位面积产量
2012	39 251.47	40 622.45	32 448.36	33 799.94
2013	39 898.20	43 342.48	33 889.00	36 210.45
2014	40 406.20	48 051.98	33 624.30	35 229.88
2015	41 457.52	47 388.52	33 133.00	35 319.72

数据来源：中国统计局网站和历年新疆统计年鉴。

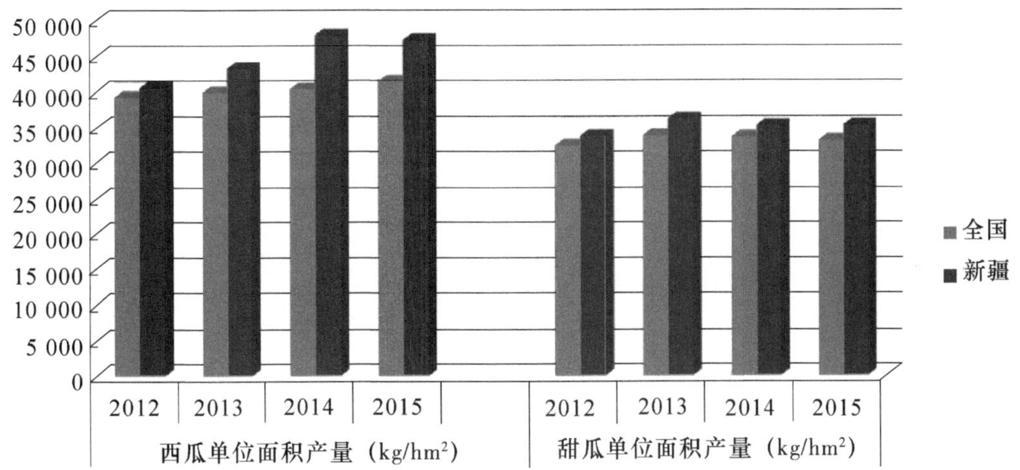

图 1　新疆与全国西瓜甜瓜单位面积产量对比

1.2　新疆各地州西甜瓜种植面积及布局情况

据统计，2016 年新疆西甜瓜种植总面积为 16.90 万 hm^2，比 2015 年增加 0.6 万 hm^2，占新疆农作物总播种面积的 2.72%；其中，甜瓜种植面积 8.22 万 hm^2，占果用瓜种植总面积的 48.65%；西瓜种植面积 8.68 万 hm^2，占果用瓜种植总面积的 51.35.81%。西瓜播种面积排在前三位的是喀什地区、阿克苏地区和昌吉州，其西瓜播种面积分别为 4.12 万 hm^2、0.89 万 hm^2 和 0.63 万 hm^2；甜瓜播种面积排在前三位是喀什地区、吐鲁番市、阿克苏地区和哈密市，其甜瓜播种面积分别为 3.39 万 hm^2、1.14 万 hm^2、0.48 万 hm^2 和 0.48 万 hm^2。具体见表 4。

表 4　2016 年新疆各地州西甜瓜种植面积情况统计　　（单位：千 hm^2,%）

项目	农作物总播面积	果用瓜	占总播种面积比重	西瓜	比重	甜瓜	比重
总计	6 217.27	168.97	2.72	86.76	51.35	82.21	48.65
乌鲁木齐市	40.36	0.19	0.47	0.17	89.47	0.02	10.53
克拉玛依市	15.74	0.37	2.35	0.17	45.95	0.2	54.05
吐鲁番市	55.7	19.52	35.04	4.08	20.90	15.44	79.1
哈密地区	75.56	4.53	6.00	0.33	7.28	4.2	92.72
昌吉回族自治州	529	8.26	1.56	6.33	76.63	1.93	23.37
伊犁哈萨克自治州	1 368.54	4.87	0.36	3.31	67.97	1.56	32.03
伊犁州直属县（市）	511.38	2.46	0.48	2.32	94.31	0.14	5.69
塔城地区	611.26	0.58	0.09	0.38	65.52	0.2	34.48
阿勒泰地区	245.9	1.83	0.74	0.61	33.33	1.22	66.67
博州	184.16	0.85	0.46	0.41	48.24	0.44	51.76
巴州	417.65	51.08	12.23	45.6	89.27	5.48	10.73
阿克苏地区	844.23	26.29	3.11	8.92	33.93	17.37	66.07
克州	73.41	1.57	2.14	0.46	29.30	1.11	70.7
喀什地区	1 177.96	72.27	6.14	41.2	57.01	31.07	42.99
和田地区	266.39	13.61	5.11	7.44	54.67	6.17	45.33
生产建设兵团	1 353.99	90.07	6.65	61.66	68.46	28.41	31.54

数据来源：2017 年新疆统计年鉴。

1.3　新疆各地州西甜瓜产出情况分析

1.3.1　新疆各地州西甜瓜总产量情况分析

据统计，到 2016 年新疆西甜瓜总产量达到 690.24 万 t，比 2015 年增加 16.66 万 t；其中甜瓜总产量达 292.17 万 t，占西甜瓜总产量的 42.33%，比 2105 年增加 3.29 万 t；西瓜总产量 398.07 万 t，占西甜瓜总产量的 57.67%，比 2015 年增加 13.37 万 t。由于新疆地员辽阔各地州自然环境条件差异较大，西甜瓜种植规模和产量差异也较大。新疆及各地州西甜瓜产量情况见表 5。

表 5　2016 年新疆各地州西甜瓜产量情况统计　　（单位：t,%）

项目	果用瓜总产	西瓜产量	比重	甜瓜产量	比重
总计	6 902 384	3 980 656	57.67	2 921 728	42.33
乌鲁木齐市	7 366	6 316	85.75	1 050	14.25
克拉玛依市	10 991	6 756	61.47	4 235	38.53
吐鲁番市	588 968	183 802	31.21	405 166	68.79

（续表）

项目	果用瓜总产	西瓜产量	比重	甜瓜产量	比重
哈密地区	158 265	16 478	10.41	141 787	89.59
昌吉回族自治州	527 135	457 973	86.88	69 162	13.12
伊犁哈萨克自治州	177 739	120 294	67.68	57 445	32.32
伊犁州直属县（市）	100 861	94 934	94.12	5927	5.88
塔城地区	15 420	7 535	48.87	7 885	51.13
阿勒泰地区	61 458	17 825	29.00	43 633	71.00
博尔塔拉蒙古自治州	20 610	12 034	58.39	8 576	41.61
巴音郭楞蒙古自治州	132 864	58 290	43.87	74 574	56.13
阿克苏地区	450 470	340 928	75.68	109 542	24.32
克洽州	37 301	26 553	71.19	10 748	28.81
喀什地区	2 941 430	1 644 028	55.89	1 297 402	44.11
和田地区	182 485	112 828	61.83	69 657	38.17
生产建设兵团	1 666 759	994 375	59.66	672 384	40.34

数据来源：2017 年新疆统计年鉴。

1.3.2　新疆各地州西甜瓜单产分析

据统计，2016 年新疆果用瓜平均单产为 40 849.76 kg/hm^2，比 2015 年平均水平减少 481.53 kg/hm^2，其中甜瓜单产为 35 539.81 kg/hm^2，比 2015 年增加 220.14 kg/hm^2，西瓜单产为 45 881.24 kg/hm^2，比 2015 年减少 1 506.85 kg/hm^2。各地州之间西甜瓜单产存在较大的差距，其中甜瓜单产最高的是乌鲁木齐市为 52 500 kg/hm^2，最低的是阿克苏地区为 6 306.39 kg/hm^2；西瓜单产最高的是昌吉回族自治州为 72 349.60 kg/hm^2，最低的是巴州为 1 278.29 kg/hm^2。各地州西甜瓜单产情况见表 6。

表 6　2016 年新疆各地州西甜瓜单产情况统计　（单位：kg/hm^2）

项目	果用瓜	西瓜	甜瓜
总计	40 849.76	45 881.24	35 539.81
乌鲁木齐市	38 768.42	37 152.94	52 500.00
克拉玛依市	29 705.41	39 741.18	21 175.00
吐鲁番地区	30 172.54	45 049.51	26 241.32
哈密地区	34 937.09	49 933.33	33 758.81
昌吉州	63 817.80	72 349.61	35 835.23
伊犁哈萨克自治州	36 496.71	36 342.60	36 823.72
伊犁州直	41 000.41	40 919.83	42 335.71
塔城地区	26 586.21	19 828.95	39 425.00
阿勒泰地区	33 583.61	29 221.31	35 764.75

（续表）

项目	果用瓜	西瓜	甜瓜
博州	24 247.06	29 351.22	19 490.91
巴州	2 601.10	1 278.29	13 608.39
阿克苏地区	17 134.65	38 220.63	6 306.39
克州	23 758.60	57 723.91	9 682.88
喀什地区	52 282.79	39 903.59	41 757.39
和田地区	13 408.16	15 165.05	11 289.63
生产建设兵团	18 505.15	16 126.74	23 667.16

数据来源：2017 年新疆统计年鉴。

1.4 新疆西甜瓜市场价格波动分析

1.4.1 新疆西甜瓜价格波动情况分析

从全疆情况来看，2017 年新疆西瓜甜瓜全年价格波动趋势基本一致，由于受季节性变化影响显著，均出现先上升后下降再上升的趋势。2017 年西瓜价格在 1—2 月价格均为上升，在第 6 周西瓜价格最高为 6.33 元/kg，并从第 6 周开始一直处于波动性下降趋势，在 32 周达到最低，每千克西瓜为 0.68 元；从 8 月第 33 周开始，西瓜价格处于上升通道。新疆甜瓜价格在 1 月和 2 月处于波动性上升，在第 6 周达到价格最高，为 9.51 元/kg；5—8 月，新疆甜瓜价格一直处于波动性下降趋势，在第 34 周达到最低价格 1.99 元/kg；从第 34 周开始，甜瓜价格开始处于上升趋势。具体见图 2。

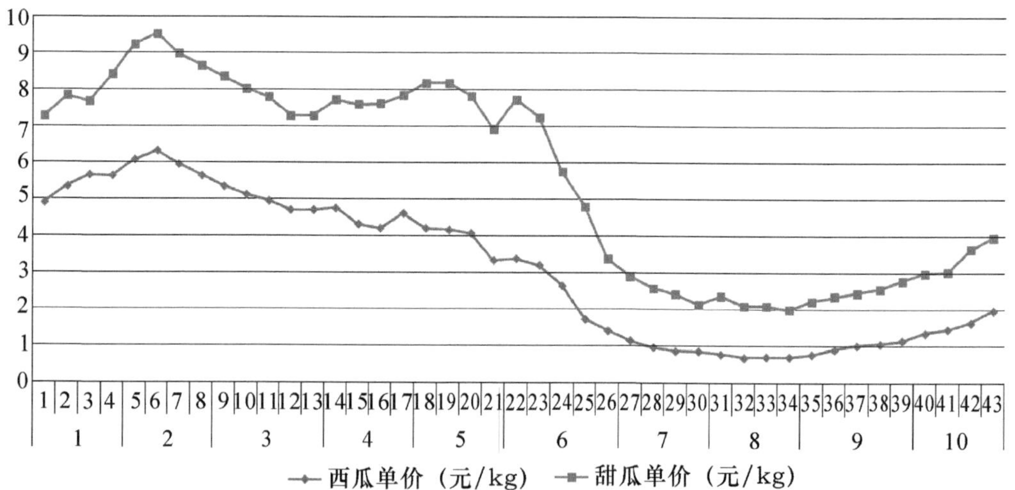

图 2　2017 年新疆西瓜甜瓜价格动态

数据来源：新疆维吾尔自治区农业厅信息中心——新疆农业信息网。

1.4.2　乌鲁木齐市西瓜甜瓜市场价格波动分析

据全国农产品商务信息公共服务平台监测数据显示，2017 年乌鲁木齐北园春批发市场西瓜批发价格与 2016 年相比整体变化趋势一致，在全年除了 4 月、7 月、9 月西瓜价格低于 2016 年，其他月份的西瓜价格均高于 2016 年同期价格；而甜瓜批发价格相对于 2016 年变化趋势一致，从 4 月份开始处于下降趋势，从 8 月份开始甜瓜价格呈现上升通道。通过对比分析可以看出，相对于西瓜而言，甜瓜的价格波动较大，从 4 月份的最高价 8. 17 元/kg 跌落到 8 月份的最低价 3. 45 元/kg；而西瓜的价格相对而言就比较稳定一些，最高价格为 1 月份的 6. 15 元/kg，尤其是在西瓜的成熟季节都在 1 元/kg 左右。乌鲁木齐北园春西甜瓜批发价格情况详见表 7。

表 7　乌鲁木齐北园春批发市场西甜瓜价格统计　　（单位：元/kg）

项目	2016 年		2017 年	
	西瓜	甜瓜	西瓜	甜瓜
1 月	4. 48		6. 15	10. 06
2 月	4. 20		5. 89	9. 64
3 月	4. 17		4. 92	8. 63
4 月	5. 13	10. 43	4. 7	8. 17
5 月	4. 04	9. 36	4. 72	7. 65
6 月	2. 15	4. 75	2. 36	6. 31
7 月	1. 31	3. 45	0. 75	3. 93
8 月	0. 57	2. 50	0. 73	3. 45
9 月	1. 89	4. 26	1. 46	4. 21
10 月	2. 05	4. 86	2. 14	5. 71
11 月	3. 68	6. 15	3. 9	6
12 月	6	7. 13		

数据来源：全国农产品商务信息公共服务平台。

据新疆农业厅信息中心对乌鲁木齐天百超市、家乐福大巴扎店、好家乡青年路店、七一酱园超市、爱家超市劝业店等 9 个大型超市主要农产品价格的监测数据显示，2017 年乌鲁木齐西瓜价格 2 月底价格最高为 9. 4 元/kg，之后 3—5 月价格处于波动性下降趋势；6 月初开始，因大量陆地瓜上市、价格受市场供给因素冲击，西瓜价格开始大幅度降低，从 21 周的 6. 97 元/kg 降至 24 周的 2. 01 元/kg；6—7 月西瓜价格处于一直下降趋势，一直到 8 月底第 34 周西瓜价格开始小幅上升，但是价格涨幅不大。2017 年乌鲁木齐 1—2 月上半月甜瓜价格波动比较大，因 2 月初吐鲁番温室甜瓜大量上市价格上出现突破性下降趋势，零售价格从 5 周的 11. 99 元/kg 降至 6 周的 9. 35 元/kg。从 2 月中旬第 7 周开始到 4 月底 15 周甜瓜市场价格基本上保持平稳的状态，4 月下旬 16 周、17 周出现价格大幅度上升，从 4 月第 18 周开始一直到 8 月底第 34 周，因大量的陆地瓜上市受市场供给冲击影响，出现价格波动性下降的趋势，最低价格为 3. 87 元/kg，之后

8—10 月甜瓜价格出现小幅上升趋势。由于乌鲁木齐地处新疆中部，是全疆的交通枢纽，而且距离西瓜甜瓜优势产区哈密市和吐鲁番市较近，以及超市运营成本因素，西瓜甜瓜价格价格普遍较高，但是受市场供给和气候因素影响明显。具体见图 3。

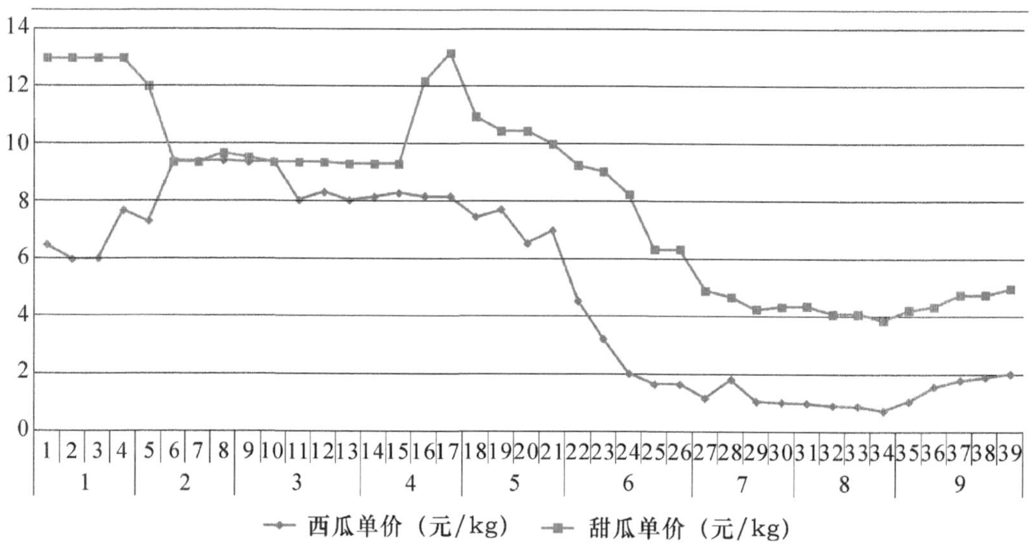

图 3　2017 年新疆乌鲁木齐主要超市西瓜甜瓜每周价格分析

数据来源：新疆维吾尔自治区农业厅信息中心——新疆农业信息网。

2　调查区概况及样本分布与特征

2.1　调查区自然社会经济概况

吐鲁番市高昌区位于新疆维吾尔自治区东部，地处天山中东部主峰博格达山南麓，吐鲁番盆地中心。东西宽 90 km，南北长 262 km，地势南北高，中间低。地理坐标：东经 88°29′28″~89°54′33″，北纬 42°15′10″~43 °35′。土地总面积 13 589 km^2，距新疆维吾尔自治区首府乌鲁木齐市 183 km。

高昌区属于典型的大陆性暖温带荒漠气候，日照充足，热量丰富但又极端干燥，降雨稀少且大风频繁，故有“火洲”之称。这里全年日照时数为 3 000~3 200 h，太阳年辐射量 139. 5~150. 4 千卡/平方厘米，全年平均气温 13. 9℃，高于 35℃的炎热日在 100 天以上。夏季极端高气温为 49. 6℃，地表温度多在 70℃以上。冬季极端最低气温-28. 7℃；日温差和年温差均大，全年 10℃以上有效积温 5 300℃以上，无霜期长期达 210 天左右。由于气候炎热干燥，这里干旱少雨，年平均降水量仅有 16. 4 mm，而蒸发量则高达 3 000 mm 以上。

2016 年高昌区生产总值（GDP）83. 44 亿元，其中：第一产业实现增加值 22. 02 亿元；第二产业增加值 18. 94 亿元；第三产业增加值 41. 9 亿元。第一、第二、第三次产业增加值比重为 26. 39 : 22. 70 : 50. 91。2016 年全区农林牧渔业总产值 35. 84 亿元。其中，种植业产值 30. 38 亿元；畜牧业产值 4. 52 亿元；林业产值 0. 35 亿元；渔业产值 0. 06 亿元；农林牧渔服务业产值 0. 53 亿元。全年农作物播种面积 27. 765 万亩。瓜类播种面积 8.4 万亩，其中甜瓜播种面积 4.215 万亩。

哈密市伊州区是新疆通往内地的门户，是古“丝绸之路”上的重镇，位于中纬度亚欧大陆腹地。伊州区是典型的温带大陆性干旱气候，昼夜温差大，平均温差大于 15℃，最大的日温差高达 26℃，日照非常充足，全年日照时数为 3 303～3 549 h，年均日照为 3 358 h，有充足的光热资源可以利用。

伊州区土地总面积 8.5 万平方千米，耕地面积 71.67 万亩，乡村劳动力 77 825 人，乡村从业人员 74 534 人。2016 年实现生产总值（GDP）309.87 亿元。其中，第一产业增加值 23.03 亿元；第二产业增加值 160.68 亿元；第三产业增加值 126.16 亿元。三次产业比例为 7.4∶51.9∶40.7。

2016 年伊州区农林牧渔业总产值 28.50 亿元。其中，农业产值 20.05 亿元；林业产值 0.37 亿元；畜牧业产值 7.57 亿元；渔业产值 0.22 亿元；农林牧渔服务业产值 0.29 亿元。全年农作物播种面积 63.65 万亩，其中，瓜类播种面积 3.40 万亩，瓜类总产量 7.51 万 t，甜瓜播种面积 2.91 万亩，甜瓜总产量 5.81 万 t。

2.2　样本农户分布情况

本次问卷调研选择新疆甜瓜种植规模较大而且比较集中的吐鲁番市高昌区以及哈密市伊州区，均是哈密瓜种植的核心区。本次调查在哈密市伊州区的南湖乡、花园乡和吐鲁番市高昌区的二堡乡、三堡乡、恰特卡勒乡共选取五个乡镇 11 个行政村作为调查点。问卷采用随机入户调查方式，调查问卷均由调研人员亲自询问农户填写完成，共计发放调查问卷 147 份，最终有效问卷 147 份，问卷有效率 100%。其中，哈密市伊州区调查了 101 户，吐鲁番市高昌区调查了 46 户。样本总体上对哈密市和吐鲁番市甜瓜种植农户具有较好的代表性。各村农户样本情况见表 8。

表 8　样本分布统计　（单位：户，%）

乡镇	南湖乡		花园乡		二堡乡		三堡乡	恰特卡勒				
村	托布塔村	南湖村	夏玛力恰瓦克	杜西图尔村	布隆	巴达木	阿瓦提	阿金坎尔孜	喀拉霍加坎儿	发展一村	恰特卡勒	合计
户数	39	6	24	32	5	7	16	5	9	2	2	147
百分比	26.53	4.08	16.33	21.77	3.40	4.76	10.88	3.40	6.12	1.36	1.36	100.00

2.3　样本农户户主基本特征分析

在被调查的 147 户农户中，调查对象为汉族的农户有 97 户，占 65.98%，调查对象为少数民族的农户有 50 户，占 34.02%。被调查对象中男性有 131 人，占 89.12%，女性有 16 人，占 10.88%。被调查对象平均年龄为 49.5 岁，其中，年龄低于 35 岁的有 12 人，占 8.16%，年龄在 36～40 岁的有 18 人，占 12.24%，年龄在 41～45 岁的有 14 人，占 9.52%，年龄在 46～50 岁的有 23 人，占 23.81%，年龄在 51～55 岁的有 35 人，占

23.81%，年龄在 56~60 岁的有 14 人，占 9.52%，年龄在 60 岁以上的有 19 人，占 12.93%。户主年龄具体分布情况见表 9。

表 9 户主年龄分布 （单位：岁，人,%）

户主年龄	人数	所占比例	累计比例
低于 35 岁	12	8.16	8.16
36~40 岁	18	12.24	20.41
41~45 岁	14	9.52	29.93
46~50 岁	35	23.81	53.74
51~55 岁	35	23.81	77.55
56~60 岁	14	9.52	87.07
60 岁以上	19	12.93	100.00
合计	147	100.00	

从 2017 年调查的不同民族农户户主的年龄分布情况看，汉族户主平均年龄为 50.8 岁，户主年龄在 50 岁以下的占到所调查农户的 46.39%；少数民族户主平均年龄为 46.76 岁，户主年龄在 50 岁以下的占到所调查农户的 68%。低于 35 岁的汉族户主所占比例比少数民族所占比例低 11.88 个百分点，户主年龄在 36~40 岁的汉族户主所占比例比少数民族所占比例低 11.75 个百分点，户主年龄在 41~45 岁年龄段间的汉族户主所占比例比少数民族户主高 5.34 个百分点，46~50 岁年龄段间的汉族户主所占比例比少数民族户主低 3.32 个百分点，户主年龄在 51~55 岁和 56~60 岁年龄段间的汉族户主所占比例比少数民族户主分别高 20.93 个百分点和 2.31 个百分点。户主年龄高于 60 岁的汉族户主占比例比少数民族户主所占比例低 1.63 个百分点。总体来看，汉族户主和少数民族户主集中在 46~55 岁。户主年龄具体分布情况见表 10。

表 10 户主年龄、民族分布 （单位：岁，人,%）

户主年龄	汉族			少数民族		
	人数	所占比例	累计比例	人数	所占比例	累计比例
低于 35 岁	4	4.12	4.12	8	16.00	16.00
36~40 岁	8	8.25	12.37	10	20.00	36.00
41~45 岁	11	11.34	23.71	3	6.00	42.00
46~50 岁	22	22.68	46.39	13	26.00	68.00
51~55 岁	30	30.93	77.32	5	10.00	78.00
56~60 岁	10	10.31	87.63	4	8.00	86.00
60 岁以上	12	12.37	100.00	7	14.00	100.00
合计	97	100.00	—	50	100.00	—

从2017年被调查农户的文化程度分布情况来看，文化程度在小学及以下的户主有59户，占40.14%，初中有70户，占47.62%，高中有15户，占10.2%，大专及以上有3户，占2.04%。与2016年相比，本年户主文化程度在小学及以下的户数比例显著增加，增加了33.86个百分点；文化程度为初中的户数显著减少，减少了36.73个百分点；文化程度为高中的户数也有所减少，减少了8.12个百分点；文化程度为大专及以上的基本保持不变。总体来看，甜瓜种植农户的受教育程度主要以初中及以下程度为主，较去年文化程度有降低的趋势，文化程度普遍偏低。具体见表11。

表11　户主文化程度分布情况　（单位：人,%）

文化程度	2016年			2017年		
	人数	所占比例	累计比例	人数	所占比例	累计比例
小学及以下	12	6.28	6.28	59	40.14	40.14
初中	142	74.35	80.63	70	47.62	87.76
高中	35	18.32	98.95	15	10.20	97.96
大专及以上	2	1.05	100	3	2.04	100.00
总计	191	100	—	147	100.00	—

从不同民族调查农户文化程度对比来看，2017年文化程度在小学及以下的汉族农户有28户，占28.87%，少数民族农户有31户，占62%，汉族农户所占比例比少数民族农户所占比例要少33.13个百分点；初中文化程度的汉族农户为56户，占57.73%，少数民族农户为14户，占28%，汉族所占比例比少数民族高29.93个百分点，高中文化程度的汉族农户为11户，占11.34%，少数民族农户为4户，占8%，汉族所占比例比少数民族多3.34个百分点，大专及以上文化程度的汉族农户为2户，少数民族农户为1户，汉族所占比例与少数民族基本持平。具体见表12。

表12　户主文化程度、民族分布情况　（单位：人,%）

文化程度	汉族			少数民族		
	人数	所占比例	累计比例	人数	所占比例	累计比例
小学及以下	28	28.87	28.87	31	62.00	62.00
初中	56	57.73	86.60	14	28.00	90.00
高中	11	11.34	97.94	4	8.00	98.00
大专及以上	2	2.06	100.00	1	2.00	100.00
总计	97	100.00		50	100.00	

2.4　调查农户家庭基本情况分析

2.4.1　被调查农户家庭人口情况

2017年被调查的147户农户中，平均家庭总人口为4.29人，其中，高昌区平均家庭人口 3.98 人，伊州区平均家庭人口 4.28 人。汉族农户家庭平均人口 4.11 人，少数民族农户家庭平均人口 4.64 人。

2017 年被调查的 147 户农户中平均务农劳动力为 2.17 人，其中，高昌区农户家庭平均务农劳动力 2.57 人，伊州区农户家庭平均务农劳动力 2.24 人。汉族农户家庭平均务农劳动力 2.38 人，少数民族农户家庭平均务农劳动力 2.26 人。

2.4.2 被调查农户的耕地面积分析

2017 年被调查的 147 户农户家庭耕地总面积 6 696.4 亩，其中，高昌区 3 255.2 亩，伊州区 3 441.2 亩，户均耕地面积 45.55 亩；自有耕地面积 2 761.8 亩，其中，高昌区 408.6 亩，伊州区 2 353.2 亩；甜瓜种植面积 6 233.2 亩，其中，高昌区 2 007.1 亩，伊州区 4 126.1 亩，户均种植甜瓜的面积为 42.17 亩。具体见表 13。

表 13　2017 年被调查农户耕地面积　（单位：户，亩）

项目	户数	耕地总面积	自有耕地面积	甜瓜种植面积
伊州区	101	3 441.2	2 353.2	4 126.1
高昌区	46	3 255.2	408.6	2 007.1
总计	147	6 696.4	2 761.8	6 133.2

2.4.3 被调查农户的家庭收入分析

2017 年被调查的农户家庭平均总收入为 106 838 元，其中种植甜瓜平均收入为 93 231.9 元，占家庭总收入的 87.27%。被调查的农户中，2016 年农户家庭平均总收入为 128 363.5 元，其中种植甜瓜平均收入为 122 390.2 元，占家庭总收入的 95.35%。相比之下，2017 年调查农户较 2016 年的农户其甜瓜种植收入占家庭总收入的比重降低了 8.08 个百分点，说明 2016 年调查农户收入来源主要依靠种植甜瓜。由于调查农户种植规模不同，农户的甜瓜种植收入差距较大，其中种植甜瓜收入最高的农户为 900 000 元，种植甜瓜收入最低的农户仅为 600 元。从不同民族农户家庭收入情况来看，2017 年汉族农户家庭平均总收入为 121 986 元，种植甜瓜平均收入为 109 479 元，其占家庭总收入的比例 89.75%；少数民族农户家庭平均总收入为 77 452 元，种植甜瓜平均收入为 61 712 元，其占家庭总收入的比例为 79.68%。汉族农户种植甜瓜的收入占家庭总收入的比重比少数民族农户高 10.07 个百分点。具体见表 14。

表 14　2017 甜瓜收入农户家庭收入的比重　（单位：元）

项目	汉族		少数民族		总计	
	甜瓜收入	家庭收入	甜瓜收入	家庭收入	甜瓜收入	家庭收入
调研户数	97	97	50	50	147	147
平均值	109 479	121 986	61 712	77 452	93 231.9	106 838
最大值	600 000	600 000	900 000	900 000	900 000	900 000
最小值	600	1 200	1 200	1 200	600	1 200

2.5　甜瓜播种方式、种植方式以及品种

从调查农户甜瓜的播种方式情况来看，2017 年农户采用直播种植方式的有 147 户，占调查农户的 100%；没有农户采用嫁接育苗与非嫁接育苗；而 2016 年采用直播方式种植的农户有 189 户，占调查农户的 98.95%；采用非嫁接育苗方式的农户有 2 户，占调查农户的 1.05%；没有农户采用嫁接育苗方式，说明不同时期农户在甜瓜种植方式上存在一定的差异。具体见表 15。

表 15　甜瓜播种方式、生产方式以及品种　（单位：户，%）

类型	项目	2016 年		2017 年	
		户数	比例	户数	比例
播种方式	直播	189	98.95	147	100
	非嫁接育苗	2	1.05	0	0
	嫁接育苗	0	0	0	0
生产方式	露地	45	23.56	111	75.51
	小拱棚	146	76.44	25	17.01
	中大拱棚	0	0	14	9.52
品种	早中熟	185	96.86	134	91.16
	中晚熟	6	3.14	13	8.84

从调查农户甜瓜种植方式来看，2017 年农户采用露地栽培方式的农户有 111 户，占调查农户的 75.51%；采用小拱棚栽培方式的农户有 25 户，占调查农户的 17.01%；采用大棚栽培方式的农户有 14 户，占调查农户的 9.52%。而 2016 年农户采用露地栽培方式的有 45 户，占 23.56%；采用小拱棚栽培的农户有 146 户，占 76.44%；没有农户采用大棚栽培。具体见表 15。

从调查农户种植甜瓜的品种来看，在 2017 年农户种植早中熟品种的有 134 户，占调查农户的 91.16%；种植中晚熟品种的农户有 13 户，占调查农户的 8.84%；农户在甜瓜品种选择上主要考虑早中熟品种，而很少考虑甜瓜的其他品种类型。在 2016 年调查农户在甜瓜品种选择上也主要考虑种植早中熟品种，种植早中熟品种的农户有 185 户，占调查农户的 96.86%，种植中晚熟品种的农户有 6 户，占调查农户的 3.14%。具体见表 15。

从不同民族调查农户甜瓜的播种方式来看，2017 年汉族农户采用直播方式种植的有 97 户，占汉族调查农户的 100%；少数民族农户采用直播种植方式的有 57 户，占少数民族调查农户的 100%。具体见表 16。

从不同民族调查农户甜瓜种植方式来看，2017 年汉族农户采用露地栽培方式的有 63 户，占汉族调查农户的 64.95%；采用小拱棚栽培方式的农户有 24 户，占汉族调查农户的 24.74%。少数民族农户采用露地栽培方式的有 36 户，占少数民族调查农户的 72%；小拱棚栽培方式的农户有 14 户，占少数民族调查农户的 28%。具体见表 16。

表 16　甜瓜播种方式、生产方式以及品种的民族比较　（单位：户,%）

类型	项目	汉族		少数民族	
		户数	比例	户数	比例
播种方式	直播	97	100	50	100
	非嫁接育苗	0	0	0	0
生产方式	露地	63	64. 95	36	72. 00
	小拱棚	24	24. 74	14	28. 00
甜瓜品种	早中熟	86	88. 66	47	94. 00
	中晚熟	11	11. 34	3	6. 00

从不同民族调查农户甜瓜种植的品种来看，2017 年汉族农户在甜瓜品种选择上种植早中熟品种的农户有 86 户，占到汉族调查农户的 88. 66%；种植中晚熟品种的农户有 11 户，占汉族调查农户的 11. 34%；少数民族农户种植早中熟品种的有 47 户，占到少数民族调查农户的 94. 00%；种植中晚熟品种的农户有 3 户，占少数民族调查农户的 6%；无论是汉族还是少数民族农户在甜瓜品种选择上都以早中熟为主，而只有少数农户考虑甜瓜的其他品种类型。具体见表 16。

2. 6　甜瓜种植意愿及补贴情况分析

2017 年在被调查的 147 户农户中 100%的农户都表示明年愿意继续种植甜瓜。说明调查农户对种植甜瓜未来的市场预期比较有信心，愿意继续种植甜瓜。在 147 户选择明年继续种植甜瓜的农户中，有 81 户表示将扩大种植面积，占选择继续种植甜瓜农户的 55. 10%，比 2016 年增加 48. 29 个百分点；有 66 户则表示播种面积保持不变，占继续种植甜瓜农户的 44. 9%，比 2016 年减少 22. 64 个百分点。具体见表 17。

表 17　继续种植的农户 2017 年播种面积的意向分布　（单位：户，亩,%）

项目	2016 年		2017 年	
	户数/面积	比例	户数/面积	比例
明年继续种植户数	191	100	147	100
明年面积扩大户数	13	6. 81	81	55. 10
明年农户平均扩大面积	1. 99	—	—	—
明年面积不变户数	129	67. 54	66	44. 90

在被调查的 147 户农户中，有 17 户农户表示目前地方政府对甜瓜生产实行扶持政策，6 户农户表示生产扶持政策曾经有过，但现在没有，有 125 户农户表示没有扶持政策。有 11 户农户表示有政府保底扶持政策，有 1 户表示有补贴政策，有 1 户表示有技术扶持，有 1 户表示有培训政策，有 3 户表示政府会提供设备支持，有 1 户表示政府有种子费的扶持政策。

3　农户技术需求与供给情况分析

3.1　农户参加技术培训情况

为了分析农户参加甜瓜种植技术培训的情况，从总体农户、分地区农户、分民族农户和分是否加入合作社四个方面来考察。

3.1.1　农户参加技术培训情况

在2017年被调查的147个农户中，其中有11户经常参加有关甜瓜的技术培训，占参与调查户的7.49%，有45户偶尔参加有关西甜瓜的技术培训，占参与调查户的30.61%，有91户没有参加有关技术培训，占参与调查户的61.90%。与2016年相比，参加过有关甜瓜技术培训的人数大幅度下降。具体见表18。

表18　农户参加相关技术培训或进修情况　（单位：人,%）

参加频率	参加人数	百分比
经常参加	11	7.49
偶尔参加	45	30.61
没有参加	91	61.90

3.1.2　分地区农户参加技术培训情况

3.1.2.1　哈密市伊州区农户参加技术培训情况

在哈密市伊州区2017年被调查的101个农户中，其中有9户经常参加有关甜瓜的技术培训，占参与调查户的8.91%，有27户偶尔参加有关西甜瓜的技术培训，占参与调查户的26.73%，有65户没有参加有关技术培训，占参与调查户的64.36%。具体见表19。

表19　哈密市农户参加相关技术培训情况　（单位：人,%）

参加频率	参加人数	百分比
经常参加	9	8.91
偶尔参加	27	26.73
没有参加	65	64.36

3.1.2.2　吐鲁番市高昌区农户参加技术培训情况

在吐鲁番市高昌区2017年被调查的46个农户中，其中有2户经常参加有关甜瓜的技术培训，占参与调查户的4.35%，有18户偶尔参加有关西甜瓜的技术培训，占参与调查户的39.13%，有26户没有参加有关技术培训，占参与调查户的56.52%。具体见表20。

3.1.3　分民族农户参加技术培训情况

3.1.3.1　汉族农户参加技术培训情况

在2017年被调查的97个汉族农户中，其中有8户经常参加有关甜瓜的技术培训，

表 20　吐鲁番市农户参加相关技术培训情况　（单位：人，%）

参加频率	参加人数	百分比
经常参加	2	4.35
偶尔参加	18	39.13
没有参加	26	56.52

占参与调查户的 8.25%，有 17 户偶尔参加有关西甜瓜的技术培训，占参与调查户的 17.53%，有 72 户没有参加有关技术培训，占参与调查户的 74.23%。具体见表 21。

表 21　汉族农户参加相关技术培训情况　（单位：人，%）

参加频率	参加人数	百分比
经常参加	8	8.25
偶尔参加	17	17.53
没有参加	72	74.23

3.1.3.2　少数民族农户参加技术培训情况

在 2017 年被调查的 50 个少数民族农户中，其中有 3 户经常参加有关甜瓜的技术培训，占参与调查户的 6.00%，有 28 户偶尔参加有关西甜瓜的技术培训，占参与调查户的 56.00%，有 19 户没有参加有关技术培训，占参与调查户的 38.00%。具体见表 22。

表 22　少数民族农户参加相关技术培训情况　（单位：人，%）

参加频率	参加人数	百分比
经常参加	3	6.00
偶尔参加	28	56.00
没有参加	19	38.00

3.1.4　分是否加入合作社农户参加技术培训情况

在 2017 年被调查的 147 个农户中有 146 户基于是否参加合作社参与了参加技术培训情况的调查。其中加入甜瓜农民专业合作组织的农户有 44 户，占调查农户的 30.14%，未加入甜瓜农民专业合作社农户有 102 户，占调查农户的 69.86%。

3.1.4.1　加入合作社农户参加技术培训情况

在 2017 年被调查的 44 个加入合作社农户中，其中有 4 户经常参加有关甜瓜的技术培训，占参与调查户的 9.09%，有 21 户偶尔参加有关西甜瓜的技术培训，占参与调查户的 47.73%，有 19 户没有参加有关技术培训，占参与调查户的 43.18%。具体见表 23。

表 23　加入合作社农户参加相关技术培训情况　　（单位：人,%）

参加频率	参加人数	百分比
经常参加	4	9. 09
偶尔参加	21	47. 73
没有参加	19	43. 18

3. 1. 4. 2　未加入合作社农户参加技术培训情况

在 2017 年被调查的 102 个未加入合作社农户中，其中有 7 户经常参加有关甜瓜的技术培训，占参与调查户的 6. 86%，有 24 户偶尔参加有关西甜瓜的技术培训，占参与调查户的 23. 53%，有 71 户没有参加有关技术培训，占参与调查户的 69. 61%。具体见表 24。

表 24　未加入合作社农户参加相关技术培训或进修情况　　（单位：人,%）

参加频率	参加人数	百分比
经常参加	7	6. 86
偶尔参加	24	23. 53
没有参加	71	69. 61

3. 2　农户技术获取途径分析

为了分析农户对甜瓜种植相关技术获取途径的情况，以及农户对不同技术获取途径的重要程度，我们按照赋值法将农户不同技术获取途径进行赋值，以考察不同技术获取途径对农户甜瓜种植的影响。并从总体农户、分地区农户、分民族农户和分是否加入合作社农户四个方面来考察。

3. 2. 1　农户技术获取途径分析

3. 2. 1. 1　农户对相关技术获取途径情况分析

被调查的 147 个农户对技术获得途径进行了排序。从农户获得甜瓜相关技术的途径来看，选择“自己摸索、凭经验”的农户有 95 户，占调查总户数的 64. 62%，认为其重要的农户人数排序依次为 91 人、2 人、2 人，其占调查总户数的比重依次为 61. 90%、1. 36%、1. 36%；选择“跟着其他农户干”的农户有 47 户，占调查总户数的 31. 97%，认为其重要的农户人数排序依次为 20 人、25 人、2 人，其占调查总户数的比重依次为 13. 60%、17. 00%、1. 36%；选择“乡村干部传授”的农户有 23 户，占调查总户数的 15. 64%，认为其重要的农户人数排序依次为 9 人、10 人、4 人，其占调查总户数的比重依次为 6. 12%、6. 80%、2. 72%；选择“农民专业合作组织指导培训”的农户有 49 户，占调查总户数的 33. 33%，认为其重要的农户人数排序依次为 19 人、22 人、7 人、1 人，其占调查总户数的比重依次为 12. 93%、14. 97%、4. 76%、0. 68%；选择“媒体宣传”的农户有 15 户，占调查总户数的 10. 20%，认为其重要的农户人数排序依次为 7 人、6 人、1 人、1 人，其占调查总户数的比重依次为 4. 76%、4. 08%、0. 68%、

0.68%；选择“政府各级农技推广站的农技人员传授”的农户有5户，占调查总户数的3.40%，认为其重要的农户人数排序依次为1人、3人、1人，其占调查总户数的比重依次为0.68%、2.04%、0.68%；选择“合作的农业龙头企业”的农户有1户，占调查总户数的0.68%，认为其重要的农户人数排序依次为1人，其占调查总户数的比重为0.68%；选择“其他”的农户有1户，占调查总户数的0.68%，认为其重要的农户人数排序依次为1人，其占调查总户数的比重为0.68%。具体见表25。

表25　农户获得相关技术途径来源排序情况　　（单位：人,%）

途径排序		一	二	三	四	合计
自己摸索、凭经验	人数	91	2	2	—	95
	百分比	61.90	1.36	1.36	—	64.62
跟着其他农户干	人数	20	25	2	—	47
	百分比	13.60	17.00	1.36	—	31.97
乡、村干部传授	人数	9	10	4	—	23
	百分比	6.12	6.80	2.72	—	15.64
农民专业合作组织培训指导	人数	19	22	7	1	49
	百分比	12.93	14.97	4.76	0.68	33.33
媒体宣传	人数	7	6	1	1	15
	百分比	4.76	4.08	0.68	0.68	10.20
政府各级农技推广站的传授	人数	1	3	1	—	5
	百分比	0.68	2.04	0.68	—	3.40
合作的农业龙头企业	人数	—	1	—	—	1
	百分比	—	0.68	—	—	0.68
其他	人数	—	1	—	—	1
	百分比	—	0.68	—	—	0.68

3.2.1.2　农户对相关技术获取途径的赋值法分析

为了考察农户对每一种技术获取途径的重要性，我们采用赋值法对农户各种技术获取途径的综合得分进行计算分析。各种技术获取途径的综合得分计算方法为：首先对每种技术获取途径按照重要性排序进行赋分，即排在第一位的赋8分，排在第二位的赋7分，以此类推，然后用相应排位的赋值分数乘以相应排位所占的百分比得出每一排位的赋值得分，最后将各个排位的赋值得分相加，得出每种技术获取途径的综合赋值得分。

从2017年调查农户对各种技术获取途径的综合赋值得分情况来看，综合赋值得分最高的是自己摸索、凭经验，得分为5.13分，其次为农民专业合作组织培训指导，得分为2.40分；排在第三位的是跟着其他农户干，得分为2.36分；排在第四位的是乡、村干部的传授，得分为1.13分；排在第五位的是媒体宣传，得分为0.74分；排在第六位的是政府各级农技推广站的传授，得分为0.23分；排在第七位的是合作的农业龙头企业和其他，得分为0.05分。这说明农户自己摸索、凭经验种植是农户获取技术的重要途径。具体见表26。

表26　农户获得相关技术途径赋值法排序　（单位：%）

途径排序	一	二	三	四	合计
自己摸索、凭经验	4.95	0.10	0.08	—	5.13
跟着其他农户干	1.09	1.19	0.08	—	2.36
乡、村干部传授	0.49	0.48	0.16	—	1.13
农民专业合作组织培训指导	1.03	1.05	0.29	0.03	2.40
媒体宣传	0.38	0.29	0.04	0.03	0.74
政府各级农技推广站的传授	0.05	0.14	0.04	—	0.23
合作的农业龙头企业	—	0.05	—	—	0.05
其他	—	0.05	—	—	0.05

3.2.2　分地区农户技术获取途径分析

3.2.2.1　哈密市伊州区农户对相关技术获取途径情况分析

从农户获得甜瓜相关技术的途径来看，选择“自己摸索、凭经验”的农户有66户，占调查总户数的65.35%，认为其重要的农户人数排序依次为62人，1人，2人，1人，其占调查总户数的比重依次为61.39%，0.99%，1.98%，0.99%；选择“跟着其他农户干”的农户有21户，占调查总户数的20.79%，认为其重要的农户人数排序依次为9人，10人，2人，其占调查总户数的比重依次为8.91%，9.90%，1.98%；选择“乡村干部传授”的农户有17户，占调查总户数的16.83%，认为其重要的农户人数排序依次为7人，9人，1人，其占调查总户数的比重依次为6.93%，8.91%，0.99%；选择“农民专业合作组织指导培训”的农户有39户，占调查总户数的38.61%，认为其重要的农户人数排序依次为17人，18人，4人，其占调查总户数的比重依次为16.83%，17.82%，3.96%；选择“媒体宣传”的农户有8户，占调查总户数的7.92%，认为其重要的农户人数排序依次为2人，4人，1人，1人，其占调查总户数的比重依次为1.98%，3.96%，0.99%，0.99%；选择“政府各级农技推广站的农技人员传授”的农户有5户，占调查总户数的4.95%，认为其重要的农户人数排序依次为1人，3人，1人，其占调查总户数的比重依次为0.99%，2.97%，0.99%。具体见表27。

表27　哈密市农户获得相关技术途径来源排序情况　（单位：人,%）

途径排序		一	二	三	四	合计
自己摸索、凭经验	人数	62	1	2	1	66
	百分比	61.39	0.99	1.98	0.99	65.35
跟着其他农户干	人数	9	10	2	—	21
	百分比	8.91	9.90	1.98	—	20.79

（续表）

途径排序		一	二	三	四	合计
乡、村干部传授	人数	7	9	1	—	17
	百分比	6.93	8.91	0.99	—	16.83
农民专业合作组织培训指导	人数	17	18	4	—	39
	百分比	16.83	17.82	3.96	—	38.61
媒体宣传	人数	2	4	1	1	8
	百分比	1.98	3.96	0.99	0.99	7.92
政府各级农技推广站的传授	人数	1	3	1	—	5
	百分比	0.99	3.96	0.99	—	4.95
合作的农业龙头企业	人数	—	—	—	—	—
	百分比	—	—	—	—	—
其他	人数	—	—	—	—	—
	百分比	—	—	—	—	—

从哈密市2017年调查农户对各种技术获取途径的综合赋值得分情况来看，综合赋值得分最高的是自己摸索、凭经验，得分为5.15分，其次为农民专业合作组织培训指导，得分为2.83分；排在第三位的是跟着其他农户干，得分为1.52分；排在第四位的是乡、村干部的传授，得分为1.24分；排在第五位的是媒体宣传，得分为0.54分；排在第六位的是政府各级农技推广站的传授，得分为0.35分。这说明哈密市农户自己摸索、凭经验种植是农户获取技术的重要途径。具体见表28。

表28　哈密市农户获得相关技术途径赋值法排序　（单位：%）

途径排序	一	二	三	四	合计
自己摸索、凭经验	4.91	0.07	0.12	0.05	5.15
跟着其他农户干	0.71	0.69	0.12	—	1.52
乡、村干部传授	0.55	0.62	0.06	—	1.24
农民专业合作组织培训指导	1.35	1.25	0.24	—	2.83
媒体宣传	0.16	0.28	0.06	0.05	0.54
政府各级农技推广站的传授	0.08	0.21	0.06		0.35
合作的农业龙头企业	—	—	—	—	—
其他	—	—	—	—	—

3.2.2.2　吐鲁番市高昌区农户对相关技术获取途径情况分析

在吐鲁番市高昌区2017年被调查的46个农户对技术获得途径进行了排序。从农户获得甜瓜相关技术的途径来看，选择“自己摸索、凭经验”的农户有30户，占调查总户数的65.22%，认为其重要的农户人数排序依次为29人、1人，其占调查总户数的比重依次为63.04%、2.17%；选择“跟着其他农户干”的农户有26户，占调查总户数的56.52%，认为其重要的农户人数排序依次为11人、15人，其占调查总户数的比重依次为23.91%、32.61%；选择“乡村干部传授”的农户有6户，占调查总户数的13.04%，认为其重要的农户人数排序依次为2人、1人、3人，其占调查总户数的比重依次为4.35%、2.17%、6.52%；选择“农民专业合作组织指导培训”的农户有10户，占调查总户数的21.74%，认为其重要的农户人数排序依次为2人、4人、3人、1人，其占调查总户数的比重依次为4.35%、8.70%、6.52%、2.17%；选择“媒体宣传”的农户有4户，占调查总户数的8.70%，认为其重要的农户人数排序依次为2人、2人，其占调查总户数的比重依次为4.35%、4.35%；选择“合作的农业龙头企业”的农户有1户，占调查总户数的2.17%；选择“其他”的农户有1户，占调查总户数的2.17%。具体见表29。

表29 吐鲁番市农户获得相关技术途径来源排序情况 （单位：人,%）

途径排序		一	二	三	四	合计
自己摸索、凭经验	人数	29	1	—	—	30
	百分比	63.04	2.17	—	—	65.22
跟着其他农户干	人数	11	15	—	—	26
	百分比	23.91	32.61	—	—	56.52
乡、村干部传授	人数	2	1	3	—	6
	百分比	4.35	2.17	6.52	—	13.04
农民专业合作组织培训指导	人数	2	4	3	1	10
	百分比	4.35	8.70	6.52	2.17	21.74
媒体宣传	人数	2	2	—	—	4
	百分比	4.35	4.35	—	—	8.70
政府各级农技推广站的传授	人数	—	—	—	—	—
	百分比	—	—	—	—	—
合作的农业龙头企业	人数	—	1	—	—	1
	百分比	—	2.17	—	—	2.17
其他	人数	—	1	—	—	1
	百分比	—	2.17	—	—	2.17

从吐鲁番市高昌区2017年调查农户对各种技术获取途径的综合赋值得分情况来看，综合赋值得分最高的是自己摸索、凭经验，得分为5.20分，其次为跟着其他农户干，得分为4.20分；排在第三位的是农民专业合作组织培训指导，得分为1.46分；排在第四位的是乡、村干部的传授，得分为0.89分；排在第五位的是媒体宣传，得分为0.65分；排在第六位的是合作的农业龙头企业和其他，得分为0.15分。这说明吐鲁番市农

户自己摸索、凭经验种植是农户获取技术的重要途径。具体见表30。

表30　吐鲁番市农户获得相关技术途径赋值法排序　（单位：%）

途径排序	一	二	三	四	合计
自己摸索、凭经验	5.04	0.15	—	—	5.20
跟着其他农户干	1.91	2.28	—	—	4.20
乡、村干部传授	0.35	0.15	0.39	—	0.89
农民专业合作组织培训指导	0.35	0.61	0.39	0.11	1.46
媒体宣传	0.35	0.30	—	—	0.65
政府各级农技推广站的传授	—	—	—	—	—
合作的农业龙头企业	—	0.15	—	—	0.15
其他	—	0.15	—	—	0.15

3.2.2.3　不同地区农户对相关技术获取途径情况分析比较

对比两个地区农户技术获取途径的综合赋值得分情况来看，哈密市和吐鲁番市农户均认为技术获取途径主要依靠自己摸索、凭经验，都排在第一位。哈密市农户把农民专业合作组织培训指导和跟着其他农户干排在第二位和第三位，吐鲁番市农户把跟着其他农户干和农民专业合作组织培训指导排在第二位和第三位，从整体情况来看，这两个地区的农户获取技术途径主要方向还是依靠农户自身或者农户组织，依靠其他来源的比例要小，也说明在以后的生产过程中需要加大其他技术来源途径。哈密市农户在技术获取途径上还需要政府各级农技推广站的农技人员传授，而吐鲁番市农户则不需要。吐鲁番市农户在技术获取途径上需要合作的农业龙头企业和其他方式，而哈密市农户则不需要。

3.2.3　分民族农户技术获取途径分析

3.2.3.1　汉族农户对相关技术获取途径情况分析

在2017年被调查的97个汉族农户对技术获得途径进行了排序。从农户获得甜瓜相关技术的途径来看，选择“自己摸索、凭经验”的农户有69户，占调查总户数的71.13%，认为其重要的农户人数排序依次为67人、1人、1人，其占调查总户数的比重依次为69.07%、1.03%、1.03%；选择“跟着其他农户干”的农户有28户，占调查总户数的28.87%，认为其重要的农户人数排序依次为11人、15人、2人，其占调查总户数的比重依次为11.34%、15.46%、2.06%；选择“乡村干部传授”的农户有10户，占调查总户数的10.31%，认为其重要的农户人数排序依次为4人、5人、1人，其占调查总户数的比重依次为4.12%、5.15%、1.03%；选择“农民专业合作组织指导培训”的农户有31户，占调查总户数的31.96%，认为其重要的农户人数排序依次为12人、17人、2人，其占调查总户数的比重依次为12.37%、17.53%、2.06%；选择“媒体宣传”的农户有3户，占调查总户数的3.09%，认为其重要的农户人数排序依次为2人、1人，其占调查总户数的比重依次为2.06%、1.03%；选择“政府各级农技推广站的农技人员传授”的农户有4户，占调查总户数的4.12%，认为其重要的农户人数排序依次为1人、3人，其占调查总户数的比重依次为1.03%、3.09%；选择“合作的农业龙头企业”的农户有1户，占调查总户数的1.03%；选择“其他”的农户有1户，占调查总户数的1.03%。具体见表31。

表31　汉族农户获得相关技术途径来源排序情况　（单位：人,%）

途径排序		一	二	三	合计
自己摸索、凭经验	人数	67	1	1	69
	百分比	69.07	1.03	1.03	71/13
跟着其他农户干	人数	11	15	2	28
	百分比	11.34	15.46	2.06	28.87
乡、村干部传授	人数	4	5	1	10
	百分比	4.12	5.15	1.03	10.31
农民专业合作组织培训指导	人数	12	17	2	31
	百分比	12.37	17.53	2.06	31.96
媒体宣传	人数	2	1	—	3
	百分比	2.06	1.03	—	3.09
政府各级农技推广站的传授	人数	1	3	—	4
	百分比	1.03	3.09	—	4.12
合作的农业龙头企业	人数	—	1	—	1
	百分比	—	1.03	—	1.03
其他	人数	—	1	—	1
	百分比	—	1.03	—	1.03

从2017年调查汉族农户对各种技术获取途径的综合赋值得分情况来看，综合赋值得分最高的是自己摸索、凭经验，得分为5.66分，其次为农民专业合作组织培训指导，得分为2.34分；排在第三位的是跟着其他农户干，得分为2.11分；排在第四位的是乡、村干部的传授，得分为0.75分；排在第五位的是政府各级农技推广站的农技人员传授，得分为0.30分；排在第六位的是媒体宣传，得分为0.24分；排在第七位的是合作的农业龙头企业和其他，得分为0.07分。这说明汉族农户自己摸索、凭经验种植是农户获取技术的重要途径。具体见表32。

表32　汉族农户获得相关技术途径赋值法排序　（单位：%）

途径排序	一	二	三	合计
自己摸索、凭经验	5.53	0.07	0.06	5.66
跟着其他农户干	0.91	1.08	0.12	2.11
乡、村干部传授	0.33	0.36	0.06	0.75

（续表）

途径排序	一	二	三	合计
农民专业合作组织培训指导	0.99	1.23	0.12	2.34
媒体宣传	0.16	0.07	—	0.24
政府各级农技推广站的传授	0.08	0.22	—	0.30
合作的农业龙头企业	—	0.07	—	0.07
其他	—	0.07	—	0.07

3.2.3.2　少数民族农户对相关技术获取途径情况分析

在2017年被调查的50个少数民族农户对技术获得途径进行了排序。从农户获得甜瓜相关技术的途径来看，选择“自己摸索、凭经验”的农户有26户，占调查总户数的52.00%，认为其重要的农户人数排序依次为24人、1人、1人，其占调查总户数的比重依次为48.00%、2.00%、2.00%；选择“跟着其他农户干”的农户有19户，占调查总户数的38.00%，认为其重要的农户人数排序依次为9人、10人，其占调查总户数的比重依次为18.00%、20.00%；选择“乡村干部传授”的农户有13户，占调查总户数的26.00%，认为其重要的农户人数排序依次为5人、5人、3人，其占调查总户数的比重依次为10.00%、10.00%、6.00%；选择“农民专业合作组织指导培训”的农户有18户，占调查总户数的36.00%，认为其重要的农户人数排序依次为7人、5人、5人、1人，其占调查总户数的比重依次为14.00%、10.00%、10.00%、2.00%；选择“媒体宣传”的农户有12户，占调查总户数的24.00%，认为其重要的农户人数排序依次为5人、5人、1人、1人，其占调查总户数的比重依次为10.00%、10.00%、2.00%、2.00%；选择“政府各级农技推广站的技术人员传授”的农户有1户，占调查总户数的2.17%。具体见表33。

表33　少数民族农户获得相关技术途径来源排序情况　（单位：人,%）

途径排序		一	二	三	四	合计
自己摸索、凭经验	人数	24	1	1	—	26
	百分比	48.00	2.00	2.00	—	52.00
跟着其他农户干	人数	9	10	—	—	19
	百分比	18.00	20.00	—	—	38.00
乡、村干部传授	人数	5	5	3	—	13
	百分比	10.00	10.00	6.00	—	26.00
农民专业合作组织培训指导	人数	7	5	5	1	18
	百分比	14.00	10.00	10.00	2.00	36.00
媒体宣传	人数	5	5	1	1	12
	百分比	10.00	10.00	2.00	2.00	24.00

（续表）

途径排序		一	二	三	四	合计
政府各级农技推广站的传授	人数	—	—	1	—	1
	百分比	—	—	2.00	—	2.00
合作的农业龙头企业	人数	—	—	—	—	—
	百分比	—	—	—	—	—
其他	人数	—	—	—	—	—
	百分比	—	—	—	—	—

从2017年调查少数民族农户对各种技术获取途径的综合赋值得分情况来看，综合赋值得分最高的是自己摸索、凭经验，得分为4.10分，其次为跟着其他农户干，得分为2.84分；排在第三位的是农民专业合作组织培训指导，得分为2.52分；排在第四位的是乡、村干部的传授，得分为1.86分；排在第五位的是媒体宣传，得分为1.72分；排在第六位的是政府各级农技推广站的农技人员传授，得分为0.15分。这说明少数民族农户自己摸索、凭经验种植是农户获取技术的重要途径。具体见表34。

表34　少数民族农户获得相关技术途径赋值法排序　（单位：%）

途径排序	一	二	三	四	合计
自己摸索、凭经验	3.84	0.14	0.12	—	4.10
跟着其他农户干	1.44	1.40	—	—	2.84
乡、村干部传授	0.80	0.70	0.36	—	1.86
农民专业合作组织培训指导	1.12	0.70	0.60	0.10	2.52
媒体宣传	0.80	0.70	0.12	0.10	1.72
政府各级农技推广站的传授	—	—	0.12	—	0.12
合作的农业龙头企业	—	—	—	—	—
其他	—	—	—	—	—

3.2.3.3　不同民族农户对相关技术获取途径情况分析比较

对比不同民族农户技术获取途径的综合赋值得分情况来看，汉族和少数民族农户均认为技术获取途径主要依靠自己摸索、凭经验，都排在第一位。哈密市农户把农民专业合作组织培训指导和跟着其他农户干排在第二位和第三位，吐鲁番市农户把跟着其他农户干和农民专业合作组织培训指导排在第二位和第三位，从整体情况来看，这两个地区的农户获取技术途径主要方向还是依靠农户自身或者农户组织，依靠其他来源的比例要小。汉族农户和少数民族农户依靠媒体宣传和政府各级农技推广站的农技人员传授技术获取也存在一定的差异，少数民族农户对技术获取不需要合作的农业龙头企业和其他方式，汉族农户对这两个途径的获取赋值虽然小，但还是需要这两个途径。

3.2.4 分是否加入合作社农户技术获取途径分析

3.2.4.1 加入合作社农户对相关技术获取途径情况分析

在2017年被调查的44个加入合作社农户对技术获得途径进行了排序。从农户获得甜瓜相关技术的途径来看，选择“自己摸索、凭经验”的农户有23户，占调查总户数的52.27%，认为其重要的农户人数排序依次为22人、1人，其占调查总户数的比重依次为50.00%、2.27%；选择“跟着其他农户干”的农户有10户，占调查总户数的22.73%，认为其重要的农户人数排序依次为3人、6人、1人，其占调查总户数的比重依次为6.82%、13.64%、2.27%；选择“乡村干部传授”的农户有10户，占调查总户数的22.73%，认为其重要的农户人数排序依次为4人、6人，其占调查总户数的比重依次为9.09%、13.64%；选择“农民专业合作组织指导培训”的农户有25户，占调查总户数的56.82%，认为其重要的农户人数排序依次为12人、9人、4人，其占调查总户数的比重依次为27.27%、20.45%、9.09%；选择“媒体宣传”的农户有6户，占调查总户数的13.64%，认为其重要的农户人数排序依次为3人、2人、1人，其占调查总户数的比重依次为6.82%、4.55%、2.27%；选择“政府各级农技推广站的农技人员传授”的农户有3户，占调查总户数的6.82%，认为其重要的农户人数排序依次为2人、1人，其占调查总户数的比重依次为4.55%、2.27%。具体见表35。

表35 加入合作社农户获得相关技术途径来源排序情况 （单位：人,%）

途径排序		一	二	三	四	合计
自己摸索、凭经验	人数	22	—	1	—	23
	百分比	50.00	—	2.27	—	52.27
跟着其他农户干	人数	3	6	1	—	10
	百分比	6.82	13.64	2.27	—	22.73
乡、村干部传授	人数	4	6	—	—	10
	百分比	9.09	13.64	—	—	22.73
农民专业合作组织培训指导	人数	12	9	4	—	25
	百分比	27.27	20.45	9.09	—	56.82
媒体宣传	人数	3	2		1	6
	百分比	6.82	4.55		2.27	13.64
政府各级农技推广站的传授	人数	—	2	1	—	3
	百分比	—	4.55	2.27	—	6.82
合作的农业龙头企业	人数	—	—	—	—	—
	百分比	—	—	—	—	—
其他	人数	—	—	—	—	—
	百分比	—	—	—	—	—

从 2017 年调查加入合作社农户对各种技术获取途径的综合赋值得分情况来看，综合赋值得分最高的是农民专业合作组织培训指导，得分为 4.16 分，其次为自己摸索、凭经验，得分为 4.14 分；排在第三位的是乡、村干部传授，得分为 1.68 分；排在第四位的是跟着其他农户干，得分为 1.64 分；排在第五位的是媒体宣传，得分为 0.98 分；排在第六位的是政府各级农技推广站的农技人员传授，得分为 0.45 分。这说明加入合作社农户依靠农民专业合作组织指导、培训是农户获取技术的重要途径。具体见表 36。

表 36　加入合作社农户获得相关技术途径赋值法排序　　（单位：%）

途径排序	一	二	三	四	合计
自己摸索、凭经验	4.00	—	0.14	—	4.14
跟着其他农户干	0.55	0.95	0.14	—	1.64
乡、村干部传授	0.73	0.95	—	—	1.68
农民专业合作组织培训指导	2.18	1.43	0.55	—	4.16
媒体宣传	0.55	0.32	—	0.11	0.98
政府各级农技推广站的传授	—	0.32	0.14	—	0.45
合作的农业龙头企业	—	—	—	—	—
其他	—	—	—	—	—

3.2.4.2　未加入合作社农户对相关技术获取途径情况分析

在 2017 年被调查的 102 个未加入合作社农户对技术获得途径进行了排序。从农户获得甜瓜相关技术的途径来看，选择“自己摸索、凭经验”的农户有 71 户，占调查总户数的 69.61%，认为其重要的农户人数排序依次为 68 人、2 人、1 人，其占调查总户数的比重依次为 66.67%、1.96%、0.98%；选择“跟着其他农户干”的农户有 37 户，占调查总户数的 36.27%，认为其重要的农户人数排序依次为 17 人、19 人、1 人，其占调查总户数的比重依次为 16.67%、18.63%、0.98%；选择“乡村干部传授”的农户有 13 户，占调查总户数的 12.75%，认为其重要的农户人数排序依次为 5 人、4 人、4 人，其占调查总户数的比重依次为 4.90%、3.92%、3.92%；选择“农民专业合作组织指导培训”的农户有 24 户，占调查总户数的 23.53%，认为其重要的农户人数排序依次为 7 人、13 人、3 人、1 人，其占调查总户数的比重依次为 6.86%、12.75%、2.94%、0.98%；选择“媒体宣传”的农户有 9 户，占调查总户数的 8.82%，认为其重要的农户人数排序依次为 4 人、4 人、1 人，其占调查总户数的比重依次为 3.92%、3.92%、0.98%；选择“政府各级农技推广站的技术人员传授”的农户有 2 户，占调查总户数的 1.96%，认为其重要的农户人数排序依次为 1 人、1 人，其占调查总户数的比重依次为 0.98%、0.98%；选择“合作的农业龙头企业”的农户有 1 户，占调查总户数的 0.98%；选择“其他”的农户有 1 户，占调查总户数的 0.98%。具体见表 37。

表 37　未加入合作社农户获得相关技术途径来源排序情况　（单位：人,%）

途径排序		一	二	三	四	合计
自己摸索、凭经验	人数	68	2	1	—	71
	百分比	66.67	1.96	0.98	—	69.61
跟着其他农户干	人数	17	19	1	—	37
	百分比	16.67	18.63	0.98	—	36.27
乡、村干部传授	人数	5	4	4	—	13
	百分比	4.90	3.92	3.92	—	12.75
农民专业合作组织培训指导	人数	7	13	3	1	24
	百分比	6.86	12.75	2.94	0.98	23.53
媒体宣传	人数	4	4	1	—	9
	百分比	3.92	3.92	0.98	—	8.82
政府各级农技推广站的传授	人数	1	1	—	—	2
	百分比	0.98	0.98	—	—	1.96
合作的农业龙头企业	人数	—	1	—	—	1
	百分比	—	0.98	—	—	0.98
其他	人数	—	1	—	—	1
	百分比	—	0.98	—	—	0.98

从 2017 年调查未加入合作社农户对各种技术获取途径的综合赋值得分情况来看，综合赋值得分最高的是自己摸索、凭经验，得分为 5.53 分，其次为跟着其他农户干，得分为 2.70 分；排在第三位的是农民专业合作组织培训指导，得分为 1.67 分；排在第四位的是乡、村干部的传授，得分为 0.90 分；排在第五位的是媒体宣传，得分为 0.65 分；排在第六位的是政府各级农技推广站的农技人员传授，得分为 0.15 分；排在第七位的是合作的农业龙头企业和其他，得分为 0.07 分。这说明未加入合作社农户自己摸索、凭经验种植是农户获取技术的重要途径。具体见表 38。

表 38　未加入合作社农户获得相关技术途径赋值法排序　（单位：%）

途径排序	一	二	三	四	合计
自己摸索、凭经验	5.33	0.14	0.06	—	5.53
跟着其他农户干	1.33	1.30	0.06	—	2.70
乡、村干部传授	0.39	0.27	0.24	—	0.90
农民专业合作组织培训指导	0.55	0.89	0.18	0.05	1.67
媒体宣传	0.31	0.27	0.06	—	0.65
政府各级农技推广站的传授	0.08	0.07	—	—	0.15
合作的农业龙头企业	—	0.07	—	—	0.07
其他	—	0.07	—	—	0.07

3.2.4.3　是否加入合作社农户对相关技术获取途径情况比较分析

对比是否加入合作社农户技术获取途径的综合赋值得分情况来看，加入合作社农户获取技术途径第一到第三排序为：农民专业合作组织指导、自己摸索凭经验、乡村干部传授，加入合作社农户获取技术途径第一到第三排序为：自己摸索凭经验、跟着其他农户干、农民专业合作组织指导。可以明显的看出，合作社发挥了它应有的效能，而未加入合作的农户技术获取只能依靠自己摸索的经验。与加入合作社农户相比，未加入合作社农户技术获取途径还包括合作的农业龙头企业和其他。

3.3　农户对各类技术的需求及满足情况分析

为了分别考察农户对各类技术需及满足情况分析，以及农户对不同技术需求的重要程度，我们按照赋值法将农户不同技术需求的重要程度进行赋值，以考察不同技术对农户甜瓜种植的影响，并分析出农户对现有技术水平的评价。并从总体农户、分地区农户、分民族农户和分是否加入合作社农户四个方面来考察。

3.3.1　农户对各类技术的需求及满足情况分析

在 2017 年被调查的 147 个农户参与了对各类型技术需求重要性排序情况调查。从汉族农户对各类技术需求重要性排序情况来看，认为增加产量良种技术重要的农户其重要性排序的人数依次为 84 人、4 人、6 人，其占参与调查农户的比例依次为 57.14%、2.72%、4.08%；认为提高品质良种技术重要的农户其重要性排序的人数依次为 23 人、68 人、2 人，其占参与调查农户的比例依次为 15.65%、46.26%、1.36%；认为病虫害防控技术重要的农户其重要性排序的人数依次为 27 人、20 人、18 人、2 人，其占参与调查农户的比例依次为 18.37%、13.61%、12.24%、1.36%；认为节本高效栽培技术重要的农户其重要性排序的人数依次为 3 人、20 人、19 人、5 人，其占参与调查农户的比例依次为 2.04%、13.61%、12.24%、1.36%；认为省工机械技术重要的农户其重要性排序的人数依次为 27 人、29 人、45 人、33 人、13 人，其占参与调查农户的比例依次为 18.37%、19.73%、30.61%、22.45%、8.84%；认为水肥及管理技术重要的农户其重要性排序的人数依次为 5 人、5 人、6 人、2 人、3 人，其占参与调查农户的比例依次为 3.40%、3.40%、4.08%、1.36%、2.04%；认为贮运和加工技术重要的农户其重要性排序的人数依次为 3 人、1 人、4 人，其占参与调查农户的比例依次为 2.04%、0.68%、2.72%。具体见表 39。

表 39　农户技术需求情况排序　　（单位：人,%）

类型排序		一	二	三	四	五	合计
增加产量良种技术	人数	84	4	6	—	—	94
	百分比	57.14	2.72	4.08	—	—	63.95
提高品质良种技术	人数	23	68	2	—	—	93
	百分比	15.65	46.26	1.36	—	—	63.27
病虫害防控技术	人数	27	20	18	2	—	67
	百分比	18.37	13.61	12.24	1.36	—	45.58

（续表）

类型排序		一	二	三	四	五	合计
节本高效栽培技术	人数	3	20	19	5	—	47
	百分比	2.04	13.61	12.93	3.40	—	31.97
省工机械技术	人数	27	29	45	33	13	147
	百分比	18.37	19.73	30.61	22.45	8.84	100.00
水肥及管理技术	人数	5	5	6	2	3	21
	百分比	3.40	3.40	4.08	1.36	2.04	14.29
贮运和加工技术	人数	3	1	4	—	—	8
	百分比	2.04	0.68	2.72	—	—	5.44

从农户对各类技术需求重要性赋值得分情况来看，汉族农户认为省工机械技术需求重要的赋值得分为5.16分，排在首位；其次为增加产量良种技术，得分为4.37分；排在第三位的是提高品质良种技术，得分为3.94分；排在第四位的病虫害防控技术，得分为2.77分；排在第五位的是节本高效栽培技术，得分为1.74分；排在第六位的是水肥及管理技术，得分为0.76分；排在第七位的是贮运和加工技术，得分为0.32分。具体见表40。

表40　农户技术需求采用赋值比较

类型排序	一	二	三	四	五	合计
增加产量技术	4.00	0.16	0.20	—	—	4.37
提高品质技术	1.10	2.78	0.07	—	—	3.94
虫害防控技术	1.29	0.82	0.61	0.05	—	2.77
节本高效技术	0.14	0.82	0.65	0.14	—	1.74
省工机械技术	1.29	1.18	1.53	0.90	0.27	5.16
水肥管理技术	0.24	0.20	0.20	0.05	0.06	0.76
贮运加工技术	0.14	0.04	0.14	—	—	0.32

2017年被调查的147个农户参与了对现有各类技术满足程度评价的调查。从参与调查的农户对现有各类技术的满足程度评价情况来看，对现有的增加产量良种技术认为满足的有26户，占17.69%，认为基本满足的有22户，占14.97%，认为有待提高的有36户，占24.49%，认为亟待提高的有63户，占42.86%；对现有提高品质良种技术认为满足的有29户，占19.73%，认为基本满足的农户有49户，占33.33%，认为有待提高的有2户，占1.36%，认为亟待提高的有67户，占45.58%；对现有病虫害防控技术认为满足的有44户，占29.93%，认为基本满足的有32户，占21.77%，认为有待提高的有40户，占27.21%，认为亟待提高的有31户，占21.09%；对现有节本高效栽培技术认为满足的143户，占97.28%，认为基本满足的有3户，占2.04%，认为有待提高

的有1户，占0.68%；对现有省工机械技术认为满足的有46户，占31.29%，认为基本满足的有45户，占30.61%，认为有待提高的有29户，占19.73%，认为亟待提高的有27户，占18.37%；对现有水肥及管理技术认为满足的4户，占2.72%，认为基本满足的有37户，占25.17%，认为有待提高的有9户，占6.12%，认为亟待提高的有93户，占63.27%。从总体来看，大部分汉族农户对现有的节本高效栽培技术和病虫害防控技术基本满足，而对其他各类技术认为有待提高。具体见表41。

表41 农户对现有技术满足评价 （单位：人,%）

类型评价		满足	基本满足	有待提高	亟待提高	合计
增加产量良种技术	人数	26	22	36	63	147
	百分比	17.69	14.97	24.49	42.86	100.00
提高品质良种技术	人数	29	49	2	67	147
	百分比	19.73	33.33	1.36	45.58	100.00
病虫害防控技术	人数	44	32	40	31	147
	百分比	29.93	21.77	27.21	21.09	100.00
节本高效栽培技术	人数	143	3	1	—	147
	百分比	97.28	2.04	0.68	—	100.00
省工机械技术	人数	46	45	29	27	147
	百分比	31.29	30.61	19.73	18.37	100.00
水肥及管理技术	人数	4	37	9	27	147
	百分比	2.72	25.17	6.12	63.27	100.00
贮运和加工技术	人数	—	—	—	—	—
	百分比	—	—	—	—	—

3.3.2 分地区农户对各类技术的需求及满足情况分析

为了分别考察哈密市农户和吐鲁番市农户对各类技术需求和满足程度的情况，我们将调查农户分别进行分析。在调查农户中，哈密市农户有101户，占总调查农户的68.71%，少数民族农户有46户，占总调查农户的31.29%。

3.3.2.1 哈密市伊州区农户对各类技术的需求及满足情况分析

在2017年被调查的101个哈密市农户参与了对各类型技术需求重要性排序情况调查。从农户对各类技术需求重要性排序情况来看，认为增加产量良种技术重要的农户其重要性排序的人数依次为61人、3人、4人，其占参与调查农户的比例依次为60.40%、2.97%、3.96%；认为提高品质良种技术重要的农户其重要性排序的人数依次为19人、48人、1人，其占参与调查农户的比例依次为18.81%、47.52%、0.99%；认为病虫害防控技术重要的农户其重要性排序的人数依次为12人、15人、12人、2人，其占参与调查农户的比例依次为11.88%、14.85%、11.88%、1.98%；认为节本高效栽培技术重要的农户其重要性排序的人数依次为1人、3人、11人、4人，其占参与调查农户的比例依次为 0. 99%、2. 97%、10. 89%、3. 96%；认为省工机械技术重要的农户其重要性排序的人数依次为 23 人、16 人、30 人、22 人、10 人，其占参与调查农户的比例依次为 22. 77%、15. 84%、29. 70%、21. 78%、9. 90%；认为水肥及管理技术重要的农户其重要性排序的人数依次为 3 人、0 人、5 人、2 人、3 人，其占参与调查农户的比例依次为 2. 97%、0. 00%、4. 95%、1. 98%、2. 97%；认为贮运和加工技术重要的农户其重要性排序的人数依次为 2 人、1 人、4 人，其占参与调查农户的比例依次为 1. 98%、0. 99%、3. 96%。具体见表 42。

表 42　哈密市农户技术需求情况排序　（单位：人,%）

类型排序		一	二	三	四	五	合计
增加产量良种技术	人数	61	3	4	—	—	68
	百分比	60. 40	2. 97	3. 96	—	—	67. 33
提高品质良种技术	人数	19	48	1	—	—	68
	百分比	18. 81	47. 52	0. 99	—	—	67. 33
病虫害防控技术	人数	12	15	12	2	—	41
	百分比	11. 88	14. 85	11. 88	1. 98	—	40. 59
节本高效栽培技术	人数	1	3	11	4	—	19
	百分比	0. 99	2. 97	10. 89	3. 96	—	18. 81
省工机械技术	人数	23	16	30	22	10	101
	百分比	22. 77	15. 84	29. 70	21. 78	9. 90	100. 00
水肥及管理技术	人数	3	—	5	2	3	13
	百分比	2. 97	—	4. 95	1. 98	2. 97	12. 87
贮运和加工技术	人数	2	1	4	—	—	7
	百分比	1. 98	0. 99	3. 96	—	—	6. 93

从哈密市农户对各类技术需求重要性赋值得分情况来看，哈密市农户认为省工机械技术需求重要的赋值得分为 5. 20 分，排在首位；其次为增加产量良种技术，得分为 4. 60 分；排在第三位的是提高品质良种技术，得分为 4. 22 分；排在第四位的病虫害防控技术，得分为 2. 40 分；排在第五位的是节本高效栽培技术，得分为 0. 95 分；排在第六位的是水肥及管理技术，得分为 0. 62 分；排在第七位的是贮运和加工技术，得分为 0. 40 分。具体见表 43。

表 43　哈密市农户技术需求采用赋值比较

类型排序	一	二	三	四	五	合计
增加产量技术	4. 23	0. 18	0. 20	—	—	4. 60
提高品质技术	1. 32	2. 85	0. 05	—	—	4. 22
虫害防控技术	0. 83	0. 89	0. 59	0. 08	—	2. 40

（续表）

类型排序	一	二	三	四	五	合计
节本高效技术	0.07	0.18	0.54	0.16	—	0.95
省工机械技术	1.59	0.95	1.49	0.87	0.30	5.20
水肥管理技术	0.21	—	0.25	0.08	0.09	0.62
贮运加工技术	0.14	0.06	0.20	—	—	0.40

2017 年被调查的 101 个哈密市农户参与了对现有各类技术满足程度评价的调查。从参与调查的农户对现有各类技术的满足程度评价情况来看，对现有的增加产量良种技术认为满足的有 17 户，占 16.83%，认为基本满足的有 20 户，占 19.80%，认为有待提高的有 26 户，占 25.74%，认为亟待提高的有 38 户，占 37.62%；对现有提高品质良种技术认为满足的有 39 户，占 38.61%，认为基本满足的农户有 9 户，占 8.91%，认为有待提高的有 2 户，占 1.98%，认为亟待提高的有 51 户，占 50.50%；对现有病虫害防控技术认为满足的有 36 户，占 35.64%，认为基本满足的有 22 户，占 21.78%，认为有待提高的有 24 户，占 23.76%，认为亟待提高的有 19 户，占 18.81%；对现有节本高效栽培技术认为满足的 81 户，占 80.20%，认为基本满足的有 1 户，占 0.99%，认为有待提高的有 8 户，占 7.92%，认为亟待提高的有 11 户，占 10.89%；对现有省工机械技术认为满足的有 32 户，占 31.68%，认为基本满足的有 30 户，占 29.70%，认为有待提高的有 16 户，占 15.84%，认为亟待提高的有 23 户，占 22.77%；对现有水肥及管理技术认为满足的 3 户，占 2.97%，认为基本满足的有 26 户，占 25.74%，认为有待提高的有 8 户，占 7.92%，认为亟待提高的有 63 户，占 62.38%。具体见表 44。

表 44　哈密市农户对现有技术满足评价　　（单位：人，%）

类型评价		满足	基本满足	有待提高	亟待提高	合计
增加产量良种技术	人数	17	20	26	38	101
	百分比	16.83	19.80	25.74	37.62	100.00
提高品质良种技术	人数	39	9	2	51	101
	百分比	38.61	8.91	1.98	50.50	100.00
病虫害防控技术	人数	36	22	24	19	101
	百分比	35.64	21.78	23.76	18.81	100.00
节本高效栽培技术	人数	81	1	8	11	101
	百分比	80.20	0.99	7.92	10.89	100.00
省工机械技术	人数	32	30	16	23	101
	百分比	31.68	29.70	15.84	22.77	100.00
水肥及管理技术	人数	3	26	8	63	100
	百分比	2.97	25.74	7.92	62.38	99.01
贮运和加工技术	人数	—	—	—	—	—
	百分比	—	—	—	—	—

3.3.2.2 吐鲁番市高昌区农户对各类技术的需求及满足情况分析

在2017年被调查的46个吐鲁番市农户参与了对各类型技术需求重要性排序情况调查。从农户对各类技术需求重要性排序情况来看，认为增加产量良种技术重要的农户其重要性排序的人数依次为23人、1人、2人，其占参与调查农户的比例依次为50.00%、2.17%、4.35%；认为提高品质良种技术重要的农户其重要性排序的人数依次为4人、20人、1人，其占参与调查农户的比例依次为8.70%、43.48%、2.17%；认为病虫害防控技术重要的农户其重要性排序的人数依次为15人、5人、6人，其占参与调查农户的比例依次为32.61%、10.87%、13.04%；认为节本高效栽培技术重要的农户其重要性排序的人数依次为2人、3人、4人、1人，其占参与调查农户的比例依次为4.35%、6.52%、8.70%、2.17%；认为省工机械技术重要的农户其重要性排序的人数依次为4人、13人、15人、11人、3人，其占参与调查农户的比例依次为8.70%、28.26%、32.61%、23.91%、6.52%；认为水肥及管理技术重要的农户其重要性排序的人数依次为1人、5人、1人，其占参与调查农户的比例依次为2.17%、10.87%、2.17%；认为贮运和加工技术重要的农户其重要性排序的人数为1人，其占参与调查农户的比例为2.17%。具体见表45。

表45 吐鲁番市农户技术需求情况排序 （单位：人,%）

类型排序		一	二	三	四	五	合计
增加产量良种技术	人数	23	1	2	—	—	26
	百分比	50.00	2.17	4.35	—	—	56.52
提高品质良种技术	人数	4	20	1	—	—	25
	百分比	8.70	43.48	2.17	—	—	54.35
病虫害防控技术	人数	15	5	6	—	—	26
	百分比	32.61	10.87	13.04	—	—	56.52
节本高效栽培技术	人数	2	3	4	1	—	10
	百分比	4.35	6.52	8.70	2.17	—	21.74
省工机械技术	人数	4	13	15	11	3	46
	百分比	8.70	28.26	32.61	23.91	6.52	100.00
水肥及管理技术	人数	1	5	1	—	—	7
	百分比	2.17	10.87	2.17	—	—	15.22
贮运和加工技术	人数	1	—	—	—	—	1
	百分比	2.17	—	—	—	—	2.17

从吐鲁番市农户对各类技术需求重要性赋值得分情况来看，吐鲁番农户认为省工机械技术需求重要的赋值得分为5.09分，排在首位；其次为增加产量良种技术，得分为3.85分；排在第三位的是病虫害防控技术，得分为3.59分；排在第四位的是提高品质良种技术，得分为3.33分；排在第五位的是节本高效栽培技术，得分为1.22分；排在

第六位的是水肥及管理技术，得分为 0. 91 分；排在第七位的是贮运和加工技术，得分为 0. 15 分。具体见表 46。

表 46　吐鲁番市农户技术需求采用赋值比较

类型排序	一	二	三	四	五	合计
增加产量技术	3. 50	0. 13	0. 22	—	—	3. 85
提高品质技术	0. 61	2. 61	0. 11	—	—	3. 33
虫害防控技术	2. 28	0. 65	0. 65	—	—	3. 59
节本高效技术	0. 30	0. 39	0. 43	0. 09	—	1. 22
省工机械技术	0. 61	1. 70	1. 63	0. 96	0. 20	5. 09
水肥管理技术	0. 15	0. 65	0. 11	—	—	0. 91
贮运加工技术	0. 15	—	—	—	—	0. 15

2017 年吐鲁番市有 46 个农户参与了对现有各类技术满足程度评价的调查。从参与调查的农户对现有各类技术的满足程度评价情况来看，对现有的增加产量良种技术认为满足的有 9 户，占 19. 57%，认为基本满足的有 2 户，占 4. 35%，认为有待提高的有 10 户，占 21. 74%，认为亟待提高的有 25 户，占 54. 35%；对现有提高品质良种技术认为满足的有 28 户，占 60. 87%，认为基本满足的农户有 2 户，占 4. 35%，认为亟待提高的有 16 户，占 34. 78%；对现有病虫害防控技术认为满足的有 8 户，占 17. 39%，认为基本满足的有 10 户，占 21. 74%，认为有待提高的有 16 户，占 34. 78%，认为亟待提高的有 12 户，占 26. 09%；对现有节本高效栽培技术认为满足的 39 户，占 84. 78%，认为基本满足的有 2 户，占 4. 35%，认为亟待提高的有 5 户，占 10. 87%；对现有省工机械技术认为满足的有 14 户，占 30. 43%，认为基本满足的有 15 户，占 32. 61%，认为有待提高的有 13 户，占 28. 26%，认为亟待提高的有 4 户，占 8. 70%；对现有水肥及管理技术认为满足的 1 户，占 2. 17%，认为基本满足的有 3 户，占 6. 52%，认为有待提高的有 9 户，占 19. 57%，认为亟待提高的有 30 户，占 65. 22%。具体见表 47。

表 47　吐鲁番市农户对现有技术满足评价　（单位：人,%）

类型评价		满足	基本满足	有待提高	亟待提高	合计
增加产量良种技术	人数	9	2	10	25	46
	百分比	19. 57	4. 35	21. 74	54. 35	100. 00
提高品质良种技术	人数	28	2	—	16	46
	百分比	60. 87	4. 35	—	34. 78	100. 00
病虫害防控技术	人数	8	10	16	12	46
	百分比	17. 39	21. 74	34. 78	26. 09	100. 00
节本高效栽培技术	人数	39	2	—	5	46
	百分比	84. 78	4. 35	—	10. 87	100. 00

（续表）

类型评价		满足	基本满足	有待提高	亟待提高	合计
省工机械技术	人数	14	15	13	4	46
	百分比	30.43	32.61	28.26	8.70	100.00
水肥及管理技术	人数	1	3	9	30	43
	百分比	2.17	6.52	19.57	65.22	93.48
贮运和加工技术	人数	—	—	—	—	—
	百分比	—	—	—	—	—

3.3.2.3　不同地区农户对各类技术的需求情况分析

从哈密市和吐鲁番市农户对各类技术的需求对比情况来看，不论是哈密市还是吐鲁番市的农户都对增加产量良种技术、提高品质良种技术、病虫害防控技术和省工机械技术有迫切需求。哈密市农户与吐鲁番市农户相比，增加产量良种技术、提高品质良种技术和贮运和加工技术需求要高些，病虫害防控技术、节本高校栽培技术和水肥及管理技术需求低些，两个市对省工机械技术需要一样多。具体见图 4。

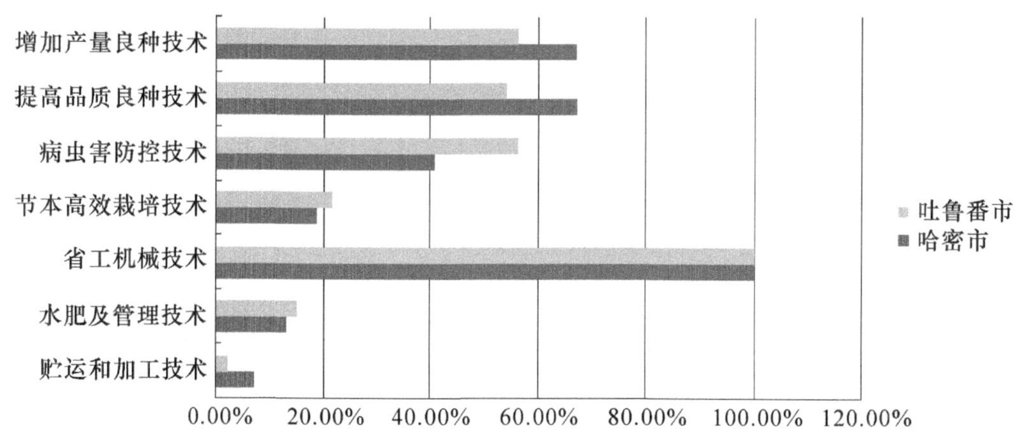

图 4　哈密市和吐鲁番市的农户对各项技术需求度比较

3.3.3　分民族农户对各类技术的需求及满足情况分析

为了分别考察汉族农户和少数民族农户对各类技术需求和满足程度的情况，我们将调查农户分别进行分析。在调查农户中，汉族农户有 97 户，占总调查农户的 65.99%，少数民族农户有 50 户，占总调查农户的 34.01%。

3.3.3.1　汉族农户对各类技术的需求及满足情况分析

从被调查的 97 户汉族农户对各类技术需求重要性排序情况来看，认为增加产量良种技术重要的农户其重要性排序的人数依次为 53 人、4 人、5 人，其占参与调查农户的比例依次为 54.64%、4.12%、5.15%；认为提高品质良种技术重要的农户其重要性排序的人数依次为 14 人、42 人、2 人，其占参与调查农户的比例依次为 14.43%、43.3%、2.06%；认为病虫害防控技术重要的农户其重要性排序的人数依次为 19 人、

12 人、11 人、3 人，其占参与调查农户的比例依次为 19.59%、12.37%、11.34%、3.09%；认为节本高效栽培技术重要的农户其重要性排序的人数依次为 3 人、3 人、4 人、2 人，其占参与调查农户的比例依次为 3.09%、3.09%、4.12%、2.06%；认为省工机械技术重要的农户其重要性排序的人数依次为 20 人、20 人、30 人、17 人、10 人，其占参与调查农户的比例依次为 20.62%、20.62%、30.93%、17.53%、10.31%；认为水肥及管理技术重要的农户其重要性排序的人数依次为 3 人、1 人、3 人、2 人、1 人，其占参与调查农户的比例依次为 3.09%、1.03%、3.09%、2.06%、1.03%；认为贮运和加工技术重要的农户其重要性排序的人数依次为 3 人、1 人、4 人，其占参与调查农户的比例依次为 3.09%、1.03%、4.12%。具体见表 48。

表 48　汉族农户技术需求情况排序　（单位：人,%）

类型排序		一	二	三	四	五	合计
增加产量良种技术	人数	53	4	5	—	—	62
	百分比	54.64	4.12	5.15	—	—	63.91
提高品质良种技术	人数	14	42	2	—	—	58
	百分比	14.43	43.3	2.06	—	—	59.79
病虫害防控技术	人数	19	12	11	3	—	45
	百分比	19.59	12.37	11.34	3.09	—	46.39
节本高效栽培技术	人数	3	3	4	2	—	12
	百分比	3.09	3.09	4.12	2.06	—	12.37
省工机械技术	人数	20	20	30	17	10	97
	百分比	20.62	20.62	30.93	17.53	10.31	100
水肥及管理技术	人数	3	1	3	2	1	10
	百分比	3.09	1.03	3.09	2.06	1.03	10.31
贮运和加工技术	人数	3	1	4	—	—	8
	百分比	3.09	1.03	4.12	—	—	8.25

从汉族农户和少数民族农户对各类技术需求重要性赋值得分情况来看，汉族农户认为省工机械技术需求重要的赋值得分为 5.24 分，排在首位；其次为增加产量良种技术，得分为 4.33 分；排在第三位的是提高品质良种技术，得分为 3.71 分；排在第四位的病虫害防控技术，得分为 2.8 分；排在第五位的是节本高效栽培技术，得分为 0.7 分；排在第六位的是水肥及管理技术，得分为 0.54 分；排在第七位的是贮运和加工技术，得分为 0.49 分。具体见表 49。

表 49　汉族农户技术需求采用赋值比较

类型排序	一	二	三	四	五	合计
增加产量技术	3.82	0.25	0.26	—	—	4.33

（续表）

类型排序	一	二	三	四	五	合计
提高品质技术	1.01	2.6	0.1	—	—	3.71
虫害防控技术	1.37	0.74	0.57	0.12	—	2.8
节本高效技术	0.22	0.19	0.21	0.08	—	0.7
省工机械技术	1.44	1.24	1.55	0.7	0.31	5.24
水肥管理技术	0.22	0.06	0.15	0.08	0.03	0.54
贮运加工技术	0.22	0.06	0.21	—	—	0.49

在被调查的97户汉族中有97户参与了对现有各类技术满足程度评价的调查。从参与调查的汉族农户对现有各类技术的满足程度评价情况来看，对现有的增加产量良种技术认为满足的有31户，占31.96%，认为基本满足的有4户，占4.12%，认为有待提高的有26户，占26.81%，认为亟待提高的有36户，占37.11%；对现有提高品质良种技术认为满足的有20户，占20.62%，认为基本满足的农户有25户，占25.77%，认为有待提高的有2户，占2.06%，认为亟待提高的有50户，占51.55%；对现有病虫害防控技术认为满足的有36户，占37.11%，认为基本满足的有20户，占20.62%，认为有待提高的有19户，占19.59%，认为亟待提高的有22户，占22.68%；对现有节本高效栽培技术认为满足的77户，占79.38%，认为基本满足的有3户，占3.09%，认为有待提高的有7户，占7.22%，认为亟待提高的有10户，占10.31%；对现有省工机械技术认为满足的有29户，占29.9%，认为基本满足的有28户，占28.87%，认为有待提高的有16户，占16.49%，认为亟待提高的有24户，占24.74%；对现有水肥及管理技术认为满足的3户，占3.09%，认为基本满足的有20户，占20.62%，认为有待提高的有5户，占5.15%，认为亟待提高的有68户，占70.11%。从总体来看，大部分汉族农户对现有的节本高效栽培技术和病虫害防控技术基本满足，而对其他各类技术认为有待提高。具体见表50。

表50　汉族农户对现有技术满足评价　（单位：人,%）

类型评价		满足	基本满足	有待提高	亟待提高	合计
增加产量良种技术	人数	31	4	26	36	97
	百分比	31.96	4.12	26.81	37.11	100
提高品质良种技术	人数	20	25	2	50	97
	百分比	20.62	25.77	2.06	51.55	100
病虫害防控技术	人数	36	20	19	22	97
	百分比	37.11	20.62	19.59	22.68	100
节本高效栽培技术	人数	77	3	7	10	97
	百分比	79.38	3.09	7.22	10.31	100

（续表）

类型评价		满足	基本满足	有待提高	亟待提高	合计
省工机械技术	人数	29	28	16	24	97
	百分比	29.9	28.87	16.49	24.74	100
水肥及管理技术	人数	3	20	5	68	96
	百分比	3.09	20.62	5.15	70.11	98.97
贮运和加工技术	人数	—	—	—	—	—
	百分比	—	—	—	—	—

3.3.3.2　少数民族农户对各类技术的需求及满足情况分析

在被调查的50户少数民族族农户中有50户农户参与了对各类型技术需求重要性排序情况调查。从少数民族族农户对各类技术需求重要性排序情况来看，认为增加产量良种技术重要的农户其重要性排序的人数依次为31人、1人，其占参与调查农户的比例依次为62.00%、2.00%；认为提高品质良种技术重要的农户其重要性排序的人数依次为9人、26人，其占参与调查农户的比例依次为18.00%、52.00%；认为病虫害防控技术重要的农户其重要性排序的人数依次为8人、8人、7人、1人，其占参与调查农户的比例依次为16.00%、16.00%、14.00%、2.00%；认为节本高效栽培技术重要的农户其重要性排序的人数依次为3人、11人、3人，其占参与调查农户的比例依次为6.00%、22.00%、6.00%；认为省工机械技术重要的农户其重要性排序的人数依次为2人、12人、17人、13人、6人，其占参与调查农户的比例依次为4.00%、24.00%、34.00%、26.00%、12.00%；认为水肥及管理技术重要的农户其重要性排序的人数依次为1人、4人、3人、2人，其占参与调查农户的比例依次为2.00%、8.00%、6.00%、4.00%。具体见表51。

表51　少数民族农户技术需求情况排序　（单位：人,%）

类型排序		一	二	三	四	五	合计
增加产量良种技术	人数	31	—	1	—	—	32
	百分比	62.00	—	2.00	—	—	64.00
提高品质良种技术	人数	9	26	—	—	—	35
	百分比	18.00	52.00	—	—	—	70.00
病虫害防控技术	人数	8	8	7	1	—	24
	百分比	16.00	16.00	14.00	2.00	—	48.00
节本高效栽培技术	人数	—	3	11	3	—	17
	百分比	—	6.00	22.00	6.00	—	34.00
省工机械技术	人数	2	12	17	13	6	50
	百分比	4.00	24.00	34.00	26.00	12.00	100.00

（续表）

类型排序		一	二	三	四	五	合计
水肥及管理技术	人数	1	4	3	—	2	10
	百分比	2.00	8.00	6.00	—	4.00	20.00
贮运和加工技术	人数	—	—	—	—	—	—
	百分比	—	—	—	—	—	—

少数民族农户认为省工机械技术需求重要的赋值得分为 4.82 分，排在首位；其次为提高品质良种技术，得分为 4.38 分；排在第三位的是增加产量良种技术，得分为 4.35 分；排在第四位的是病虫害防控技术，得分为 2.86 分；排在第五位的是节本高效栽培技术，得分为 1.7 分；排在第六位的是水肥及管理技术，得分为 1.04 分。具体见表 52。

表 52　少数民族农户技术需求采用赋值比较

类型排序	一	二	三	四	五	合计
增加产量技术	4.34	—	0.1	—	—	4.35
提高品质技术	1.26	3.12	—	—	—	4.38
虫害防控技术	1.12	0.96	0.7	0.08	—	2.86
节本高效技术	—	0.36	1.1	0.24	—	1.7
省工机械技术	0.28	1.44	1.7	1.04	0.36	4.82
水肥管理技术	0.14	0.48	0.3	—	0.12	1.04
贮运加工技术	—	—	—	—	—	—

在被调查的 50 户少数民族农户中有 50 户参与了对现有各类技术满足程度情况的调查。少数民族农户对现有的增加产量良种技术认为满足的有 7 户，占 14.00%，认为基本满足的有 6 户，占 12.00%，认为有待提高的有 10 户，占 20.00%，认为亟待提高的有 27 户，占 54.00%；对现有提高品质良种技术认为满足的有 30 户，占 60.00%，认为基本满足的农户有 3 户，占 6.00%，认为亟待提高的有 17 户，占 34.00%；对现有病虫害防控技术认为满足的有 8 户，占 16.00%，认为基本满足的有 12 户，占 24.00%，认为有待提高的有 21 户，占 42.00%，认为亟待提高的有 9 户，占 18.00%；对现有节本高效栽培技术认为满足的 43 户，占 86.00%，认为有待提高的有 1 户，占 2.00%，认为亟待提高的有 6 户，占 12.00%；对现有省工机械技术认为满足的有 17 户，占 34.00%，认为基本满足的有 17 户，占 34.00%，认为有待提高的有 13 户，占 26.00%，认为亟待提高的有 3 户，占 6.00%；对现有水肥及管理技术认为满足的有 1 户，占 2.00%，认为基本满足的有 20 户，占 40.00%，认为有待提高的有 1 户，占 2.00%，认为亟待提高的有 25 户，占 50.00%。从总体来看，大部分少数民族农户对现有的节本高效栽培技术和提高品质良种技术基本满足，而对其他各类技术认为有待提高。具体见表 53。

表 53 少数民族农户对现有技术满足评价 （单位：人,%）

类型评价		满足	基本满足	有待提高	亟待提高	合计
增加产量良种技术	人数	7	6	10	27	50
	百分比	14.00	12.00	20.00	54.00	100.00
提高品质良种技术	人数	30	3	—	17	50
	百分比	60.00	6.00	—	34.00	100.00
病虫害防控技术	人数	8	12	21	9	50
	百分比	16.00	24.00	42.00	18.00	100.00
节本高效栽培技术	人数	43	—	1	6	50
	百分比	86.00	—	2.00	12.00	100.00
省工机械技术	人数	17	17	13	3	50
	百分比	34.00	34.00	26.00	6.00	100.00
水肥及管理技术	人数	1	20	1	25	47
	百分比	2.00	40.00	2.00	50.00	94.00
贮运和加工技术	人数	—	—	—	—	—
	百分比	—	—	—	—	—

3.3.3.3 不同民族农户对各类技术的需求情况分析

从汉族和少数民族农户调查的数据统计情况来看，汉族农户需求的技术有：增加产量良种技术、提高品质良种技术、病虫害防控技术、节本高效栽培技术、省工机械技术、水肥及管理技术和贮运和加工技术；少数民族农户需求的技术有：增加产量良种技术、提高品质良种技术、病虫害防控技术、节本高效栽培技术、省工机械技术和水肥及管理技术。少数民族农户除贮运和加工技术外，其余技术都高于汉族农户需求。具体见图 5。

3.3.4 分是否加入合作社农户对各类技术的需求及满足情况分析

为了分别考察加入合作社和未加入合作社的农户对各类技术需求和满足程度的情况，我们将调查农户分别进行分析。在被调查的 147 个农户中有 146 户基于是否参加合作社参与了技术需求及满足情况的调查。其中加入甜瓜农民专业合作组织的农户有 44 户，占调查农户的 30.14%，未加入甜瓜农民专业合作社农户有 102 户，占调查农户的 69.86%。

3.3.4.1 加入合作社农户对各类技术的需求及满足情况分析

从 2017 年农户调查的数据统计情况来看，在参加合作社的 44 个农户中，对增加产量良种技术有需求的农户有 33 户，占被调查户数的 75%；对提高品质良种技术有需求的农户有 31 户，占被调查户数的 70.45%；对病虫害防控技术有需求的农户有 19 户，占被调查户数的 43.18%；对节本高效栽培技术有需求的农户有 11 户，占被调查户数的 25%；对省工机械技术有需求的农户有 44 户，占被调查户数的 100%；对水肥及管理技术有需求的农户有 5 户，占被调查户数的 11.36%；对贮运和加工技术有需求的农户有

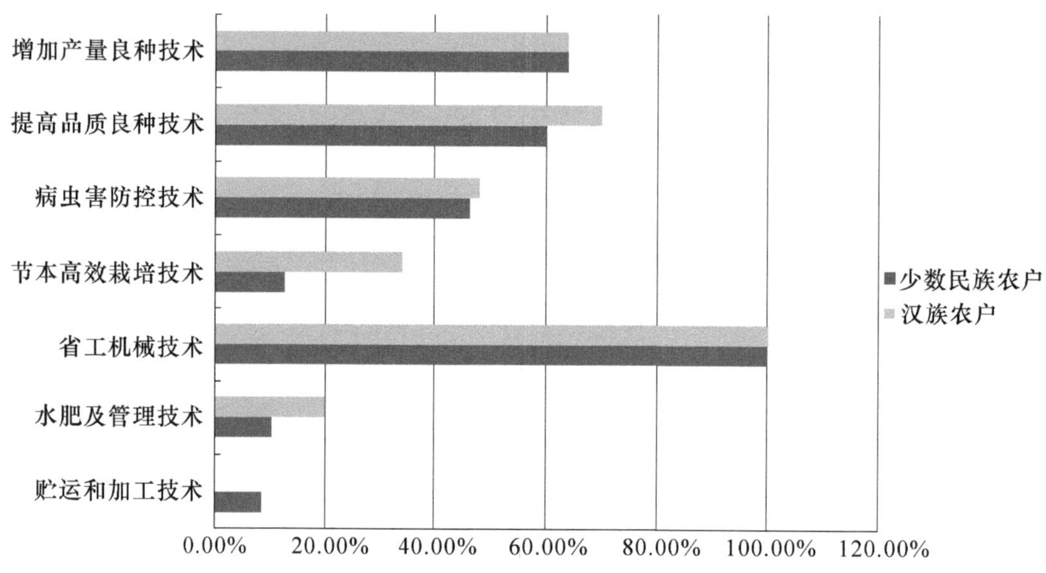

图5　汉族与少数民族农户对各项技术需求度比较

3户，占被调查户数的6.82%。由此可以看出，加入农民专业合作社的农户对甜瓜种植过程中的各类技术的需求程度较高，而对贮运和加工技术有需求的农户比例相对较低，说明大部分农户目前甜瓜收获后直接销售。

与2016年相比，农户对增加产量良种技术、提高品质良种技术、病虫害防控技术节本高效栽培技术、水肥及管理技术和贮运与加工技术的需求程度有所降低，而对省工机械技术大幅度增长，这说明农户已经开始意识到要运用现代科学技术增加产量。具体见图6。

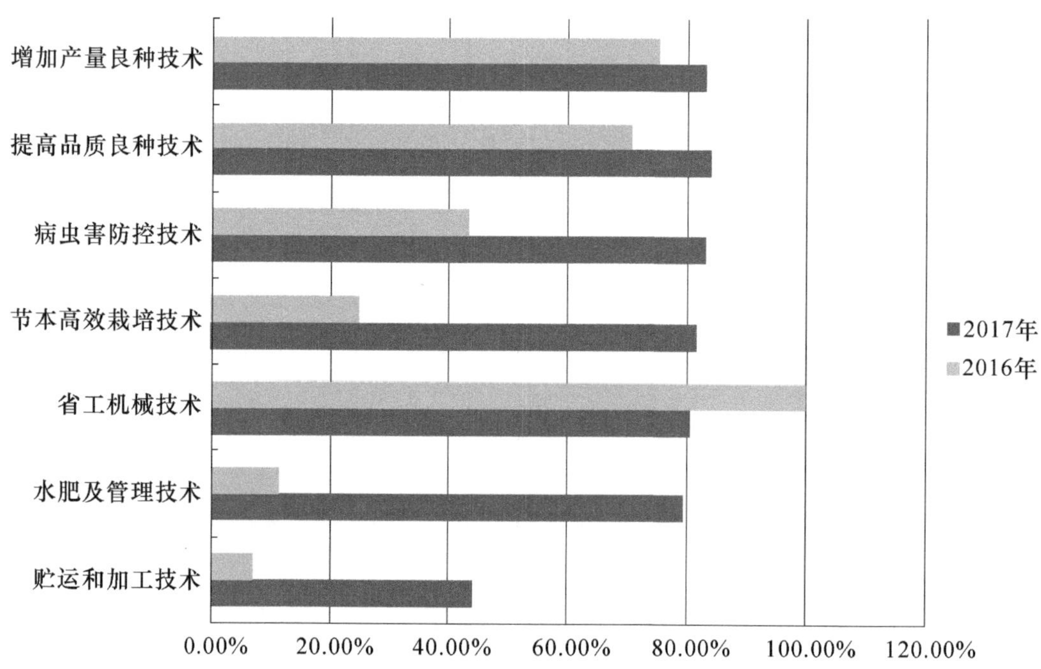

图6　2016年和2017年参加合作社的农户对各项技术需求度比较

从被调查农户对各类技术需求重要性排序情况来看，参加增加产量良种技术需求重要性排序的农户依次为 29 人、2 人、2 人，其占参与调查农户的比例依次为 65. 9%、4. 55%、4. 55%；参加提高品质良种技术需求重要性排序的农户依次为 6 人、25 人，其占参与调查农户的比例依次为 13. 63%、56. 82%；参加病虫害防控技术需求重要性排序的农户依次为 5 人、6 人、7 人、1 人，其所占该其占参与调查农户的比例依次为 11. 36%、13. 63%、15. 92%、2. 27%,；参加节本高效栽培技术需求重要性排序的农户依次为 0 人、3 人、5 人、3 人，其占参与调查农户的比例依次为 0%、6. 82%、11. 36%、6. 82%；参加省工机械技术需求重要性排序的农户依次为 12 人、8 人、13 人、10 人、1 人，其占参与调查农户的比例依次为 27. 27%、18. 18%、29. 55%、22. 73%、2. 27%；参加水肥及管理技术需求重要性排序的农户依次为 1 人、0 人、1 人、1 人、0 人、2 人，其占参与调查农户的比例依次为 2. 27%、0%、2. 27%、2. 27%、0%、4. 55%；参加贮运和加工技术需求重要性排序的农户依次为 1 人、1 人、1 人，其占参与调查农户的比例依次为 2. 27%、2. 27%、2. 27%。具体情况见表 54。

表 54 加入合作组织的农户技术需求重要性排序 （单位：人,%）

类型排序		一	二	三	四	五	六	合计
增加产量良种技术	人数	29	2	2	—	—	—	33
	百分比	65. 9	4. 55	4. 55	—	—	—	75
提高品质良种技术	人数	6	25	—	—	—	—	31
	百分比	13. 63	56. 82	—	—	—	—	70. 45
病虫害防控技术	人数	5	6	7	1	—	—	19
	百分比	11. 36	13. 63	15. 92	2. 27	—	—	43. 18
节本高效栽培技术	人数	—	3	5	3	—	—	11
	百分比	—	6. 82	11. 36	6. 82	—	—	25
省工机械技术	人数	12	8	13	10	1	—	44
	百分比	27. 27	18. 18	29. 55	22. 73	2. 27	—	100
水肥及管理技术	人数	1	—	1	1	—	2	5
	百分比	2. 27	—	2. 27	2. 27	—	4. 55	11. 36
贮运和加工技术	人数	1	1	1	—	—	—	3
	百分比	2. 27	2. 27	2. 27	—	—	—	6. 82

从加入专业合作组织的农户对各类技术需求重要性排序的赋值得分情况来看，农户对省工机械技术需求程度最高，得分为 5. 46 分，排在首位；其次为增加产量良种技术，得分为 5. 11 分；排在第三位的是提高品质良种技术，得分为 4. 36 分；排在第四位的是病虫害防控技术，得分为 2. 51 分；排在第五位的是节本高效栽培技术，得分为 1. 25 分；排在第六位的是水肥管理技术，得分为 0. 45 分；排在第七位的是贮运和加工技术，得分为 0. 41 分。具体见表 55。

表 55　加入专业合作组织农户技术需求重要性赋值法排序

类型排序	一	二	三	四	五	六	合计
增加产量技术	4.61	0.27	0.23	—	—	—	5.11
提高品质技术	0.95	3.41	—	—	—	—	4.36
虫害防控技术	0.8	0.82	0.8	0.09	—	—	2.51
节本高效技术	—	0.41	0.57	0.27	—	—	1.25
省工机械技术	1.91	1.09	1.48	0.91	0.07	—	5.46
水肥管理技术	0.16	—	0.11	0.09	—	0.09	0.45
储运加工技术	0.16	0.14	0.11	—	—	—	0.41

在加入农民专业合作社的44户中有44户参与了对各类技术满足程度的评价调查，从农户对各类技术的满足程度评价调查情况来看，对现有的增加产量良种技术认为满足的有5户，占11.36%，认为基本满足的有8户，占18.18%，认为有待提高的有10户，占22.73%，认为亟待提高的有21户，占47.73%；对现有提高品质良种技术认为满足的有23户，占52.27%，认为基本满足的农户有1户，占2.27%，认为亟待提高的有20户，占45.45%；对现有病虫害防控技术认为满足的有19户，占43.18%，认为基本满足的有9户，占20.45%，认为有待提高的有9户，占20.45%，认为亟待提高的有7户，占15.91%；对现有节本高效栽培技术认为满足的43户，占97.73%，认为有待提高的有1户，占2.27%；对现有省工机械技术认为满足的有11户，占25%，认为基本满足的有13户，占29.55%，认为有待提高的有8户，占18.18%，认为亟待提高的有12户，占27.27%；对现有水肥及管理技术认为满足的4户，占9.09%，认为基本满足的有14户，占31.82%，认为有待提高的有4户，占9.09%，认为亟待提高的有21户，占47.73%。具体情况见表56。

表 56　加入合作组织的农户对现有技术评价情况　（单位：人,%）

类型评价		满足	基本满足	有待提高	亟待提高	合计
增加产量良种技术	人数	5	8	10	21	44
	百分比	11.36	18.18	22.73	47.73	100
提高品质良种技术	人数	23	1	—	20	44
	百分比	52.27	2.27	—	45.45	100
病虫害防控技术	人数	19	9	9	7	44
	百分比	43.18	20.45	20.45	15.91	100
节本高效栽培技术	人数	43	—	1	—	44
	百分比	97.73	—	2.27	—	100
省工机械技术	人数	11	13	8	12	44
	百分比	25	29.55	18.18	27.27	100

（续表）

类型评价		满足	基本满足	有待提高	亟待提高	合计
水肥及管理技术	人数	4	14	4	21	43
	百分比	9.09	31.82	9.09	47.73	97.73
贮运和加工技术	人数	—	—	—	—	—
	百分比	—	—	—	—	—

3.3.4.2　未加入合作社农户对各类技术的需求及满足情况分析

从2017年农户调查的数据统计情况来看，在未参加合作社的102个农户中对增加产量良种技术有需求的农户有60户，占被调查户数的58.82%；对提高品质良种技术有需求的农户有61户，占被调查户数的59.8%；对病虫害防控技术有需求的农户有48户，占被调查户数的47.06%；对节本高效栽培技术有需求的农户有18户，占被调查户数的17.65%；对省工机械技术有需求的农户有102户，占被调查户数的100%；对水肥及管理技术有需求的农户有6户，占被调查户数的5.88%；对贮运和加工技术有需求的农户有5户，占被调查户数的4.9%。由此可以看出，未加入农民专业合作社的农户整体还依赖于传统农业生产方式，同时，农户已经开始认识到各项技术的重要性，需求度最高的是提高品质良种技术和增加产量良种技术，分别占到59.8%和58.82%。

与2016年相比，未参加农民专业合作社的农户对各项技术的需求比例整体呈现下降趋势，对增加产量良种技术、提高品质良种技术、病虫害防控技术、节本高效栽培技术、水肥及管理技术、贮运和加工技术的需求下降幅度较大，其中对省工机械技术需求幅度上升14.71%。具体见图7。

从被调查的未参加合作社农户对各类技术需求重要性排序情况来看，认为增加产量良种技术重要的农户其急需性排序的人数依次为54人、2人、4人，其所占该选项的比重依次为52.94%、1.96%，3.92%；认为提高品质良种技术重要的农户其重要性排序的人数依次为17人、42人、2人，所占该选项的比重依次为16.67%、41.18%、1.96%；认为病虫害防控技术重要的农户其重要性排序的人数依次为22人、14人、11人、1人，所占该选项的比重依次为21.57%、13.73%、10.78%、0.98%；认为节本高效栽培技术重要的农户其重要性排序的人数依次为3人、3人、10人、2人，所占该选项的比重依次为2.94%、2.94%、9.80%、1.96%；认为省工机械技术重要的农户其重要性排序的人数依次为15人、21人、32人、23人、11人，所占该选项的比重依次为14.71%、20.59%、31.37%、22.55%、10.78%；认为水肥及管理技术重要的农户其重要性排序的人数依次为2人、4人、1人、1人，所占该选项的比重依次为1.96%、3.92%、0.98%、0.98%；认为贮运和加工技术重要的农户其重要性排序的人数依次为2人、3人，所占该选项的比重依次为1.96%、2.94%。具体见表57。

从未加入专业合作组织的农户对各类技术需求重要性排序的赋值得分来看，省工机械技术的得分为5.06分，排在首位；其次为增加产量良种技术，得分为4.03分；排在

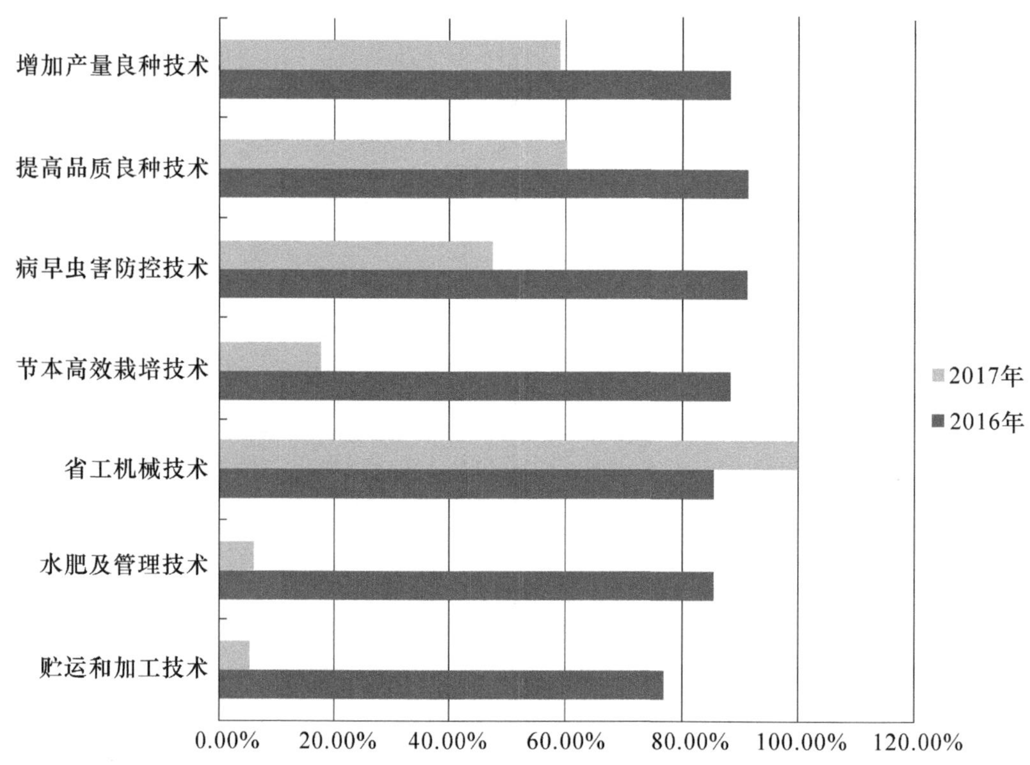

图 7 2016 年和 2017 年未参加合作社的农户对各项技术需求度比较

表 57 未参加专业合作组织的农户技术需求重要性排序情况 （单位：人，%）

类型排序		一	二	三	四	五	合计
增加产量良种技术	人数	54	2	4	—	—	60
	百分比	52.94	1.96	3.92	—	—	58.82
提高品质良种技术	人数	17	42	2	—	—	61
	百分比	16.67	41.18	1.96	—	—	59.8
病虫害防控技术	人数	22	14	11	1	—	48
	百分比	21.57	13.73	10.78	0.98	—	47.06
节本高效栽培技术	人数	3	3	10	2	—	18
	百分比	2.94	2.94	9.80	1.96	—	17.65
省工机械技术	人数	15	21	32	23	11	102
	百分比	14.71	20.59	31.37	22.55	10.78	100.00
水肥及管理技术	人数	2	4	1	1	—	6
	百分比	1.96	3.92	0.98	0.98	—	5.88
贮运和加工技术	人数	2	—	3	—	—	5
	百分比	1.96	—	2.94	—	—	4.90

第三位的是提高品质良种技术，得分为3.74分；排在第四位的是病虫害防控技术，得分为2.91分；排在第五位的是节本高效栽培技术，得分为0.96分；排在第六位的是水肥及管理技术，得分为0.47分；排在第七位的是贮运和加工技术，得分为0.29分。具体见表58。

表58 未参加专业合作组织的农户技术需求重要性排序赋值

类型排序	一	二	三	四	五	合计
增加产量良种技术	3.71	0.12	0.2	—	—	4.03
提高品质技良种术	1.17	2.47	0.1	—	—	3.74
病虫害防控技术	1.51	0.82	0.54	0.04	—	2.91
节本高效栽培技术	0.21	0.18	0.49	0.08	—	0.96
省工机械技术	1.03	1.24	1.57	0.9	0.32	5.06
水肥管理技术	0.14	0.24	0.05	0.04	—	0.47
贮运加工技术	0.14	—	0.15	—	—	0.29

从未加入农民专业合作社的102户中有102户参与了对各类技术满足程度的评价调查，从农户对各类技术的满足程度评价调查情况来看，对现有的增加产量良种技术认为满足的有30户，占29.41%，认为基本满足的有5户，占4.90%，认为有待提高的有25户，占24.51%，认为亟待提高的有42户，占41.18%；对现有提高品质良种技术认为满足的有44户，占43.14%，认为基本满足的农户有10户，占9.80%，认为有待提高的有2户，占1.96%，认为亟待提高的有46户，占45.10%；对现有病虫害防控技术认为满足的有25户，占24.51%，认为基本满足的有23户，占22.55%，认为有待提高的有31户，占30.39%，认为亟待提高的有23户，占22.55%；对现有节本高效栽培技术认为满足的99户，占97.06%，认为基本满足的有3户，占2.94%；对现有省工机械技术认为满足的有34户，占33.33%，认为基本满足的有32户，占31.37%，认为有待提高的有21户，占20.59%，认为亟待提高的有15户，占14.71%；对现有水肥及管理技术认为满足的8户，占7.84%，认为基本满足的有15户，占14.71%，认为有待提高的有5户，占4.90%，认为亟待提高的有71户，占69.61%具体情况见表59。

表59 未加入合作组织的农户对现有技术水平的评价 （单位：人,%）

类型评价		满足	基本满足	有待提高	亟待提高	合计
增加产量良种技术	人数	30	5	25	42	102
	百分比	29.41	4.90	24.51	41.18	100.00
提高品质良种技术	人数	44	10	2	46	102
	百分比	43.14	9.80	1.96	45.10	100.00
病虫害防控技术	人数	25	23	31	23	102
	百分比	24.51	22.55	30.39	22.55	100.00

（续表）

类型评价		满足	基本满足	有待提高	亟待提高	合计
节本高效栽培技术	人数	99	3	—	—	102
	百分比	97.06	2.94	—	—	100.00
省工机械技术	人数	34	32	21	15	102
	百分比	33.33	31.37	20.59	14.71	100.00
水肥及管理技术	人数	8	15	5	71	99
	百分比	7.84	14.71	4.90	69.61	97.06
贮运和加工技术	人数	—	—	—	—	—
	百分比	—	—	—	—	—

3.3.4.3　不同民族农户对各类技术的需求情况分析

从加入合作社和未加入合作社农户对各类技术的需求对比情况来看，不论是加入还是未加入合作组织的农户都对增加产量良种技术、提高品质良种技术、病虫害防控技术、节本高效栽培技术和省工机械技术有迫切需求。与未加入合作组织相比，加入合作组织的农户对各项技术需求度均大于未加入合作组织的农户，这说明专业合作组织为农户提供技术服务在一定程度上发挥了作用，但是并没有满足农户的实际需求，还有待于进一步的加强，提高技术服务水平。具体见图 8。

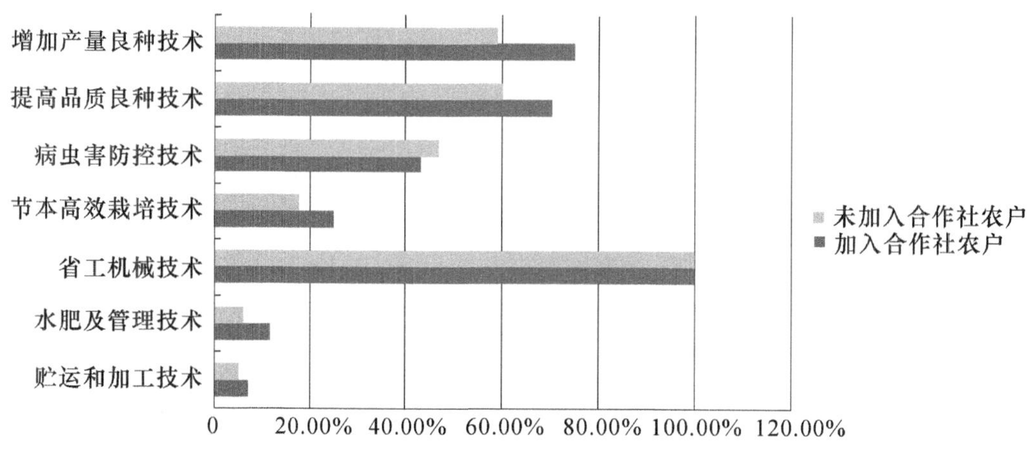

图 8　参加与未参加合作社的农户对各项技术需求度比较

4　调查农户甜瓜投入产出分析

4.1　农户甜瓜种植面积及产出情况

4.1.1　农户甜瓜种植面积情况

2017 年调查农户平均种植面积为 42.17 亩，与 2016 年调查农户平均种植面积

28.72 亩相比增加了 13.45 亩，增幅达 46.83%，其主要原因为 2017 年调研的地区与 2016 年调研的地区不同，2016 年调研的哈密市伊州区主要是小农户为主，普遍种植甜瓜规模较小，2017 年调研了哈密市伊州区和吐鲁番市高昌区，主要是中小规模甜瓜种植农户，也有一些种植大户，其中调查农户种植面积最大的户为 600 亩，种植面积最小的户为 0.4 亩。

在 2017 年被调查的 147 户甜瓜种植户中，播种面积在 20 亩以下的农户有 71 户，占调查农户的 48.30%，种植面积在 21~40 亩的农户有 44 户，占调查农户的 29.93%，播种面积在 41~60 的有 16 户，占调查农户的 10.88%，种植面积在 61~80 亩的农户有 5 户，占调查农户的 3.40%，种植面积在 81~100 亩的农户有 3 户，占调查农户的 2.04%，种植面积在 100 亩以上的农户有 8 户，占调查农户的 5.45%。具体见表 60。

表 60　农户甜瓜种植面积分布　　（单位：户,%）

播种面积	户数			比重		
	伊州区	高昌区	合计	伊州区	高昌区	合计
20 亩以下	44	27	71	29.93	18.37	48.30
21~40 亩	36	8	44	24.49	5.44	29.93
41~60 亩	14	2	16	9.52	1.36	10.88
61~80 亩	3	2	5	2.04	1.36	3.40
81~100 亩	2	1	3	1.36	0.68	2.04
100 亩以上	2	6	8	1.36	4.09	5.45
合计	101	46	147	68.71	31.29	100

4.1.2　农户甜瓜产出情况

从甜瓜产出情况可以看出，2017 年被调查农户平均每户种植面积为 42.17 亩，与 2016 年相比增加了 13.45，增幅为 46.83%；每户平均甜瓜产量为 91.19 t，与 2016 年相比增加了 35.97 t，增幅为 65.14%；2017 年调查农户平均每户甜瓜销售收入为 9.32 万元，与 2016 年相比减少了 2.92 万元，减幅为 23.86%，说明 2017 年农户在户均播种面积和户均总产量增加的情况下，甜瓜销售收入并没有同比增加，而是减少，主要是销售价格大幅度降低。由于农户间种植规模的差异较大，导致每个农户甜瓜总产量和收入的差异也较大，具体见表 61。

表 61　户均甜瓜种植产出分析

项目	户均播种面积（亩）		户均总产量（t）		户均总收入（万元）	
	2016 年	2017 年	2016 年	2017 年	2016 年	2017 年
调研户数	191	147	191	147	191	147
平均值	28.72	42.17	55.22	91.19	12.24	9.32

（续表）

项目	户均播种面积（亩）		户均总产量（t）		户均总收入（万元）	
	2016 年	2017 年	2016 年	2017 年	2016 年	2017 年
最大值	201	600	364.80	1200	87.55	90
最小值	4	0.4	8	0.8	1.19	0.06

从甜瓜单位面积产出情况来看，2017 年被调查农户平均每亩甜瓜产量为 2 162.28 kg/亩，与 2016 年相比增加了 239.37 kg/亩，增幅为 12.45%；甜瓜平均销售价格为 1.02 元/亩，与 2016 年相比降低了 1.2 元/kg，降幅为 54.05%；甜瓜亩均产值为 2 205.53 元/亩，与 2016 年每亩产值相比降低了 2 056.4 元，降幅 48.25%。说明在单产增加的情况下，由于价格大幅度下降，导致亩产值也大幅度下降。甜瓜单位面积产量最大值和最小值相差较大，主要原因是不同农户在种植规模、生产方式以及物质投入和人工投入不同。种植规模小的农户，无论是采用设施栽培还是露地栽培，农户对田间管理都很精细，亩产量相对于种植规模大的农户甜瓜亩产量要高，但是由于设施栽培的物质投入和人工投入高于露地栽培，甜瓜品质相对于露地栽培的甜瓜品质要好，甜瓜上市季节提前，所以在价格上，设施栽培种植的甜瓜价格要高于露地栽培种植的甜瓜，导致亩产值产生很大差异。具体见表 62。

表 62　甜瓜每亩产出分析

项目	亩产量（kg/亩）		价格（元/kg）		亩产值（元/亩）	
	2016 年	2017 年	2016 年	2017 年	2016 年	2017 年
调研户数	191	147	191	147	191	147
平均值	1 922.91	2 162.28	2.22	1.02	4 261.93	2 205.53
最大值	4000	7000	3.00	9	6500	25000
最小值	1000	133	0.80	0.08	1200	20

4.1.3　不同种植规模农户甜瓜产出分析

从甜瓜不同种植规模农户的产出情况来看，种植规模在 20 亩以下时，亩均产量为 2 203.28 kg/亩，平均销售价格为 1.80 元/kg，亩均产值为 3 965.90 元/亩；种植规模在 21～40 亩时，亩均产量为 2 245.49 kg/亩，平均销售价格为 1.02 元/kg，亩均产值为 2 290.40元/亩；种植规模在 41～60 亩时，亩均产量为 2 334.11 kg/亩，平均销售价格为 0.89 元/kg，亩均产值为 2 077.36 元/亩；种植规模在 61～80 亩时，亩均产量为 3 942.05kg/亩，平均销售价格为 0.70 元/kg，亩均产值为 2 759.44 元/亩；种植规模在 81～100 亩时，亩均产量为 2 400 kg/亩，平均销售价格为 0.63 元/kg，亩均产值为 1512 元/亩；种植规模在 100 亩以上时，亩均产量为 1 733.33 kg/亩，平均销售价格为 0.90 元/kg，亩均产值为 1 560.00 元/亩；由此可以看出，随着种植规模的不断增加，亩产量在不断增加，当种植规模到 61～80 亩时，亩产量达到最大值，当种植规模再不断增加时，亩产量不断降低，说明种植规模在 61～80 亩是甜瓜种植最适度的规模；但是随着种植规模的增加，价格出现逐渐下降的趋势，在种植规模达到 100 亩以上时，价格又出现回升，在种植规模是 20 亩以下时，价格最高，说明小规模种植在甜瓜品质上都要优于大规模种植；在种植规模为 20 亩以下时，亩产值达到最高，说明小规模精细种植会提高农户的甜瓜销售收入，随着种植规模的不断增加，亩产值逐渐下降，当种植规模达到 61～80 亩时，亩产值又上升到 2 759.44 元/亩，当种植规模再不断增加时，亩产值又出现大幅下降，说明适度规模种植也能有效提高甜瓜销售收入。具体见表 63。

表 63　2017 年不同种植规模农户产出分析

指标		亩产量（kg/亩）	价格（元/kg）	亩产值（元/亩）
20 亩以下	调研户数	71	71	71
	平均值	2 203.28	1.80	3 965.90
	最大值	7 000	9	25 000
	最小值	133	0.08	140
21～40 亩	调研户数	44	44	44
	平均值	2 245.49	1.02	2 290.40
	最大值	4 000	3	5 882.35
	最小值	300	0.13	20
41～60 亩	调研户数	16	16	16
	平均值	2 334.11	0.89	2 077.36
	最大值	4 400	3.25	5 357.14
	最小值	400	0.23	26.67
61～80 亩	调研户数	5	5	5
	平均值	3 942.05	0.70	2 759.44
	最大值	2 500	2	6 000
	最小值	1 000	0.6	300
81～100 亩	调研户数	3	3	3
	平均值	2 400	0.63	1 512
	最大值	2 700	0.93	2 500
	最小值	2 000	0.4	1 000
100 亩以上	调研户数	8	8	8
	平均值	1 733.33	0.90	1 560.00
	最大值	2 000	3.33	5 000
	最小值	1 500	0.5	1 000

4.1.4 不同地区农户甜瓜产出分析

从甜瓜种植不同地区农户的产出情况来看，哈密市伊州区亩均产量为 2 374.08 kg/亩，平均销售价格为 1.05 元/kg，亩均产值为 2 492.78 元/亩；吐鲁番市高昌区亩均产量为 1 932.37 kg/亩，平均销售价格为 0.98 元/kg，亩均产值为 1 893.72 元/亩。由此可以看出，哈密市伊州区的亩均产量、平均销售价格、亩均产值均高于吐鲁番市高昌区，但亩产量最大值、销售价格最大值、亩产值最大值的甜瓜种植农户均在吐鲁番市高昌区，这是由于哈密市伊州区甜瓜户均种植规模为 32.21 亩，吐鲁番市高昌区甜瓜户均种植规模为 84.72 亩，小规模种植的价格和亩产值要高于大规模种植的价格和亩产值，又由于每个地区的种植规模差异大，所以会出现亩产量的差异。具体见表 64。

表 64　2017 年不同地区农户产出分析

指标		亩产量（kg/亩）	价格（元/kg）	亩产值（元/亩）
哈密市伊州区	调研户数	101	101	101
	平均值	2 374.08	1.05	2 492.78
	最大值	5 000	3.53	6 500
	最小值	133	0.13	20
吐鲁番市高昌区	调研户数	46	46	46
	平均值	1 932.37	0.98	1 893.72
	最大值	7 000	9	25 000
	最小值	300	0.08	140

4.1.5 不同民族农户甜瓜产出分析

从甜瓜种植不同民族农户的产出情况来看，汉族农户亩均产量为 2 287.30 kg/亩，平均销售价格为 1.02 元/kg，亩均产值为 2 333.05 元/亩；少数民族农户亩均产量为 1 820.13 kg/亩，平均销售价格为 1.02 元/kg，亩均产值为 1 856.53 元/亩。由此可以看出，汉族农户与少数民族农户平均销售价格相同，但汉族农户的亩均产量和亩产值均高于少数民族，这是由于汉族农户比少数民族农户更易掌握甜瓜种植生产技术，在生产要素投入方面，汉族农户比少数民主农户投入要高，致使亩产量和亩产值都要高于少数民族的甜瓜亩产量，具体见表 65。

表 65　2017 年不同民族农户产出分析

指标		亩产量（kg/亩）	价格（元/kg）	亩产值（元/亩）
汉族	调研户数	97	97	97
	平均值	2 287.30	1.02	2 333.05
	最大值	5 000	9	25 000
	最小值	1 000	0.16	20

（续表）

指标		亩产量（kg/亩）	价格（元/kg）	亩产值（元/亩）
少数民族	调研户数	50	50	50
	平均值	1 820.13	1.02	1 856.53
	最大值	7 000	4	6 000
	最小值	133	0.08	140

4.1.6　不同生产方式农户甜瓜产出分析

从甜瓜种植不同生产方式农户的产出情况来看，露地栽培农户亩均产量为 2 159.07 kg/亩，平均销售价格为 0.98 元/kg，亩均产值为 2 115.89 元/亩；设施栽培农户亩均产量为 2 264.17 kg/亩，平均销售价格为 2.31 元/kg，亩均产值为 5230.23 元/亩。由此可以看出，设施栽培农户的亩均产量、平均销售价格、亩均产值均高于露地栽培农户，这是因为设施栽培不仅田间管理技术要高于露地栽培，生产要素投入也要高于露地栽培，使得甜瓜品质和亩产量、亩产值都要高于露地栽培，具体见表 66。

表 66　2017 年不同生产方式农户产出分析

指标		亩产量（kg/亩）	价格（元/kg）	亩产值（元/亩）
露地栽培	调研户数	135	135	135
	平均值	2 159.07	0.98	2 115.89
	最大值	7 000	4	10 000
	最小值	133	0.08	20
设施栽培	调研户数	12	12	12
	平均值	2 264.17	2.31	5 230.23
	最大值	3 000	9	25 000
	最小值	1 000	0.8	1 500

4.2　农户甜瓜生产要素投入情况分析

甜瓜的生产总投入主要包括物质服务投入、劳动投入以及土地费用三大类。物质投入按照实际投入的物质价值计算；劳动投入主要为家庭用工折价和雇工费用；土地费用主要为流转地租金。

4.2.1　农户种植甜瓜总投入情况分析

从甜瓜每亩生产投入与结构情况来看，2017 年调查农户种植甜瓜平均每亩总成本为 3 075.72 元/亩。平均物质投入成本为 1 577.10 元/亩，占总成本的 51.28%。平均劳动投入成本为 1 024.24 元/亩，占总成本的 33.30%，其中，平均家庭用工折价为 283.77 元/亩，占平均劳动成本的 27.71%，平均雇工费用为 740.47 元/亩，占平均劳动成本的 72.29%。流转地租金平均为 474.38 元/亩，占总成本的 15.42%。甜瓜总投入及构成情况见表67。

表67　甜瓜每亩生产投入及结构

投入		单位	2016年	2017年
平均物质服务投入成本		元/亩	1 429.89	1 577.10
占平均总成本比重		%	68.71	51.28
平均劳动成本	平均家庭用工折价	元/亩	275.14	283.77
	比重	%	47.72	27.71
	平均雇工费用	元/亩	301.41	740.47
	比重	%	52.28	72.29
平均劳动成本合计		元/亩	576.55	1 024.24
占平均总成本比重		%	27.70	33.30
平均土地成本		元/亩	74.82	474.38
占平均总成本比重		%	3.59	15.42
总成本		元/亩	2 081.26	3 075.72

就2016年与2017年调查农户成本对比分析来看，2016年调查农户甜瓜种植总成本为2 081.26元/亩，2017年与2016年相比增加了994.46元/亩，主要原因在于物质投入成本，劳动力成本和土地成本均高于2016年的成本。其中，物质投入成本增加了147.21元/亩，其占总成本的比重降低了17.43个百分点；劳动力投入成本增加了447.69元/亩，其占总成本的比重增加了5.6个百分点，其中家庭用工折价较2016年有所升高，主要是因为家庭用工折价标准提高所致，但雇工费用2017年为740.47元/亩，远高于2016年的301.41元/亩；平均土地成本较2016年增加了399.56元/亩，其占总成本的比重增加了11.83个百分点。总体来看，2017年调查农户甜瓜种植成本比上年有了较大幅度的上升，上升的主要原因，一方面是物质投入成本的增加，而另一方面主要是农户种植规模的增加，使得人工费用中的雇工成本和土地流转费用大幅度上升，进而增加了亩均甜瓜种植总成本，降低了效益。

4.2.2　*农户种植甜瓜物质服务投入分析*

从2017年调查农户种植甜瓜平均每亩的物质服务投入情况看，平均每亩物质服务投入为1 577.10元/亩，其中，种子费239.93元/亩，占物质服务投入的15.21%，化肥费用462.68元/亩，占物质服务投入的29.34%，农家肥费用310.72元/亩，占物质服务投入的19.70%，农药费95.10元/亩，占物质服务投入的6.03%，农膜费117.35元/亩，占物质服务投入的7.44%，机械作业费81.82元/亩，占物质服务投入的5.19%，灌溉费用233.23元/亩，占物质服务投入的14.79%，其他物质费用36.67元/亩，占物质服务投入的2.33%。农户甜瓜每亩物质服务投入及构成见表68。

与2016年的物质服务投入及结构比较可以看出，2017年物质服务投入为1 577.10

元/亩，比2016年每亩投入增加了157.39元/亩，增幅为11.09%，其主要原因为化肥费、农药费、农膜费、机械作业费、灌溉费、其他费用等都出现了不同程度的增加，分别增加了278.35元/亩、61.36元/亩、0.42元/亩、11.17元/亩、77.78元/亩、2.6元/亩；其中化肥费、农药费和灌溉费增幅比例较大，分别为151.01%、181.86%、50.04%，而农膜费、机械作业费和其他费用增幅较小，分别为0.36%、15.81%、7.63%。种子费和农家肥费较2016年均有所降低，分别降低了111元/亩、162.89元/亩；较上年降幅分别为31.63%，34.39%，这也说明农户对甜瓜新品种的使用和提高甜瓜的质量和产量都比较重视，加大了投入力度。具体见表68。

表68　甜瓜每亩物质服务成本投入结构　　（单位：元/亩,%）

项目	2016年		2017年	
	金额	比重	金额	比重
种子费	350.93	24.72	239.93	15.21
化肥费	184.33	12.98	462.68	29.34
农家肥费	473.61	33.36	310.72	19.70
农药费	33.74	2.38	95.10	6.03
农膜费	116.93	8.24	117.35	7.44
机械作业费	70.65	4.98	81.82	5.19
灌溉费	155.45	10.95	233.23	14.79
其他物质费用	34.07	2.40	36.67	2.33
直接成本合计	1 419.71	100	1 577.10	100

4.2.3　农户种植甜瓜劳动用工投入情况分析

从2017年调查农户种植甜瓜劳动投入情况表可以看出，调查农户种植甜瓜每亩平均总用工天数为10.89天/亩，相对于2016年的6.96天/亩，增加了3.93天/亩，增幅为56.47%；其中家庭用工工时每亩平均为6.28天/亩，相对于2016年增加了1.66天/亩，增幅为35.93%；而雇工工时为4.61天/亩，相对于2016年的2.33天/亩，增加了2.28天/亩，增幅为97.85%。

之所以出现农户家庭用工工时和雇工工时都增加的情况，其主要原因2017年调查农户的户均种植规模比2016年有较大幅度的增加，种植大户数量增加，导致家庭用工工时和雇工工时都有所增加。2017年调查农户种植甜瓜的雇工工价平均为166.13元/天，较2016年增加了36.87元/天，增幅28.52%；2017年新疆维吾尔自治区家庭用工统一工价为76.90元/天，较2016年的59.50元/天增加了17.4元/天。具体见表69。

4.2.4　农户种植甜瓜土地费用情况分析

2017年调查农户种植甜瓜平均每亩土地流转租金为474.38元，占总成本的比例为15.42%，较2016年的平均每亩土地流转租金74.82元大幅增加。其主要原因是2017年流转土地种植甜瓜的农户有71户，占调查农户的48.30%，剩下51.70%的农户是在

表 69　甜瓜每亩劳动用工投入情况　（单位：天/亩、元/天）

项目	家庭用工工时		雇工工时	
	2016 年	2017 年	2016 年	2017 年
平均值	4.62	6.28	2.33	4.61
最大值	20	25	10	11
最小值	1	0	0.5	0
项目	总用工天数		雇工工价	
	2016 年	2017 年	2016 年	2017 年
平均值	6.96	10.89	129.26	166.13
最大值	20	25	160	300
最小值	1.7	0	100	80

自家承包耕地种植甜瓜，而 2016 年流转土地种植甜瓜的农户有 21 户，仅占调查农户的 11%，大部分农户是在自家承包耕地种植甜瓜。由于新疆成本调查机构未发布 2016 年度全区统一的自营地折租数据，因此本文土地费用中未考虑自营地折租。

4.2.5　不同规模农户种植甜瓜生产要素投入情况分析

从 2017 年不同规模甜瓜生产要素投入分析表可以看出，种植规模在 20 亩以下时，种植甜瓜平均总投入为 3 314.07 元/亩，其中物质服务费用占 49.26%，劳动力费用占 39.23%，土地费用占 11.51%；种植规模在 21～40 亩时，种植甜瓜平均总投入为 3 144.07 元/亩，其中物质服务费用占 45.91%，劳动力费用占 43.06%，土地费用占 11.03%；种植规模在 41～60 亩时，种植甜瓜平均总投入为 3 297.44 元/亩，其中物质服务费用占 45.50%，劳动力费用占 34.89%，土地费用占 19.61%；种植规模在 61～80 亩时，种植甜瓜平均总投入为 3 613.25 元/亩，其中物质服务费用占 42.20%，劳动力费用占 34.40%，土地费用占 23.40%；种植规模在 81～100 亩时，种植甜瓜平均总投入为 2 744.76 元/亩，其中物质服务费用占 46.12%，劳动力费用占 27.16%，土地费用占 26.72%；种植规模在 100 亩以上时，种植甜瓜平均总投入为 2 825.62 元/亩，其中物质服务费用占 60.39%，劳动力费用占 24.36%，土地费用占 15.25%。由此可以看出，种植规模在 61～80 亩时，生产要素投入最高，种植规模小于 61～80 亩时的平均生产要素投入高于种植规模大于 61～80 时的平均生产要素，说明种植规模偏大的农户，生产要素投入偏低。具体见表 70、图 9。

表 70　2017 年不同规模甜瓜生产要素投入分析　（单位：元/亩,%）

项目	物质服务		劳动力		土地		合计
	费用	占比	费用	占比	费用	占比	
20 亩以下	1 632.45	49.26	1 300.15	39.23	381.47	11.51	3 314.07
21～40 亩	1 443.76	45.91	1 353.96	43.06	346.89	11.03	3 144.61

（续表）

项目	物质服务		劳动力		土地		合计
	费用	占比	费用	占比	费用	占比	
41~60 亩	1 500. 26	45. 50	1 150. 45	34. 89	646. 73	19. 61	3 297. 44
61~80 亩	1 524. 65	42. 20	1 242. 78	34. 40	845. 82	23. 40	3 613. 25
81~100 亩	1 266	46. 12	745. 43	27. 16	733. 33	26. 72	2 744. 76
100 亩以上	1 706. 41	60. 39	688. 46	24. 36	430. 75	15. 25	2 825. 62

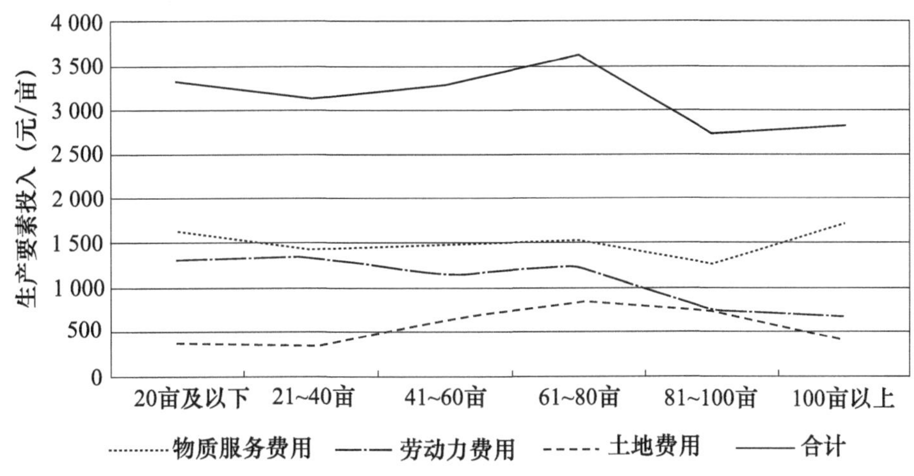

图 9　2017 年不同规模甜瓜生产要素投入分析

4.2.6　不同地区农户种植甜瓜生产要素投入情况分析

从 2017 年不同地区农户甜瓜生产要素投入分析表可以看出，哈密市伊州区农户种植甜瓜平均总投入为 3110. 95 元/亩，其中物质服务费用占 45. 53%，劳动力费用占 40. 01%，土地费用占 14. 46%；吐鲁番市高昌区农户种植甜瓜平均总投入为 3037. 46 元/亩，其中物质服务费用占 57. 66%，劳动力费用占 25. 85%，土地费用占 16. 49%。由此可以看出，哈密市伊州区农户种植甜瓜以物质服务投入和劳动力投入为主，吐鲁番市高昌区农户种植甜瓜以物质服务投入为主。具体见表 71。

表 71　2017 年不同地区甜瓜生产要素投入分析　　（单位：元/亩,%）

项目	物质服务		劳动力		土地		合计
	费用	占比	费用	占比	费用	占比	
哈密市伊州区	1 416. 52	45. 53	1 244. 59	40. 01	449. 84	14. 46	3 110. 95
吐鲁番市高昌区	1 751. 40	57. 66	785. 04	25. 85	501. 02	16. 49	3 037. 46

4.2.7　不同民族农户种植甜瓜生产要素投入情况分析

从 2017 年不同民族农户甜瓜生产要素投入分析表可以看出，汉族农户种植甜瓜平均总投入为 3 215. 94 元/亩，其中物质服务费用占 49. 88%，劳动力费用占 33. 27%，土地费用占 16. 85%；少数民族农户种植甜瓜平均总投入为 2 691. 92 元/亩，其中物质服务费用占 55. 84%，劳动力费用占 33. 40%，土地费用占 10. 76%。由此可以看出，汉族农户种植甜瓜平均每亩生产要素投入高于少数民族种植甜瓜平均每亩生产要素投入，相较于少数民族农户，汉族农户不仅在物质服务投入方面高于少数民族，在劳动力投入方面也要高于少数民族，说明汉族农户比少数民族农户更容易掌握甜瓜生产种植技术。具体见表 72。

表 72　2017 年不同民族农户甜瓜生产要素投入分析　（单位：元/亩,%）

项目	物质服务		劳动力		土地		合计
	费用	占比	费用	占比	费用	占比	
汉族	1 604. 14	49. 88	1 069. 93	33. 27	541. 87	16. 85	3 215. 94
少数民族	1 503. 07	55. 84	899. 19	33. 40	289. 66	10. 76	2 691. 92

4. 2. 8　不同生产方式农户种植甜瓜生产要素投入情况分析

从 2017 年不同生产方式农户甜瓜生产要素投入分析表可以看出，露地栽培农户种植甜瓜平均总投入为 3 042. 8 元/亩，其中，物质服务费用占 51. 29%，劳动力费用占 33. 60%，土地费用占 15. 11%；设施栽培农户种植甜瓜平均总投入为 4 119. 22 元/亩，其中，物质服务费用占 50. 85%，劳动力费用占 26. 40%，土地费用占 22. 75%。

由此可以看出，设施栽培生产要素投入明显高于露地栽培生产要素投入，其中，设施栽培土地费用占比明显高于露地栽培土地费用占比，原因是设施栽培农户都是流转土地，而且租金普遍比露地栽培流转土地租金高，物质服务费用也明显高于露地栽培，因为设施栽培相较于露地栽培要多用设施费用，致使设施栽培的生产要素投入高于露地栽培的生产要素投入。具体见表 73。

表 73　2017 年不同生产方式农户甜瓜生产要素投入分析　（单位：元/亩,%）

项目	物质服务		劳动力		土地		合计
	费用	占比	费用	占比	费用	占比	
露地栽培	1 560. 78	51. 29	1 022. 24	33. 60	459. 78	15. 11	3 042. 8
设施栽培	2 094. 56	50. 85	1 087. 35	26. 40	937. 31	22. 75	4 119. 22

4. 3　农户甜瓜投入产出比较分析

4. 3. 1　农户投入产出总体情况分析

从调查农户种植甜瓜投入产出的总体情况可以看出，2017 年调查农户种植甜瓜每亩的平均总成本为 3 075. 72 元/亩，相对于 2016 年平均每亩总成本 2 081. 26 元/亩，增加了 994. 46 元/亩，增幅为 47. 78%；2017 年调查农户种植甜瓜每亩平均产值为 2 205. 53 元/亩，与 2016 年每亩平均产值相比减少了 2 056. 4 元/亩，减幅为 48. 25%。

2017年调查农户种植甜瓜每亩平均利润为-864.92元/亩，比2016年减少3 045.59元/亩，减幅为139.66%；2017年调查农户种植甜瓜的投入产出比为0.72，比2016年低1.33。由此可以看出，2017年的亩均成本高于2016年的亩均成本，但亩均产值却低于2016年的亩均产值，导致2017年亩均利润和投入产出比都低于2016年，这是因为2017年种植甜瓜的物质服务成本、劳动力投入成本和土地费用成本均高于2016年，虽然2017年户均单产高于2016年，但2017年的甜瓜销售单价出现大幅度下降，导致甜瓜销售收入及亩产值下降，使得投入产出比也出现大幅度下降。具体见表74。

表74 甜瓜投入产出分析

项目	亩成本（元/亩）		亩产值（元/亩）	
	2016年	2017年	2016年	2017年
调研户数	191	147	191	147
平均值	2 081.26	3 075.72	4 261.93	2 205.53
最大值	3 985	9 437	6 500	25 000
最小值	558	1 205.8	1 200	20
项目	亩利润（元/亩）		投入产出比	
	2016年	2017年	2016年	2017年
调研户数	191	147	191	147
平均值	2 180.67	-864.92	2.05	0.72
最大值	4 580	18 836.2	5.58	4.98
最小值	-1 571	-5 228	0.60	0.01

4.3.2 不同种植规模农户甜瓜投入产出分析

从2017年农户甜瓜不同种植规模投入产出情况来看，甜瓜种植面积在20亩以下时，其每亩平均种植成本为3 314.07元/亩，每亩平均产值为3 965.90元/亩，投入产出比为1.20；甜瓜种植规模在21~40亩时，每亩平均种植成本为3 144.61元/亩，每亩平均产值为2 290.40元/亩，投入产出比为0.73；甜瓜种植规模在41~60亩时，每亩平均成本为3 297.44元/亩，每亩平均产值为2 077.36元/亩，投入产出比为0.63；甜瓜种植规模在61~80亩时，每亩平均成本为3 613.25元/亩，每亩平均产值为2 759.44元/亩，投入产出比为0.76；甜瓜种植规模在81~100亩时，每亩平均成本为2 744.76元/亩，每亩平均产值为1 512元/亩，投入产出比为0.55；甜瓜种植规模在100亩以上时，每亩平均成本为2 825.62元/亩，每亩平均产值为1 560.00元/亩，投入产出比为0.54。由此可以看出，随着种植规模的增大，投入产出比在不断降低，当种植规模到61~80亩时，投入产出比又增大，随后又逐渐降低，当种植规模在20亩以下时，投入产出比最高，说明小规模种植能使农户效益最大化。具体见表75、图10。

表 75　2017 年不同种植规模投入产出分析

产出		亩成本（元/亩）	亩产值（元/亩）	投入产出比
20 亩以下	调研户数	71	71	71
	平均值	3 314.07	3 965.90	1.20
	最大值	9 437	25 000	4.98
	最小值	1 332.6	140	0.04
21~40 亩	调研户数	44	44	44
	平均值	3 144.61	2 290.40	0.73
	最大值	4 837	5 882.35	1.91
	最小值	1 205.8	20	0.01
41~60 亩	调研户数	16	16	16
	平均值	3 297.44	2 077.36	0.63
	最大值	4 893.3	5 357.14	2.16
	最小值	2 014.5	26.67	0.01
61~80 亩	调研户数	5	5	5
	平均值	3 613.25	2 759.44	0.76
	最大值	5 091.8	6 000	1.80
	最小值	2 660.7	300	0.06
81~100 亩	调研户数	3	3	3
	平均值	2 744.76	1 512	0.55
	最大值	3 492.5	2 500	1.05
	最小值	2 353.8	1 000	0.29
100 亩以上	调研户数	8	8	8
	平均值	2 825.62	1 560.00	0.54
	最大值	4 166.34	5 000	1.22
	最小值	1 651.9	1 000	0.35

4.3.3　不同地区农户甜瓜投入产出分析

从 2017 年不同种植地区农户甜瓜投入产出情况来看，哈密市伊州区甜瓜平均种植面积为 31.95 亩，每亩平均种植成本为 3 110.95 元/亩，每亩平均产值为 2 492.78 元/亩，投入产出比为 0.80；吐鲁番市高昌区甜瓜平均种植面积为 64.62 亩，每亩平均种植成本为 3 037.46 元/亩，每亩平均产值为 1 893.72 元/亩，投入产出比为 0.62。

由此可以看出，虽然哈密市伊州区和吐鲁番市高昌区的亩均成本相差不多，但由于哈密市伊州区的亩均产值高于吐鲁番市高昌区的亩均产值，所以致使哈密市伊州区的投入产出比高于吐鲁番市高昌区。具体见表 76、图 11。

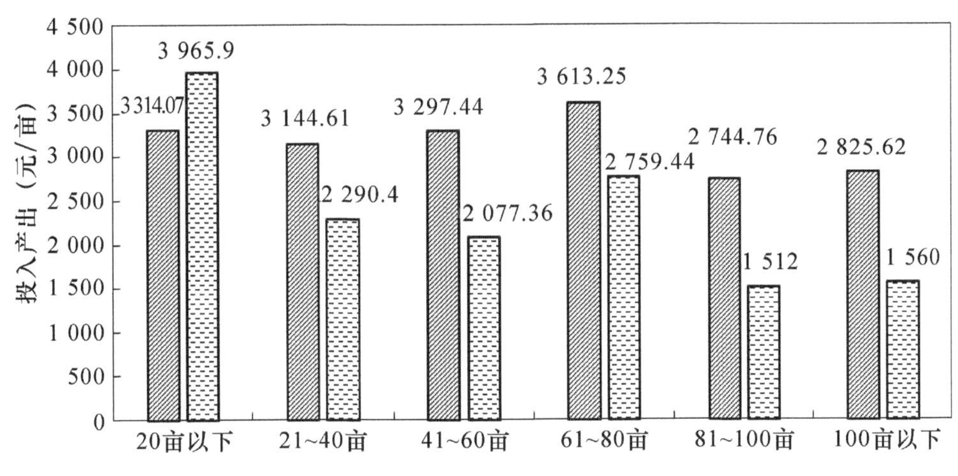

图 10　甜瓜不同种植规模投入产出对比分析

表 76　2017 年不同地区投入产出分析

产出		亩成本（元/亩）	亩产值（元/亩）	投入产出比
哈密市伊州区	调研户数	101	101	101
	平均值	3 110. 95	2 492. 78	0. 80
	最大值	9 437	6 500	4. 98
	最小值	1 205. 8	20	0. 01
吐鲁番市高昌区	调研户数	46	46	46
	平均值	3 037. 46	1 893. 72	0. 62
	最大值	8 890	25 000	4. 06
	最小值	1 332. 6	140	0. 04

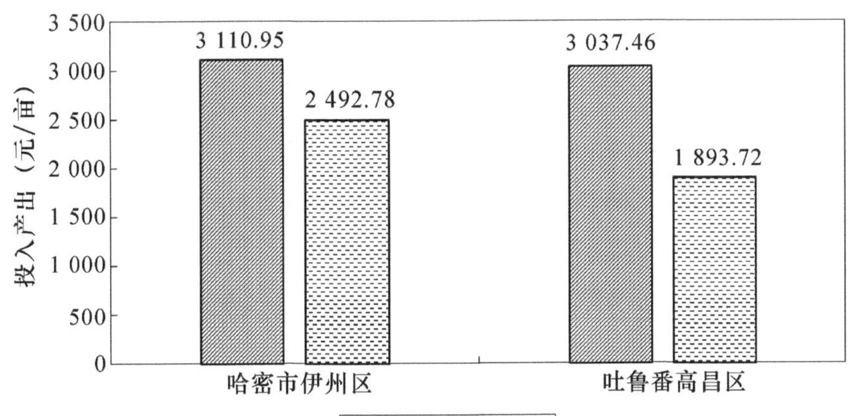

图 11　甜瓜不同地区投入产出对比分析

4.3.4 不同民族农户甜瓜投入产出分析

从2017年不同民族农户甜瓜种植投入产出情况来看，汉族农户甜瓜种植平均面积为46.81亩，每亩平均成本为3 215.94元/亩，每亩平均产值为233.05元/亩，投入产出比为0.73。少数民族农户甜瓜种植平均面积为33.18亩，每亩平均成本为2 691.92元/亩，每亩平均产值为1 865.53元/亩，投入产出比为0.69。可以看出，不论是汉族农户还是少数民族农户，均处于亏损状态。具体见表77、图12。

表77 2017年不同民族投入产出分析

产出		亩成本（元/亩）	亩产值（元/亩）	投入产出比
汉族	调研户数	97	97	97
	平均值	3 215.94	2 333.05	0.73
	最大值	8 890	25 000	4.98
	最小值	1 205.8	20	0.01
少数民族	调研户数	50	50	50
	平均值	2 691.92	1 856.53	0.69
	最大值	9 437	6 000	3.15
	最小值	1 332.6	140	0.04

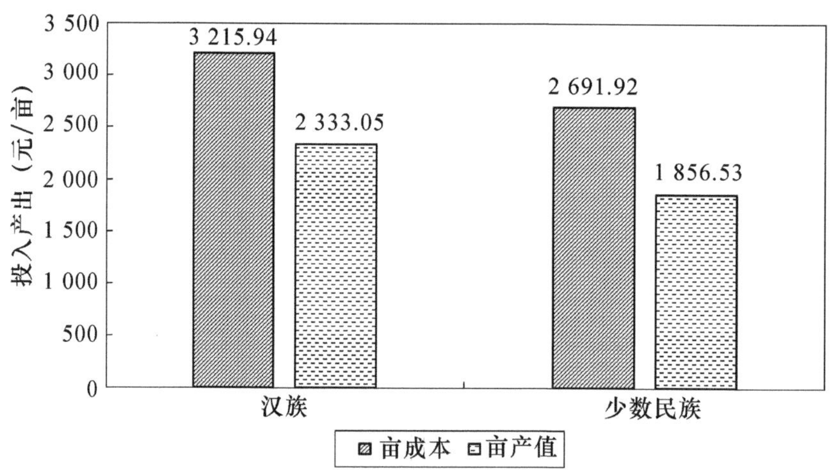

图12 甜瓜不同民族投入产出对比分析

4.3.5 不同生产方式农户甜瓜投入产出分析

从2017年农户不同生产方式投入产出比较可以看出，农户采取露地栽培方式种植甜瓜的平均面积为44.52亩，每亩平均成本为3 042.8元/亩，每亩平均产值为2 115.89元/亩，投入产出比为0.70。农户采取设施栽培方式种植甜瓜的平均面积为15.79亩，每亩平均成本为4 119.22元/亩，每亩平均产值为5 230.23元/亩，投入产出比为1.27。由此可以看出，农户采取露地栽培方式种植甜瓜成本较低，产量较高，但由于其销售价格较低，其产值和投入产出比并不高，属于“低投入、低产出”。而农户采取设施栽培方式种植甜瓜虽然种植成本有所增加，产量相对较低，但是，由于其销售价格较高，使得其产值和利润均出现较大幅度的增加，投入产出比较高，属于“高投入、高产出”。具体见表78、图13。

表78 2017年农户不同生产方式甜瓜投入产出分析

投入产出		亩成本（元/亩）	亩产值（元/亩）	投入产出比
露地栽培	调研户数	135	135	135
	平均值	3 042. 8	2 115. 89	0. 70
	最大值	9 437	10 000	4. 98
	最小值	1 205. 8	20	0. 01
设施栽培	调研户数	12	12	12
	平均值	4 119. 22	5 230. 23	1. 27
	最大值	8 890	25 000	4. 06
	最小值	2 277	1 500	0. 43

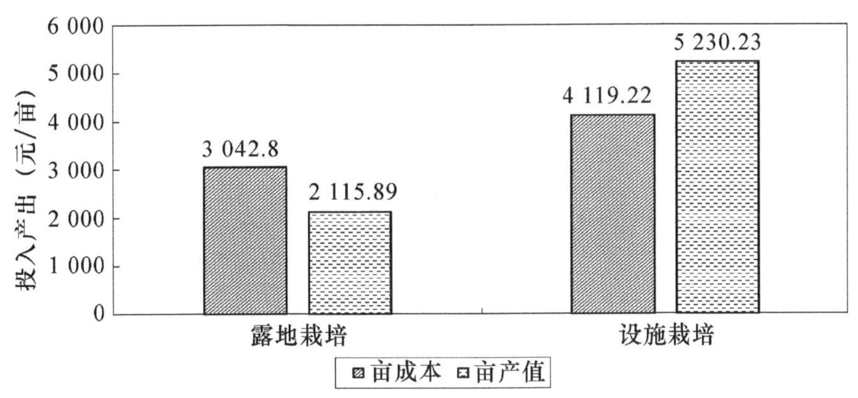

图13 甜瓜不同生产方式投入产出对比分析

4.4 农户甜瓜效益分析

4.4.1 农户甜瓜成本效益总体情况分析

从2017年农户甜瓜成本效益情况分析表中可以看出，农户种植甜瓜亩均成本为3 075. 72元/亩，亩均利润为-864. 92元/亩，成本效益率为-0. 28。2017年调查农户每亩平均利润为负的主要原因在于种植甜瓜的农户多为中小规模种植户，也有大规模种植农户，较2016年种植规模有所增加，而且租用土地和雇工数量较多，且土地租金和雇工工价较2016年都有大幅度增加，使得种植成本大幅度增加，再加上2017甜瓜销售均价为1. 02元/kg，较2016年的2. 22元/kg降低1. 2元/kg，使得大部分甜瓜种植农户处于亏损。具体见表79。

表 79　2017 年农户甜瓜成本效益总体情况分析

成本效益	亩成本（元/亩）	亩利润（元/亩）	成本效益率
调研户数	147	147	147
平均值	3 075.72	-864.92	-0.28
最大值	9 437	18 836.2	3.98
最小值	1 205.8	-5 228	-0.99

4.4.2　不同种植规模农户甜瓜成本效益总体情况分析

从 2017 年农户甜瓜不同种植规模成本效益情况来看，甜瓜种植面积在 20 亩以下时，其每亩平均种植成本为 3 314.07 元/亩，每亩平均利润为 6 499.6 元/亩，成本效益率为 1.96；甜瓜种植规模在 21～40 亩时，每亩平均种植成本为 3 144.61 元/亩，每亩平均利润为-864.31 元/亩，成本效益率为-0.27；甜瓜种植规模在 41～60 亩时，每亩平均成本为 3 297.44 元/亩，每亩平均利润为-1223.14 元/亩，成本效益率为 -0.37 ；甜瓜种植规模在 61～80 亩时，每亩平均成本为 3 613.25 元/亩，每亩平均利润为-834.27 元/亩，成本效益率为-0.23；甜瓜种植规模在 81～100 亩时，每亩平均成本为 2 744.76 元/亩，每亩平均利润为-1 224.77 元/亩，成本效益率为-0.45；甜瓜种植规模在 100 亩以上时，每亩平均成本为 2 825.62 元/亩，每亩平均利润为-1 267.28 元/亩，成本效益率为-0.45。由此可以看出，种植规模越大，亩均利润越小，成本效益率越低，因为种植规模越大，甜瓜质量不能得到保证，导致甜瓜销售价格逐渐降低，使销售收入逐渐降低，亩利润也就随之降低。具体见表 80。

表 80　2017 年不同种植规模成本效益分析

成本效益		亩成本（元/亩）	亩利润（元/亩）	成本效益率
20 亩以下	调研户数	71	71	71
	平均值	3 314.07	6 499.6	1.96
	最大值	9 437	18 836.2	3.98
	最小值	1 332.6	-5 228	-0.96
21～40 亩	调研户数	44	44	44
	平均值	3 144.61	-864.31	-0.27
	最大值	4 837	2 516.15	0.91
	最小值	1 205.8	-3 758.06	-0.99
41～60 亩	调研户数	16	16	16
	平均值	3 297.44	-1 223.14	-0.37
	最大值	4 893.3	2 877.14	1.16
	最小值	2 014.5	-4 293.3	-0.99

（续表）

成本效益		亩成本（元/亩）	亩利润（元/亩）	成本效益率
61~80 亩	调研户数	5	5	5
	平均值	3 613.25	-834.27	-0.23
	最大值	5 091.8	2 662	0.80
	最小值	2 660.7	-4 791.8	-0.94
81~100 亩	调研户数	3	3	3
	平均值	2 744.76	-1 224.77	-0.45
	最大值	3 492.5	112	0.05
	最小值	2 353.8	-2 492.5	-0.71
100 亩以上	调研户数	8	8	8
	平均值	2 825.62	-1 267.28	-0.45
	最大值	4 166.34	890	0.22
	最小值	1 651.9	-2 666.34	-0.65

4.4.3　不同地区农户甜瓜成本效益总体情况分析

从 2017 年农户甜瓜不同地区成本效益情况来看，哈密市伊州区甜瓜平均种植面积为 31.95 亩，每亩平均种植成本为 3 110.95 元/亩，每亩平均利润为-611.86 元/亩，成本效益率为-0.20；吐鲁番市高昌区甜瓜平均种植面积为 64.62 亩，每亩平均种植成本为 3 037.46 元/亩，每亩平均利润为-1 139.62 元/亩，成本效益率为-0.38。由此可以看出，哈密市伊州区相对于吐鲁番市高昌区的农户亏损不算严重，由于哈密市伊州区的亩均产量和平均销售价格均高于吐鲁番市高昌区，虽然哈密市伊州区和吐鲁番市高昌区的亩均成本相差不多，但哈密市伊州区亩均产值远高于吐鲁番市高昌区，导致亩均利润相差甚大。具体见表 81。

表 81　2017 年不同地区成本效益分析

成本效益		亩成本（元/亩）	亩利润（元/亩）	成本效益率
哈密市伊州区	调研户数	101	101	101
	平均值	3 110.95	-611.86	-0.20
	最大值	9 437	7 991.8	3.98
	最小值	1 205.8	-5 228	-0.99
吐鲁番市高昌区	调研户数	46	46	46
	平均值	3 037.46	-1 139.62	-0.38
	最大值	8 890	18 836.2	3.06
	最小值	1 332.6	-4 952.07	-0.96

4.4.4 不同民族农户甜瓜成本效益总体情况分析

从2017年农户甜瓜不同民族农户成本效益情况来看，汉族农户甜瓜种植平均面积为46.81亩，平均种植成本为315.94元/亩，平均利润为-876.95元/亩，成本效益率为-0.27；少数民族农户甜瓜种植平均面积为33.18亩，平均种植成本为2 691.92元/亩，平均利润为-832.01元/亩，成本效益率为-0.32。由此可以看出，汉族农户的成本效益率高于少数民族的成本效益率。具体见表82。

表82 2017年不同民族农户成本效益分析

成本效益		亩成本（元/亩）	亩利润（元/亩）	成本效益率
汉族	调研户数	97	97	97
	平均值	3 215.94	-876.95	-0.27
	最大值	8 890	18 836.2	3.98
	最小值	1 205.8	-4 791.8	-0.99
少数民族	调研户数	50	50	50
	平均值	2 691.92	-832.01	-0.31
	最大值	9 437	3 580.8	2.15
	最小值	1 332.6	-5 228	-0.96

4.4.5 不同生产方式农户甜瓜成本效益总体情况分析

从2017年农户甜瓜不同生产方式农户成本效益情况来看，露地栽培农户种植甜瓜的平均面积为44.52亩，平均种植成本为3 042.8元/亩，平均利润为 -927.02元/亩，成本效益率为-0.30；设施栽培农户种植甜瓜的平均面积为15.79亩，平均种植成本为4 119.22元/亩，平均利润为1 104.53元/亩，成本效益率为0.27。

由此可以看出，设施栽培农户亩均利润远高于露地栽培农户的亩均利润，且成本效益率高于露地栽培0.57，虽然设施栽培亩均成本明显高于露地栽培亩均成本，但由于设施栽培管理技术好，甜瓜质量好，平均销售价格远高于露地栽培平均销售价格，致使亩均利润远高于露地栽培。具体见表83。

表83 2017年农户不同生产方式成本效益分析

成本效益		亩成本（元/亩）	亩利润（元/亩）	成本效益率
露地栽培	调研户数	135	135	135
	平均值	3 042.8	-927.02	-0.30
	最大值	9 437	7 991.8	3.98
	最小值	1 205.8	-5 228	-0.99
设施栽培	调研户数	12	12	12
	平均值	4 119.22	1 104.53	0.27
	最大值	8 890	1 886.32	3.06
	最小值	2 277	-2 005.2	-0.57

5　农户参加农民专业合作社情况

5.1　农户参加农民专业合作组织情况

从农户对专业合作组织的认知情况来看，在被调查的147户农户中有82户农户认为所在的地区有专业合作组织，占55.78%，其中参加合作社的农户有43户，占52.44%，未参加合作社的农户有39户，占47.56%，伊州区有62户，占75.61%，高昌区有20户，占24.39%；有65户农户认为所在的地区没有专业合作组织，占44.22%，都未参加合作社，其中伊州区有39户，占60%，高昌区有26户，占40%，说明有大部分农户都认为所在地区没有专业合作组织，认为所在地区有专业合作组织的农户，参加率却不高。具体见表84。

表84　农户对专业合作组织认知情况　（单位：户,%）

合作社认知	有无参加合作社				所在地区			
	参加	比重	未参加	比重	伊州区	比重	高昌区	比重
认为有专业合作组织	43	52.44	39	47.56	62	75.61	20	24.39
认为无专业合作组织	0	0	65	100	39	60.00	26	40.00

在被调查的147户农户中，愿意加入专业合作组织的有103户农户，占70.07%，其中已经参加合作社的农户有35户，占33.98%，未参加合作社的农户有68户，占66.02%，伊州区有69户，占66.99%，高昌区有34户，占33.01%；不愿意加入的有44户农户，占29.93%，其中已经参加合作社的农户有8户，占18.18%，未参加合作社的农户有36户，占81.82%，伊州区有32户，占72.73%，高昌区有12户，占27.27%。可以看出绝大多数农户都愿意参加专业合作组织，但真正参加专业合作组织的农户并不多，说明合作社发展还不成熟，还不能有效带动农户经济收入的增长，但农户依然对专业合作组织抱有希望。具体见表85。

表85　农户是否愿意参加专业合作组织情况　（单位：户,%）

合作社认知	有无参加合作社				所在地区			
	参加	比重	未参加	比重	伊州区	比重	高昌区	比重
愿意参加合作社	35	33.98	68	66.02	69	66.99	34	33.01
不愿意参加合作社	8	18.18	36	81.82	32	72.73	12	27.27

根据农户对专业合作组织的了解情况来看，在被调查的147户农户中有21户农户非常了解专业合作组织，占14.29%，有53户农户比较了解专业合作组织，占36.05%，有73户农户不了解专业合作组织，占49.66%。可以看出大多数农户对专业合作组织还不够了解，说明专业合作组织的宣传还不到位，发展还不成熟，带给农户的效益还不明显。

在所调查的147户农户中有43户农户加入了农民专业合作社，占29.25%，其中汉族有25户，占58.14%，少数民族有18户，占41.86%，伊州区有36户，占83.72%，高昌区有7户，占16.28%；有104户农户未参加农业专业合作社，占70.75%，其中汉族有72户，占69.23%，少数民族有32户，占30.77%，伊州区有65户，占62.50%，高昌区有39户，占37.50%。可以看出在参加合作社的农户中，汉族农户多于少数民族农户，伊州区农户多于高昌区农户，说明汉族农户相对于少数民族参加农业专业合作社的积极性高，伊州区农户相对于高昌区农户参加农业专业合作社的积极性高。具体见表86。

表86　农户是否参加专业合作组织情况　　（单位：户，%）

是否参加	民族				所在地区			
	汉族	比重	少数民族	比重	伊州区	比重	高昌区	比重
参加合作社	25	58.14	18	41.86	36	83.72	7	16.28
未参加合作社	72	69.23	32	30.77	65	62.50	39	37.50

在加入专业合作组织的43户农户中，有8户农户在2017年加入，有18户农户是在2016年加入，5户农户是在2015年加入，有6户农户是在2012年加入，有2户农户是在2011年加入，有3户农户在2010年加入，有1户农户在2008年加入。

5.2　甜瓜专业合作组织对农户的影响分析

通过对加入甜瓜农民专业合作社的农户与未加入甜瓜专业合作社的农户对比分析可以看出，加入合作社农户的甜瓜平均种植面积为23.86亩，未加入合作社的农户甜瓜平均种植面积为49.74亩；在甜瓜种植收入方面，加入合作社的农户户均甜瓜收入为85 058.14元，未加入合作社的农户户均甜瓜收入为96 611.54元。在销售价格方面，加入合作社的农户甜瓜平均销售价格为1.68元/kg，而未加入合作社的农户甜瓜平均销售价格为0.89元/kg。在农户每年投向甜瓜的劳动量方面，加入合作社的农户平均每年为272.53个工日，未参加合作社的农户每年为366.85个工日。在农户每年投向甜瓜的资金方面，加入合作社的农户平均资金投入为69 890.40元，未加入合作社的农户平均资金投入为137 524.23元。可以看出加入专业合作社的农户较为加入专业合作社的农户而言，在甜瓜销售价格、种植收入和劳动力投入方面有明显优势，由于未加入专业合作社的农户大多为种植大户，其土地流转费用和劳动力投入成本较高，因此在投入资金方面明显高于参加专业合作社的农户。具体见表87。

表87　甜瓜专业合作社对农户的影响分析

指标	加入合作社	未加入合作社
户均甜瓜平均种植面积（亩）	23.86	49.74
户均甜瓜平均种植收入（元）	85 058.14	96 611.54

（续表）

指标	加入合作社	未加入合作社
甜瓜平均销售价格（元/kg）	1.68	0.89
家庭平均投入劳动量（工/年）	272.53	366.85
平均投入资金（元）	69 890.40	137 524.23